污染场地土壤热处理技术及工程应用

谷庆宝　马福俊　桑义敏　彭昌盛　闫大海　马妍　等/编著

中国环境出版集团·北京

图书在版编目（CIP）数据

污染场地土壤热处理技术及工程应用/谷庆宝等编著.
—北京：中国环境出版集团，2022.7

ISBN 978-7-5111-5039-4

Ⅰ. ①污…　Ⅱ. ①谷…　Ⅲ. ①污染土壤—热处理
Ⅳ. ①X53

中国版本图书馆 CIP 数据核字（2022）第 021229 号

出 版 人　武德凯
策划编辑　丁莞歆
责任编辑　赵　艳
责任校对　薄军霞
封面设计　宋　瑞

出版发行　中国环境出版集团
（100062　北京市东城区广渠门内大街 16 号）
网　　址：http://www.cesp.com.cn
电子邮箱：bjgl@cesp.com.cn
联系电话：010-67112765（编辑管理部）
发行热线：010-67125803，010-67113405（传真）

印　　刷　北京建宏印刷有限公司
经　　销　各地新华书店
版　　次　2022 年 7 月第 1 版
印　　次　2022 年 7 月第 1 次印刷
开　　本　787×1092　1/16
印　　张　24.25
字　　数　446 千字
定　　价　169.00 元

前言

本书所称污染场地是指因从事生产、经营、处理、贮存有毒有害物质，堆放或处理处置潜在危险废物，以及从事矿业开采等活动造成污染，且对人体健康或生态环境构成潜在风险的场地，包含场地内的土壤、地下水、地表水以及地块内的所有构筑物、设施和生物。为了推动污染场地土壤的修复，保护环境和人类健康免受土壤中污染物的危害，世界各国都在采取不同的处理方式积极修复污染场地的土壤。热处理技术具有技术成熟、处理效果好、设备自动化和集成化程度高、处理污染土壤迅速等优点，且与我国当前建设用地污染土壤需要高效、快速处理的需求较为吻合，因而在我国土壤污染防治领域得到广泛应用。据统计，截至 2018 年年底，我国修复了 402 个污染场地，其中热处理技术采用占比高达 35.1%。采用热处理技术修复污染场地污染土壤，要了解不同热处理技术的原理及其影响因素，需要进行热处理技术的工艺设计和设备选型，熟悉热处理技术的运行维护要求，掌握热处理技术的二次污染控制及其监测手段。我国目前在这一领域与国外存在一定差距，因此，加强对污染场地污染土壤热处理技术的研发和推广、交流污染土壤热处理技术的信息具有特别重要的意义。

基于以上原因，作者综合多年土壤污染修复的工作经验，在国家重点研发计划“东北重工业区场地复合污染综合治理技术与集成工程示范”（编号：2019YFC1803800）、“有机污染场地土壤修复热脱附成套技术与装备”（编号：2018YFC1802100）项目支持下，编著了《污染场地土壤热处理技术及工程应用》一书。全书共分为 9 章，第 1

章和第 2 章主要概述污染场地土壤修复技术现状及热处理的理论基础；第 3 章至第 7 章主要介绍污染场地土壤常用热处理技术，分别为异位热脱附、原位热脱附、常温脱附、水泥窑协同处置和土壤玻璃化等技术及其设备工艺设计，并分析了上述技术的国内外典型污染场地热处理修复案例；第 8 章阐述了阴燃、微波加热、等离子体、热解、射频加热、太阳能加热和热强化其他修复技术等污染场地土壤新型热处理技术；第 9 章介绍了污染场地土壤热处理尾气治理技术及典型案例，并提出了污染土壤热处理尾气处理技术的发展趋势。

本书在编著过程中尽量注意以我国环境保护、污染治理的政策作为基本依据，特别介绍了国内外先进的建设用地污染土壤热处理技术、工艺及设备，引用了一些符合我国国情的涉及各种污染土壤热处理的案例，内容全面丰富。希望本书的出版能够推动污染土壤热处理技术在我国污染场地治理修复领域的推广应用，特别是在东北老工业区污染场地应用方面。本书还可供从事环境保护工作的科技工作者及高等院校相关专业的师生参考。

本书主要由谷庆宝负责全书的总体设计、组织、审校和定稿工作。本书各章节编著具体分工如下：第 2 章、第 4 章、第 5 章由谷庆宝、李晓东编撰；第 3 章、第 6 章、第 9 章由马福俊、刘钰钦、闫大海编撰；第 8 章由谷庆宝、张文文、马传博编撰；第 1 章、第 7 章由北京石油化工学院的桑义敏和肇庆学院的彭昌盛编撰；中国矿业大学（北京）的马妍和中科鼎实环境工程有限公司的杨勇和黄海参加了第 4 章和第 5 章的编撰。在本书的出版过程中，中国环境出版集团的丁莞歆老师表现出极大的耐心，并提出了详细修改意见和建议。

由于作者水平有限，书中疏漏或不足在所难免，恳请广大读者批评指正。

谷庆宝

2020 年 11 月于中国环境科学研究院

目录

第 1 章　污染场地土壤热处理技术概论

1.1　场地土壤污染的来源与危害

1.1.1　场地土壤污染的定义

土壤污染是指通过各种途径进入土壤的有害物质，其数量和速度超过了土壤的容纳能力和净化速度，因而使土壤的性质、组成或性状等发生变化，破坏了土壤的自然平衡，从而导致土壤自然功能失调、土壤质量恶化，并产生一定的环境效应（人体健康、水体、大气或植物发生次生污染）的现象（李发生等，2012）。本书所述的土壤污染主要是指工业企业生产过程中导致的污染场地的土壤污染，这些污染场地在用地类型上属于建设用地，如图 1-1 所示。

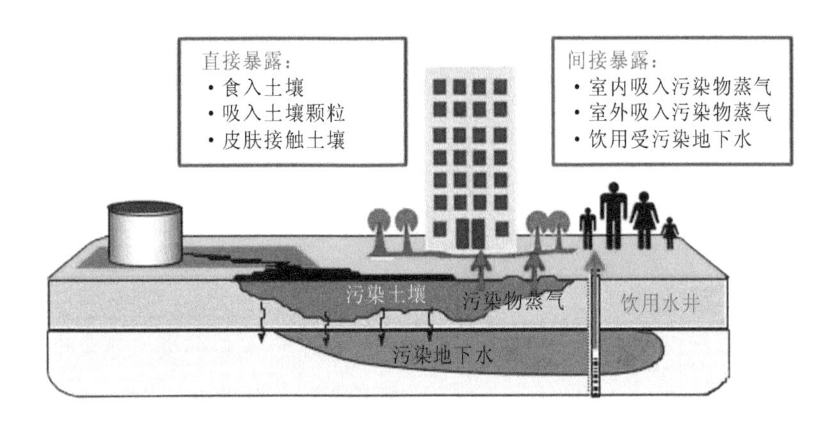

图 1-1　土壤污染示意

土壤是否受到污染，不但要看污染物含量是否增加，还要看其后果，即土壤中的污染物质给人体健康和生态系统造成了危害，才能称为污染。因此，判断土壤是否污染，不仅要考虑土壤的背景值，还要考虑对人体健康、生物反应、植物中有害物质含量的影响。由于土壤种类的多样性和土壤污染的复杂性，土壤污染目前尚没有一个统一的量化标准。但一般认为，当土壤中污染物累积总量达到土壤环境背景值的 2 倍或 3 倍标准差时，说明土壤中该化合物或元素含量异常，属土壤轻度污染，是土壤污染的起始值；而当土壤污染物含量达到或超过土壤环境基准或环境标准时，说明该污染物的输入、富集的速度和强度已超过土壤环境的净化和缓冲能力（或消纳量），应属重度土壤污染；中度土壤污染则参照上述量化指标，根据土壤中污染物含量水平和作物生态效应相关性再具体确定。

与发达国家一样，我国对污染场地土壤环境也提出了基于风险的管理理念，即土壤中含有污染物质时，不等于对使用这个地块的人群一定会产生明显的人体健康风险，只有当土壤中的污染物含量导致的人体健康风险不可接受时，才需要采取治理修复或风险管控。污染场地多来源于建设用地，相应地，我国的建设用地土壤环境质量标准设置两个标准值，一个是筛选值，另一个是管制值。当土壤中污染物含量不超过筛选值时，认为土壤中污染物的风险可忽略；当土壤中污染物含量超过筛选值而低于管制值时，认为土壤中污染物含量存在风险，需要开展进一步的风险评估，当评估的结果为风险不可接受时，才需要开展治理修复或风险管控行动；当土壤中污染物含量超过管制值时，对人体健康通常存在不可接受的风险，这时通常需要开展治理修复或风险管控行动。

1.1.2 场地土壤污染的特点

一般来说，与农用地土壤污染不同，污染场地土壤污染具有明显的自身特点。

1. 污染物类型的多样性

我国拥有 41 个工业大类、207 个工业中类、666 个工业小类，是全世界唯一拥有联合国产业分类中全部工业门类的国家，从而形成了一个举世无双、行业齐全的工业体系。多门类的工业体系决定了污染场地污染物类型的多样性，而且存在多种污染物复合污染的情况。

污染场地中土壤污染物种类繁多，按照性质可分为三类：①土壤重金属污染物，包括 Hg、Cd、Pb、Cu、Zn、Ni、Cr 和 As 等。重金属不能为环境微生物所降解，常造成严重的累积。因此，重金属污染物难于彻底消除，会对土壤环境形成长期的潜在威胁。②土壤有机污染物，主要包括挥发性有机污染物和半挥发性有机污染物。我国土壤中有机污染物的种类主要为：石油烃类、卤代烃类、农药类、多环芳烃类、多氯联苯类等，这些污染物在生活和生产中用途很广，土壤中有机污染物会影响人体和动植物的生化和生理反应。③放射性物质及病原微生物。放射性物质主要包括大气核爆炸散落物，以及核能利用所排出的固液体放射性废弃物，这些物质随自然沉降、雨水冲刷和废弃物的堆放而污染土壤。土壤中的病原微生物主要来自人畜粪便及用于灌溉的污水（未经处理的生活污水及医院等特殊部门的废水），可传播各种细菌及病毒。

2. 污染分布的不均一性

污染场地土壤污染的分布因原生产企业设施布局的不同而明显不同。污染场地的土壤污染多是原址的企业在生产过程中的原料、产品、排放物等的跑、冒、滴、漏，或发生污染事故等造成的，特别是一些地下储罐、阀门接口、污水管道等区域是重点。原生产排污企业类型不同，其内部车间布置不同，污染的分布也不同，即每个企业易产生化学品泄漏的区域分布是不同的，例如重污染车间区域土壤的污染深度和污染物含量比其他区域（办公区、后勤区、物料仓库区等）更深更高。此外，在物理性质（剖面构造、质地、结构、干湿度、孔隙状况等）、化学性质（物质组成）、生物性质（数量巨大的微生物群体）三个方面，污染场地土壤的性质差异较大。在污染物污染土壤后，因为土壤性质不同、类型不同，污染物在土壤中的迁移转化规律不同，所以土壤中污染物的分布不均匀。

3. 污染物迁移的深远性

污染场地的污染物进入土壤环境后，便在土壤环境中发生迁移。如土壤中的重金属可以在水平方向上进行迁移，也可以在竖直方向上进行迁移，在物理、化学、生物作用下，也可能发生形态变化，并且可以向其他介质中进行迁移。有机污染物在土壤中的主要迁移转化过程包括吸附与解吸附、渗滤等。

我国当前地处城市中心、需要关闭搬迁的重污染工业企业，许多是具有四五十年生产历史的企业，这些污染场地中的污染物一旦进入土壤，经过多年的雨水淋滤等作用，往往在土壤中可迁移深达 20～30 m，甚至更深。此外，许多化工企业采用地下储罐和地下管道储存或输送化学品，这些储罐或管道发生泄漏后，可以将化学品直接送达储罐或管道所埋放的深度，从而加速了污染物在污染场地土壤中的迁移和传输。

4. 污染介质的复杂性

污染场地上污染介质的类型，与这个地块上从事的工业生产活动密切相关，不同行业类别、不同土壤类型，形成的污染介质可能会有较大的差别。从污染介质来看，除了有土壤污染、地下水污染外，许多企业生产排放的废水、废液、废渣等还可能残留在污染场地上。另外，一些企业还在厂内建有固体废物堆场，其中甚至还有危险废物等。

一些企业在污染地块上会残留工业企业生产的原材料、产品或中间产品，这些原材料、产品的包装物会严重破损并污染土壤环境。此外，一些重污染企业由于数十年的生产历史，建筑用地上的建筑物、构筑物等设施本身也受到了严重的污染。由此可以看出，污染场地的污染情况异常复杂，需要认真仔细地进行污染识别，才能全面地进行风险的控制与修复。

1.1.3 场地土壤污染的来源

污染场地土壤污染主要是人们在生产生活中生产和使用化学品、产生废物等过程中，在储存（填埋等方式）、堆放、泄漏、倾倒废弃物或有害物质等时，没有采取足够的安全保障措施所导致。随着城市和工业化的快速发展，土壤污染物种类和形式日趋复杂，其来源众多，既有历史遗留的，也有改革开放及现代化发展过程中新产生的。其中影响较大、比例较高的污染来源主要分为工业污染源、市政污染源及其他特殊污染源（如核废物、医疗废物和化学武器等）。由于不同类型生产工艺的存在，污染土壤呈现出单一污染源和复合污染源并存的状况，进而形成更为复杂的土壤污染物来源。这里主要介绍化学工业、金属矿开采和非金属矿开采、金属冶炼、电镀工业、焦化工业、制革工业等行业的污染场地土壤主要污染源。

1. 化学工业

化工企业由于化学品生产和处理、废物的倾倒和排放、化学物质的泄漏等因素造成了相当严重的土壤污染问题。化工废水的随意排放可能造成厂区及排污河道沿岸土壤和地下水污染。每年化工废水的排放量占全国废水总排放量的 50%以上，多来自于以下方式：①原料与产品在开采、运输、生产等环节会部分流失，产生工业废水，并污染土壤；②在生产过程中，因管道、设备操作或密封不到位，在运输过程中出现泄漏；③在化工生产中，容器、管道等需经常性清洗，在生产中产生的有害物质可能随清洗水一起排出，进而污染土壤；④未反应完的原料，最后形成废水排放进而污染土壤；⑤通过蒸汽、汽提等方式排放的特殊废水，也是一种污染源（高巍，2021）。

中国化工行业地块污染表现出多源、复合、量大、面广、持久、毒害大的现代环境污染特征，对地块污染的关注也从常规污染物转向持久性有毒污染物。按照污染成分划分，化工污染可分为无机物污染和有机物污染。无机污染物以重金属为主，如镉、汞、砷、铅、铬、铜、锌、镍等。有机污染物种类繁多，包括苯、甲苯、二甲苯、乙苯、三氯乙烯等挥发性有机污染物，以及多环芳烃、多氯联苯、有机农药类等半挥发性有机污染物（曲风臣等，2017）。

化工企业污染物不仅种类繁多，而且性质各异，许多物质毒性强，对生态环境和人类健康危害极大，如制药行业生产的抗生素类药品目前已经被视为一种重要的新型污染物，成为国际研究的前沿课题；农药工业生产的滴滴涕、六六六、氯丹、灭蚁灵等有机氯农药均是持久性有机物，具有剧毒、生物累积性、生物放大作用和“三致”（致癌、致畸和致突变）作用。有机化工生产的硝基类化合物（如硝基酚、硝基苯等）是重要的环境污染物质，能在环境中持久存在，并可在食物链中聚集；无机化工生产铬盐的过程中产生大量铬渣，铬渣中含有的六价铬是一种剧毒性物质，是国际公认的 3 种致癌金属化合物之一。

化工产品在使用过程中对土壤的污染，主要体现在对化工产品的不当使用及过度过滥使用上。当前，我国环境污染的结构正在悄然发生一个重大的变化，即工业污染所占比重趋于稳定并降低，而生活和农业污染比重正在上升。从这一变化中，我们不难看出，化工产品生产过程的污染已引起了人们的足够重视，而对化工产品使用过程所产生的污染，则有待人们重新定位评价（王庆新等，2009）。

2. 金属矿开采和非金属矿开采

矿业开采又称为采掘业，根据开采对象的不同，可以分为金属矿开采和非金属矿开采。我国幅员辽阔，地质条件复杂，拥有得天独厚的矿产资源。自然资源部发布的

《中国矿产资源报告（2019）》表明，中华人民共和国成立70年来我国矿业发展突飞猛进。报告还显示，2018年我国多数主要矿产查明资源储量增长，主要矿产中有37种查明资源储量增长；全国地质勘查投资810.30亿元，较上年增长3.5%，继2017年首次回升后持续回升；全国采矿业固定资产投资在连续下降4年后首次增长，主要矿产品供应能力不断增强。总之，我国矿产资源总量丰富、矿种较全，并在“十二五”期间首次探获页岩气地质储量，进一步丰富了矿产种类。随着矿产开发的持续进行，矿产资源开发过程导致的环境问题越发严峻，部分企业非法开采或重采轻治等不合理的开采行为频发，进一步加重了矿产资源开发对环境的影响。

矿业开采的种类差异和使用工艺的区别，导致其对土壤和地下水产生的污染不同。金属矿开采过程中，含重金属离子的矿堆浸出液和酸性废水随着矿山排水和降雨进入水环境或直接进入土壤，直接或间接导致土壤和/或地下水的重金属污染，且金属矿开采及冶炼过程中使用的炸药、硫酸等化学物质在长期使用过程中也会转移到环境介质中造成周边土壤污染。而非金属矿的开采，尤其是煤矿开采，也会产生重金属/非重金属无机污染物、有机污染物、放射性物质等。

石油开采行业作为关系国计民生的主要能源行业，地域分布广，各类站场数量多，工艺流程复杂，产排污节点多，土壤污染风险较高（李克等，2019）。石油开采过程中，管理不善、设备缺陷、井喷、管道与储罐漏油等事故，导致石油污染物直接进入土壤，破坏土壤生态环境（韩月梅，2019）。石油开采土壤污染最有可能发生在油井、输油管道、计量站、接转站、联合站等主要地面工程设施附近，其承载的生产工艺活动可能会污染周边土壤（李克等，2019）。油田运营期主要产生采油污水和油泥，污水经污水处理站处理，油泥送至固废处理设施处理。历史上受工艺条件和环保意识所限，井喷事故及油井附近落地油清理不及时不彻底，常会造成土壤污染。注水不正常时易污染土壤，如发生套管损坏，导致回注水泄漏至地层。套管损坏多发生在较深地层，污染物主要包括苯系物、多环芳烃及其他石油烃类。如果管道附近地下水水位较高，原油可能直接污染浅层地下水，原油中的链烃和苯系物可在地下水中形成非水相液体并随地下水迁移，进一步扩大污染范围并增加后期修复难度。城市中输油管道还可能毗邻地下空间中各类其他管道，油类泄漏可能造成时间跨度更长、情况更复杂的污染事故。联合站内的土壤污染主要源于罐体、管道、阀门、法兰的跑冒滴漏和“三废”排放等。此外，由于联合站内设备众多，一旦发生事故，原油、污水等可能会以不受控的方式泄漏，造成土壤污染（李克等，2019）。

土壤中石油污染物在平面上主要以放射状分布在以油井为中心的一定范围内，距油井越近，油污残存率越高，距井越远残存率越低，在距井 40 m 范围内，地表土壤中石油污染物的残存率迅速下降，距井 40～60 m 及以外，石油的残存率极低（李兴伟，2004）。在垂向上石油对土壤的污染多集中于地表下 20 cm 左右的表层，这是因为石油的密度比较小（一般<1 g/cm^3）、黏着力强且乳化能力低，所以石油难以在土壤中随水分上下迁移，而是较稳定地保存于土壤表层中。土壤环境中石油污染物的该特性也决定了石油污染土壤的防治工作比水污染、空气污染更加复杂，治理难度更大。

3. 金属冶炼

有色、黑色金属冶炼是造成矿产资源型城市土壤重金属污染的主要原因。金属冶炼过程中含有重金属的粉尘随大气沉降是造成其周边土壤重金属污染的一个重要原因，冶炼废渣浸出液、冶炼废水直接排放和土法冶炼也会造成企业周边土壤重金属污染（庄国泰，2015）。冶金工业废物中的重金属离子能与土壤中的无机胶体和有机胶体发生稳定吸附，包括与氧化物专性吸附和与胡敏素紧密结合，以及在土壤溶液化学平衡中产生难溶性金属氢氧化物、碳酸盐和硫化物等，将大部分重金属固定在土壤中而难以排除。虽然一些化学反应能缓和其毒害作用，但仍对土壤环境产生潜在的危害。铅、锌冶炼厂周围的土壤，不仅受到铅、锌、镉的严重污染，还受到含硫物质所形成的硫酸的严重污染。任意堆放的含毒废渣通过雨水的冲刷、携带和下渗，会污染土壤和地下水源。我国大多数城市冶炼厂周边土壤都受到不同程度的污染，有许多地方的粮食、蔬菜、水果等食物中镉、铬、砷、铅、汞等重金属含量超标或接近临界值。

4. 电镀工业

电镀行业涉及我们生活的各个领域，随着科学技术的发展，人们生活需求的提高，我国电镀行业面临着重大的历史发展机遇，也面临着严峻的挑战。电镀行业在促进经济发展、满足人们需求的同时，也给生态环境造成了严重的污染和危害。电镀过程中大量使用强酸、碱、重金属溶液等有毒有害化学品，使电镀废水中含有重金属离子以及酸、碱、氰化物等具有很大毒性的污染物（张条兰等，2015）。这些电镀废水主要来源于镀件清洗水、废电镀液、冲刷车间地面水、刷洗极板洗水、通风设备冷凝水、设备冷却水等，是土壤污染的重要来源。土壤污染的类型、程度，与电镀生产的工艺条件、生产负荷、操作管理与用水方式等因素有关，污染成分包括铬、镉、镍、铜、锌、金、银等重金属离子和氰化物等，有些属于致癌、致畸、致突变的剧毒物质。2017 年 1 月，某电镀加工厂因直接排放未经任何处理的铬含量严重超标的废水，对土壤和地下水造成了严重危害，导致当地土壤铬超标 225 倍。

5. 焦化工业

焦炭工业在生产过程中产生的主要污染物为苯并芘、荧蒽、芘等多环芳烃，以及总氰化物、汞、石油烃、重金属等，是污染较为严重的行业之一。焦化厂周边的粉尘中含有大量多环芳烃类物质，其通过大气沉降也会污染周边土壤。许多焦化企业建有化产车间，对焦炭生产过程中产生的化学品进行回收利用，可利用的化学品包括苯、硫、氮以及氰等，因此化产车间通常是焦化企业污染最重的区域之一。现有建成的独立焦炭生产企业中只有少数大型焦炉和城市供气机焦炉的煤气得到了利用，焦炭余热得到了回收，相当一部分焦化企业生产过程中产生的余热、煤气、焦油不能有效回收，综合利用水平低，污水处理、脱硫等设施达不到环保要求，使其排放的污染物通过大气沉降或污水排放而进入土壤，对土壤造成污染。

6. 制革工业

制革行业是轻工行业中水污染较严重的行业，制革废水中含有大量悬浮性和溶解性 COD 以及有机和无机含氮化合物、重金属铬，使其成为工业废水处理的难点与焦点之一。目前，绝大部分制革企业仍使用传统制革工艺，对环境的污染尤为严重。制革过程中各工段添加大量无机物和有机物，导致制革废水中污染物种类繁多、成分复杂、色度大。废水中的盐、碱不仅影响生物的生长发育，而且可在土壤中累积。在使用制革废水灌溉后，土壤会呈现轻度盐渍化，而且会出现板结现象，导致土壤中铬含量显著增加。我国每年由制革工业产生的废水量约为 8 000 万 t。此外，制革过程中产生大量的制革废渣，这些废渣通常为危险废物，但因为区域危险废物处理能力有限，我国许多制革企业的厂区内堆积大量制革废渣，这些制革废渣是造成制革企业土壤污染的最重要来源。由此可见，制革工业给环境带来的污染是严重的，但整个行业开展水污染和废渣治理的力度还明显不够，特别是中小规模企业的发展进一步加剧了环境污染。

7. 市政污染源

市政污染源的污染地块主要为城市废物（如城市建筑垃圾，商业、办公及居民家庭的生活垃圾等）和垃圾填埋处置两方面的污染源产生。城市基础设施建设、旧城改造和商业区改扩建等活动会产生大量建筑垃圾及有毒有害固体废物，成为市政污染中的主要污染源。

垃圾填埋场渗滤液也是重要污染源，由于垃圾渗滤液中污染物浓度极高，尤其是重金属，其一旦泄漏或处理不当，就会对土壤和地下水造成严重污染。

目前我国电子产品回收处理很不完善，特别是在农村地区，由于没有正规的处理场所，电子产品随意丢弃，或与生活垃圾一起处理后填埋，导致大量汞、镉、锌、锰、镍、铁等金属元素进入土壤。特别是电子废弃物拆解区，电子产品的分发回收处理较为常见，但是拆解多采用传统手工方式，大量重金属、有机污染物，如多氯联苯、芳香烃类化合物严重污染周边土壤环境。

此外，医疗垃圾一旦进入土壤介质，不仅会导致土壤环境受到污染，还会带来疾病传播的危险。

1.1.4 场地土壤污染的危害

土壤是人类赖以生存的主要自然资源之一，又是自然生态环境的重要组成部分。土壤是环境的重要组成元素，与大气、水、生物等环境要素之间经常互为外在条件，相互作用，相互影响。随着社会经济的发展，由于人为因素导致的土壤污染越来越严重，土壤污染成为环境污染的主要组成部分。有研究表明，世界上 90%的污染物最终都将会滞留在土壤中，严重威胁人类及动植物的生存与发展（邢艳帅等，2014）。污染场地土壤中污染物类型多样，且其组成和含量差异较大，污染周期长，治理困难。污染场地污染物进入水体、土壤和生物体的途径多种多样等特点，使污染地块对人体健康与生态环境的危害较大，成为近年来广受关注的主要生态和环境问题之一。污染场地的土壤污染对环境的危害主要体现在通过各种途径对人体健康造成安全风险，同时会对地表水、地下水、微生物、动植物等造成影响与危害。

1．对人体健康的影响

土壤污染对人体健康的危害是通过不同的暴露途径来实现的。污染土壤的人体健康暴露途径一般包括经口摄入、皮肤接触、吸入颗粒物、吸入室外空气中来自土壤和地下水的气态污染物、吸入室内空气中来自土壤和地下水的气态污染物、饮用地下水等。居住用地主要考虑 3 条暴露途径：直接摄入土壤和灰尘、饮食暴露（包括饮水）和呼吸吸入土壤和灰尘。工业/商业用地主要考虑两条暴露途径：直接摄入土壤和灰尘、呼吸吸入土壤和灰尘。土壤污染物通过这些暴露途径对人体健康造成重大隐患，且不同污染物的危害不同。

（1）有机污染物对人体健康的影响

土壤中较常见的有机污染物包括多环芳烃（PAHs）、有机卤代物中的多氯联苯和二噁英、有机农药类以及油类污染物、邻苯二甲酸酯等，烃类污染物的毒性由烷烃、烯烃向芳香烃逐渐增强，多数 PAHs 具有致癌性。在目前已知的 500 多种致癌化合物中，有 200 多种为 PAHs 及其衍生物，强致癌性的 PAHs 有苯并[*a*]芘（BaP）、1,12-二甲基苯蒽、二苯并[*a*, *h*]蒽、3-甲基胆蒽、四甲基菲、1,2,9,10-四甲基蒽等。流行病学研究表明，PAHs 通过皮肤、呼吸道、消化道等均可被人体吸收，能诱发皮肤癌、肺癌、直肠癌、膀胱癌等，长期饮用或食用含有 PAHs 的水和食物，会造成慢性中毒。有调查表明，BaP（苯并芘）浓度每增加 0.1 μg/100 m^3，肺癌死亡率上升 5%；同时暴露于 PAHs 和紫外照射下会加速具有损伤细胞组成能力的自由基形成，破坏细胞膜损伤 DNA，从而引起人体细胞遗传信息突变（焦琳等，2010）。

联合国环境规划署指出土壤中的多氯联苯（PCBs）会对人体健康造成严重危害。孕妇如果 PCBs 中毒，胎儿将受到影响，发育极慢。据薛建华等报道，高浓度 PCBs 对人体中枢神经有麻痹作用，慢性接触则可使肝、肾、肺等内脏发生病理改变，即使在极低浓度下 PCBs 仍可对生物和环境造成危害（徐科峰等，2003；薛建华等，1994）。而氯丹在人体内代谢后，会转化为毒性更强的环氧化物，使血钙降低，引起中枢神经损伤。二噁英可经皮肤、黏膜、呼吸道、消化道进入体内，使人体免疫力下降、内分泌紊乱等，损伤肝、肾，而且会影响人的生殖机能。长期接触极低剂量二噁英，会导致癌症、雌性化和胎儿畸形，是致癌量 1/100 的浓度就足以造成人的生殖和发育障碍。美国国家环保局（US EPA）在评价二噁英的生殖毒性和内分泌毒性时指出，二噁英可使男性儿童雌性化、影响儿童发育、抑制机体免疫功能，对肝脏等都可能造成伤害。日本将二噁英列入影响人类生育的三大环境激素中最难解决的一种，认为它可以导致流产、死胎和子宫内膜移位和子宫内膜炎等（徐科峰等，2003）。

此外，很多农药都具有内分泌干扰物（EDCs）的特性，EDCs 对个体的生殖、发育以及行为产生多方面影响，表现出拟天然激素或抗天然激素的作用（赵玲等，2017）。我国当前几种主要除草剂中乙草胺、莠去津、甲草胺、草克净、杀草强等均是 EDCs。近 20 年来出现的拟除虫菊酯类，被农业和家庭广泛用作杀虫剂，现已证实它能刺激乳腺癌 MCF7 细胞增殖和 p52 基因表达（赵玲等，2017）。

世界各国曾广泛使用的长残效期有机氯杀虫剂，包括 DDT、氯丹、狄氏剂、毒杀芬和六氯苯等物质也是 EDCs（赵玲等，2017）。虽然我国已禁止使用，土壤中的残留也在逐步降低，但是由于 EDCs 具有低剂量效应，一些少用量的农药也可能因为低剂量效应使其危害具有相加作用，因此应对此给予重视。此外，农药乳化剂，如烷基酚类（壬基酚、辛基酚等），或者杀虫剂载体，如邻苯二甲酸酯类，不仅污染广泛，其雌激素活性也很高。具有 EDCs 特性的农药不仅具有致癌作用，而且有可能导致男性基本丧失生育能力（赵玲等，2017）。

（2）重金属对人体健康的影响

目前对人类健康危害较大的重金属主要是汞、镉、砷、铅等毒性显著的金属。这些金属被各种生物摄入体内，并在食物链中不断富集，人类通过食用污染的鱼虾、贝类、稻米、小麦等摄入重金属。重金属进入人体后，能与蛋白质发生作用，使其结构改变失去活性，从而引起神经、造血、肾脏、骨骼等多系统损害，摄入的重金属还能在体内蓄积，造成慢性中毒。

不同重金属的毒性作用不完全相同，引起的临床表现也各有特点。如居民长期饮用含有重金属汞的水能够引起“水俣病”，病人主要表现为神经系统损害、四肢麻木、步履蹒跚、口齿不清、语言失常、视野缩小、听觉失灵等。重金属镉能够引起“痛痛病”，会使人体骨骼中钙大量流失，出现骨质疏松、骨骼萎缩、关节疼痛等症状，中毒病人感到全身疼痛，重者甚至打个喷嚏就能发生骨折。金属砷中毒是我国常见的一种重金属中毒恶性事件，砷主要作用于人的皮肤和肺部，导致硬皮病、皮肤癌和肺癌。同时，砷化物能抑制酶活性，干扰人体代谢过程，使人的中枢神经系统发生紊乱，导致毛细血管扩张，并可能致癌，砷还会诱发胎儿畸形。铅也是重金属污染中毒性较大的一种，一旦进入人体很难排出，直接伤害人的脑细胞；胚胎和发育期的中枢神经系统是其主要靶器官，可造成婴儿先天大脑沟回浅，智力低下；会引起老年人痴呆、脑死亡等。虽然适量饮用和食入某些金属元素会对人体产生有利作用，但过量则会对人造成伤害，如锌过量会使人得锌热病，锰过量会使人甲状腺功能亢进。

（3）放射性物质对人体健康的影响

近年来，随着核技术在工农业、医疗、地质、科研等各领域的广泛应用，越来越多的放射性污染物进入土壤，这些污染物通过吸入等多种暴露途径进入体内，在人体内产生内照射。来自体外的辐射也可穿透一定距离被机体吸收，使人体受到外照射伤害。内外照射形成放射病的症状有疲劳、头昏、失眠、皮肤发红、溃疡、出血、脱发、白血病、呕吐、腹泻等。有时还会加大癌症、畸变、遗传病变发生率，影响几代人的健康。通常情况下，身体接受的辐射能量越多，其放射病症状越严重，致癌、致畸风险越大。有研究表明，氡子体的辐射危害占人体所受的全部辐射危害的 55%以上，其诱发肺癌的潜伏期大多在 15 年以上，我国每年因氡致癌的患者约 5 万例。

2. 对地下水和地表水的影响

污染物进入土壤后，主要经历以下过程：①被土壤颗粒吸附；②渗滤至地下水中；③随地表径流迁移至地表水中；④生物降解和非生物降解；⑤挥发和随土壤微粒进入大气；⑥被植物吸收进入食物链中富集或被降解。土壤污染物在包气带中迁移途径为污染源→表层土壤→犁底层土壤→下包气带土壤→地下含水层。土壤作为污染物的赋存介质和输移通道，土壤污染与地下水和地表水污染之间存在密切的关系。

一方面，土壤具有一定的积累和净化污染物的能力，对地下水起到保护作用。另一方面，土壤污染是浅层地下水污染的一个重要来源，土壤污染物通过淋滤和迁移，可进入地下水含水层，日积月累导致浅层地下水水质变差，造成地下水污染。对于地下水而言，污染土壤成为地下水污染来源与污染物输运移动通道。由于地表以下地层复杂，地下水流动极其缓慢，因此，地下水污染具有过程缓慢、不易发现和难以治理的特点。污染后的地下水，其使用功能受到影响，如饮用水水源。地下水一旦受到污染，即使彻底消除其污染源，也得十几年，甚至几十年才能使水质复原。污染物在包气带迁移时，在低渗透率地层上易发生侧向扩散，而在渗透率较高的地层中在重力作用下垂直向下运移至毛细带顶部。到达毛细带的污染物在毛细力、重力作用下发生侧向及垂向迁移，在毛细带区形成一个污染界面。随着降雨的淋溶作用，滞留在包气带的污染物会进一步进入饱水带。土壤污染物在包气带的入渗和迁移是一个非常复杂的过程，但由于其对地下水及土地资源的显著影响，人们一直寻求掌握有机污染物在包气带中的迁移转化规律，建立污染物运移模型，以此预测污染物在土壤及地下水中的迁移速率和浓度的时空分布，进而预测污染物对地下水水质的影响，为流域地下水保护提供科学依据（李梦耀，2008）。

地表水是指陆地表面上动态水和静态水的总称，也称“陆地水”，包括各种液态的和固态的水体，主要有河流、湖泊、沼泽、冰川、冰盖等。它是人类生活用水的重要来源之一，也是各国水资源的主要组成部分。土壤中的污染物可能发生转化和迁移，继而通过地下水的迁移、土壤污染物的浸出、河流湖泊的冲刷等途径进入地表水环境，影响地表水水质，从而影响地表水的类别定位和使用功能，其中对饮用水水源造成污染是一个重要方面，如石油污染地块中的石油烃污染物会随着地表径流进入地表水体，引起江河湖泊污染。据统计，全世界每年约有 1 亿 t 石油及其产品通过各种途径进入地下水、地表水及土壤中，其中我国有 60 多万 t。因此，随着石油开采和使用量的增加，大量的石油及其加工品进入土壤环境，不可避免地对地表水体环境造成了污染，给生物和人类带来危害（陆秀君等，2003）。

3. 对动植物、微生物和水生生物的影响

（1）对土壤中动植物的影响

土壤中的污染物一般都会对当地植物的生长和其产品的质量产生一定影响，土壤和地下水中积累的有机污染物在植物根系上形成一层黏膜，阻碍根系呼吸与吸收，引起根系腐烂，植物形态严重偏离正常植株。一些低分子挥发性有机污染物对植物的危害甚至比高分子烃还要严重，如粗汽油和煤油对植物毒害最大，其能够穿透植物的组织，破坏植物正常生理机能；而高分子烃穿透能力差，难以穿透到植物组织内部，但易在植物表面形成一层薄膜，阻塞植物气孔，影响植物蒸腾和呼吸作用（孙清等，2002）。同时，由于污染土壤营养缺乏，含重金属和其他无机污染物等，对植物的生长和发育也会产生不同程度的影响。

在铅污染土壤中，种子发芽率受铅浓度的影响较大，一般低浓度铅促进种子萌发，高浓度铅抑制种子萌发。在铅污染土壤中生长的植物，其根生长减慢，根生长受到抑

制，根毛、侧根数量减少，根系生物量和体积下降。土壤中重金属汞会严重影响植物根系活力、光合作用、生殖遗传等生理活动。一些在土壤中长期存活的植物病原体能严重危害植物生长。例如，某些植物致病细菌污染土壤后能引起茄子、番茄、辣椒、烟草等百余种茄科植物的青枯病，引起果树的细菌性溃疡和根癌病。某些致病真菌污染土壤后能引起大白菜、油菜、芥菜、甘蓝、荠菜等100多种蔬菜的根肿病，引起茄子、棉花、黄瓜、西瓜等多种植物的枯萎病等。甘薯茎线虫，黄麻、花生、烟草根结线虫，大豆胞囊线虫，马铃薯线虫等都能经土壤侵入植物根部，引起线虫病。有机磷杀虫剂对土壤动物的作用速度快、毒性强，是一类急性农药，而除草剂、杀菌剂对土壤动物是慢性的，毒性也较弱。

（2）对土壤中微生物的影响

土壤在受到不同类型及程度的污染之后，其微生物数量及群落结构也会表现出不同程度的变化。重金属能够使微生物酶中毒失活，且这种作用是不可逆的。有机物可为微生物的生长代谢提供碳源，但是由于其具有高毒性，超过一定浓度就会抑制微生物活性。土壤中有机物依其种类和含量不同而对微生物产生不同影响。

研究表明，重金属污染土壤能够降低细菌和放线菌的数量。同时，由于重金属和有机物等土壤污染物对不同种类微生物抑制或刺激的选择性，因此微生物群落结构常会发生一定改变，而微生物种群作为决定微生物降解功能的关键因素，在生物修复中具有重要作用。有研究表明，土壤中石油污染物的增加能够导致土壤多酚氧化酶、过氧化氢酶、磷酸酶、转化酶活性显著降低，但是脂肪酶活性显著增加（张晓阳，2013）。许多报道认为，重金属污染在短期内可以降低微生物活性，长期严重污染还可降低微生物数量，重金属污染水平高的土壤中微生数量和活性要比未污染土壤低（Kuperman et al.，1997；Roane et al.，1996）。土壤重金属污染可减少真菌生物量，改变真菌群落组成（Nordgren et al.，1983；1985）。细菌、真菌和放线菌数量在受到铅、砷、镉、铜污染的土壤中显著下降，且土壤中的重金属还能够抑制古细菌的生长（Bisessar，1982；Sandaa et al.，1999）。在长期镉污染的土壤中代谢熵高，碱性磷酸酶、芳基硫酸酯酶、水解酶和蛋白酶活性以及酶活 ATP 比值降低，因而镉污染降低了微生物的代谢率（Renella et al.，2005；王发园，2008）。

农药百菌清对土壤微生物群落结构的影响比嘧菌酯和戊唑醇两种农药的影响程度更大、时间更长（Bending et al.，2007）。草甘膦和噻唑啉能提高土壤微生物的活性和生物量，而乐果则降低微生物的活性和生物量（Eisenhauer et al.，2009）。农药浓度与其毒性效应直接相关，低浓度除草剂苄嘧磺隆对水稻土中微生物有轻微、短暂的不利影响，而在高浓度的处理下，细菌群落数量急剧下降，该水稻土中微生物群落多样性与苄嘧磺隆质量浓度显著相关。低质量浓度（＜60 mg/kg）甲氰菊酯杀虫剂对蔬菜土壤中微生物数量影响不大，高质量浓度（＞90 mg/kg）甲氰菊酯在短期内就能对微生物有抑制作用。然而，农药对土壤微生物的影响具有选择性，敏感类易受抑制，耐受型优势群落则可利用农药作为碳源和能源而增殖（赵玲等，2017；Lin et al.，2008）。

（3）对地下水和地表水中水生生物的影响

土壤中残留的农药通常是随地表径流进入河流、湖泊，对地下水和地表水造成污染，同时，进入水体的农药也会对水生生物造成一定毒害作用（赵玲等，2017）。莠去津（一种除草剂）能在水生生物体内产生富集，对水体中的低等动物毒性极大，研究表明其对淡水中的动物（如水蚤、水蛭）的取食、生长、产卵会产生抑制作用。草甘膦对鲫鱼具有一定的毒性，但不具有剂量效应，与染毒时间长短也无明显相关性。溴苯腈能导致啮齿类动物的生殖障碍，一旦进入水体，会产生很强的毒性，对鱼类生存构成威胁。几乎所有水生生物对硫丹都非常敏感。研究表明，硫丹对藻类具有较高毒性。另外，硫丹与其他污染物的联合毒性效应更强。研究表明，在 394 μg/L 毒死蜱分别与 4.5 μg/L、7.9 μg/L 和 1 μg/L 硫丹共同作用下，太平洋树蛙（*Pseudacris regilla*）幼体致死率显著高于硫丹单一染毒。稻丰散、福美双和敌百虫对鱼类具有中等急性风险，硫丹和敌百虫对鱼类具有慢性风险。三唑磷、二嗪磷和毒死蜱对溞具有急性高风险，敌百虫、毒死蜱、硫丹、丙溴磷、福美双、抗蚜威、阿维菌素、稻丰散、溴氰菊酯、吡蚜酮和多菌灵对溞具有中等急性风险和慢性风险。乙草胺和莠去津对藻类具有急性高风险，氟乐灵、敌百虫和福美双对藻类具有中等急性风险，同时，这几种农药对藻类也具有慢性风险。

1.2 污染场地土壤修复技术

1.2.1 污染土壤修复技术概况

污染土壤修复技术可定义为，可改变土壤中待处理污染物的结构，或减小污染物毒性、迁移性或数量的，单一或系列的通过转移、吸收、降解和转化土壤中的污染物，使其浓度降低到可接受的水平，或者将有害污染物无害化的化学、生物或物理处理技术单元。修复技术的分类方法有多种：根据修复处理工程的位置可以分为原位修复技术与异位修复技术；根据修复介质的不同可分为污染源（指污染地块的土壤、污泥、沉积物、非水相液体和固体废物等）修复技术和地下水修复技术；根据修复原理可分为物理修复技术、化学修复技术、热处理技术、生物技术、自然衰减和其他处理技术等；根据修复方式可分为对污染源的治理修复技术和对污染源的风险管控技术；根据地块运行和成本数据的充分性和可获得性，可分为成熟技术与创新技术（谷庆宝等，2008）。其中，按照修复原理的污染场地修复技术分类更为普遍，主要修复技术分类及适用对象见表 1-1。

表 1-1 污染场地修复技术分类及适用对象

原理	技术名称	修复介质	适用污染物	不适用
物理修复技术	固化/稳定化技术	土壤	金属类、石棉、放射性物质、腐蚀性无机物、氰化物以及砷化合物等无机物；农药、除草剂、石油或多环芳烃类、多氯联苯类以及二噁英等有机化合物	挥发性有机污染物
	洗涤或淋洗技术	土壤	重金属及半挥发性有机污染物、难挥发性有机污染物	黏土土壤
	土壤阻隔填埋技术	土壤	重金属、有机物及重金属有机复合污染	污染物水溶性强或渗透率高的污染土壤
	多相抽提技术	土壤、地下水	易挥发、易流动的 NAPL（非水相液体）	渗透性差或者地下水位变动较大的地块
化学修复技术	化学氧化、还原技术	土壤、地下水	石油烃、BTEX（苯、甲苯、乙苯、二甲苯）、酚类、MTBE（甲基叔丁基醚）、含氯有机溶液、多环芳烃、农药等大部分有机物	重金属
	可渗透反应墙技术	地下水	BTEX（苯、甲苯、乙苯、二甲苯）、石油烃、氯代烃、金属、非金属、放射性物质等	地层深度超过 10 cm 的非承压含水层
热处理技术	蒸汽强化抽提原位热脱附	土壤、地下水	苯、三氯乙烯等挥发或半挥发性有机污染物	土壤渗透性较差的污染土壤
	电阻加热原位热脱附	土壤	大部分易挥发性有机物和部分半挥发性有机物，如苯系物、含氯等有机溶剂	高沸点的有机污染物，如多环芳烃和石油烃

原理	技术名称	修复介质	适用污染物	不适用
热处理技术	热传导加热原位热脱附	土壤	绝大多数有机污染物，如多氯联苯、多环芳烃和石油烃等重质非水相液体	污染源位于地下水位以下，或地下水补给速率过快
	异位热脱附技术	土壤	挥发及半挥发性有机污染物（如石油烃、农药、多氯联苯）和汞	无机污染物含量较高的土壤（汞除外），腐蚀性有机物、活性氧化剂和还原剂含量较高的土壤
	焚烧技术	土壤	高浓度的持久性有机污染物（POPs）、石油类以及SVOCs等污染物	高含水率和黏性土壤的处理效率相对较低
	水泥窑协同处置技术	土壤	有机污染物及重金属	汞、砷、铅等重金属污染较重的土壤
	玻璃化处理技术	土壤	重金属、有机污染物、放射性物质等	挥发性有机化合物，或以污染物总量为验收目标的项目
	阴燃技术	土壤	石油烃、煤焦油、杂酚油、矿物油、燃料油等	高含水率和黏土等孔隙度较小的土壤
生物技术	生物堆技术	土壤	石油烃等易生物降解的有机物	重金属、难降解有机污染物污染土壤的修复
	原位生物通风技术	土壤、地下水	挥发性、半挥发性有机物	重金属、难降解有机污染物污染土壤的修复，黏土等渗透系数较小的污染土壤的修复
	植物修复技术	土壤	重金属（如砷、镉、铅、镍、铜、锌、钴、锰、铬、汞等）以及特定的有机污染物（如石油烃、五氯酚、多环芳烃等）	对修复时间要求较短的情况
自然衰减	监控式自然衰减技术	土壤或地下水	BTEX（苯、甲苯、乙苯、二甲苯）、石油烃、多环芳烃、MTBE（甲基叔丁基醚）、氯代烃、硝基芳香烃、重金属类、非金属类（砷、硒）、含氧阴离子（如硝酸根、过氯酸根）等	对修复时间要求较短的情况

污染土壤修复和监管过程中最关键的环节是污染地块修复技术的筛选，修复技术的适用性直接影响地块修复效果及费用。确定最佳修复技术时需综合考虑污染物特征、

地块条件、修复费用及时间等多种因素（谷庆宝等，2008；白利平等，2015），且每种修复技术都有各自的适用性及优缺点。修复技术选择的主要任务就是全面衡量各种技术的优缺点，并充分考虑我国的经济、技术发展水平和环境保护的需要，找出对于特定地块最适用的技术或技术组合（中国环境保护产业协会，2015）。

1.2.2 污染土壤修复技术的原理和特点

目前，污染土壤修复技术的研究和应用已经比较广泛，包括城市工业污染场地修复、农用地修复、矿区污染地块修复等，由于污染土壤类型和性质的不同，使用的修复手段也不完全相同，出现了一些修复技术手段的交叉融合使用（周际海等，2016）。

1. 热处理技术（Thermal Treatment）

热处理技术是应用于地块土壤有机污染物去除的主要物理化学修复技术，常用的包括原位热脱附、异位热脱附、水泥窑协同处置、焚烧、玻璃化、阴燃等技术。土壤热处理技术原理主要是通过不同的加热方式对污染土壤进行热处理，由温差引起的热量传递会将污染土壤进行高温加热，将污染土壤及其所含的有机污染物加热到足够的温度（刘超等，2018；王国峰等，2019），通过蒸发分离（原位和异位热脱附）、分解和破坏（焚烧、热解、水泥窑协同处置和阴燃）、固化（玻璃化）等途径，将污染物从污染土壤中去除或固定，并对热处理后的尾气通过除尘、降温、回收、分离、破坏等方式进行净化处理，使其达到国家排放标准。经过上述的热处理方法，能够实现污染土壤的修复以及净化。

热处理修复技术主要用于含有机污染物、汞等重金属、高沸点氯代化合物以及农药等的污染土壤的修复。当然，也有热处理修复技术不适用的污染物类型，如 Zn、Cu、Cd、Mn、Pb、Cr 等重金属、活性氧化剂、还原剂以及部分具有腐蚀性的有机物等，都不适合采取热处理修复技术进行污染处理。土壤热修复技术凭借着自身的优势，已被应用于很多发达国家的污染土壤处理，并且逐渐成为商业化程度比较高的技术之一。土壤热处理修复技术属于物理化学修复方法，该方法在使用过程中具备工艺简单、技术成熟度高、修复周期短以及处理速度快等优点，因此能够被广泛应用于城市污染土壤修复工作中，从而满足当地污染场地治理修复的实际需求。此外，对于一些突发性环境事故的污染土壤，当需要采取快速处理措施时，也可以选择热处理修复技术进行处理（刘超等，2018）。

2. 土壤气相抽提技术（Soil Vapor Extraction，SVE）

土壤气相抽提技术是通过在非饱和土壤层中布置抽气井，利用真空泵产生负压驱使空气流通过污染土壤的孔隙，解吸并夹带有机污染物流向抽气井，利用废气处理设施对抽气井抽出的废气进行处理，从而使污染土壤得到净化的方法。该系统抽取出的尾气可通过焚烧、活性炭吸附法或生物气体处理法等进行处理，以避免其对大气环境的污染（谢伟强，2016）。

土壤气相抽提技术可用来处理挥发性有机物（VOCs）、部分半挥发性有机污染物以及燃料类污染的土壤，不宜用来处理重油、重金属、多氯联苯和二噁英污染土壤。可处理的污染土壤应具有质地均一、渗透性好、孔隙度大、含水率低等特点。而黏土或水分含量高（＞50%）的土壤，由于渗透性较差，会影响 SVE 的处理效果。由于有机物含量高或特别干燥的土壤对 VOCs 的吸附性较强，此类土壤污染物的去除效率通常会较低。此外，土壤气相抽提技术实施时可能会发生污染物“拖尾”和反弹现象，抽提后的尾气和尾气处理过程产生的废物需要进行处理。

3. 固化/稳定化技术（Solidification/Stabilization）

固化/稳定化技术是指将污染土壤与黏结剂或稳定剂混合，使污染物实现物理封存或发生化学反应形成固体沉淀物（如形成氢氧化物或硫化物沉淀等），从而达到降低污染物迁移性和生物有效性的目的。固化/稳定化技术包含了两个概念（隋红，2013）。固化是指将污染物包裹起来，使其成为颗粒或者大块的状态，从而降低污染物的迁移性能。固化通过将污染土壤与某些修复剂混合，使土壤形成性质稳定的固体，从而减少污染物与水或者微生物之类的接触机会。稳定化技术将污染物转化成不溶解、弱迁移性能或毒性较小的状态，从而达到修复目的。将固化和稳定化两个概念放在一起是因为两种方法通常在处理和修复土壤时联合使用（Yeung，2010）。

通常情况下，固化/稳定化技术的费用比较低廉，对一些非敏感区的污染土壤可大大降低地块污染治理成本。常用的固化剂有飞灰、石灰、硅酸盐水泥、沥青以及聚合物等，应用较多的稳定化修复剂有磷酸盐、硫化物以及碳酸盐等，其中水泥应用最为广泛。固化/稳定化技术平均运行时间约为 1 个月，比其他修复技术（如土壤蒸汽抽提、堆肥等）的运行时间短许多。然而，对于需要高温固化的玻璃化技术，由于其高成本和对土壤物理结构、化学性质破坏严重等原因，一般仅适用于污染严重或特殊污染（如放射性污染）的局部性、事故性污染土壤（周际海等，2016）。

4. 化学氧化/还原技术（Chemical Oxidation/Reduction）

化学氧化/还原技术是通过氧化还原反应将污染物彻底无害化或转化为毒性较低的、更易自然生物降解的中间体或终产物，从而达到环境修复的目的。化学氧化/还原可用作原位或异位修复技术。常用的氧化剂有臭氧、过氧化氢、高锰酸盐、过硫酸盐等，常用的还原剂有纳米零价铁等。该技术在应用时如氧化还原不完全，则可能出现非环境友好的中间体污染物，会影响处理效果。土层的渗透系数、粒径分布、孔隙率等地块水文地质条件以及 pH、氧化还原电位等土壤的理化性质等，会影响化学氧化/还原方法的处理效果。此外，环境介质中的油和油脂也会影响该技术的处理效率。

化学氧化/还原技术所需的处理周期一般在几天至几个月不等，处理时间属中短期，具体取决于目标修复区域的污染物性质及污染程度、氧化还原剂是否能和污染物充分接触发生反应及地下含水层的特性等因素。化学氧化还原对大多数有机污染物有效，包括有机氯代溶剂、苯系物、石油烃、PCBs 等。但对水溶性差、土壤吸附性强的污染物，如高环的 PAHs、一些农药等，处理效率较差，可采用促进此类污染物溶解或解吸的产品与化学氧化/还原技术联用以提高其修复效率。化学氧化/还原的处理过程中可能产生不完全氧化产物或中间污染物，以及处理高浓度的污染物需要大量的氧化还原剂，这些情况可能导致此技术不再经济可行。

5. 土壤淋洗/洗涤技术（Soil Flushing/Washing）

土壤淋洗技术是指将能够促进土壤中污染物溶解或迁移的溶剂注入或渗透到污染土层中，使其穿过污染土壤并与污染物发生解吸、螯合、溶解或络合等物理化学反应，最终形成迁移态的化合物，再利用抽提井或其他手段把包含有污染物的液体从土层中抽提出来进行处理的技术。土壤洗涤技术是指将污染土壤挖掘出来后，与水或化学试剂混合，通过物理化学作用将土壤中的污染物转移到液相中，并将含污染物的液相介质进行处理，从而获得洁净土壤的技术。土壤淋洗技术一般为原位技术，土壤洗涤技术一般为异位技术。

淋洗/洗涤技术的优势在于其可用来处理难以从土壤中去除的重金属和有机污染物，如 Cr、Cu、PCBs、PAHs、石油类碳氢化合物等易于吸附或黏附在土壤中的物质。该技术用水较多，修复地块要求靠近水源，土壤理化性质和地块水文地质条件影响该技术的可行性、修复效果，同时化学淋洗剂和废水处理费用增加修复成本。研发高效、专性的表面增溶剂，提高修复效率，降低设备成本与污水处理费用，防止二次污染等是该技术领域重要的研究课题（周际海等，2016）。

6. 生物修复技术（Bioremediation）

污染地块生物修复技术研究始于 20 世纪 80 年代中期，到 90 年代有了成功应用的实例。广义的土壤生物修复是指利用土壤中的各种生物（包括植物、动物和微生物）吸收、降解和转化土壤中的污染物，使污染物含量降低到可接受的水平或将有毒有害污染物转化为无害物质的过程。根据污染土壤生物修复主体的不同，分为微生物修复、植物修复和动物修复 3 种，其中以微生物修复与植物修复应用最为广泛。狭义的土壤生物修复是指微生物修复，即土壤微生物将有机污染物作为碳和能量的来源，将土壤中有害的有机污染物降解为无害的无机物（CO_2 和 H_2O）或其他无害物质的过程。

生物修复技术近几年发展非常迅速，不仅较物理、化学方法经济，也不易产生二次污染，适合大面积污染土壤的修复，同时由于其具有低耗、高效、环境安全、纯生态过程的显著优点，逐渐成为土壤环境保护技术最活跃的领域（周际海等，2016）。但是其缺点是生物修复周期比较漫长，且针对不同污染状况的土壤需要选择不同的微生物、生态型植物和动物。微生物对有机污染物以外的重金属、放射性等污染物见效较慢，其修复周期长短在很大程度上受到污染物的种类、微生物物种和工程技术差异的影响。

7. 电动修复技术（Electrokinetic Remediation）

电动修复技术既适用于无机污染物，也适用于极性有机污染物，利用放置在土壤中的电极间产生的低强度电流，将阴离子和阳离子污染物分别向阳极和阴极移动和浓缩，然后通过电镀、沉淀、电极共沉淀、离子交换树脂浓缩或水相物理萃取等过程回收污染物，适用于排水能力差、低渗透性（高黏土含量）类型的土壤（Lombi et al.，2005）。目前，电动修复技术已进入现场修复应用阶段，我国也先后开展了菲和五氯酚等有机污染土壤的电动修复技术研究。

电动修复速度快，成本较低，特别适用于修复小范围的黏质可溶性有机物污染土壤，其不需要化学药剂的投入，修复过程对环境几乎没有负面影响，与其他技术相比，电动修复技术也更容易为大众所接受。但电动修复技术对电荷缺乏的非极性有机污染物去除效果不好，对于不溶性有机污染物，需要化学增溶，易产生二次污染，同时存在技术效果受外界条件影响大等问题（周际海等，2016）。

8. 联合修复技术

协同两种或两种以上修复方法所形成的联合修复技术，不仅可以提高单一污染土壤的修复速率与效率，而且可以克服单项修复技术的局限，实现对多种污染物的复合污染土壤的修复，成为土壤修复技术的重要研究内容（周际海等，2016）。

土壤物理—化学联合修复技术是适用于污染土壤异位处理的修复技术。例如，利用环己烷和乙醇将污染土壤中的多环芳烃提取出来后进行光催化降解；利用 Pd/Rh 支持的催化—热脱附联合技术和微波热解—活性炭吸附技术修复多氯联苯污染土壤；利用电动力学—芬顿联合技术来去除污染黏土矿物中的菲；利用光调节的 TiO_2 催化修复农药污染土壤等。溶剂萃取—光降解联合修复技术是利用有机溶剂或表面活性剂提取有机污染物后进行光解的物理—化学联合修复技术。

微生物/动物—植物联合修复技术，即微生物（如细菌、真菌）—植物、动物（如蚯蚓、线虫）—植物联合修复，是土壤生物修复技术研究的新内容。研究表明，种植紫花苜蓿对多氯联苯污染具有修复作用，接种食细菌线虫可以促进污染土壤扑草净的去除。利用能促进植物生长的根际细菌或真菌，发展植物—降解菌群协同修复、动物—微生物协同修复及其根际强化技术，促进有机污染物的吸收、代谢和降解是生物联合技术新的研究方向。

化学/物化—生物联合修复技术，即发挥化学或物理化学修复的快速优势，结合非破坏性的生物修复特点，发展基于化学—生物修复的联合修复技术，是最具应用潜力的污染土壤修复方法之一（万芹方等，2012）。化学淋洗—生物联合修复是基于化学淋溶作用，通过增加污染物的生物可利用性来提高生物修复效率；利用有机络合剂的配位溶出，增加土壤溶液中重金属浓度，提高植物吸取有效性，从而实现强化诱导植物吸取污染物。化学预氧化—生物降解和臭氧氧化—生物降解等联合技术已经应用于污染土壤中多环芳烃的修复（Kulik et al.，2006）。电动力学—微生物修复技术可以克服单一的电动修复或生物修复技术的缺点，在不破坏土壤质量的前提下，加快污染土壤修复进程。硫氧化细菌与电动综合修复技术可用于强化污染土壤中铜的去除，应用光降解—生物联合修复技术可以提高石油中 PAHs 污染物的去除效率（Guieysse et al.，2004）。

1.2.3 污染土壤修复技术应用现状

1. 国外修复技术应用现状

由美国超级基金场地污染修复第 15 版的报告中对 1982—2014 年各种污染土壤修复技术的统计情况（图 1-2）可知，由该基金项目资助的土壤修复技术主要涉及原位和异位热处理（19%）、固化/稳定化技术（19%）和土壤气相抽提技术（13%）（USEPA，2017），这 3 种修复技术所占比例较大，而其他修复技术如生物修复、土壤淋洗、化学处理等所占比例较小。美国超级基金制度中修复技术筛选的目标是筛选出能持续保护人体健康与环境的修复技术，使待处理的污染物最少化，主要包含两个阶段：①筛选可能的修复方案；②从可能的修复方案中筛选出最优方案。

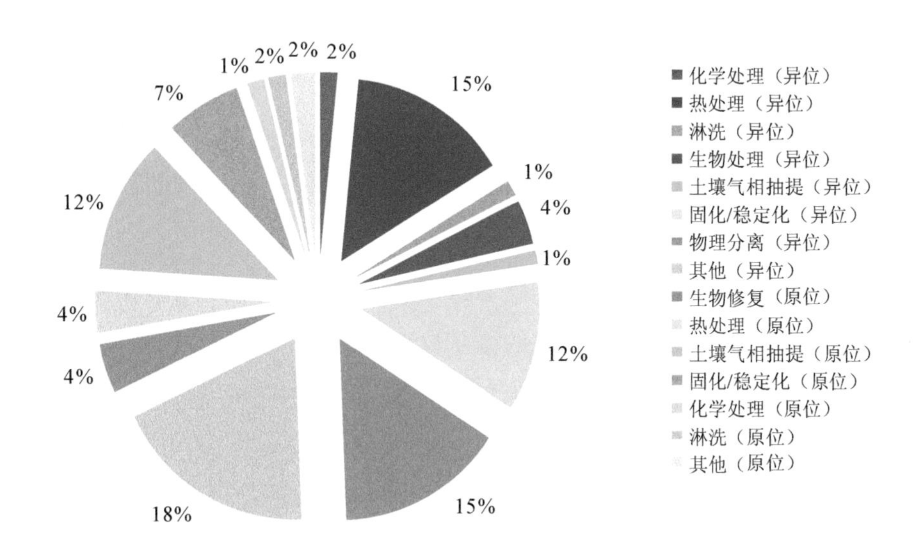

图 1-2 美国超级基金地块污染土壤修复技术使用比例

热处理技术和固化/稳定化处理技术在污染地块修复中是应用较多的技术类型，由于固化/稳定化技术没有破坏污染物或减少污染物的数量，土壤中污染物的存在依然可能导致潜在的环境问题，尤其是稳定化后的污染物随着环境条件（如 pH、氧化剂/还原剂等）发生形态改变容易造成二次释放。因此，在污染土壤修复中热处理技术不失为一个很好的选择。

2. 国内修复技术应用现状

根据《中国工业污染场地修复发展状况分析》（王艳伟，2017）、《2017 年度中国污染场地修复行业发展报告》和《2018 年土壤与地下水修复行业发展报告》（中国环境保护产业协会土壤与地下水修复专业委员会/污染场地安全修复技术国家工程实验室），我国国内修复技术应用情况统计如图 1-3 所示，截至 2018 年年底，共有项目样本 402 个，技术应用较多的为固化/稳定化（131 项）、化学氧化还原（89 项）、水泥窑共处置（60 项）、常温脱附（34 项）、异位热脱附（30 项）、原位热脱附（17 项）。各污染地块修复技术的选择受地块污染物类型、污染物理化性质、资金落实情况、修复时间、技术成熟度及修复效果等多种因素影响。一些低能耗、低成本的修复技术，如生物修复技术等，由于需要修复时间较长，与我国对建设用地开发的用地需求进度不匹配，因而暂时难以得到应用。热处理技术由于对处理的污染物具有一定的广谱性，同时具有技术成熟、处理效果好、设备自动化和集成化程度高、污染土壤处理迅速等特点，加之我国污染场地的污染一般较为严重且复杂，仅靠温和的修复技术难以达到修复目标，而热处理与我国建设用地污染土壤需要高效、快速处理的需求较为吻合，因而在我国得到了广泛的应用。

随着我国土壤及地下水污染问题的暴露，政府对地块污染的日益重视和地块修复管理体系的日趋完善，土壤及地下水的修复与治理必将成为未来重要的研究方向。目前热处理技术的国外研究已经到了实际应用阶段，国内研究和应用也日益增多，在借鉴国外研究经验的基础上，针对我国实际情况，开展理论研究与应用研究，进一步探索节能、高效、廉价、迅速、便捷的热处理技术将是未来污染地块修复研究的主要发展方向（缪周伟等，2012）。

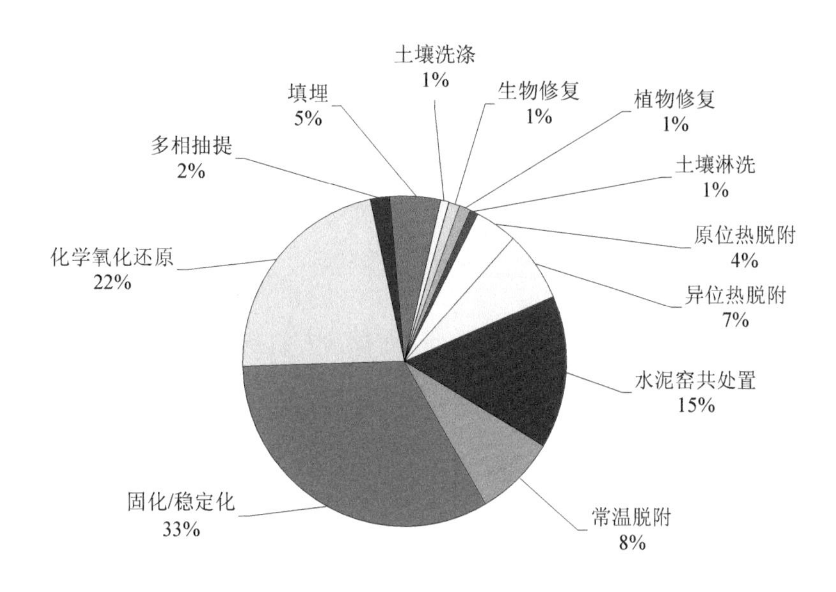

图 1-3 国内修复技术应用情况统计（2007—2018 年）

1.3 污染场地土壤热处理技术

1.3.1 热处理技术概述

在目前污染场地的可用修复技术中，热处理因为快速、可靠地修复土壤而得到广泛应用。2012—2014 年，在美国超级基金决策文件的原位处理和异位处理记录中，原位热处理和异位热处理被采用的次数分别居第三位和第四位（Ding et al.，2019）。热处理工艺能够迅速（从几个小时到几个月不等）、有效地修复地块，通常可以在多种污染物（如多类别石油烃组分）共同存在的污染土壤中实现超过 99%的去除率。

热处理技术在高效、快速处理污染场地土壤的同时，因为所需的高温仍可能带来一些负面影响（Ding et al.，2019）。首先，加热受污染土壤到高温需要消耗一定的能源，因此热处理技术的成本往往较高。其次，高温下土壤矿物质和有机质会遭到破坏，可能会影响土壤和生态系统恢复到原始状态的能力。虽然热处理技术能够有效地去除污染，但是高温对生态系统（如植物生长和土壤微生物系统）和生态重建的影响仍令人担忧。为此，专家学者基于生命周期进行了科学评估。结果显示，热处理技术对环境的总体影响均小于土壤挖掘与场外处理（soil excavation and off-site treatment）、土壤固化/稳定化（Cappuyns et al.，2011；Hou et al.，2016）、电动修复（Falciglia et al.，2018；Ding et al.，2019）。

1.3.2 热处理技术机制与系统组成

1. 污染土壤热处理的机制

污染地块热处理过程包含了物理、化学变化，有机污染物的物理蒸发是其主要的脱附机制，同时会有污染物分子的分解和降解反应发生。土壤颗粒内和颗粒间的传热、传质是限制污染物分子去除的主要因素。热脱附初始阶段，土壤颗粒表面的污染物分子首先受热发生挥发，而颗粒内部的污染物分子受传热传质的限制，需要较长的时间才会发生蒸发和扩散。热脱附过程有机污染物的脱附行为可用一级反应动力学方程进行良好拟合（赵中华，2018）。以氯化溶剂污染土壤为例，热处理技术去除污染物的多种机制如图 1-4 所示（Ding et al.，2019）。

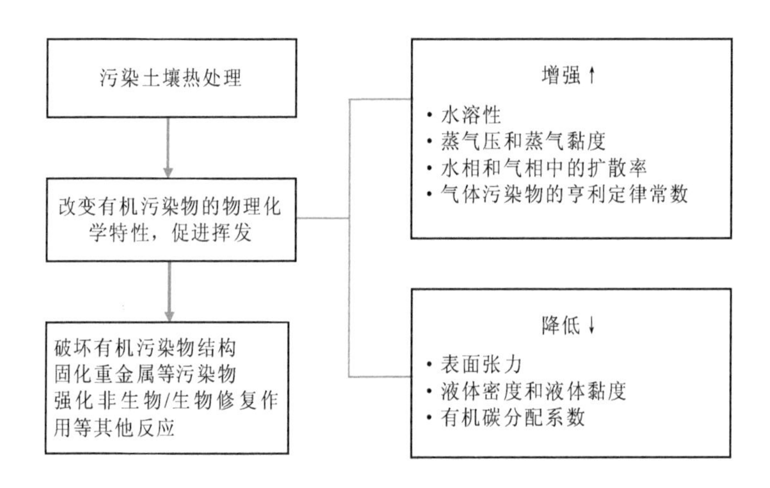

图 1-4 污染土壤热处理的去除机制

2. 系统组成

热处理系统一般包含两个基本组成部分：土壤热处理部分和尾气处理部分。

土壤热处理部分主要通过加热窑（异位热脱附）、加热棒/井（原位热脱附）、回转窑/循环流化床（焚烧）、电极（玻璃化）等装置加热污染土壤，使目标污染物蒸发、破坏或分解。不同热处理技术加热阶段的基本原理存在一定差异。如热脱附技术是在低于污染物燃点的温度下，挥发性和半挥发性有机污染物受热后蒸发或发生部分降解，释放的蒸气和土壤粉尘进入尾气处理阶段，尾气处理包括利用冷凝/吸附回收液体、在二次燃烧室中燃烧、袋式除尘器过滤和湿法洗涤等（Hyman et al.，2001）。焚烧则是在有氧的情况下，通过焚烧炉、流化床燃烧室等直接燃烧分解污染土壤中的有机污染物，生成的尾气同样经过尾气处理系统，最终达标排放（Hyman et al.，2001）。而玻璃化技术则是在通常超过 1 200℃的温度下熔化目标污染土壤，然后快速冷却到玻璃状材料，在此过程中，非挥发性金属被固定在玻璃内，挥发性金属（如铅、镉和锌）必须在废气处理系统中收集，有机化合物则发生热解或燃烧（Yeung，2010）。

在污染土壤热处理过程中，受热挥发后的污染物与土壤颗粒分离后被载气携带，富集污染物的尾气需要净化达标后才能排放。脱附尾气中污染物的净化是热处理技术面临的又一关键问题，尾气的净化是一个比较复杂的过程，如果处理不当，会造成新的污染（赵中华，2018）。污染物在热处理阶段从土壤中挥发，并由载气输送到尾气处理系统。尾气的主要成分包括载气、少量空气、气态污染物、水蒸气、土壤有机质热解产物和土壤粉尘。尾气中的气态污染物包括 VOCs（如苯、甲苯、乙苯、二甲苯、1,2-二氯乙烷、柴油、汽油、十六烷）、SVOCs（如 PCBs、PAHs、HCHs 和 DDTs、PCDD/Fs）和挥发性无机物质（如 Hg）。如果这些气态污染物得不到有效去除，尾气就会造成二次污染，因此，尾气净化阶段也是热处理研究的重点。目前，热处理尾气净化工艺已在工程中得到广泛应用，一般热处理的尾气净化过程包括除尘、冷凝、洗涤、吸附、燃烧等（Zhao et al.，2019）。

尾气净化技术可以分为破坏型和回收型。破坏型尾气净化技术可利用热、光、催化剂和微生物等方式，通过化学反应或生物反应将气态污染物分解为 H_2O、CO_2 和其他无毒无害物质。回收型尾气净化技术旨在通过改变温度、压力或使用选择性吸附剂和渗透膜，抑或通过物理方法，吸收、吸附、过滤或分离气态污染物，对残留物进行统一处理。对于直接加热的热处理系统，其尾气量大、污染物浓度低、污染物回收价值低，此时一般使用破坏型尾气净化技术，如热燃烧、催化燃烧、生物降解、光催化氧化和低温等离子体方法。对于间接加热的热处理系统，其废气量少，污染物浓度高且回收率高，此时可使用回收型尾气处理技术，如冷凝、固体吸附、液体吸收和膜分离（Zhao et al.，2019）。

1.3.3 污染土壤热处理技术类型

污染土壤热处理技术的主要类型：①借助污染物自身的热挥发性能，将土壤温度提升到最佳温度，使污染物能够优先分布在气相当中，从而与土壤分离，如原位和异位热脱附技术；②在高温下将有机污染物直接燃烧分解成 CO_2、H_2O 等小分子化合物，如焚烧技术和水泥窑协同处置技术；③通过极高温将污染土壤熔融形成玻璃固体，将重金属或放射性污染物固定于玻璃块中，有机污染物发生热氧化分解，如玻璃化处理技术；④通过无焰燃烧的方式将污染物转化为 CO_2 和 H_2O，释放热量，如阴燃技术；此外，还可通过等离子体、微波、太阳能等新型加热方式对污染土壤进行热处理等。Ding 等（2019）对现有的几种热处理技术进行了比较，总结了每种技术的最高温度、成本、优势和局限性（表 1-2）。

表 1-2 现有热处理技术的比较

热处理技术		最高温度/℃	成本	优势	局限性
原位热脱附技术	蒸汽强化抽提	100	VOCs：23 美元/m^3 SVOCs：27 美元/m^3	成本低，与其他原位热脱附技术结合灵活	低渗透地区受限
	电阻加热	100	VOCs：21 美元/m^3 SVOCs：39 美元/m^3 总体：187 美元/m^3	对地下非均质性不敏感	不适用于干燥土壤；难以去除 SVOCs
	热传导加热	＞500	VOCs：24 美元/m^3 SVOCs：32 美元/m^3 总体：103 美元/m^3	对 VOCs 和 SVOCs 均有效；可预测性能	易受高流量地下水影响
异位热脱附技术		540	44～252 美元/m^3	比焚烧便宜	属于分离而不是破坏技术
焚烧技术		1 200	695～1 171 美元/m^3	直接破坏有机污染物	产生有毒废气或底灰；成本高
水泥窑协同处置技术		1 450	800～1 000 元/m^3	对污染物的处理范围较广	对于大量的污染土壤可能需要很长时间；可能会产生次生污染
玻璃化处理技术		2 000	300～450 美元/t（原位） 250～2 200 美元/t（异位）	同时处理有机和无机污染物	能耗大，操作复杂
阴燃技术		1 200	原位热脱附技术的 50%～75%	高效节能，同时保持高去除效率	要求点火所需的最小污染物浓度；低渗透区域的有效性有限

1. 原位热脱附（In-Situ Thermal Desorption，ISTD）技术

原位热脱附技术是将污染土壤加热至目标污染物的沸点以上，通过控制系统温度和物料停留时间有选择地促使污染物气化挥发，使目标污染物与土壤颗粒分离、去除。热脱附过程中土壤中的有机化合物发生挥发和裂解等物理化学变化。当污染物转化为气态之后，其流动性将大大提高，挥发出来的气态产物通过收集和捕获后进行净化处理。

原位热脱附的加热方式和污染物去除机制随距离加热井的远近而不同。为了确保整个污染区域有足够温度，加热器附近的土壤会达到更高温度（800～900℃），此区域的污染物在低氧含量时将优先发生热裂解反应，在氧含量水平高时则会燃烧。随着时间的推移，氧气含量会随气流推进和热反应的进行而改变，因此，发生热裂解的区域可能最终会暴露于氧气中，并导致在热裂解过程中形成的焦炭发生燃烧。这也将导致温度难以调节，但若能得到控制，则可达到节能目的（Vidonish et al.，2016）。

采用 ISTD 技术修复污染场块地在美国已有约 20 年的历史，根据加热技术的属性一般分为热传导（TCH）、电阻加热（ERH）和蒸汽强化抽提（SEE）3 种，其中 TCH 又可分为 TCH（燃气）和 TCH（电），前者在业内被称为燃气热脱附（GTR）。相比较而言，TCH 的适用性最广，各种饱和及非饱和地层均可应用，加热均匀性受非均质地层影响小，能将地层温度加热至超过 100℃。ERH 只适用于饱和地层，加热均匀性受非均质地层的影响十分明显，对砂质、砾石或基岩等地层不适用。SEE 基本局限于 VOCs 污染的高渗透性地层。如果一个地块存在 SVOCs 污染，那么 ISTD 必须采用 TCH，此时 ERH 或 SEE 只能起辅助作用。

2. 异位热脱附（Ex-Situ Thermal Desorption，ESTD）技术

异位热脱附技术用来处理一些适于开展异位环境修复的区域，先将污染土壤开挖出来，然后通过直接或间接加热，将污染土壤中的目标污染物加热至其沸点以上，通过控制系统温度和物料停留时间有选择地促使污染物气化挥发，使目标污染物与土壤颗粒分离、去除。ESTD 适用于处理挥发及半挥发性有机污染物（如石油烃、农药、多环芳烃、多氯联苯）和汞；不适用于无机物污染土壤（汞除外），也不适用于腐蚀性有机物、活性氧化剂和还原剂含量较高的土壤。尾气最终通过焚烧或者活性炭吸附等方

式去除，脱附后土壤必须加湿来控制灰尘（Vidonish et al.，2016）。

ESTD 对有机污染土壤地块修复具有污染物去除效率高、修复周期短、普适性强等优点，早在 1985 年就已经入选美国国家环保局推荐技术。根据美国超级基金场地项目报告（2017 年），超过 69 个超级基金场地采用异位热脱附技术，占比为 5.6%。根据《中国工业污染场地修复回顾与展望（2018）》，我国已有 23 个有机污染地块采用异位热脱附技术，占比为 16.0%。ESTD 经历了从处理成分单一、低沸点（小于 300℃）、无氯有机污染物，发展到处理高沸点（大于 300℃）、无氯有机污染物，最终发展到目前处理污染组分复杂、高沸点、含氯有机污染物的过程。目前，国际上最新的 ESTD 基本克服了不能处理高沸点有机物及氯酸盐废物的缺点，实现了对高沸点含氯有机污染物的热脱附处理，但二次污染物如二噁英等排放控制仍有待加强。

3．焚烧（Incineration）技术

焚烧属于异位修复技术，将开挖的污染土壤投入焚烧装置（回转窑、流化床反应器或红外线加热器等），在有氧条件下进行高温燃烧（Zhao et al.，2019）。焚烧是在高温和有氧条件下，依靠污染土壤自身的热值或辅助燃料，使其焚化燃烧并将其中的污染物分解转化为灰烬、CO_2 和 H_2O，并对焚烧产生的烟气进行处理，从而达到土壤中污染物减量化和无害化的目的。采用辅助燃料的焚烧技术能耗和成本较高。

焚烧技术可用来处理大量高浓度的持久性有机污染物（POPs）、石油类以及 SVOCs 等。不同焚烧工艺对污染土壤的含水率有一定的要求，高含水率和黏性土壤的处理效率相对较低，且处理费用相应提高。处理温度因目标污染物而异，通常在 600～1 600℃进行。在燃烧时间和燃烧温度足够的情况下，焚烧技术对污染物的去除效率可达 99.99% 以上。对于挥发性有机物（VOCs）的燃烧，氧气水平大约保持在 10%（Vidonish et al.，2016）。重金属焚烧产生的残灰，需进行安全处置。挥发性重金属的焚烧，需要安装尾气处理系统。对含氯有机污染土壤进行焚烧存在产生二噁英的风险，处理过程中可能形成比原污染物的挥发性和毒性更强的化合物。焚烧产生的尾气，依次通过洗涤器、静电除尘器或袋式除尘器处理，必要时也可以采用焚烧，以去除尾气中可能造成空气和土壤二次污染的污染物。

4. 水泥窑协同处置（Co-Processing in Cement Kiln）技术

水泥窑协同处置技术是异位修复技术，是国内目前应用较广的一类土壤修复技术，一般是将满足或经过预处理后满足入窑要求的土壤投入水泥窑，在进行水泥熟料生产的同时实现对污染土壤无害化处置的技术。水泥窑协同处置技术具有焚烧温度高、热回收和资源利用效果好、经济效益显著等诸多优点，但对处理污染土壤的理化性质、投加比例和投加点等需要深入分析。该技术的修复实施时间属于中短期。

水泥窑协同处置技术对污染物的处理范围较广，大多有机类污染物都可以采用该技术处理，但该技术不适用于处理含爆炸物，未经拆解的废电子产品，汞、铬等的污染土壤。水泥窑协同处置技术的投料点要根据污染物的挥发性来选择从窑头或窑尾进行投料，挥发性强的污染物必须从高温端投料，避免污染物挥发进入水泥窑尾气。重金属的含量对水泥质量影响较大，因此处理前应对土壤中的重金属等成分进行检测，保证出产的水泥的质量符合相关标准。由于污染土壤只能以较小比例混入水泥窑进行处置，对于大量的污染土壤可能需要很长时间才能处置完毕。同时，涉及污染土壤的挖掘或远距离运输，可能会产生次生污染。

5. 玻璃化（Vitrification）处理技术

玻璃化技术既是热处理技术，也是固化/稳定化技术的一种，通过电流等加热方式将土壤加热到 1 600～2 000℃，使其融化，冷却后形成玻璃态物质，从而将重金属和放射性污染物固定在生成的玻璃态物质中，而有机污染物在极高的温度下通过挥发或者分解去除。熔融的土壤/污染物固体具有类似于黑曜石的性质，由非挥发性材料形成稳定的玻璃，并且强度比混凝土强 10 倍以上。在迁移到玻璃表面并进行氧化之前，土壤中的污染物在玻璃的低氧熔融中心被热解。

原位玻璃化技术适用于含水量较低、污染物深度不超过 6 m 的土壤。通常通过钼电极加热土壤，并将石墨或玻璃材料混入其中以开始熔融过程。土壤矿物熔化后，关闭电极，使土壤和污染物冷却成玻璃块。玻璃块留在原处，并且由于玻璃化导致土壤体积下沉/收缩 20%～40%，因此必须添加回填土壤。异位玻璃化技术是将开挖的污染土壤通过等离子体、电流或其他热源在高温下熔化，有机污染物在高温下被热解或蒸发去除，有害无机离子则得以固化，产生的水分和热解产物则由气体收集系统收集进一步处理。玻璃化技术的尾气控制系统与其他热处理技术类似，包括集尘室、静电除尘器和二燃室等（Zhao et al.，2019）。

6. 阴燃（Smoldering）技术

阴燃是一种无焰燃烧过程，如果充分满足燃料和氧气的需要，阴燃就会产生自我维持的放热燃烧波（Zhao et al.，2019），将污染物转化为 CO_2 和 H_2O 并释放热量，从而不需要额外的燃料来完成修复。虽然阴燃产生的温度在时间和空间上都不同，但平均温度为 600～1 100℃。要开始阴燃修复，需要注入空气和加热才能开始燃烧。点火后，可以停止加热，而在修复项目期间继续注入空气。只要氧气和燃料水平充足，热量损失最小，阴燃氧化就会自我维持，阴燃热浪沿着气流的方向移动。

阴燃反应是通过土壤/污染物基质的传热来维持的，污染物的去除通过几种机制进行。虽然放热燃烧反应是主要的去除机制，但也会发生脱附和热解（吸热），去除机制的这种异质性具有空间基础。通过阴燃热浪的对流和传导加热土壤，当温度超过其沸点时，有机污染物脱附。当氧气供应充足时，有机物通过燃烧被破坏。热解可能发生在任何缺氧区，如高密度非水相液体（DNAPL）深处。

阴燃反应的速度以及整体修复效果因地块条件而异，阴燃热浪的速度及污染物去除率与空气流量直接相关，而热损失也可能影响传播速度。点燃污染物以引发阴燃可能需要几个小时，而污染土壤的修复时间可能持续几小时至几天，通过空气注入速率控制点火和有机物抽提。通过尾气处理系统（如蒸汽抽提/真空系统）收集和破坏蒸发的碳氢化合物和一氧化碳等气体，然后再进行活性炭吸附或焚烧。

7. 其他新型热处理技术

除了以上几种热处理技术类型以外，还存在其他的新型热处理技术，如等离子体土壤修复技术、微波土壤修复技术、电波土壤修复技术、太阳能土壤修复技术及热强化修复技术等。其中，热强化修复技术又包括热强化化学氧化技术、热强化化学还原技术、热强化生物修复技术等。

参考文献

白利平，罗云，刘俐，等，2015. 污染场地修复技术筛选方法及应用[J]. 环境科学，36（11）：4218-4224.

高巍，2021. 化工废水处理工艺技术的研究及应用进展[J].资源节约与环保，（1）：85-86.

谷庆宝，郭观林，周友亚，等，2008. 污染场地修复技术的分类、应用与筛选方法探讨[J]. 环境科学研究，（2）：197-202.

韩春媚，冉娟，张慧，等，2012. 甲苯在北京褐潮土中的运移分布及其 STOMP 模拟研究[J]. 环境科学，33（10）：3554-3560.

韩月梅，2019. 石油开采中土壤污染及防治[J]. 科技经济导刊，27（12）：125.

何依琳，马福俊，张倩，等，2014. 热解吸对污染土壤中不同形态汞的去除作用[J]. 环境工程学报，8（4）：1593-1598.

纪学雁，2005. 土壤中石油污染物迁移规律实验模拟研究[D]. 大庆：大庆石油学院.

焦琳，端木合顺，程爱华，2010. 多环芳烃在水中的分布状态及研究进展[J]. 技术与创新管理，31（2）：231-234.

李发生，谷庆宝，桑义敏，2012. 有机化学品泄漏场地土壤污染防治技术指南[M]. 北京：中国环境科学出版社.

李克，丁文娟，王芳，等，2019. 石油开采行业土壤污染防治对策与建议[J]. 化工环保，39（6）：603-607.

李梦耀，2008. 五氯苯酚在黄土性土壤中的迁移转化及其废水治理研究[D]. 西安：长安大学.

李兴伟，纪学雁，刘晓冬，2004. 油田城市地表土壤石油污染特点及其防治对策[J]. 国土与自然资源研究，（4）：68-69.

刘超，王铭剑，2018. 污染土壤热修复装置设备研究[J]. 南方农机，49（24）：46-47.

刘惠，2019. 污染土壤热脱附技术的应用与发展趋势[J]. 环境与可持续发展，（4）：144-148.

陆秀君，郭书海，孙清，等，2003. 石油污染土壤的修复技术研究现状及展望[J]. 沈阳农业大学学报（1）：63-67.

缪周伟，吕树光，邱兆富，等，2012. 原位热处理技术修复重质非水相液体污染场地研究进展[J]. 环境污染与防治，34（8）：63-68.

曲风臣，吴晓峰，林长喜，等，2017. 我国化工污染场地修复综述及建议[J]. 化学工业，35（2）：44-47.

隋红，2013. 有机污染土壤和地下水修复[M]. 北京：科学出版社.

孙清，陆秀君，梁成华，2002. 土壤的石油污染研究进展[J]. 沈阳农业大学学报，（5）：390-393.
万芹方，邓大超，柏云，等，2012. 植物和动电修复铀污染土壤的研究现状[J]. 核化学与放射化学，34（3）：148-156.
王发园，2008. 土壤重金属污染对微生物多样性的影响[J]. 安徽农业科学，（18）：7827-7828.
王国峰，陈力，席海苏，等，2019. 浅析污染土壤的物化修复治理技术[J]. 科技创新导报，16（1）：130-131.
王庆新，庄缅，李立宏，2009. 化工污染的危害及其防治策略[J]. 化学工程师，23（4）：43-45.
王艳伟，李书鹏，康绍果，等，2017. 中国工业污染场地修复发展状况分析[J]. 环境工程，35（10）：175-178.
王奕文，马福俊，张倩，等，2017. 热脱附尾气处理技术研究进展[J]. 环境工程技术学报，7（1）：52-58.
谢伟强，2016. 铅锌矿区污染土壤及废渣的固化/稳定化修复及机理研究[D]. 长沙：湖南大学.
邢艳帅，乔冬梅，朱桂芬，等，2014. 土壤重金属污染及植物修复技术研究进展[J]. 中国农学通报，30（17）：208-214.
徐科峰，李忠，何莼，等，2003. 持久性有机污染物（POPs）对人类健康的危害及其治理技术进展[J]. 四川环境，（4）：29-34.
许端平，何依琳，庄相宁，等，2013. 热解吸修复污染土壤过程中 DDTs 的去除动力学[J]. 环境科学研究，26（2）：202-207.
薛建华，王近中，辛佩珠，等，1994. 氯仿、氯苯和多氯联苯对染毒家兔红细胞脂质过氧化和膜流动性的影响[J]. 中华预防医学杂志，（5）：294-296.
杨亚从，2021. 煤化工污染与防治研究[J]. 化工管理，（9）：28-29.
余勤飞，侯红，白中科，等，2013. 中国污染场地国家分类体系框架构建[J]. 农业工程学报，29（12）：228-234.
张条兰，刁润丽，方秀苇，2015. 电镀废水治理的研究进展[J]. 广东化工，42（3）：87-88.
张晓阳，2013. 陕北石油污染对土壤理化性质和酶活性的影响[D]. 咸阳：西北农林科技大学.
赵玲，滕应，骆永明，2017. 中国农田土壤农药污染现状和防控对策[J]. 土壤，49（3）：417-427.
赵中华，2018. 含氯有机污染土壤热脱附及联合处置研究[D]. 杭州：浙江大学.
中国环境保护产业协会，2015. 污染场地修复技术筛选指南：CAEPI 1-2015[S].
钟顺清，2007. 矿区土壤污染与修复[J]. 资源开发与市场，（6）：532-534.
周际海，黄荣霞，樊后保，等，2016. 污染土壤修复技术研究进展[J]. 水土保持研究，23（3）：366-372.

庄国泰，2015. 我国土壤污染现状与防控策略[J]. 中国科学院院刊，30（4）：477-483.

自然资源部，2019. 中国矿产资源报告（2019）[R].

Bending G D，Rodriguezcruz M S，Lincoln S D，2007. Fungicide impacts on microbial communities in soils with contrasting management histories[J]. Chemosphere，69（1）：82-88.

Bisessar S，1982. Effect of heavy metals on microorganisms in soils near a secondary lead smelter[J]. Water，Air，and Soil Pollution，17（3）：305-308.

Cappuyns V，Bouckenooghe D，van Breuseghem L，et al，2011. Can thermal soil remediation be sustainable? A case study of the environmental merit of the remediation of a site contaminated by a light non-aqueous phase liquid（LNAPL）[J]. Journal of Integrative Environmental Sciences，8（2）：103-121.

Ding D，Song X，Wei C，et al，2019. A review on the sustainability of thermal treatment for contaminated soils[J]. Environmental Pollution，253：449-463.

Eisenhauer N，Klier M，Partsch S，et al，2009. No interactive effects of pesticides and plant diversity on soil microbial biomass and respiration[J]. Applied Soil Ecology，42（1）：31-36.

Falciglia P P，Ingrao C，De Guidi G，et al，2018. Environmental life cycle assessment of marine sediment decontamination by citric acid enhanced-microwave heating[J]. Science of The Total Environment，619-620：72-82.

Guieysse B，Viklund G，Toes A，et al，2004. Combined UV-biological degradation of PAHs[J]. Chemosphere，55（11）：1493-1499.

Hou D，Gu Q，Ma F，et al，2016. Life cycle assessment comparison of thermal desorption and stabilization/solidification of mercury contaminated soil on agricultural land[J]. Journal of Cleaner Production，139：949-956.

Hyman M，Dupont R R，2001. Groundwater and soil remediation：Process design and cost estimating of proven technologies[M]. Reston，VA：ASCE Press：534.

Kulik N，Goi A，Trapido M，et al，2006. Degradation of polycyclic aromatic hydrocarbons by combined chemical pre-oxidation and bioremediation in creosote contaminated soil[J]. Journal of Environmental Management，78（4）：382-391.

Kuperman R G，Carreiro M M，1997. Soil heavy metal concentrations，microbial biomass and enzyme activities in a contaminated grassland ecosystem[J]. Soil Biology and Biochemistry，29（2）：179-190.

Lin X，Zhao Y，Fu Q，et al，2008. Analysis of culturable and unculturable microbial community in bensulfuron- methyl contaminated paddy soils[J]. Journal of Environmental Sciences，20（12）：1494-1500.

Lombi E，Hamon R E，2005. Remediation of polluted soils[M]//HILLEL D. Encyclopedia of Soils in the environment. Oxford：Elsevier：379-385.

Nordgren A，Bååth E，Söderström B，1983. Microfungi and microbial activity along a heavy metal gradient[J]. Appl. Environ. Microbiol，45（6）：1829-1837.

Nordgren A，Bååth E，Söderström B，1985. Soil microfungi in an area polluted by heavy metals[J]. Canadian Journal of Botany，63（3）：448-455.

Renella G，Mench M，Landi L，et al，2005. Microbial activity and hydrolase synthesis in long-term Cd-contaminated soils[J]. Soil Biology and Biochemistry，37（1）：133-139.

Roane T M，Kellogg S T，1996. Characterization of bacterial communities in heavy metal contaminated soils[J]. Canadian Journal of Microbiology，42（6）：593-603.

Sandaa R，Enger Ø，Torsvik V，1999. Abundance and diversity of Archaea in heavy-metal-contaminated soils[J]. Appl. Environ. Microbiol.，65（8）：3293-3297.

USEPA，2017. Superfund Remedy Report 15th Edition EPA-542-R-17-001[R]. Washington DC.：USEPA.

Vidonish J E，Zygourakis K，Masiello C A，et al，2016. Thermal treatment of hydrocarbon-impacted soils：a review of technology innovation for sustainable remediation[J]. Engineering，2（4）：426-437.

Yeung A T，2010. Remediation technologies for contaminated sites，Berlin，Heidelberg，2010[C]. Springer Berlin Heidelberg.

Zhao C，Dong Y，Feng Y，et al，2019. Thermal desorption for remediation of contaminated soil：a review[J]. Chemosphere，221：841-855.

第2章　污染场地土壤热处理技术理论

本章涵盖了污染土壤热处理涉及的热力学基本概念和原理，介绍了热处理对土壤中有机污染物理化性质的改变，论述了热处理过程对土壤有机质、矿物组成、pH、微生物及水文地质的影响。

2.1　热力学基本概念及原理

2.1.1　热力系统及基本状态参数

污染土壤热处理过程中热力学分析的首要步骤是确定热力系统，这不仅有助于明确研究对象的内容和范围，还可以清楚地揭示研究对象与周围事物的相互关系，以便研究人员针对热力系统建立定性与定量关系。

1．热力系统

（1）系统

为了便于对热处理过程中出现的问题的研究与分析，我们将研究对象与周围环境进行人为分割，其中人为分割的研究对象称为热力系统（以下简称系统）。如图 2-1 所示，当研究对象为土壤或气体时，被边界所包围的土壤或气体就是热力系统。例如，气化工程中的土壤和气体可统称为一个热力系统。

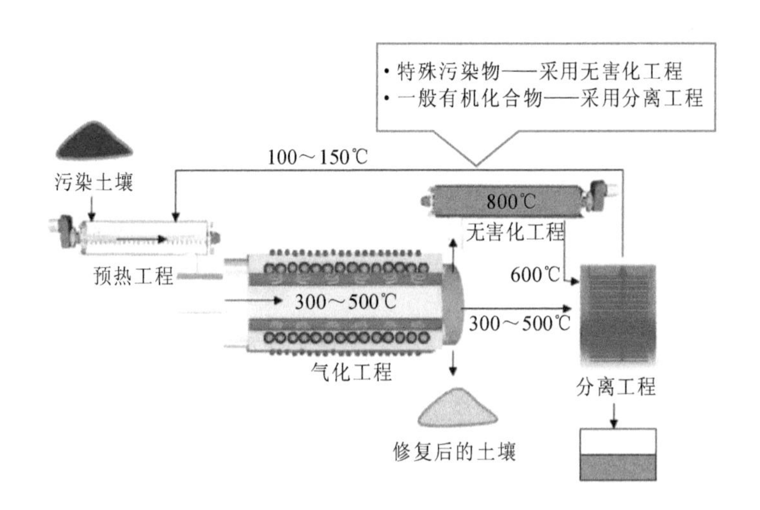

图 2-1　污染土壤热处理过程中的热力系统

（2）边界

将系统从其周围环境中分离出来的分界面，称为边界。系统边界可以是真实的或是虚构的，也可以是固定的或是运动的，还可以是两种及两种以上的组合，其作用是确定研究对象，将系统与外界分割开来。如图 2-2 所示，当连接外界和真空气缸的阀门打开时，外界空气将会流入真空气缸直至达到平衡状态。我们可以把大气中流入气缸的那部分空气用一个假设的边界从大气中划分出来，这样容器壁内及假想边界内的所有气体都是我们要研究的热力系统（廉乐明，1999）。

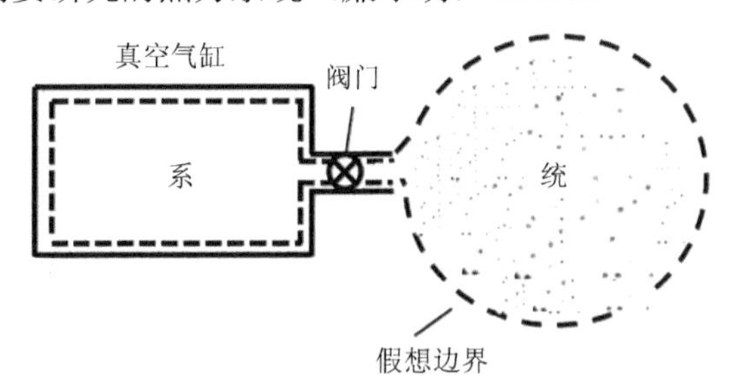

图 2-2　边界可变形热力系统

（3）外界

一般把系统的周围环境称为系统的外界（以下简称外界）。系统与外界主要有 3 种作用方式，分别为热量交换、功量交换和质量交换。这个过程需保证外界存在能够与系统相互交换热量、功量或质量的热力源或物体。例如，当系统状态的改变来源于热力学平衡条件的破坏时，外界与系统会进行热量传递，我们就称系统与外界间存在热量交换。

2. 绝热系统与孤立系统

（1）绝热系统

不与外界发生热量交换，但可以与外界发生功量交换和质量交换的热力学系统，称为绝热系统。实际上自然界不存在完全隔热的材料，绝热系统只是热力学中为便于分析和计算而引进的一种理想化模型，如汽轮机、喷管等都可当作绝热系统来分析。

（2）孤立系统

与外界之间既没有物质交换也没有能量传递的系统，称为孤立系统。严格来说，任何系统都要受到外界影响，自然界并不存在真正的孤立系统。然而，当一个系统在一段时间内所受的外界作用对所研究问题的影响小到可以忽略不计时，我们就可以近似地将它看作孤立系统。例如，将中性气体放在由绝热性能很好的固定弹性壁做成的匣子内，且不计重力的影响，就可以把它近似地看作孤立系统。

绝热系统与孤立系统描述的对象都是由大量微观粒子组成的宏观系统，它们可以是常见的气体系统、液体系统，还可以是热辐射系统、表面膜系统、电磁介质系统等。虽然二者都是抽象概念，但它们常能表达事物基本的、主要的一面，反映客观事物的本质，与实际事物有很大程度的近似性，给热力系统的研究带来极大方便。

3. 系统的内部状况

在热力系统中，实现热能和机械能相互转化的媒介物质称为工质。依靠工质在热机中的状态变化才能获得功，而做功只有通过工质才能传递热。系统内部工质所处的状况主要有 3 种形式，分别为单相系与复相系、单元系与多元系、均匀系与非均匀系。

（1）单相系与复相系

系统中工质所具有的一种状态，称为一个相。系统中相的总数称为相数，依据相数的不同，可将系统分为单相系和复相系，其中由单一物相组成的系统称为单相系，由两个或两个以上相组成的系统称为复相系。自然界中最常见的相有固相、液相和气相 3 种。土壤通常属于复相系。

（2）单元系与多元系

由一种纯物质组成的系统，称为单元系，如 H_2O、O_2 或 N_2 等，无论它们在系统中是以固相、液相还是复相存在，该系统都称为单元系。相反，由两种以上不同纯物质组成的系统，称为多元系。例如，土壤由若干种纯物质组成，是典型的多元系；H_2O 和 O_2、O_2 和 N_2 分别组成的混合物属于二元系。

（3）均匀系与非均匀系

成分和相在整个系统空间呈均匀分布的为均匀系，否则为非均匀系。例如，酒精和水互溶后可均匀地分布在整个容器中，那么酒精和水的混合物称为均匀系；二氯甲烷和水混合，静置后二氯甲烷在容器底部而水在容器上部，则二氯甲烷和水的混合物称为非均匀系。通常情况下，系统性质与其所处的相、成分的数目和系统是否均匀等因素有关。在大多数情况下，土壤属于非均匀系统。

4. 基本状态参数

热力学状态参数有温度（T）、压强（p）、比容（v）或密度（ρ）、内能（U）、焓（H）、熵（S）、自由能（F）、自由焓（G）等。其中，温度、压强、比容或密度是可以直接测量的，被称为基本状态参数。

（1）温度

温度是描述平衡热力系统冷热状况的物理量，微观来讲是物体分子热运动的剧烈程度。在物理学中，理想气体热力学温度与分子平移运动的平均动能的关系如式（2-1）所示：

$$\frac{m\overline{\omega^2}}{2}=BT \tag{2-1}$$

式中，$\frac{m\overline{\omega^2}}{2}$ 为分子平移运动的平均动能，其中 m 为一个分子的质量，$\overline{\omega}$ 为分子平移运动的均方根速度；B 为比例常数；T 为气体的热力学温度。

温度高时，分子的动能较高；温度低时，动能较低。为了使温度测量准确一致，就要有一个衡量温度的标尺，简称温标。国际上规定将热力学温标作为测量的最基本的温标，符号为 T，单位代号为 K（开）。热力学温标把纯水的三相点温度（273.15 K）作为基准点。根据国际计量大会通过的决议，实用温标用摄氏温标表示，符号为 t，单位为摄氏度（℃）。摄氏温标的定义为

$$t=T-273.15\ \mathrm{K} \tag{2-2}$$

273.15 的值是国际计量大会规定的。由式（2-2）可知，摄氏温标和热力学温标并无实质差异，仅仅是零点不同。当 t=0℃时，T=273.15 K。工程上采用式（2-3）可足够准确地进行两种温标的换算。

$$T = t + 273.15\,\mathrm{K} \tag{2-3}$$

（2）压强

①绝对压强

单位面积上承受的垂直作用力，被称为气体的绝对压强。对于理想气体，气体的绝对压强与分子浓度及分子平移运动的平均动能之间的关系如式(2-4)所示(刘桂玉等，1998)：

$$p = \frac{2}{3} n \frac{m\overline{\omega^2}}{2} = \frac{2}{3} nBT \tag{2-4}$$

式中，p 为气体的绝对压强；n 为分子浓度，$n = \frac{N}{V}$，其中 N 为容积 V 包含的气体分子总数。

压强的宏观定义为

$$p = \frac{F}{S} \tag{2-5}$$

式中，F 为整个容器壁受到的压力，N；S 为容器壁的总面积，m^2。

国际计量大会规定压强单位为帕斯卡（Pa），即 1 Pa=1 N/m^2。工程上可能遇到的其他压强单位还有标准大气压（atm，也称为物理大气压）、巴（bar）、工程大气压（at）、毫米汞柱（mmHg）和毫米水柱（mmH_2O），它们与帕斯卡之间的互换关系见表 2-1（聂永丰等，2016）。

表 2-1 各压强单位的换算关系

	Pa	bar	atm	at	mmHg	mmH_2O
Pa	1	1×10^{-5}	$0.986\,923\times10^{-5}$	$0.101\,972\times10^{-4}$	$7.500\,62\times10^{-3}$	0.101 971 2
bar	1×10^{5}	1	0.986 923	1.019 72	750.062	10 197.2
atm	101 325	1.013 25	1	1.033 23	760	10 332.3
at	98 066.5	0.980 665	0.967 841	1	735.559	1×10^{-4}
mmHg	133.322 4	$133.322\,4\times10^{-5}$	$1.315\,79\times10^{-3}$	$1.359\,51\times10^{-3}$	1	13.595 1
mmH_2O	9.806 65	$9.806\,65\times10^{-5}$	$9.678\,41\times10^{-5}$	1×10^{-4}	735.559×10^{-4}	1

②相对压强

测量系统相对于大气压的压强值，被称为相对压强。当气体的绝对压强高于当地大气压（B）时，则 $p=B+p_g$；当气体的绝对压强低于当地大气压强时，则 $p=B-H$。式中，p_g 为高于当地大气压时的相对压强，称为表压强；H 为低于当地大气压时的相对压强，称为真空值。

气体的绝对压强与相对压强和大气压强之间的关系如图 2-3 所示。

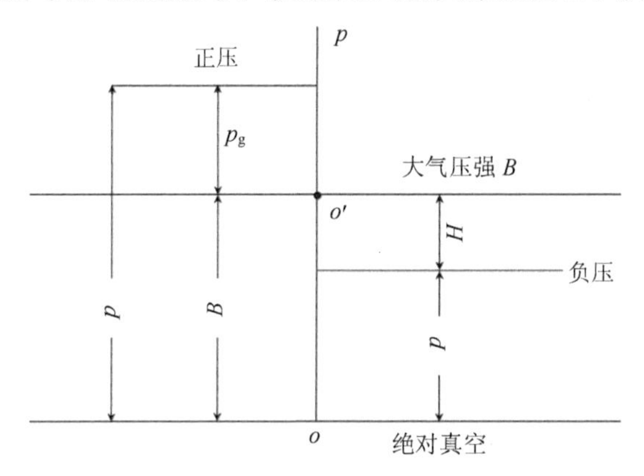

图 2-3 绝对压强与相对压强和大气压强之间的关系

（3）比容或密度

单位质量的物质所占有的容积，称为比容（v，m^3/kg）；单位容积的物质所具有的质量，称为密度（ρ，kg/m^3）。比容和密度的定义分别如式（2-6）和式（2-7）所示：

$$v=\frac{V}{m} \tag{2-6}$$

$$\rho=\frac{m}{V} \tag{2-7}$$

显然，物质的比容与密度互为倒数，即

$$\rho v=1 \tag{2-8}$$

2.1.2 理想气体的性质

1. 理想气体与实际气体

理想气体是理论上假想的一种把实际气体性质加以简化的气体，其假设气体分子是一些弹性的、不占有体积的质点，分子相互之间没有作用力（引力和斥力）。一切实际气体并不严格遵循这些定律，只有在温度较高、压强不大时，偏离才不显著。一般可认为温度不低于 0℃、压强不高于 1.01×10^5 Pa 时的气体为理想气体。从微观角度来看，理想气体是指分子本身的体积和分子间的作用力都可以忽略不计的气体。因此，理想气体实质上是实际气体的压强 $p\to0$ 或比容 $v\to\infty$ 时的极限状态的气体（朱明善等，1995）。

若气体所处的状态压力很高或温度很低，则气体具有很高的密度，这种状态必须考虑分子本身的体积及分子间的相互作用力。因此，分子本身占有容积、分子间有相互作用力的气体，称为实际气体。实际气体不服从理想气体定律，如土壤热处理产生的尾气、加热土壤产生的烟气、作为燃料的天然气等都属于实际气体；而空气及烟气中的水蒸气，因其含量少、比容大，均可当作理想气体看待。可见，理想气体与实际气体没有明显界限，在某种状态下应视为何种气体，要根据工程计算所容许的误差范围而定（廉乐明，1999）。

理想气体的定律包括波义耳定律和查理定律。

（1）波义耳定律又称波马定律。在定量定温下，理想气体的体积与气体的压强成反比，定义如式（2-9）所示：

$$p_1V_1=p_2V_2 \tag{2-9}$$

（2）查理定律又称查理—盖—吕萨克定律。当体积恒定时，理想气体的压强和温度成正比，即温度每升高（或降低）1℃，其压强也随之增加（或减少），定义如式（2-10）所示：

$$\frac{p_1}{T_1}=\frac{p_2}{T_2} \tag{2-10}$$

2. 理想气体状态方程

以物质的量 n（kmol）表示的理想气体状态方程式如式（2-11）所示：

$$pV=nR_0T \tag{2-11}$$

式中，V 为气体所占有的容积，m^3；n 为气体的物质的量，$n=\frac{m}{M}$，kmol；p 为绝对压强，Pa；T 为热力学温度，K。

在 p_0=101.325 kPa、t_0=0℃的标准状态下，1 kmol 各种气体占有的容积都等于 22.414 m^3，即 V_{M0}=22.41 m^3，于是可以得出通用气体常数：

$$R_0 = \frac{p_0 V_{M0}}{T_0} = \frac{101\,325 \times 22.414}{273.15} \approx 8\,314\ \mathrm{J/(kmol \cdot K)}$$

3. 道尔顿分压定律

在任何容器内的气体混合物中，如果各组分之间不发生化学反应，则每一种气体都均匀地分布在整个容器内，它所产生的压强与其单独占有整个容器时所产生的压强相同。也就是说，一定量的气体在一定容积的容器中的压强仅与温度有关。因此，气体混合物的总压强等于其中各气体分压之和，即为道尔顿分压定律（周鸿昌，1996），见式（2-12）。

$$p = p_1 + p_2 + p_3 + \cdots + p_n = \left[\sum_{i=1}^{n} p_i\right]_{T,V} \tag{2-12}$$

4. 定容比热容与定压比热容

气体的比热容与热力过程的特性有关。在热力计算中定容比热容和定压比热容最为重要。

（1）定容比热容（C_V）：在容积不变的情况下，单位质量的气体温度升高（降低）1 K 所吸收（释放）的热量。

（2）定压比热容（C_p）：在压强不变的情况下，单位质量的气体温度升高（降低）1 K 所吸收（释放）的热量。

2.1.3 热力学基本理论

热力学是热力学理论的一个方面，是研究物质的热运动、性质及其规律的学科。热力学是总结物质的宏观现象而得到的热力学理论，不涉及物质的微观和微观粒子的相互作用，因此它是一种唯现象的宏观理论，具有高度的可靠性和普遍性（沈维道等，2000）。

1. 热力学第一定律

能量既不会凭空产生，也不会凭空消失，它只能从一种形式转化为其他形式，或者从一个物体转移到另一个物体，在转化或转移的过程中能量的总和不变，这就是热力学第一定律。这一定律也被称为能量守恒定律，因此第一类永动机（不消耗任何形式的能量而能对外做功的机械）的设想是不可能实现的（郭奕玲等，1993）。1847年，亥姆霍兹第一次系统地阐述了能量守恒原理，从理论上把力学中的能量守恒原理推广到热、光、电、磁、化学反应等过程，揭示了其运动形式之间的统一性。本小节将针对传热和热焓两个概念进行介绍。

（1）传热

根据传热机制的不同，热传递可分为3种方式，即热传导、热对流和热辐射。传热可依靠其中的一种方式或几种方式同时进行，在无外功输入时热量总是由高温物体向低温物体传递。

①热传导

若物体各部分之间不发生相对位移，仅借分子、原子和自由电子等微观粒子的热运动而引起的热量传递称为热传导。热量将从物体的高温部分传向低温部分，或从高温物体传向与它接触的低温物体，直至物体各部分或接触的两个物体的温度相等为止。热传导在固体、液体和气体中均可进行，但它的微观机制因状态不同而差异较大。各种物质的热传导性能不同，一般金属都是热的良导体，玻璃、木材、棉毛制品、羽毛、毛皮及液体和气体都是热的不良导体，石棉的热传导性能极差，常作为绝热材料。对土壤的加热通常是通过热传导完成的：当直接加热时，土壤通过与热烟气直接接触而获得热量；当间接加热时，土壤通过与热的壁面接触而获得热量。

②热对流

流体各部分之间发生相对位移所引起的热传递过程称为热对流（以下简称对流）。对流是液体和气体中热传递的主要方式，气体的对流现象比液体明显。对流可分自然对流和强制对流两种。自然对流往往自然发生，是由温度不均匀引起的，而强制对流是由泵（风机）或搅拌等外力作用引起的质点强制运动。生活及工程应用中常见的强制对流现象有吹电风扇、做饭时锅内液体翻滚、水泥窑协同处置热脱附尾气时的鼓风吹气等。对流传热的特点是靠近壁面附近的流体层中依靠热传导方式传热，而在流体主体中则主要依靠对流方式传热。

③热辐射

物体因自身的温度而向外发射能量，这种热传递的方式叫作热辐射。所有物体（包括固体、液体和气体）都能将热能以电磁波形式发射出去，温度越高，辐射越强。因此，只有在物体温度较高时热辐射才能成为主要的传热方式（聂永丰等，2016）。此外，热辐射不需要任何介质，也就是说它可以在真空中传播，当遇到另一个能吸收辐射能的物体时，热辐射可被其部分或全部地吸收而转变为热能。

在实际生活或工程中，热传导、热对流和热辐射在传热过程中并不是单独存在的，而是通过两种或两种以上的方式进行传热。例如，高温气体与固体壁面之间的换热就要同时考虑对流传热和辐射传热等。

（2）热焓

采用热力学第一定律表示能量守恒定律，如式（2-13）所示：

$$\Delta H=Q-W_s \tag{2-13}$$

式中，Q 为以热能形式传送至系统中的能量；W_s 为以机械功形式向系统外传送的能量；ΔH 为过程中热焓的改变。

热焓（H）是物质系统能量的一个状态函数，没有明确的物理意义。当一个物质从某一特定的状态（T_1，p_1）转变为另一个状态（T_2，p_2）时，它的热焓的改变（ΔH）可用式（2-14）表示：

$$\Delta H=H_2(T_2, p_2)-H_1(T_1, p_1) \tag{2-14}$$

热焓的改变也可用微分方程进行定义，如式（2-15）所示：

$$\mathrm{d}H=\left(\frac{\partial H}{\partial T}\right)_p\mathrm{d}T+\left(\frac{\partial H}{\partial p}\right)_T\mathrm{d}p \tag{2-15}$$

在固定压强下，热焓如式（2-16）所示：

$$\mathrm{d}H=\left(\frac{\partial H}{\partial T}\right)_p\mathrm{d}T+C_p\mathrm{d}T \tag{2-16}$$

式中，C_p 为定压比热容。

焓的物理意义可以理解为在恒压且只做体积功的特殊条件下，$\Delta H=Q$，即反应的热量变化。当$\Delta H>0$ 时，可视为恒压下对物质加热，吸热后物质的焓升高，因此物质在高温时的焓大于它在低温时的焓。另外，工质的焓和热力学能一样，无法测定其绝对值。在热力学计算时关注的是两个状态间焓的变化，可选取某一状态的焓值为零作为计算基准。

2. 热力学第二定律

克劳修斯将热力学第二定律表述为不可能把热从低温物体传到高温物体而不引起其他变化，而开尔文将热力学第二定律表述为不可能从单一热源取热使之完全转换为有用的功而不引起其他变化。1848年，开尔文根据卡诺定理建立了热力学温标，发现其完全不依赖任何特殊物质的物理特性，从理论上解决了各种经验温标不相一致的缺点。这为热力学第二定律的建立准备了条件。1850年，克劳修斯考虑到热传导总是自发地将热量从高温物体传给低温物体这一事实，得出了热力学第二定律的初次表述。随后经过多次精简和修改，逐渐演变为现行物理教科书中公认的“克劳修斯表述”。同时，开尔文也独立地从卡诺的工作中得出了热力学第二定律的另一种表述，后来演变为更精练的“开尔文表述”。本节将针对熵和卡诺循环两个概念进行介绍。

（1）熵

熵是热力学中表征物质状态的参量之一，用符号 S 表示。在经典热力学中，可用增量定义为 $dS=dQ/T$，其中，T 为物质的热力学温度，dQ 为熵增过程中加入物质的热量。

在孤立的体系中进行不可逆的过程总包含非平衡态向平衡态进行的过程，与平衡态比较，非平衡态系统内运动的微观粒子更为有序，因此系统的熵增加过程与从有序态向无序态转变有联系。熵越大，系统内热运动的微观粒子越混乱无序，因此熵是分子热运动混乱度的量度。

对于绝热过程，系统的熵在可逆绝热过程中不发生变化，在不可逆绝热过程中单调增大，这就是熵增加原理。在孤立系统中，实际发生的过程总使整个系统的熵值增大。例如，摩擦使一部分机械能不可逆地转变为热，从而使熵增加。利用熵增加原理，我们可以推断任何不可逆过程发生的方向。

由于孤立系统与外界既不发生物质交换，也不进行能量传递，必然发生绝热过程，所以熵增加原理也可表述为一个孤立系统的熵永远不会减少。孤立系统中的自发过程由非平衡态向平衡态进行，直至孤立系统的状态达到平衡。因此，可以发现当系统平衡时，系统中熵达到极大值。综上所述，熵的变化和最大值确定了孤立系统过程进行的方向和限度，熵增加原理就是热力学第二定律。

（2）卡诺循环

卡诺循环可分析热机的工作过程，假设热机中有一定量的工质，工作在温度分别

为 T_1 和 T_2 的两恒温热源间，卡诺循环由两个可逆的定温过程和两个可逆的绝热过程组成（图 2-4）：①等温膨胀过程，在这个过程中系统从高温热源 Q_1 中吸收热量并做膨胀功，即理想气体从状态 a（p_1，V_1，T_1）等温膨胀到状态 b（p_2，V_2，T_2）；②绝热膨胀过程，在这个过程中工质在可逆绝热条件下从状态 b 绝热膨胀到状态 c（p_3，V_3，T_3），温度降低；③等温压缩过程，在这个过程中系统向环境中放出热量，体积压缩，从状态 c 等温压缩到状态 d（p_4，V_4，T_4）；④绝热压缩过程，在这个过程中系统恢复到原来状态，从状态 d 绝热压缩回到循环开始的状态 a。这种由两个等温过程和两个绝热过程所构成的循环称为卡诺循环（Moran et al.，1995）。卡诺循环的提出为热力学第二定律中状态函数“熵”的推导奠定了基础，依据卡诺循环还可计算出热机的最高效率。

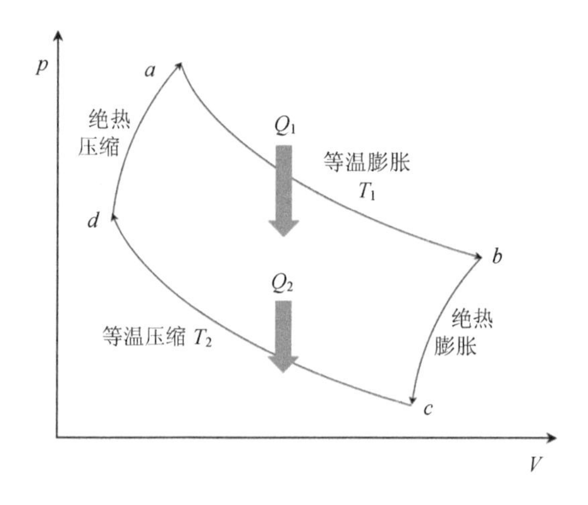

图 2-4　卡诺循环示意图

3. 反应热与反应热效应

式（2-17）的反应热是生成物热焓与反应物热焓之差，见式（2-18）：

$$aA + bB \longrightarrow cC + dD \tag{2-17}$$

$$\Delta H = cH_C^\Theta + dH_D^\Theta - aH_A^\Theta - bH_B^\Theta \tag{2-18}$$

式中，ΔH 是标准状态下的反应热；H_A^Θ、H_B^Θ、H_C^Θ、H_D^Θ 分别为化合物 A、B、C、D 在标准状态下的热焓。

一般元素的热焓在25℃（298.15 K）时设定为0，则一个化合物的热焓等于其形成热：

$$(\Delta H_{\mathrm{f}}^{\Theta})_{i,298.15} = H_{i,298.15}^{\Theta} \tag{2-19}$$

将式（2-19）代入式（2-18），式（2-18）变为

$$\Delta H_{298.15}^{\Theta} = c(\Delta H_{\mathrm{f}}^{\Theta})_{\mathrm{C}} + d(\Delta H_{\mathrm{f}}^{\Theta})_{\mathrm{D}} - a(\Delta H_{\mathrm{f}}^{\Theta})_{\mathrm{A}} - b(\Delta H_{\mathrm{f}}^{\Theta})_{\mathrm{B}} \tag{2-20}$$

由式（2-20）可以看出，只要得到反应物及生成物在标准状态下的形成热，就可求得标准状态下的反应热。若反应热＜0，则反应为放热反应，即反应会产生能量；若反应热＞0，则反应为吸热反应，即必须由外界提供能量才能促成反应的产生。燃烧是典型的放热反应，所产生的热量称为燃烧热，由于燃烧的目的是提供热能，燃烧热越高，所放出的热量越大。土壤中污染物的浓度一般不高，通常不足以支持污染土壤的自我燃烧，因此污染土壤的热处理通常都是吸热过程。

4. 化学动力学

化学动力学主要研究化学反应速率及影响反应速率的参数，是分析热力系统的重要工具。其主要的研究内容有3个：①确定化学反应的速率及温度、压强、催化剂、溶剂和光照等外界因素对反应速率的影响；②研究化学反应机制，揭示化学反应速率本质；③探求物质结构与反应能力之间的关系和规律。其中，反应速率常数以反应物的时间变化量表示，如式（2-21）所示：

$$R_{\mathrm{A}} = \frac{1}{V} \times \frac{\mathrm{d}n_{\mathrm{A}}}{\mathrm{d}\theta} = \frac{1}{VM_{\mathrm{A}}} \times \frac{\mathrm{d}m_{\mathrm{A}}}{\mathrm{d}\theta} \tag{2-21}$$

式中，R_{A}为系统中物质的量的变化速率；V为反应系统或反应器容积；n_{A}为物质A的物质的量；m_{A}为物质A的质量；M_{A}为物质A的摩尔质量；θ为时间。

一般情况下，反应系统中的容积是固定的，则式（2-21）可用浓度单位变化表示：

$$R_{\mathrm{A}} = \frac{-\mathrm{d}(n_{\mathrm{A}}/V)}{\mathrm{d}\theta} = \frac{-\mathrm{d}C_{\mathrm{A}}}{\mathrm{d}\theta} = \frac{-1}{M_{\mathrm{A}}} \times \frac{\mathrm{d}\rho_{\mathrm{A}}}{\mathrm{d}\theta} \tag{2-22}$$

式中，C_{A}为反应物A的物质的量的浓度；ρ_{A}为反应物A的质量浓度。

影响反应速率的变数因反应物、生成物及条件而异。内在影响因素主要为反应物本身的性质，外在影响因素包括温度、浓度、压强、催化剂等。温度的影响可由不同温度下的速率相互比较发现。浓度的变化可反映气体压强的高低，因此压强项不需要

再考虑。例如，速率的正负由 A 物质是生成物或反应物确定，若 A 物质是生成物，反应速率为正值，否则反应速率为负值。k 为温度的函数，称为反应速率常数，一般情况下采用 Arrhenius 公式表示：

$$k = Ae^{-E/(RT)} \tag{2-23}$$

式中，A 为频率因子，单位和 k 相同；E 为活化能，单位和 RT 相同；R 为气体常数；T 为热力学温度。其中，频率因子和活化能可由实验求得。

2.2 土壤热处理过程中有机污染物性质特征的变化

2.2.1 水溶性、吸附特性及蒸气压

热处理技术能够去除表层和深层土壤中的石油烃、多环芳烃、多氯联苯和农药等有机污染物。有机污染物在土壤中主要通过 4 种形态进行迁移，分别为土壤固体基质、气相、液相和非水相液体。而热处理能够改变土壤中污染物的形态特征，从而有助于污染物的去除。本节主要针对土壤热处理过程中污染物的水溶性、吸附特性及蒸气压的变化特征进行介绍。

1. 水溶性

温度是改变有机物水溶性的主要因素。以三氯乙烯和四氯乙烯为例，二者的水溶性随温度的变化曲线如图 2-5（a）所示。可以发现，两种有机物的水溶性随温度的升高而增加，尤其当温度高于 100℃时，其水溶性呈指数增长。Imhoff 等（1997）也探究了温度对地下水中四氯乙烯溶解度的影响。结果表明，随着地下水中温度的升高，污染物的溶解度增加，当温度从 5℃上升至 60℃时，四氯乙烯的溶解度增加了 2～5 倍。此外，研究发现萘的水溶性受温度的影响更大，见图 2-5（b），当温度从 25℃升至 100℃时，萘的水溶性从 31 mg/L 增加至 1 350 mg/L，增加了 42.5 倍。总之，通过应用热处理技术，污染物的水溶性会显著增加，溶解作用也就更强。

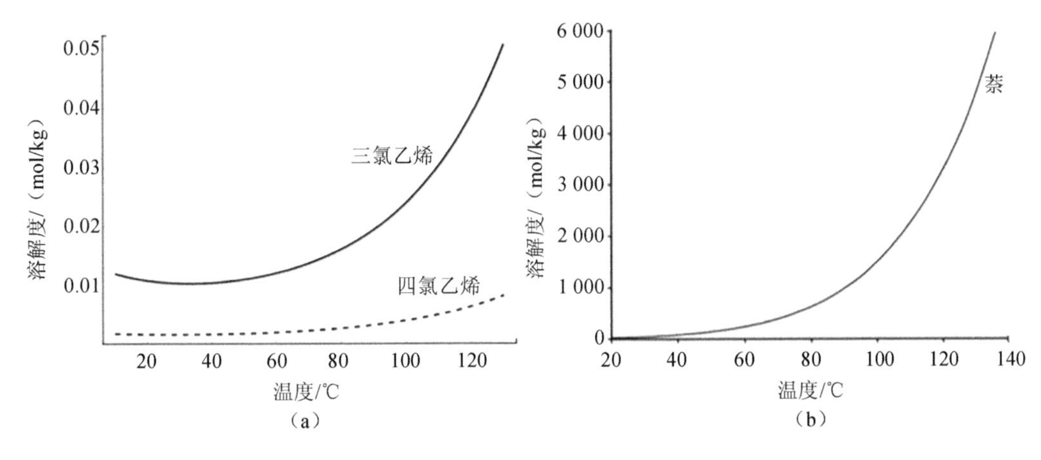

图 2-5 有机污染物的水溶性随温度变化曲线

2. 吸附特性

吸附一般是放热过程，温度升高会抑制吸附反应，这也是高温时吸附量往往降低的一个原因。然而，石油类污染物在土壤中的吸附包括物理作用和化学作用，化学吸附往往需要一定的活化能，温度的升高能增大溶质分子的平均能量，可能会促进吸附反应的进行。因此，在探讨温度对有机物吸附的影响时还应考虑其吸附形式（物理吸附还是化学吸附）（刘晓燕，2007）。

但一般情况下，温度升高不利于有机物在土壤中的吸附。例如，当土壤温度从20℃升至90℃时，饱和条件下三氯乙烯的土壤/水吸附系数降低了50%。杨志豪（2019）也分别考察了在298 K、303 K、308 K 和 313 K 温度下土壤对5种有机磷酸酯的吸附性能，结果表明，温度对5种有机磷酸酯的吸附平衡分配系数影响较为显著，温度升高会降低土壤对有机磷酸酯的吸附作用，这是因为吸附是吸附质与吸附剂间各种作用力共同作用的结果，这一过程会释放出大量的热，因此温度升高不利于土壤对有机磷酸酯的吸附。

3. 蒸气压

有机物的挥发性取决于蒸气压，即在气态与液态或固态达到平衡时气态分子对液体/固体产生的压强。环境温度是影响有机物蒸气压的主要因素，有机物的饱和蒸气压随外界环境温度的升高呈指数型增长，有机污染物的挥发性也随之增强，因而有利于提高热处理技术的修复效率。另外，土壤温度的升高有助于土壤颗粒内吸附态有机物的解吸，加速有机物蒸气相的形成。根据 Clausius-Clapeyron 方程式计算，若将土壤从20℃加热到 100℃，那么苯的挥发性会增加 3.5 倍。Udell（1996）探究了热蒸汽注入和真空抽提技术修复过程中地下水有机污染物的传热传质。研究发现，当温度从 20℃提升至 100℃时，有机污染物的蒸气压增大了 10～30 倍。Poppendieck 等（1999）探究了微波加热技术对气相抽提技术的强化作用，结果证明，当土壤温度上升致使有机物饱和蒸气压达到 70 Pa 以上时，有机污染物的土壤残留率会变得特别低。除了温度的影响，有机物的理化性质在很大程度上也会影响到饱和蒸气压。研究表明，有机物的分子量与其饱和蒸气压呈负相关（邵子婴，2015）。加热过程中污染物理化性质的变化为污染土壤的热处理提供了理论基础。

2.2.2 水解、热解及氧化还原作用

水解是指化合物在水中溶解的过程或者与水反应分解成更简单的化合物的过程。土壤中污染物的水解主要有两种类型：一是在土壤孔隙水中发生的反应（酸催化或碱催化的水解），二是发生在黏土矿物表面的反应（非均相的表面催化作用）。通常情况下，土壤中污染物的水解受温度影响较大，其水解程度随温度的升高而增强。

热处理过程中，土壤中的污染物会进行热解，或在高温下发生分解。例如，重质石油烃是土壤中总石油烃污染物的常见组分，主要由芳香烃、胶质和沥青质等大分子有机物构成。研究发现，在热解温度为 400℃、时间为 30 min 的条件下，土壤中总石油烃的去除率达 70.3%。此外，在添加 5% Fe_2O_3 强化热解修复后的土壤中总石油烃的去除率提升了25.5%，其中芳香烃、胶质、沥青质 3 个重质组分的去除率分别增加了 67.8%、52.3%、67.9%。

除有机物的水解和热解作用外，热处理过程中也会发生氧化还原作用，促进有机物的降解甚至矿化。研究发现，热处理去除土壤中的六氯苯（HCB）既是加热分离的过程，也是还原脱氯的过程。随着处理温度的升高和处理时间的延长，土壤中 HCB 的质量浓度逐渐降低，六氯苯脱氯产物的质量浓度也在逐渐降低（图 2-6）。HCB 还原脱氯的产物有 1,3,5-三氯苯、1,2,4-三氯苯、1,2,3,5-四氯苯、1,2,3,4-四氯苯和五氯苯，其中 1,3,5-三氯苯和 1,2,4-三氯苯是主要的副产物（表 2-2）。研究也证实由于间位取代的结构更稳定，即苯环上如果有相邻的 3 个取代位点上的氯原子，则处于中间取代位点的氯原子更易脱去，因此，HCB 在还原脱氯过程中易转化为 1,3,5-三氯苯。

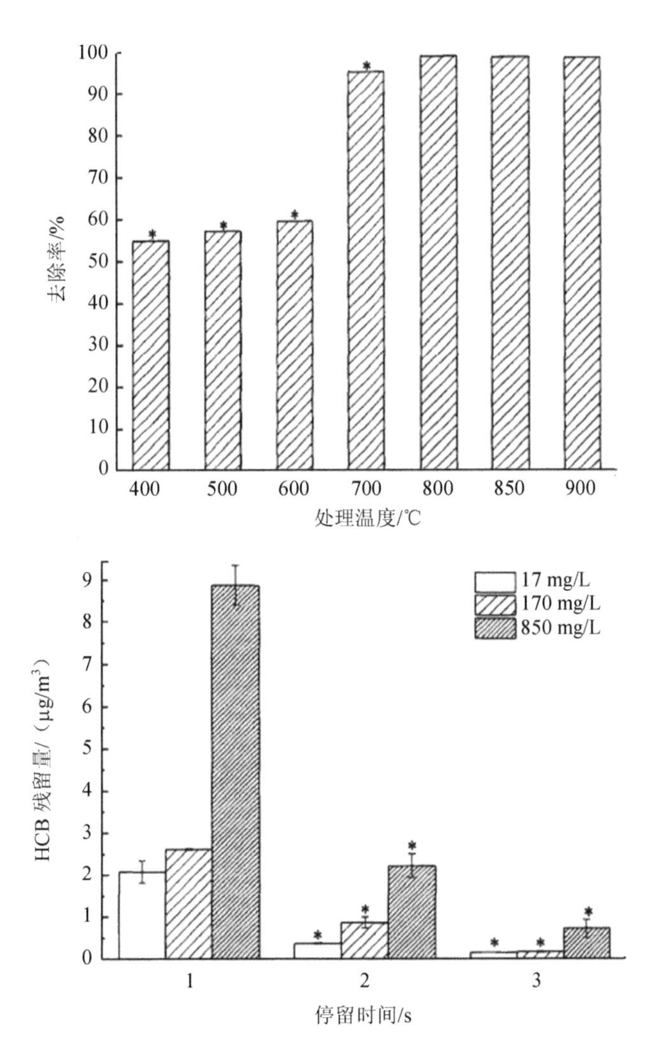

图 2-6 不同处理温度和处理时间对土壤中 HCB 的影响

表 2-2 不同处理温度和处理时间对土壤中六氯苯及热解产物质量分数的影响 单位：mg/kg

	处理时间 60 min 处理温度 450℃	处理时间 120 min 处理温度 450℃	处理时间 180 min 处理温度 450℃	处理时间 120 min 处理温度 600℃
1,2,4-三氯苯	0.182	0.169	0.190	0.153
1,3,5-三氯苯	0.155	0.075	0.040	0.115
1,2,3-三氯苯	0.008	0.000	0.000	0.000
1,2,3,5-四氯苯	0.005	0.003	0.002	0.000
1,2,4,5-四氯苯	0.000	0.000	0.000	0.000
1,2,3,4-四氯苯	0.006	0.002	0.004	0.000
五氯苯	0.019	0.017	0.026	0.009

2.3 热处理对土壤性质特征的影响

2.3.1 理化性质

1. 土壤有机质

土壤热处理时过高的温度会导致土壤有机质发生降解，主要机制包括蒸馏、炭化和氧化（燃烧）（Certini，2005）。当处理温度为 100～200℃时，土壤有机质中的木质素和半纤维素发生降解；当处理温度高于 300℃时，土壤有机质中的腐殖酸和富里酸发生脱羧反应（González-Pérez et al.，2004）；当处理温度高于 500℃时，土壤有机质中的烷基芳烃、酯类和甾醇类才会发生降解，最终实现炭化（Schulten et al.，1999）。除土壤有机质总量的减少外，热处理过程中残留土壤有机质的结构还会发生改变，转化为富含芳香结构的有机质（Kiersch et al.，2012）。通常情况下，热处理修复污染土壤均在较高温度和较长时间下进行，因此土壤中的有机质含量会大幅下降。例如，当温度为 200℃、加热时间为 15 min 时，土壤有机质含量仅减少了 10%左右（Yi et al.，2016）；当采用焚烧或加热至 630℃、加热时间为 180 min 时，土壤有机质含量显著降低，达 90%左右；采用阴燃技术处理 60 min 时，土壤有机质几乎完全去除（Pape et al.，2015）。

O′Brien 等（2018）提取了 19 种污染土壤和无污染土壤中的有机质，发现土壤有机质的降解受热处理温度的影响比较明显，研究结果如图 2-7 所示。当温度低于 300℃时，即使加热时间延长，土壤有机质的含量也不会大幅减少；当温度高于 300℃时，土壤有机质含量显著降低。例如，研究发现当处理温度为 300℃时，相比加热时间为 60 min，加热 90 min 时土壤有机质含量仅多降低了 6%（Tatàno et al.，2013）；O′Brien 等（2018）还研究了 53 种土壤在 350℃下加热处理 20 min 时，土壤有机含量降低了 50%以上。

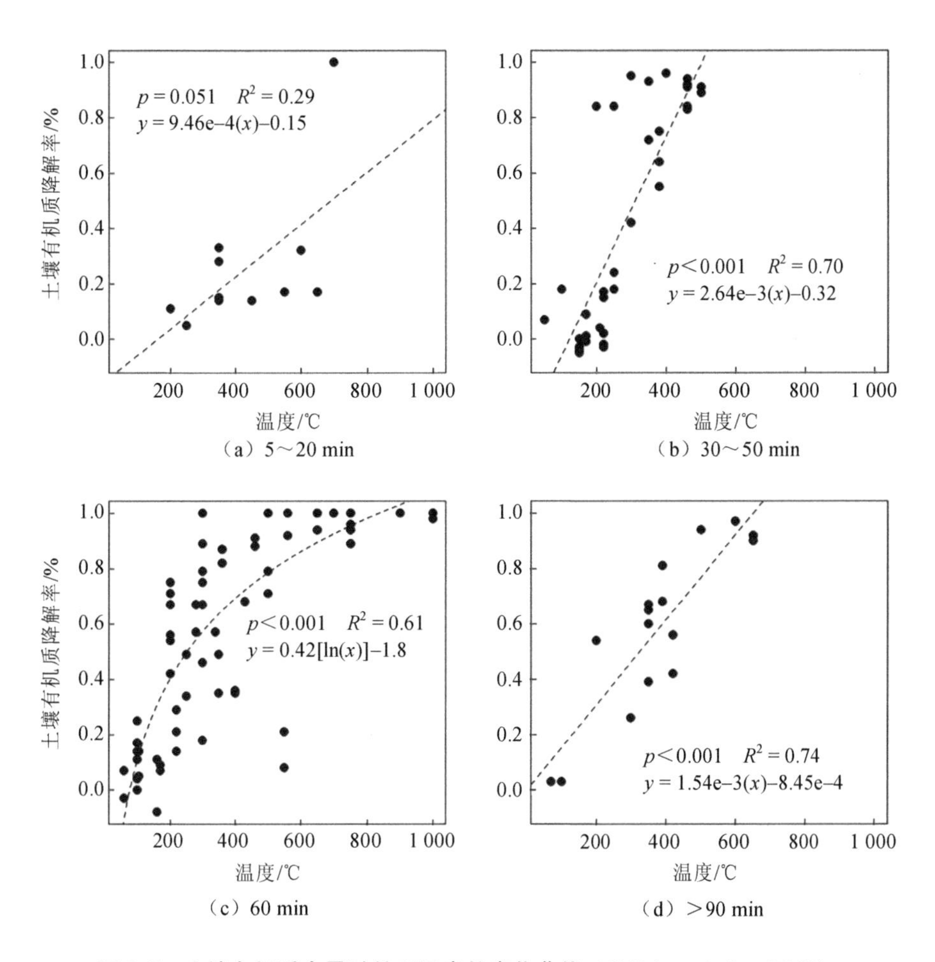

图 2-7 土壤有机质含量随处理温度的变化曲线（O′Brien et al.，2018）

2. 土壤矿物组成和 pH

热处理会导致黏土矿物的晶格发生脱水和水解，从而引起土壤矿物结构的改变（Dixon et al.，1989）。土壤矿物组成在热处理过程中分解后，生成的无定形黏土颗粒会与土壤有机质中释放出的铁和铝的氢氧化物进行结合，从而导致土壤中大粒径成分增多（Ketterings et al.，2000）。通常情况下，高岭土晶格结构在 420～500℃发生改变，蒙脱土晶格结构在 700℃时发生改变（Dixon et al.，1989）。此外，当处理温度高于 500℃时，伊利石会发生脱羧反应；当处理温度高于 940℃时，白云母才会发生分解（Fanning et al.，1989）。但采用热处理修复有机污染土壤时，处理温度常低于 400℃，在此温度下土壤中的矿物成分不会发生明显改变。图 2-8(a)研究发现，当处理温度高于 400℃时，土壤中粒径小于 0.002 mm

的黏土含量显著降低，但当温度为350～400℃时，粒径小于0.002 mm的黏土含量基本无明显变化。这主要是由于处理温度升至400℃时，土壤胶结作用导致黏土含量降低而砂粒含量（0.05～2 mm）明显增加（O'Brien et al.，2018）。例如，当处理温度为460℃、处理时间为60 min时，两种土壤中黏土含量分别从48%和11%下降至8%和4%（Giovannini et al.，1988）。然而，Roh等（2000）采用600℃处理受石油烃污染土壤时，发现加热10 min时土壤中黏土含量仅降低了20%。综上可见，不同土壤中矿物成分的种类和含量均不相同，从而导致加热处理时不同土壤中黏土含量的变化差异较大，但总体随温度升高呈下降趋势。

热处理过程中土壤pH的变化也受加热时间和加热温度的影响。如图2-8（b）所示，大多数情况下特别是在低温时（＜250℃），随着处理温度的增加，土壤pH保持不变或略有下降。研究表明，导致这种现象的原因可能是某些氧化反应的发生，以及土壤受热引起矿化导致HCO_3^-的形成（Ma et al.，2014）。然而，当处理温度高于250℃时，土壤有机碳燃烧会导致土壤pH升高。土壤pH升高的机制包括两方面：一是热处理过程导致土壤中大量的有机酸被破坏（Pape et al.，2015）；二是高温和胶体脱水作用使碱金属离子取代了H^+，导致土壤有机质含有大量的碱金属离子。综上可知，富含有机质的土壤在高温处理后会导致土壤pH大幅升高；相反，有机质含量较低的土壤pH变化不明显。林芳芳等（2015）研究发现，处理温度从250℃升至490℃，土壤pH的变化不明显，波动范围小于1。这表明在此温度区间处理后的土壤能够基本保持处理前土壤的酸碱度。处理后土壤有机质含量下降，则土壤胶体所带负电荷数量减少，相应的阳离子交换量也下降。pH也是造成阳离子交换量变化的原因。一般情况下，随着土壤pH的升高，土壤可变负电荷增加，则阳离子交换量增大。

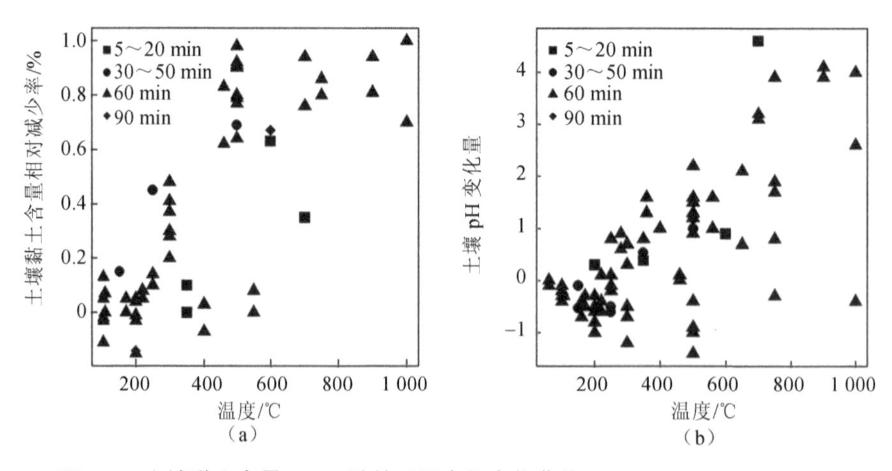

图2-8 土壤黏土含量及pH随处理温度的变化曲线（O'Brien et al.，2018）

3. 土壤微生物

（1）高温下的生物过程

人们普遍认为土壤中的有机污染物在自然条件下可通过自然衰减（生物降解、扩散、吸附、挥发和非生物降解）被固定或还原降解。相比其他作用途径，生物降解过程可实现污染物总量的减少，是最为重要的一个衰减途径。近些年的研究发现，生物降解可能对非水相液体的降解效果不明显，但生物降解可辅助低温热处理技术达到去除污染物的目的。生物降解可与低温热处理技术同时进行，也可在低温热处理修复后进行。热处理污染场地对生物降解过程可能产生比较明显的影响，既包括在加热时对生物降解的完全抑制，也包括在热处理前后对生物降解作用的加强。低温热处理技术并不会导致土壤生物的永久失活，但是可以改变土壤中微生物群落的种类、数量及活性强弱。

（2）微生物的耐热性

微生物在环境中是否存在及其群落大小取决于其与养分之间的相互作用，这些作用均受到土壤理化性质的影响（如温度、氧化还原作用、pH 等）。在所有的物理影响因子中，温度是影响土壤微生物最重要的因素，它可以改变微生物的分布和丰度。表 2-3 根据微生物的最佳生长温度对其进行分类。嗜热菌和嗜极热菌体内存在可以适应高温的细胞膜和酶，这些含有大量饱和脂肪的细胞膜可以防止细菌在高温下熔化，保障正常的细胞运输和代谢活动（Atlas et al.，1993）。通常情况下，若升高的温度不足以使微生物失活或没有超过微生物的耐热温度，微生物的新陈代谢就会增强。酶活性会随温度的升高而提高，直至温度升高导致酶的变性或失去结构稳定性为止。Bossert 等（1984）研究发现，30～40℃是嗜温菌降解碳氢化合物最有效的温度范围。因此，通过原位气相抽提技术与生物降解的耦合，可有效提升有机污染物的处理效率，降低原位气相抽提技术“拖尾效应”的影响。当温度升至 70℃时，嗜热菌对碳氢化合物和难降解非水相液体仍有较强的处理能力（Huesemann et al.，2002）。

表 2-3 微生物最佳生长范围 单位：℃

细菌分类	嗜冷菌	嗜温菌	嗜热菌	嗜极热菌
最佳生长温度	$0<t<20$	$20<t<45$	$45<t<90$	$90<t<110$

以上介绍了在微生物最佳生长温度范围之内其对有机污染物的降解。然而，热处理通常具有较高的温度，热处理修复过程中较高的温度会导致土壤中的微生物失活甚至死亡。例如，Barcenas-Moreno 等（2009）研究发现，某些真菌和细菌在 300～400℃下可存活，但微生物会失去活性，难以进行正常的新陈代谢以降解污染物；Pape 等（2015）研究表明，当处理温度高于 500℃时，如果不进行土壤管理（如添加肥料或有机改良剂），微生物的活性则可能无法恢复。因此，高温处理后的土壤通常需要进行土壤改良，从而保证土壤指标恢复至热处理前的状态。

2.3.2 水文地质

1. 流体流动

土壤是一种多孔介质，因而饱和的土壤也属于饱和多孔介质。对于饱和多孔介质，液体的流量与跨介质的水力梯度成正比。对于一维情况，流体流量与水力梯度的关系如式（2-24）所示：

$$\frac{Q}{A}=-K\left(\frac{\mathrm{d}h}{\mathrm{d}L}\right) \tag{2-24}$$

式中，$\frac{Q}{A}$ 为单位面积的流体流量；K 为导水率；$\frac{\mathrm{d}h}{\mathrm{d}L}$ 为水力梯度。

达西定律是描述层流状态下渗透速度与水力坡降关系的基本规律，即达西定律只适用于层流状态，如饱和土壤中的液体流动；相反，由于毛细管压力的影响，达西定律不能用于描述半饱和土壤中的液体流动。

（1）导水率

对于孔隙充满液体的介质而言，导水率与液体密度、液体黏度和土壤性质（包括粒径大小）有关。因此，导水率（K）不仅受液体性质的影响，还受到多孔介质渗透性的影响：

$$K=\frac{k\rho G}{\eta} \tag{2-25}$$

式中，ρ 为液体密度，M/L^3；η 为液体的动力黏度，MT/L；G 为引力常数，L/T^2；k 为多孔介质的间隙渗透率，L^2。研究结果表明，砂粒的间隙渗透率不随温度的变化而改变。

（2）黏度与密度

图 2-9（a）是不同液体的黏度随温度的变化曲线，发现水、机油、杂酚油、四氯乙烯、苯、二甲苯的黏度均随温度的升高呈不同趋势的下降。Poling 等（1997）也发现，大部分液态有机物的黏度随温度升高而降低，通常温度升高 1℃，黏度降低 1%。原位热处理过程中，通过升高温度能够降低非水相液体的黏度，进而增强非水相液体的回收。

图 2-9（b）是不同液体的密度随温度的变化曲线。当温度升高 100℃，碳氢化合物的密度降低 10%（Davis，1997）。当温度从 0℃升至 100℃，水的密度降低约 4%。尽管温度导致液体密度的变化比较微弱，但仍可以影响污染物在土壤中的迁移。对于与水密度相当的重质非水相液体（如杂酚油或卤代烃与油脂的混合物），当温度升高时，其可转化为轻质非水相液体。

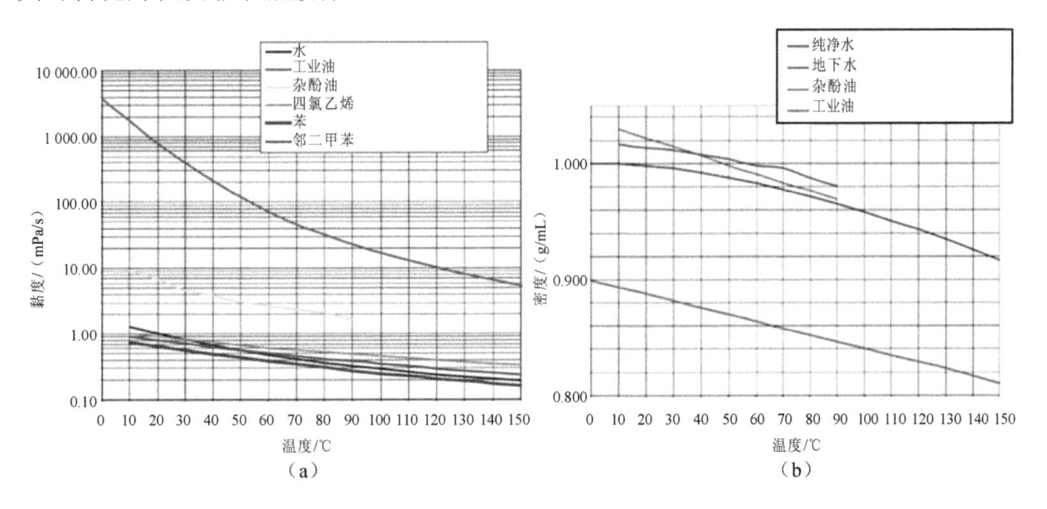

图 2-9　液体的黏度和密度随温度的变化曲线

2. 多相流动

随着温度的升高，土壤多孔介质中会有气、水两相或气、水、非水相液体三相同时流动的现象，因此污染土壤原位热处理技术的修复效果受多相流动的影响较大。下文就温度对残余饱和度、界面张力、毛细管压力和相对渗透率的影响进行介绍。

（1）残余饱和度

当石油污染物在地表面发生泄漏时，处于连续状态的石油在压力作用下会进入土体颗粒的孔隙中运移。当停止泄漏时，作用在油相上的压力随之消失，此时原本处于连续态的石油在运移的过程中就会逐渐分解为孤立的岛状体或小球，占据的孔隙也由连续状态慢慢变为非连续状态。在非连续状态下，毛细管压力已经无法使其再发生迁移，此时的饱和度称为残余饱和度。在室温条件下，非水相液体在松散的沙子中的残余饱和度通常为 14%～30%（Wilson et al.，1989）。Sinnokrot（1969）研究发现，非水相液体的残余饱和度随温度的增加而降低。李永霞（2011）研究了温度对含水层介质中石油污染物残留特征的影响，也发现了相似的规律。当环境温度从 25℃降低到 5℃时，挥发 32 d 后，砂土的表层和 5 cm 深度的柴油残留量分别从 84.0%和 86.2%上升至 89.0%和 90.9%，而壤土的表层和 5 cm 深度的柴油残留量则分别从 86.5%和 85.1%上升至 94.1%和 91.5%。

（2）界面张力和毛细管压力

油水界面张力的变化会影响毛细管数，进而影响残余油饱和度，这表明储油层原油残留的多少主要取决于毛细管压力的大小。而毛细管压力是非湿润流体压力和湿润流体压力之差，它取决于油水界面张力、接触角和孔隙大小。当用非湿润流体代替湿润流体时，毛细管压力增加，同时湿润流体的饱和度降低。在大多数的土壤中，气体和非水相液体被认为是非湿润流体，然而在地质化学条件下，随着时间的增加可将土壤转变为含非水相液体的湿润土壤。罗玉祥等（2009）选择胜利原油和进口原油，用吊环法测量了 27.5～82.2℃时油气界面、油水界面的张力系数，研究发现油水界面张力系数随温度升高而减小。

（3）相对渗透率

相对渗透率是非饱和导水率与饱和导水率的比值：

$$k_r = \frac{K}{K_s} \tag{2-26}$$

式中，k_r 为相对渗透率；K 为非饱和导水率，L/T；K_s 为饱和导水率，L/T。残余饱和度下相对渗透率为 0，并且随着饱和度的增加而增加，当饱和度接近 1 时，相对渗透率也达到 1。

参考文献

郭奕玲，沈慧君，1993. 物理学史[M]. 北京：清华大学出版社.

李永霞，2011. 含水介质中石油污染物迁移与残留特征[D]. 青岛：中国海洋大学.

廉乐明，1999. 工程热力学[M]. 4版. 北京：中国建筑工业出版社.

林芳芳，2015. POPs污染土壤热解吸及尾气处理技术研究[D]. 阜新：辽宁工程技术大学.

刘桂玉，刘志刚，阴建民，等，1998. 工程热力学[M]. 北京：高等教育出版社.

刘晓燕，李英丽，朱谦雅，等，2007. 石油类污染物在土壤中的吸附/解吸机理研究及展望[J]. 矿物岩石地球化学通报，（26）：82-87.

罗玉祥，王海鹏，刘超卓，等，2009. 原油界面张力系数与温度关系的实验研究[J]. 科学技术与工程，9（13）：3758-3761.

聂永丰，岳东北，2016. 固体废物热处理技术[M]. 北京：化学工业出版社.

邵子婴，2015. 热强化土壤气相抽提过程中的污染物去除研究[D]. 大连：大连海事大学.

沈维道，蒋志敏，童钧耕，2000. 工程热力学[M]. 3版. 北京：高等教育出版社.

杨志豪，2019. 重庆市城市土壤两种典型有机污染物的污染特征与吸附行为研究[D]. 重庆：西南大学.

袁红梅，明东风，2007. 土壤中农药结合残留的形成机理及其生态意义[J]. 农药研究与应用，4（11）：12-15.

周鸿昌，1996. 能源与节能技术[M]. 上海：同济大学出版社.

朱明善，林兆庄，刘颖，等，1995. 工程热力学[M]. 北京：清华大学出版社.

Atlas R M，Bartha R，1993. Microbial ecology：fundamentals and applications[M]. Third Edition. New Jersey：Addison-Wesley.

Barcenas-Moreno G，Baath E，2009. Bacterial and fungal growth in soil heated at different temperatures to simulate a range of fire intensities[J]. Soil Biology and Biochemistry，（41）：2517-2526.

Bossert I, Bartha R, 1984. The fate of petroleum in soil ecosystems/petroleum microbiology[M]. New York：MacMillan Publishing Co.

Certini G，2005. Effects of fire on properties of forest soils：a review[J]. Oecologia，（143）：1-10.

Davis E L，1997. How heat can enhance in situ soil and aquifer remediation：important chemical properties and guidance on choosing the appropriate technique[C]. EPA/540/S-97/502.

Dixon J B，Weed S B，1989. Minerals in soil environments[J]. Soil Science，（150）：171.

Fanning D S，Keramidas V Z，Eldesoky M A，1989. Minerals in soil environments[Z].

Giovannini G，Lucchesi S，Giachetti M，1988. Effect of heating on some physical and chemical parameters related to soil aggregation and erodibility[J]. Soil Science，（146）：255-261.

González-Pérez J A，González-Vila F J，Almendros G，et al，2004. The effect of fire on soil organic matter：a review[J]. Environment International，（30）：855-870.

Huesemann M H，Hausmann T S，Fortman T J，et al，2002. Evidence of thermophilic biodegradation for PAHs and diesel in soil[C]//the Third International Conference on Remediation of Chlorinated and Recalcitrant Compounds，Monterey，CA.

Imhoff P T，Frizzell A，Miller C T，1997. Evaluation of thermal effects on the dissolution of a nonaqueous phase liquid in porous media[J]. Environmental science & technology，（31）：1615-1622.

Ketterings Q M，Bigham J M，Laperche V，2000. Changes in soil mineralogy and texture caused by slash-and-burn fires in Sumatra，Indonesia[J]. Soil Science Society of America Journal，（64）：1108-1117.

Kiersch K，Kruse J，Regier T Z，et al，2012. Temperature resolved alteration of soil organic matter composition during laboratory heating as revealed by C and N XANES spectroscopy and Py-FIMS[J]. Thermochimica Acta，（537）：36-43.

Lighty J S，Silcox G D，Pershing D W，1990. Fundamentals for the thermal remediation of contaminated soils. Particle and bed desorption models[J]. Environmental Science & Technology，（24）：750-757.

Ma F J，Zhang Q，Xu D P，et al，2014. Mercury removal from contaminated soil by thermal treatment with $FeCl_3$ at reduced temperature[J]. Chemosphere，（117）：388-393.

Moran M J，Shpiro H N，1995. Fundamentals of engineering thermodynamics[M]. Third Edition. New York：John Wiley & Sons Inc.

O'Brien P L，DeSutter T M，Casey F X M，et al，2018. Thermal remediation alters soil properties：a review[J]. Journal of Environmental Management，（206）：826-835.

Pape A，Switzer C，McCosh N，2015. Impacts of thermal and smouldering remediation on plant growth and soil ecology[J]. Geoderma，（243-244）：1-9.

Poling B E，Prausnitz J M，OConnel J P，1977. The properties of gases and liquids[M]. McGraw-Hill.

Poppendieck D G，Loehr R C，Webster M R，1999. Predicting hydrocarbon removal from thermally enhanced soil vapor extraction systems 1. Laboratory studies[J]. Journal of Hazardous Materials，（69）：81-93.

Roh Y，Edwards N T，Lee S Y，et al，2000. Thermal-treated soil for mercury removal：soil and phytotoxicity tests[J]. Journal of Environmental Quality，（29）：415-424.

Sageev A，Gobran B D，Brigham W E，et al，1980. The effect of temperature on the absolute permeability to distilled water of unconsolidated sand cores[R]. Stanford，CA：Stanford University.

Schulten H R，Leinweber P，1999. Thermal stability and composition of mineral-bound organic matter in density fractions of soil[J]. European Journal of Soil Science，（50）：237-248.

She H Y，Sleep B E，1998. The effect of temperature on capillary pressure-saturation relationships for air-water and perchloroethylene-water systems[J]. Water Resources Research，34（10）：2587-2597.

Sinnokrot A A，1969. The effect of temperature on oil-water capillary pressure curves of limestones and sandstones[D]. San Francisco：Stanford University.

Tatàno F，Felici F，Mangani F，2013. Lab-scale treatability tests for the thermal desorption of hydrocarbon-contaminated soils[J]. Soil & Sediment Contamination：An International Journal，（22）：433-456.

Udell K S，1996. Heat and mass transfer in clean-up of underground toxic wastes[J]. Annual Review of Heat Transfer，7（7）：333-405.

Vidonish J E，Zygourakis K，Masiello C A，et al，2016. Pyrolytic treatment and fertility enhancement of soils contaminated with heavy hydrocarbons[J]. Environmental Science & Technology，（50）：2498-2506.

Wilson J，Conrad S，Mason W R，et al，1989. Laboratory investigation of residual liquid organics from spills，leaks，and the disposal of hazardous wastes in ground water. Final report，April 1986-August 1989[R]. New Mexico Inst. of Mining and Technology，Socorro，NM（USA）.

Yi Y M，Park S，Munster C，et al，2016. Changes in ecological properties of petroleum oil-contaminated soil after low-temperature thermal desorption treatment[J]. Water Air & Soil Pollution，（227）：1-10.

第3章　污染场地土壤异位热脱附处理技术

3.1　异位热脱附技术概述

基于污染物去除效果好、工程修复周期短、场地适用性强以及设备自动化水平高等原因，异位热脱附技术（ESTD）已成为目前有机污染土壤修复最有效的技术之一。该技术的基本原理是通过直接或间接加热，使污染土壤达到一定温度，其中的有机污染物向气相转换并挥发进入脱附尾气，进而通过尾气处理系统彻底去除，从而获得干净的土壤。异位热脱附技术在欧美等发达国家已工程化应用近30年，但是国内研究和工程应用起步较晚。近年来，热脱附技术及设备很快从研发走向了工程化应用，并在工程应用过程中不断完善升级（杨勇等，2016）。

3.1.1　异位热脱附技术的原理

异位热脱附技术是将受污染的土壤从地块发生污染的原来位置挖掘出来，搬运或转移至其他场所或位置，再用热处理方法使土壤中的污染物挥发去除的处理技术。其原理是将土壤中的污染物从固相转移到气相，空气、燃烧气体或惰性气体可作为污染物挥发去除的载气。尽管某些高温热脱附系统中会局部产生氧化或高温分解，但热脱附系统本身的目的不是产生高程度的污染物氧化和破坏，这是热脱附技术不同于焚烧技术的主要特点。热脱附过程是通过达到足够的处理（加热）温度和充足的停留时间来保证污染物的蒸发，污染物的去除效果则是通过比较未处理和处理后土壤中污染物的浓度或含量来衡量的。热脱附系统中的污染土壤通常被加热到150～540℃，具体温度根据选择的系统和污染土壤中的污染物类型而定。在污染土壤的热脱附过程中，污染物能同时发生蒸发、蒸馏、沸腾、氧化和热解等反应，其中部分污染物在高温下氧化和分解，但大部分污染物通过蒸发、蒸馏和沸腾等反应从土壤中分离进入尾气，这些污染尾气随后再被净化处理（高国龙等，2012；刘凌，2014）。因此，异位热脱附技术在应用过程中实际上包含两个阶段：①污染物在受热过程中从污染土壤挥发转移到尾气中的阶段；②对尾气中的污染物进行净化处理的阶段（图 3-1）（杨勇等，2016）。

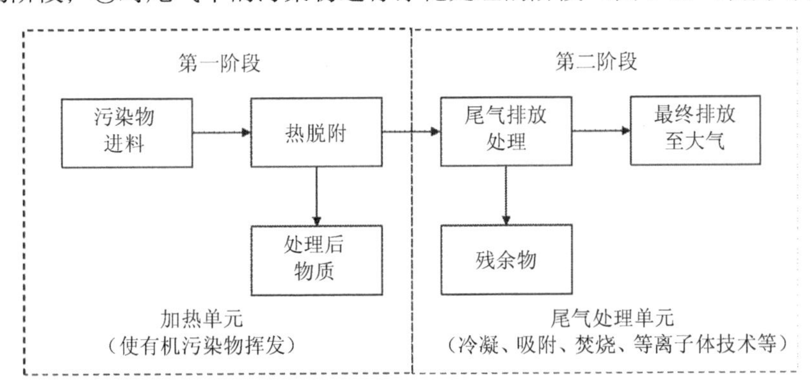

图 3-1　热脱附技术处理污染土壤的流程

3.1.2　异位热脱附技术的类型

典型的异位热脱附系统主要由预处理系统、热分离系统及尾气处理系统 3 个部分构成（图 3-2）：预处理系统是将污染土壤筛分以移除较大石块或异物，如果污染土壤含水率较高，则还需将其进行干燥以使污染物在热分离设备中快速高效地去除；热分离系统是反应系统，通过直接或间接加热实现污染物与土壤的分离；尾气处理系统则是对从污染土壤中分离出来的气态污染物进行进一步处理以达到安全排放的要求。

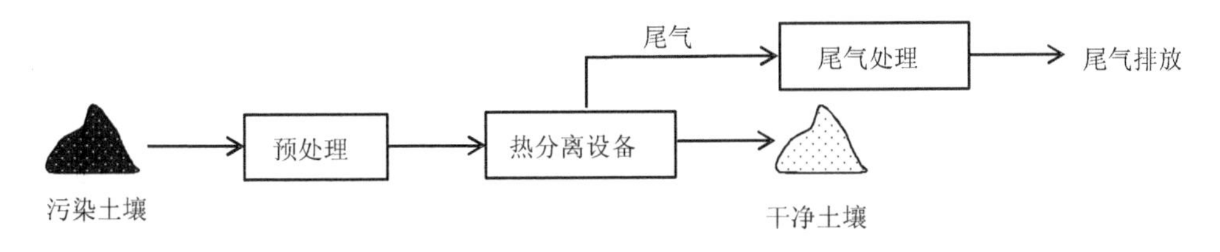

图 3-2　异位热脱附技术工艺流程

按加热方式及进料方式的不同，异位热脱附技术可分为多种类别：根据热源与污染土壤接触方式的不同，异位热脱附技术可分为直接加热异位热脱附技术和间接加热异位热脱附技术；根据进料方式的不同，异位热脱附技术又可分为连续式热脱附技术和间歇式热脱附技术。典型的连续式热脱附技术使用的热分离设备为回转窑或螺旋推进器，典型的间歇式热脱附技术使用的热分离设备为加热炉或异位热强化气相抽提系统。

1. 连续式热脱附技术

（1）直接加热热脱附系统

直接加热热脱附是指通过热源与污染土壤直接接触而对污染土壤进行加热的热脱附工艺。发展至今，直接加热热脱附系统经历了 3 个阶段。

第 1 阶段：第 1 代直接加热热脱附系统为基本型（图 3-3），其主要设施包括回转窑、袋式除尘器和二次燃烧室。在该热脱附系统中，袋式除尘器直接与回转窑相连。由于袋式除尘器的滤袋一般耐受温度低，如果尾气温度高于滤袋的耐受温度，可导致布袋损坏，通常情况下进入袋式除尘器的尾气温度不高于 230℃。因此，该热脱附系统一般不能处理高沸点有机物污染土壤，通常用来处理低沸点（260～315℃）的有机物污染土壤，污染土壤通常被加热到 150～200℃，产生的尾气经过袋式除尘处理后在二燃室高温焚化，最后达标排放。

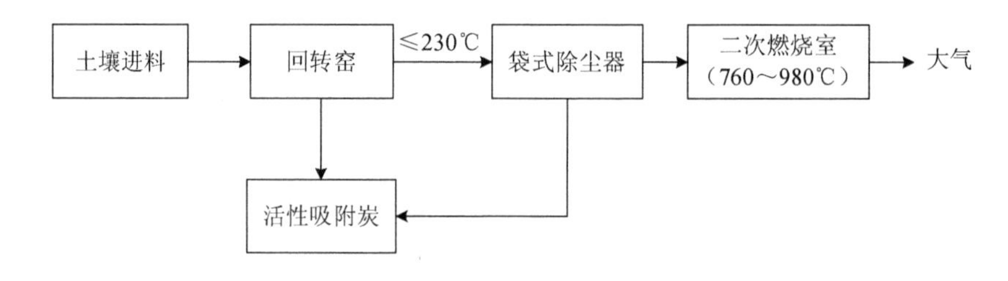

图 3-3　第 1 代直接加热热脱附工艺流程

第 2 阶段：第 2 代直接加热热脱附系统被开发用于修复较高沸点（高于 320℃）、非氯代有机物污染土壤（如 PAHs 污染土壤）。第 2 代直接加热热脱附系统（图 3-4）的主要设施有回转窑、二次燃烧室、尾气急冷器和袋式除尘器。该系统将二次燃烧室置于回转窑之后，回转窑产生的烟气中的有机物在二次燃烧室中燃烧破坏，从而消除了高沸点有机物在袋式除尘器中冷凝的可能性。同时，在袋式除尘器前加装烟气降温系统，有效解决了第 1 代直接加热热脱附系统由于滤袋耐热性不足导致热脱附不能处理高沸点有机物污染土壤的缺陷。但第 2 代直接加热热脱附系统与第 1 代的情况类似，都没有洗气塔，无法去除烟气中的酸性气体，因此不能用于处理含卤族元素的有机污染土壤。

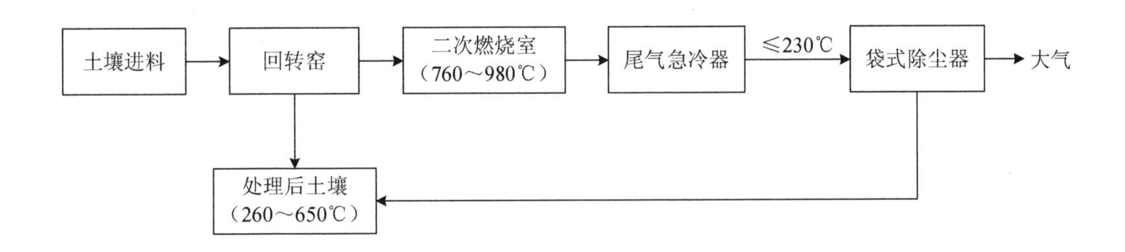

图 3-4　第 2 代直接加热热脱附工艺流程

第 3 阶段：第 3 代直接加热热脱附系统（图 3-5）则是在第 2 代的基础上增加了洗气塔装置（湿气洗涤器），从而可用于处理焚烧后产生酸性气体的有机污染土壤，如氯代有机物污染土壤。污染土壤在回转窑中加热至 500～600℃，热脱附过程产生的尾气中的有机物因在二次燃烧室中加热至 760～980℃甚至高达 1 100℃而被氧化。然后，如第 2 代那样，尾气被冷却或骤冷，并通过袋式除尘器进行处理。该系统与第 2 代的不同之处在于，在袋式除尘器的出口连接了酸性气体中和系统，以控制氯化氢气体（HCl）向大气中的排放。洗气塔是最常见的酸性气体控制系统。因为洗气塔可以由具有相对低工作温度的玻璃纤维增强塑料（FRP）制成，所以上游骤冷阶段（袋式除尘器的下游）通常用于在气流进入洗气塔之前冷却气流。第 3 代能够处置非常广泛的潜在污染物，包括重油和氯代有机物。但是该系统的主要缺点是，洗气塔的设置提高了热脱附系统和工艺的复杂性，因为它涉及用水、废水处理及水化学的监测和控制。虽然洗气塔可实现一定程度的颗粒物收集，但这种颗粒物在废水处理系统中会变成污泥，在排放之前必须去除和处理。

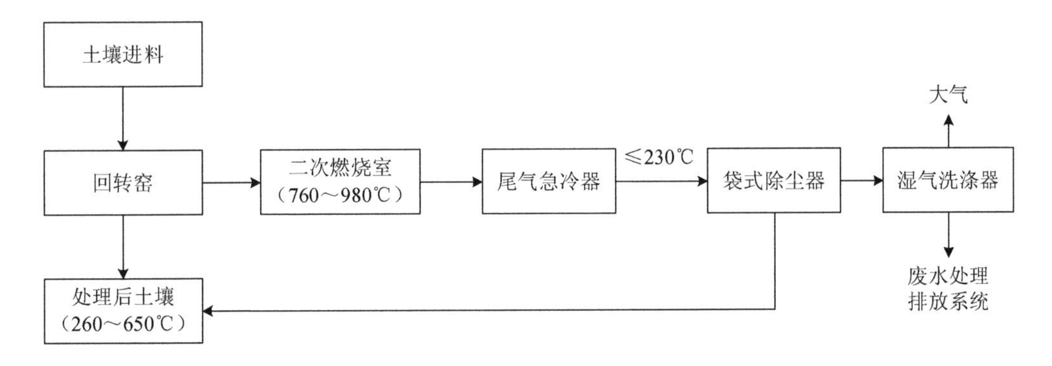

图 3-5　第 3 代直接加热热脱附工艺流程

（2）间接加热热脱附系统

间接加热热脱附系统是燃烧器火焰及产生的尾气不与污染土壤或污染土壤脱附产生的尾气直接接触的系统。间接加热热脱附系统有多种设计类型，双壳回转窑为一种典型的间接加热热脱附系统。当燃烧器旋转时，其产生的火焰均匀加热回转窑外部，当污染土壤被间接加热至污染物的沸点后，污染物与土壤分离。与直接加热回转窑类似，内壳的旋转混合使土壤破碎成更小的颗粒，可以增强热传导并使土壤沿着回转窑向下倾斜的角度传输。

在该工艺中，热脱附产生的尾气温度需低于 230℃，因尾气在离开旋转干燥器后将通过袋式除尘器。在该系统中产生的尾气通过冷凝、油/水分离、吸附及过滤 4 个步骤，将污染物从尾气和残余水流中除去，从而实现达标排放。系统中除去的浓缩液体污染物需要在现场或离场进行进一步处理。这种将热脱附尾气冷凝成便于运输到固定处理或处置设施的浓缩液体的形式，减少了需要进一步处理的污染物体积。图 3-6 为典型间接加热回转窑热脱附工艺流程。

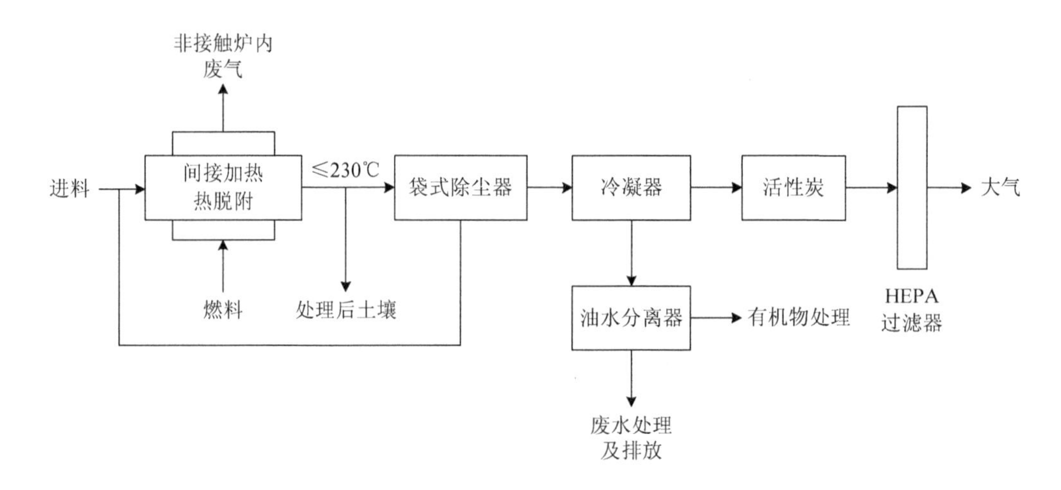

图 3-6　典型间接加热回转窑热脱附工艺流程

螺旋推进式热脱附炉是间接加热热脱附系统的另一种类型。热脱附设备由天然气或丙烷为燃料的燃烧室及热脱附室组成，两者分开加热，热油被泵送到燃烧室。热脱附室是水平安装的覆盖槽（或一系列覆盖槽），内部具有成对的中空螺旋推进器。热油流过这些中空螺旋推进器的内部，并且还可以流过槽的外部夹套。污染土壤被供给到第一级槽的入口端，并且通过旋转螺杆的作用移动到出口端，最终落入位于第一单元下方的第二级槽中。热油可以与第一级槽中的物料逆流流动，并且在第二级中并流流动。尾气（从污染土壤中释放的蒸气和污染物）通过吹扫气体（或蒸汽）离开槽，然后冷凝成浓缩液体形式或热氧化。图 3-7 为间接加热螺旋推进式热脱附工艺流程。

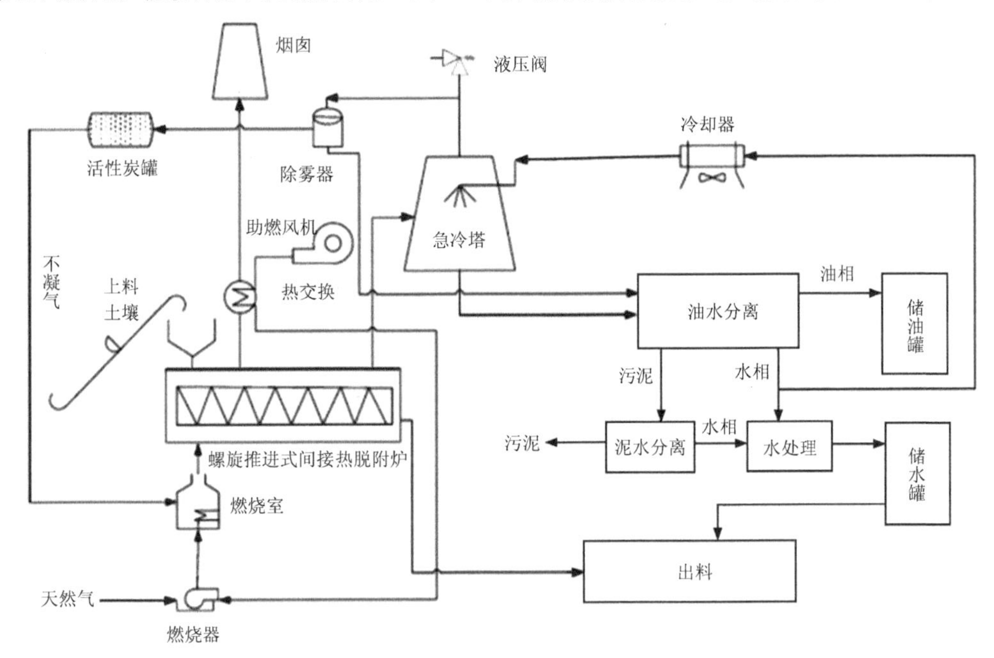

图 3-7 间接加热螺旋推进式热脱附工艺流程

2. 间歇式热脱附技术

（1）加热炉

加热炉热脱附系统是近年来已经改进的间歇式、非原位设计热脱附系统。热脱附室是“炉”，每个室可以对少量的污染土壤（4～15 m^3）加热设定时间段，通常为 1～4 h。虽然每个室处理的污染土壤的量比较少，但是可根据待处理的污染土壤总量、完成项目的时间规划、特定污染土壤和污染物每批所需的实际时间量，同时使用 4 个或更多个热脱附室来适应项目所需处理的土壤量和其他变量。

热源由镀铝钢管组成的炉通过丙烷在内部直接加热至约 600℃产生。在该温度下，管向外部发射红外热，与其他传热方式相比，虽然加热炉系统产生的辐射能仅加热污染物质顶层的几英寸（1 英寸=2.54 cm）部分，但在处理室下游的诱导通风风扇通过抽吸通过床的下层空气流产生热传递的对流模式，使污染物能够更高效地从污染土壤中分离。其中，处理室在负压下操作。图 3-8 为间歇式热脱附系统间接加热炉。

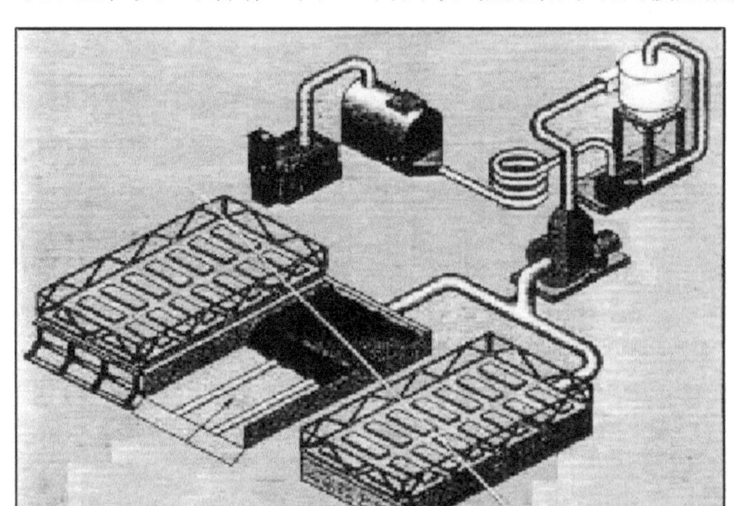

图 3-8　间歇式热脱附系统间接加热炉示意

近年来，为使热脱附设备适应高沸点污染土壤（如 PCBs）的处理，该系统被不断修改设计以保持更高的真空水平，以进一步降低污染介质的沸点。相关改进主要涉及用于处理室的密封件。原始设计使用滑动盖，其被横向移动以允许通过前端装载器装载和卸载污染土壤。新的高真空模型具有更小、更紧密的通道门，更容易密封，并且使用由叉车操作的托盘通过侧门装载和卸载污染土壤。尽管加热炉系统在不断优化，但该系统处理的污染土壤量小，在装载和卸载时需花费大量的劳动力，生产效率低，通常用于规模较小的项目，因此与传统的旋转加热式热脱附设备相比，使用较少。

（2）异位热强化气相抽提系统

异位热强化气相抽提系统使用热层叠和蒸汽提取技术的组合来去除和破坏污染土壤中的污染物。该技术可有效处理汽油、柴油、重油和多环芳烃污染土壤。挖掘后的污染土壤被放置成大约 570 m^3 的堆体。该堆体中装有多种注射管道，在不同层的污染土壤之间均安置了支管。抽提管放置在堆体的顶部，以收集挥发的气体（蒸汽和污染物）。整个堆体外层是非渗透性的，从而防止蒸气向外溢出，确保它们被抽提管收集。

在堆体的外部，直接接触式燃烧室使用丙烷来加热通过堆体的循环空气。当污染土壤受热时，污染物蒸发被空气流再次吹入燃烧室，成为燃烧过程的一部分并被氧化，污染物即与土壤分离。污染物作为燃烧室中的补充燃料，帮助加热循环气体流。为了保持燃烧室中污染物的燃烧，将空气引入循环回路，等量替代离开燃烧室的烟气。该烟气流通过催化转化器排放到大气中，催化转化器用于处理在燃烧室中可能未被氧化的痕量有机物。为了保持整个热脱附系统的平衡，系统需要及时排出约15%体积的循环气体，并用新鲜空气替换。图3-9为异位热强化气相抽提系统示意图。

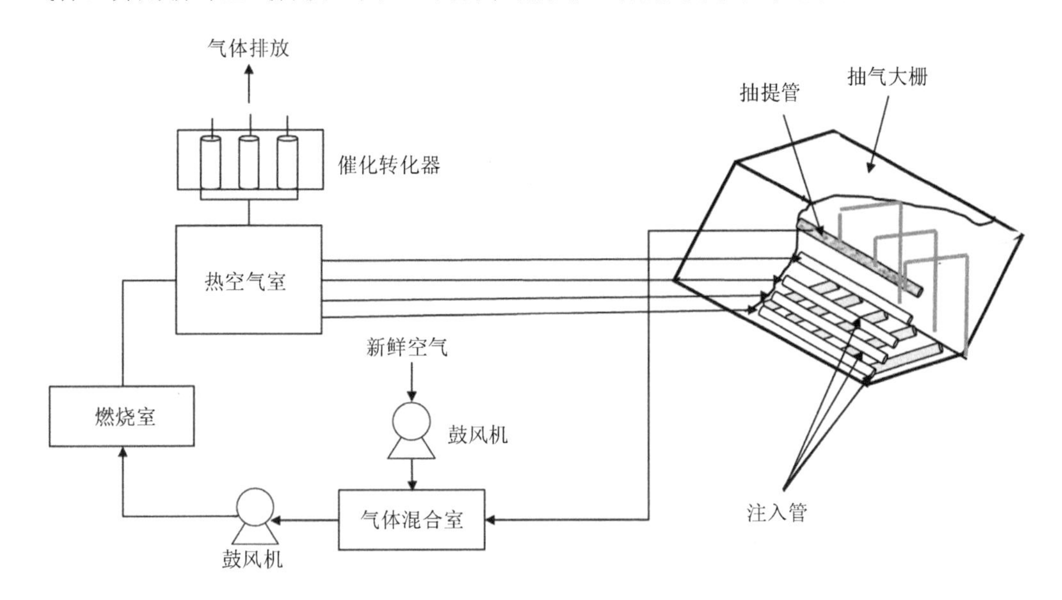

图3-9 异位热强化气相抽提系统示意

3.1.3 异位热脱附技术的影响因素

异位热脱附技术处理污染土壤的效率受多种因素影响，主要包括污染物特性（污染物类型、浓度）、设备操作特性（加热温度、停留时间、土壤与热源的接触程度）和土壤特性（土壤含水率、土壤质地与粒径、土壤有机质等）（杨勇等，2016）。

1. 污染物类型和浓度

由于不同污染物的沸点不同，污染土壤热脱附处理时所需的温度和停留时间也不同。当污染土壤中的污染物为饱和蒸气压较大、沸点较低的挥发性有机化合物（VOCs）时，修复该类污染土壤需要的加热温度较低、停留时间较短，可以采用低温热脱附技术。当污染土壤中的污染物为饱和蒸气压较低、沸点较高的半挥发性有机化合物（SVOCs）

时，修复该类污染土壤需要较高的加热温度和较长的停留时间才能达到修复目标，可采用高温热脱附技术。污染物的类型除了会影响热脱附第 1 阶段热分离系统的运行参数外，还会影响第 2 阶段尾气处理系统的工艺，如当污染物中含有氯代有机污染物时，在尾气处理阶段需要采取急冷工序以消除二噁英的产生，还需要加装碱液喷淋装置，以便去除尾气中的 HCl 等酸性气体（高国龙等，2012）。同时，土壤中目标污染物的初始浓度与热脱附系统中进料速率的设置和运行成本息息相关。当目标污染物的初始浓度较高时，为了达到修复目标值，需要进一步提高污染土壤热脱附温度和停留时间，热处理的成本也将相应增加。

2. 加热温度

热脱附技术的核心是通过加热污染土壤使土壤中的污染物挥发分离，加热温度越高，污染物挥发得越快。因此，加热温度是热脱附技术的关键参数之一，甚至是决定性因素（Mechati et al.，2004）。加热温度过低，则污染土壤无法达到修复要求；温度过高，则会造成能源浪费。据美国海军工程服务中心的报告统计，热脱附技术的燃料成本占运行成本的 40%～50%（高国龙等，2012）。由于美国的燃气价格远低于我国，因此国内燃料成本占运行成本的比例更高。根据实际工程的初步统计，我国热脱附技术的燃料成本约占运行成本的 60%。因此，确定和控制合理的热脱附温度对降低污染土壤的修复成本至关重要。一般热脱附的温度需要通过试验，包括静态/动态模拟试验、热重试验、现场调试试验等，并综合考虑修复时间、处理量、修复成本等因素才能确定。

同时，加热温度对土壤理化性质也会产生不同程度的影响。有研究表明，当污染土壤在 450℃热处理 30 min 后，土壤中有机质的含量会发生显著变化，且其比表面积降低（夏天翔等，2014）。然而也有研究者发现，污染土壤热脱附后土壤细颗粒所占比例增加（Jr Araruna et al.，2004；Liu et al.，2020）。该现象表明，加热过程对不同污染土壤的理化性质影响不同。然而，土壤理化性质与土壤生态功能息息相关，如果考虑热脱附处理后土壤的再利用，则需注意土壤理化性质的变化。

3. 停留时间

根据污染土壤中污染物及其浓度、含水率的不同，热脱附系统修复污染土壤所需的停留时间也不同，一般为 5～40 min，表 3-1 为典型有机污染物异位热脱附处理的停留时间。合适的停留时间一方面要确保土壤在热脱附设备中停留足够长的时间，以达到修复目标；另一方面要结合修复工程的需要，确保达到设计产量，以保证修复项目按时完成。停留时间越长，处理量越小，单位修复成本越高。因此，停留时间对热脱附的处理量和修复效果影响较大。对于热脱附窑体而言，窑体的斜度和转速是影响停留时间的主要因素。此外，窑体本身的长短和内部结构也对停留时间有重要影响。

表 3-1 典型有机污染物异位热脱附处理的停留时间

污染物类型	土壤出料温度/℃	停留时间/min	土壤中污染物的最佳处理效果/（mg/kg）
单环芳烃及其衍生物	100～200	10～20	＜0.05
脂肪烃及其衍生物	80～200	10～20	＜0.05
多环芳烃类	250～500	10～30	＜0.1
有机农药类	300～650	20～40	＜0.2
石油烃类	100～300	10～30	＜230
多氯联苯和二噁英类	300～600	30～60	＜0.2

数据来源：《异位热解吸技术修复污染土壤工程技术规范（征求意见稿）》。

4．土壤与热源的接触程度

热脱附可采用直接或间接的方式加热污染土壤。相较于间接热脱附，直接热脱附处理时，污染土壤与火焰直接接触，对污染土壤的加热效果较好，热能利用率较高，污染土壤处理量相同时热能消耗低。间接热脱附设备由于首先需要加热设备本身，然后再由热脱附设备把热量传导到污染土壤，导致热脱附效率比直接热脱附低。美国 TARMAC 公司（Tarmac International，Inc.）开发的处理量为 15 t/h 的直接热脱附设备，在土壤含水率相同的情况下，土壤直接热脱附的能耗为间接热脱附（处理量 10～15 t/h）的 1/2 左右。

对于异位直接热脱附回转窑，窑体内部的结构也影响物料与热源的接触程度。窑体内部的结构设计合理，不但可以有效地利用热源的热能，使物料与高温烟气或火焰充分接触，提高修复效率和设备的处理能力，还可以有效地降低窑体的外部温度，保护窑体免于因温度过高而造成的损害。然而，不合理的内部设计可能导致物料受热不均匀或是扬尘过大，影响修复效率和后续尾气处理。

此外，热脱附的物料与烟气的行进方向也对修复效率有影响。一般而言，逆流式热利用效率相对较高，但由于使用该方式物料在高温区出料，温度较高，提高了热脱附后土壤的降温负荷。顺流式热脱附排放的烟气温度较高，提高了后续尾气处理工艺要求。

5. 土壤含水率

在异位热脱附系统中，土壤湿度过高会影响土壤的输送及进料过程，从而使该技术变得不可操作，更重要的是，由于水的蒸发潜热巨大（2 257.2 kJ/kg），土壤中的水分在受热蒸发过程中会吸收大量的热能，将显著增加热脱附能耗。有研究表明，当土壤含水率为 10%～15%时，加热土壤消耗的热量基本与蒸发水分的能耗相当；当含水率高于 15%时，蒸发水分的能耗超过了加热土壤消耗的能量。此外，当土壤含水率较高时，对某些污染物的去除率也有较大影响。庄相宁等（2014）在研究热脱附对土壤中六六六（HCHs）的去除效果时发现，当土壤含水率超过 16%时，β-HCH、γ-HCH、δ-HCH 的去除率明显降低。Sharma 等（2004）也指出，热脱附过程中土壤的含水率会影响污染物的热脱附过程。但是，对于热蒸汽抽提热脱附系统，进料土壤中含有少量的水分时处理效果更好。这是由于汽化水（通过蒸汽）的汽提作用促使污染物的热传递增强，加速了热脱附。此外，水分蒸发也会使尾气湿度增加，从而加大了尾气处理的负荷和难度。在旋转热脱附系统中，污染土壤含水量在 20%以内都不会对后续操作和费用造成显著影响；当含水量超过 20%时，则需要进行含水量与操作费用的影响评价。

因此，当土壤含水率较高时，需要进行预处理。一般可采用自然风干、添加石灰等方式降低土壤含水率，如此可大幅降低热脱附的能耗，提高修复效率，同时便于工程物料筛分和输送。但是含水量也不能过低，因为在污染土壤进料中含有少量水分可以减轻污染土壤处理操作期间的除尘问题。综合以上各种因素，污染土壤进料含水率在 10%～20%时为最佳（高国龙等，2012；US EPA，1998）。

6. 土壤质地与粒径

通常情况下，土壤粗颗粒与细颗粒的分界线是 200 目（0.075 mm），如果物料中 1/2 以上的颗粒大于 200 目，则被认为是粗颗粒（如砾石和砂粒），反之则被认为是细颗粒（如粉粒和黏粒）。傅海辉等（2013）在研究土壤中多溴二苯醚（PBDEs）的热脱附特性时发现，当土壤粒径分别为<75 μm、75～125 μm、125～250 μm 和 250～425 μm 时，热脱附 30 min 后，土壤中污染物的去除率分别为 49.53%、73.88%、83.56%和 87.09%，PBDEs 总去除率随着土壤粒径的增大而增大。但研究也有不一致的结论。Qi 等（2014）研究土壤颗粒中多氯联苯（PCBs）的热脱附规律的结果表明，细颗粒（<250 μm）中 PCBs 的去除率高于粗颗粒（420～841 μm），因此推断 PCBs 在土壤内部的扩散速率是影响其去除效率的关键因素，较小颗粒中的 PCBs 更易从土壤颗粒内部逸出土壤表面。Gu 等（2012）研究了土壤不同粒径对 HCHs 热脱附处理动力学过程的影响，结果表明当热脱附温度为 340 ℃、加热 20 min 后，粒径大于 2 mm 的土壤中 HCHs 的去除速率和最终去除率低于粒径更小的土壤，其原因是 HCHs 的热脱附过程分为 2 个完全不同的阶段：①土壤颗粒表面的 HCHs 快速挥发阶段；②受内部扩散速率控制的慢速挥发阶段。当土壤颗粒较大时，污染物在颗粒内部扩散的路径更长，从而导致了去除速率和最终去除率相对较低。

然而，实验室污染土壤的修复效果与实际工程实施的结果通常存在一定的差距。通常情况下，实验室小试用土一般都会进行烘干及筛分处理，导致土壤性状与实际修复工程中的污染土壤性状存在明显差异，如试验时不会出现由含水率和黏粒多导致的土壤团聚、板结等问题，进而影响污染物的热脱附。在实际工程实施中，粗颗粒和松散土壤由于不易团聚，可充分与热源接触，热脱附处理效果好。而对于黏性土壤，土壤湿润时细颗粒容易发生团聚或受热板结，土壤导热性变差，致使团聚体内难以加热，热脱附修复效率降低。此外，黏土还会黏附和堵塞热传递表面，如热油螺旋推进器的外部，从而降低了传热效率。因此，热脱附一般适合处理砂土、粉土等，当遇到黏土时，可掺混一些砂土，便于进料，防止黏壁堵塞。此外，粉土和黏土的细小颗粒较多时，细小土粒可能会进入尾气中，携带的细颗粒土壤可能使后续的气体处理设备过载，造成压力分布和堆积问题，并且可能超过袋式除尘器、旋风除尘器和输送设备的处理能力。

7. 土壤渗透性

土壤渗透性影响可气态化污染物导出土壤介质的过程，进而影响污染的热脱附效果。黏土含量高或结构紧实的土壤，渗透性比较低，不适合利用热脱附技术修复。此外，在渗透性较差的土层中，通常含水量较高，甚至达到水饱和状态，相当一部分的有机物滞留在水层保护的土层中，不受周围流动气流的直接影响，导致污染物去除效率低。因此，在采用热脱附法对挥发性和半挥发性污染土壤进行修复时，通常是对不饱和土壤进行的。

8. 土壤有机质

在很多污染土壤的实际修复工程中，目标污染物仅占总有机物的一小部分，主要有机物为土壤有机质，如腐殖质、泥炭、腐烂的植物残体、煤粉及其他非目标污染物的合成有机物。而土壤有机质与土壤中的污染物（如 PAHs、PCBs 等）有较强的结合能力，对污染物的热脱附过程有一定影响（Zhao et al.，2012）。傅海辉等（2013）在比较原土和去除部分有机质后的土壤中 PBDEs 热脱附规律时发现，去除部分有机物的土壤中 PBDEs 的脱附效率高于原土壤的脱附效率，这表明有机质会抑制污染物的热脱附过程。然而，土壤有机质并不总是抑制污染物的热脱附过程。王瑛等（2011a）在研究 DDT 在土壤中的热脱附过程时发现，有机质的存在能显著提高 *p,p'*-DDT 在土壤中的脱附效率，但是对 *o,p'*-DDT 和 *p,p'*-DDD 的脱附效率影响不明显。张瑜（2007）研究了 3 种不同有机质含量的土壤中污染物的热脱附过程，发现有机质含量高的土壤经过热脱附处理后污染物的去除率高。进一步研究发现，有机质含量高的土壤中的有机质在热脱附过程中的热损失显著高于有机质含量较低的土壤。而有机质的进一步损失使吸附于这些有机质上的污染物释放更多，从而提高了污染物的去除率。

此外，土壤中的有机质含量不仅影响污染物的脱附过程，也影响对热脱附技术的选择。一般而言，当土壤中有机质含量（或污染物浓度）达 1%～3%时，不适合采用直接热脱附技术，应采用间接热脱附技术处理（高国龙等，2012）。在低氧条件下运行的间接热脱附系统可以处理高浓度有机污染土壤。但是，当土壤中有机物含量高于 20%时，如果不回收利用其中的有机物，热脱附系统运行的经济性则可能不如其他技术（如焚烧）。例如，当采用间接热脱附系统处理被石油污染的土壤时，可回收土壤中的石油含量高达30%～40%或更高时，热脱附技术的经济性优于焚烧。

基于热脱附系统安全性的考虑，对于直接热脱附系统，土壤中挥发性有机物的含量最大应不高于3%。尾气中的有机物含量不应超过爆炸下限的25%。如果热脱附系统有能够连续监测最低爆炸下限的装置和控制装置，尾气中的有机物含量可控制不超过爆炸下限的 50%。土壤中有机物的含量对二燃室的燃料用量有很大影响。例如，污染土壤的最高热值应为222～556 cal/g，以免超出二燃室的设计能力。因此，二燃室一般配有温度控制系统，当二燃室内气体热值较高时可适当引入空气以降低热值。

9. 土壤中的其他物质

土壤中的挥发性（类）金属（如汞和有机砷等）在热脱附过程中会挥发进入尾气中，一些不挥发的重金属也可能会随着粉尘进入尾气中，从而增加了尾气处理的难度。在尾气处理工艺中，湿式洗涤器可用于捕获循环水流中的挥发金属，因此它们可以固体形式被适当地去除和处理。然而，热脱附过程可能会导致土壤中重金属形态的改变，使热脱附后土壤中的可浸出浓度超过规定的限度，不适合回填，除非进行进一步的处理（如固化/稳定化）。此外，土壤中的碱盐可在热分离系统和二燃室中引起处理后残余物的熔融或“结渣”，影响热量传递和污染物的去除效率。土壤中的硫和氮元素可能导致在工艺废气中产生硫氧化物或氮氧化物等需要进一步处理的污染物。对于含卤族元素的有机污染土壤，需要在尾气处理工艺中增加酸性气体中和设备，如洗涤器。

10. 系统真空度

热脱附系统保持一定的真空度非常有利于系统的运行和二次污染的防治。通过使热脱附系统保持一定的真空度，可以及时地把热脱附系统中污染土壤脱附的污染物抽排出回转窑系统，待其进入尾气中再加以治理。同时，在一定真空度下进行热脱附可以降低污染物的沸点，进而降低污染土壤热脱附的能耗。例如，萘在760 mmHg时的沸点为218℃，在100 mmHg时的沸点降低到144℃。一些热脱附系统设计操作的真空度高达508～635 mmHg。此外，热脱附系统保持一定的真空度可以防止系统中的污染物排放到周边环境中，对控制热脱附的二次污染非常有益。

3.1.4 异位热脱附技术的适用性

异位热脱附技术主要适用于处理被挥发性有机化合物、半挥发性有机化合物，甚至更高沸点的有机氯化合物（如PCBs、二噁英和呋喃）及挥发性金属汞等污染的土壤。该技术不适用于处理仅由无机物（如不挥发性金属）污染的土壤，也不适用于处理被有机腐蚀剂、反应性氧化剂及还原剂污染的土壤。表3-2为异位热脱附技术对土壤中常见污染物进行处理的有效性（杨勇等，2016）。

表3-2 异位热脱附技术对土壤中常见污染物进行处理的有效性

污染物种类		土壤
有机物	卤代VOCs	1
	卤代SVOCs	1
	非卤代VOCs	1
	非卤代SVOCs	1
	PCBs	1
	农药	1
	二噁英/呋喃	1
	有机氰化物	2
	有机腐蚀物	3
无机物	挥发性金属	1
	非挥发性金属	3
	石棉	3
	放射性物质	3
	无机腐蚀物	3
	无机氰化物	3
反应性物质	氧化性物质	3
	还原性物质	3

注：1——已经证明有效：一些已经完成的工程证明有效。
2——可能有效：专家的意见认为技术有效。
3——可能无效：专家的意见认为技术无效。

3.2 异位热脱附工艺设计与运行维护

3.2.1 工艺设计总体要求

异位热脱附设施应采用模块化、撬装化设计，满足快速运输及安装的要求。热脱附系统应满足节能设计理念，降低系统能耗，采用的节能措施包括进行保温以防止热量散失、采用适宜的措施回收系统余热、将回收热量应用于工艺内部或外部。修复场址宜建在污染地块的场区内，污染土壤处理场总平面布置应围绕热脱附主体设备布置，其他设施应按污染土壤处理流程合理安排。处理场的行车道路宜设置成环形，路面宽度不宜小于 6 m。处理场外应设消防道路，道路的宽度不应小于 3.5 m。污染土壤处理场周围应设置围墙或其他防护栅栏，以防止家畜和无关人员进入。异位热脱附系统运行过程应处于负压状态，以避免有害气体逸出，且运行过程中所产生的各种二次污染问题应满足环境管理要求：①处理后的土壤应满足修复目标值的要求；②处理后的热脱附尾气应满足《大气污染物综合排放标准》（GB 16297—1996）的要求；③废水可经处理后回用或经处理后达到相应标准作其他用处；④厂界噪声应执行《工业企业厂界环境噪声排放标准》（GB 12348—2008）的要求；⑤产生的危险废物，如废弃活性炭等，应参照《危险废物处置工程技术导则》（HJ 2042—2014）进行处置；⑥一般固体废物应参照《一般工业固体废物贮存和填埋污染控制标准》（GB 18599—2020）进行处置。

3.2.2 设备及材料

运用典型异位热脱附技术修复污染土壤的工艺流程如图 3-10 所示，主要包括 4 个步骤：①被挖掘的污染土壤的暂存及预处理；②污染土壤的加热，使土壤中的污染物挥发进入气相；③有效收集、处理尾气，使其达标排放；④热脱附后土壤的出料。相应地，异位热脱附系统（或设备）的组成主要包括暂存和预处理单元、供料单元、热脱附单元、排料单元、气体净化单元和控制单元，当有物料回收时，需要增加馏分冷凝单元，各单元具体功能详见表 3-3。

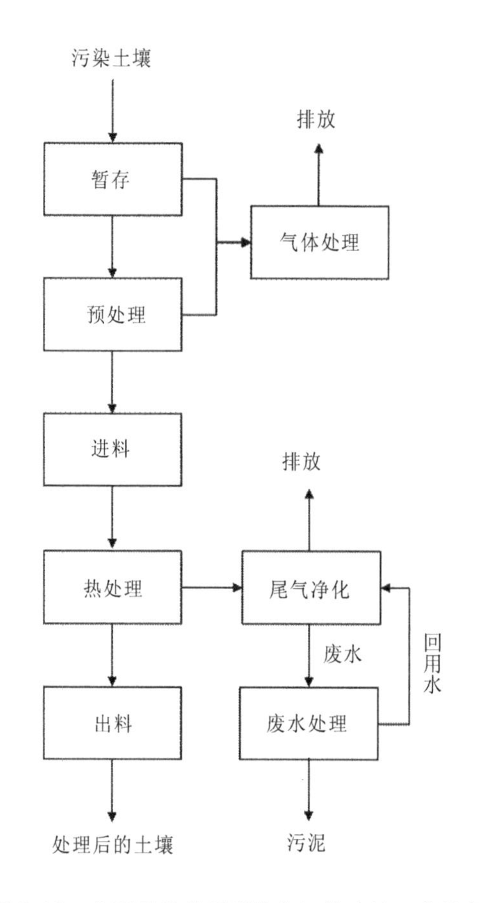

图 3-10 典型异位热脱附修复污染土壤工艺流程

表 3-3 典型异位热脱附系统/设备的组成单元及其功能介绍

序号	单元名称	功能介绍
1	暂存和预处理单元	对污染物进行干燥、筛分、破碎、除杂等预处理
2	供料单元	储存、计量、输送，为热脱附系统供料
3	热脱附单元	通过控制加热温度和停留时间将污染物与土壤分离
4	排料单元	对热脱附后的土壤进行降温增湿输送，以控制粉尘的产生
5	馏分冷凝单元	对挥发的有机污染尾气进行冷凝、回收
6	气体净化单元	对产生的不凝气体进行净化处理后回收、利用
7	控制单元	系统配电、数据采集及系统控制

1. 污染土壤暂存和预处理系统

污染土壤暂存和预处理车间应根据预测总库存容量、配套设施要求及现有地块条件进行设计和建设。车间内的功能区可分为污染土壤卸车区、暂存区、预处理区等。污染土壤暂存和预处理车间应设置机械通风，车间内排出的空气应经过滤、吸附处理或引入运行的烟气处理设施进行处理。车间地面宜做硬化或防渗处理。卸车区和暂存区宜配置电动抓斗、铲车等装卸设备，预处理区应配置脱水、筛分、破碎、输送等设备。根据污染土壤特性，对污染土壤进行脱水、筛分、分选、破碎、混合、搅拌等预处理，使进入加热设备的污染土壤的含水率不大于 20%、土壤颗粒不大于 5 cm、土壤 pH 控制在 4～10。黏土类污染土壤易黏结在设备上，需经特殊预处理（如在土壤中添加调节剂）以降低土壤黏性，处理后的土壤应易于破碎至 5 cm 以下，然后才能进入土壤热处理设备。同时，在预处理过程中，应将污染土壤的大块石头、铁块、植物残体等杂物分离出来，并将其作为固体废物进行处置或回收。

2. 进料系统

根据污染土壤的特性和处理规模的要求，选择适当的进料方式和进料速度。污染土壤进料前应保证热脱附系统工况的稳定，防止给料不均造成进料口堵塞或设备运转故障。为防止挥发性污染物及粉尘污染场区周围环境，进料单元应设置密闭罩，并能自动计量投料。

3. 污染土壤热脱附处理系统

对于污染土壤异位热脱附处理来说，异位热脱附设备的性能指标较为重要，一般包括以下 3 个方面（何茂金等，2018）：①修复目标值符合《土壤环境质量　建设用地土壤污染风险管控标准》（GB 36600—2018）的要求；②尾气排放达到《大气污染物综合排放标准》（GB 16297—1996）的要求；③余热利用率＞90%。污染土壤直接热脱附使用的设备主要为回转窑，间接热脱附使用的设备为回转窑或螺旋推进式热解炉。

（1）回转窑

回转窑是一个有一定斜度的钢制圆筒状物，内衬是耐火材料，斜度为 3°～3.5°，回转窑热处理过程借助窑的转动来促进污染土壤在回转窑（旋窑）内搅拌，使污染土壤互相混合、接触以进行反应。窑头喷煤燃烧产生大量的热，热量以火焰的辐射、热气的对流、窑砖（窑皮）传导等方式传给污染土壤。污染土壤依靠窑筒体的斜度及窑的转动在窑内向前运动。回转窑主要是由筒体、转动装置、支撑装置、挡轮装置、窑头密封装置构成，图 3-11 为回转窑结构示意图。

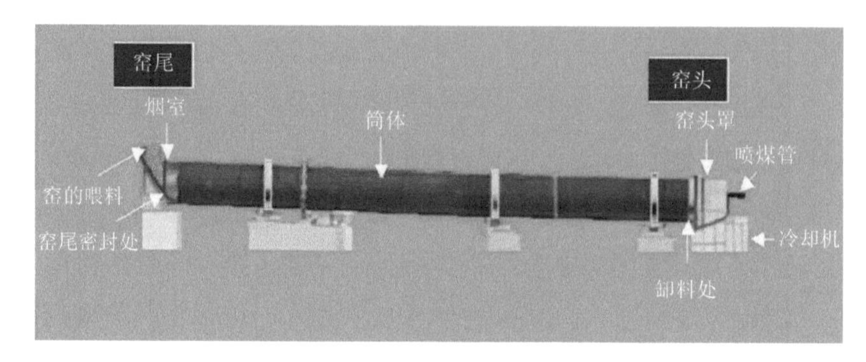

图 3-11　回转窑结构示意

①筒体

回转窑筒体是由不同厚度钢板事先卷成的，筒体内镶砌有耐火材料，圆筒外面套装有几道轮带，筒体成一定斜度，坐落在与轮带相对应的托轮上，如图 3-12 所示。

图 3-12　回转窑筒体实物

②轮带

轮带是一个坚固的大钢圈套装在筒体上，以支撑回转窑（包括窑砖和污染土壤）的全部重力。轮带的重量从 20 t 到 100 t 不等，轮带附近的壁厚增大，目的是防止托轮因压力而产生变形。

③托轮

托轮通过轴承支撑。

④液压挡轮

液压挡轮是围绕纵向轴运动的滚轮，安装在窑尾轮带靠近窑头侧的平面上，其主要作用是及时指出窑体在托轮上的运转位置是否合理，并限制或控制窑体的轴向窜动。

⑤传动装置

传动装置主要是保证回转窑持续进行旋转，并能调节转数。

⑥密封装置

回转窑是在负压下运行的，在筒体与窑头罩、烟室连接的地方都存在缝隙，为防止漏风，必须设有密封装置，否则会漏风和漏料。

回转窑的设计及制造应参照《化工回转窑设计规定》(HG/T 20566—2011) 的要求，其长径比值宜控制在5∶1～10∶1，斜率宜控制在1.3°～5.6°，转速宜控制在2～6 r/min。筒体是回转窑的主要零部件之一，其消耗钢材占整台回转窑的一半左右。回转窑筒体为钢板卷制焊接而成的长圆柱筒，一般选择碳素结构钢Q235B（原牌号A3）或质量等级较高的Q235C。但是随着国家相关标准的逐渐严格，目前主要采用与欧盟标准对应的综合性能更好、有害化学成分更少的高强度结构钢Q355D。回转窑托轮等轴类材料不应低于优质碳素结构钢45钢的规定，而回转窑轮带托轮的材料为铸钢件，其材料不低于ZG35Mn，拖轮挡材料不低于ZG35Cr1Mo。

（2）螺旋推进式热解炉

图3-13为典型的螺旋推进式热解炉装置示意图（张建平等，2013）。炉架内有炉体。炉架上有呈水平布置的无轴螺旋推进机，无轴螺旋推进机横贯整个炉体，使无轴螺旋推进机沿其纵向的大部分均置于炉体内。在推进方向上，无轴螺旋推进机后端的上侧壁上有进料口，前端的下侧壁上有出料口。无轴螺旋推进机下方的炉体内有燃烧室，与无轴螺旋推进机的长度方向相对应的燃烧室顶板上均布置有喷火口，且燃烧室的侧壁上有烧嘴。炉体的顶部有排气管，该排气管与炉体的内腔相连通。螺旋推进式热解炉的设计应符合《螺旋输送机》(JB/T 7679—2008) 的要求，宜使用耐磨材质进行制作，需具备抗卡阻能力，防止被输送物料存在杂质造成输送机卡死。

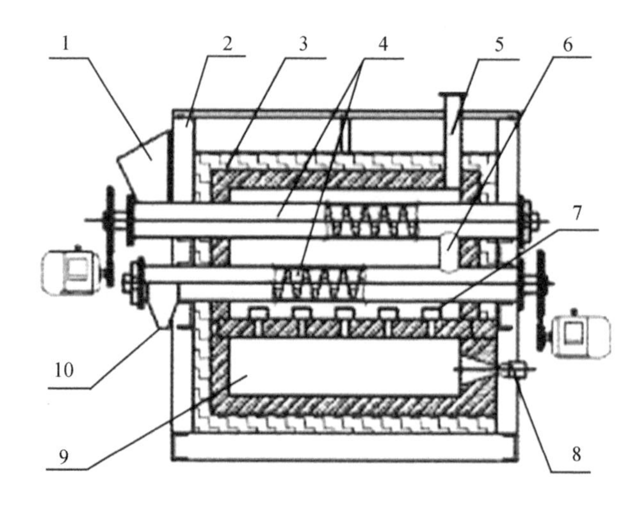

1—进料斗；2—炉架；3—炉体；4—无轴螺旋推进机；5—排气管；

6—连接管；7—喷火口；8—烧嘴；9—燃烧室；10—出料斗

图 3-13 螺旋推进式热解炉

通常情况下，异位热脱附设备的转动速率和方向在一定范围内应实现可调。热处理设备及高温烟道应采用耐酸性气体腐蚀和耐高温的高铝耐火材料，以便在系统设计加热温度的条件下长期连续运行。土壤出料温度应控制在合理范围内，使其能够满足污染土壤处理的要求。热处理设备进出料口、与尾气处理连接处、检修口等的设计均应满足系统的密闭性要求。采用燃料为热源的热处理设备，燃料和空气进气量均应可调节。热处理设备的驱动装置应采用变频控制。热处理设备腔内应配置防板结装置。热脱附处理后的土壤在出料时应采用喷淋等措施降温防尘。土壤经降温抑尘后运输至有防淋防渗措施的指定堆放区。热交换器的设计应符合《压力容器》（GB/T 150—2011）及《热交换器》（GB/T 151—2014）的要求。表 3-4 为典型异位热脱附系统的设计参数。

在实际修复工程中，须综合考虑修复项目的施工工期、目标污染物和土壤理化性质及工艺成熟度等因素，选取相应的热脱附处理设备及相关制造材料，实现污染土壤异位热脱附的有效、环保和经济治理。表 3-5 为直接热脱附和间接热脱附设备的优缺点对比结果。

表 3-4 典型异位热脱附系统的设计参数

项目	直接接触回转窑	间接接触回转窑	间接接触热螺旋器	异位加热炉	HAVE 系统
土壤进料的最大粒径/cm	<5	<5	<5	<5	NA
进料中污染物最大浓度/%	2～4	50～60	50～60	2～4	50～60
热源	直接接触燃烧	间接接触燃烧	间接接触热油/蒸汽	间接接触燃烧	直接接触燃烧
加热范围/℃	150～650	120～550	100～250	100～260（真空可至 400）	65～200
进料速率/（t/h）	20～160	10～20	4～8	一个腔室：4～15 处理时间：1～4 h	230～765； 最适：570； 处理时间：12～14 d
典型的尾气处理系统	二次燃烧室	冷凝器	冷凝器	冷凝器	二次燃烧室
典型的烟尘清洁系统	袋式除尘器，有时包括湿式洗涤器	袋式除尘器、HEPA 过滤器和活性炭床	袋式除尘器、活性炭床	袋式除尘器、碳床	催化氧化器
移动需要时间/周	1～4	1～2	1～2	1～2	1
所需占地面积（仅热脱附系统）/（m×m）	小：20×30 大：45×60	20×25	15×30	12×30 （4 台设置）	12×30 （适于 750 m^3）

表 3-5 直接热脱附和间接热脱附设备优缺点对比

设备类型	优点	缺点
直接热脱附设备	• 单台套处置规模大，适用于处置方量较大或者工期较紧的项目 • 土壤加热温度最高可至 550～600℃，且可根据污染物类型灵活调剂处理温度 • 土壤中污染物处理彻底，工艺成熟度较高	• 尾气量大，增加尾气处理单元负荷，对窑体密封性要求较高 • 不宜处理高浓度有机污染土壤，存在爆炸风险 • 设备庞大，安装周期长，不适合处置规模较小的项目 • 尾气处理不当易造成二次污染，如生成二噁英等 • 不易回收有用的有机相
间接热脱附设备	• 尾气量小，尾气处理负荷较低 • 污染土壤与火焰不直接接触，可处理高浓度有机污染土壤，避免爆炸风险 • 采用天然气或轻质燃料做能源时，尾气可以直接排放，二次污染小 • 对于油泥等黏性介质，间接加热采用螺旋推进时，更为适用 • 可回收有用的有机相（石油烃）	• 单台套处置规模小 • 污染物没有彻底被清除，污染物冷凝后被储存于储罐中或滤饼中，需要进行再回收或处置

4. 尾气处理系统

异位热脱附处理系统排气筒的设置应满足《大气污染物综合排放标准》（GB 16297—1996）的相关要求，排气筒应设有取样口和在线监测装置。间接热脱附设备的热源产生的尾气如满足 GB 16297—1996 的要求，可直接排入大气；如不满足 GB 16297—1996 的要求，应引入尾气处理工艺，处理达标后排放。通常情况下，直接热脱附工艺采用二次燃烧法处理污染土壤加热设备产生的尾气，间接热脱附工艺采用冷凝吸附法处理污染土壤加热设备产生的尾气。

（1）处理直接热脱附尾气的二次燃烧法

二次燃烧法处理间接热脱附尾气的典型工艺流程如图 3-14 所示，包括旋风除尘、二次燃烧、急冷、袋式除尘、洗气等工艺环节。

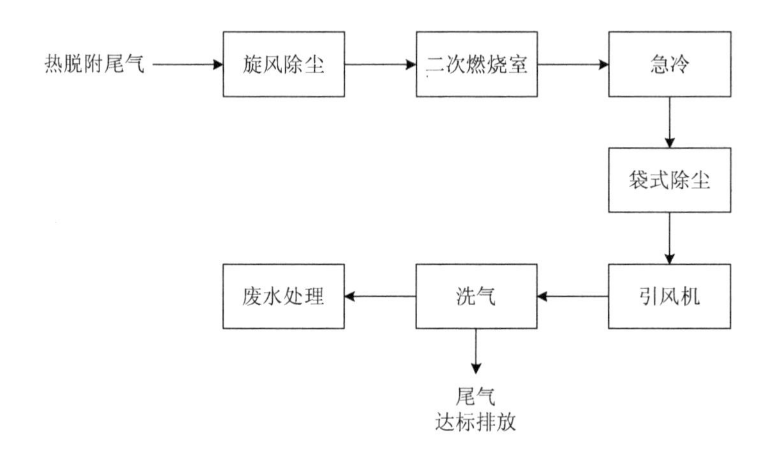

图 3-14 二次燃烧法处理间接热脱附尾气的典型工艺流程

①旋风除尘

旋风除尘是利用旋转的含尘气流所产生的离心力，将颗粒污染物从气体中分离出来的过程。旋风除尘器结构简单、占地面积小、投资少、操作维修方便、压力损失中等、动力消耗不大，可用各种材料制造，适用于高温、高压及有腐蚀性气体，并可直接回收干颗粒物。旋风除尘器一般用于捕集 5～15 μm 的颗粒物，除尘效率可达 80%。旋风除尘器的主要缺点是对粒径小于 5 μm 颗粒的捕集效率不高。旋风除尘器通常作为一级除尘设备，其下方应配置粉尘收集设施，以防止粉尘撒漏。旋风除尘器灰斗排放的粉尘经收集后应重新投入进料设备。

②二燃室

经旋风除尘后的尾气进入二燃室燃烧。为了使污染物彻底分解，达到排放要求，二燃室通常会设置燃烧器助燃，并配置独特的二次供风装置以保证尾气在高温下同氧气充分接触，同时保证尾气在二燃室的滞留时间，并根据二燃室出口尾气的含氧量调整供风量。二燃室内的温度宜控制在 1 000～1 200℃，并确定停留时间大于 2 s，使尾气在炉内充分分解焚烧。同时，尾气中大粒径的粉尘落入二燃室底部完成初级除尘，以免其直接进入换热器，并在换热器外壁沉积造成堵塞。其中，二燃室对于 40 μm 粒径的粉尘除尘效率可达 90%。

③急冷

当土壤中存在氯代烃污染物时，为了避免在热脱附的尾气中生成二噁英，在尾气净化工序中增设急冷工序。

为了使尾气迅速降温，避免污染物的再次生成，在二燃室后需设置水换热器和空气换热器。高温尾气与水换热器交换后进入两级空气换热，尾气温度可从 1 100℃迅速降至 200℃左右，然后再进入后续处理设施。急冷器应使用耐腐蚀材料或进行防腐处理，在尾气入口处与喷淋水接触之前的部位应内衬耐火材料，以避免高温尾气对其造成烧损。

④袋式除尘

经急冷室降温后的含尘尾气进入袋式除尘器，其首先通过袋式除尘器的清洁滤布，此时起捕尘作用的主要是清洁滤布，由于其孔隙率很大，故除尘效率不高。随着捕集的粉尘量不断增加，一部分粉尘嵌入滤料内部，一部分覆盖在表面上形成粉尘层，在这一阶段含尘气体的过滤主要依靠粉尘层进行，这时粉尘层起着比滤布更为重要的作用，它使除尘效率大大提高。袋式除尘器的设计及制造应符合《袋式除尘工程通用技术规范》（HJ 2020—2012）的要求，袋式除尘器滤料及滤袋的选择应符合《环境保护产品技术要求　袋式除尘器用滤料》（HJ/T 324—2006）的要求。

⑤洗气

尾气中如含有酸性气体通常需采用碱性溶液喷淋脱酸，喷淋废水应进行中和处理，处理后的出水满足喷淋水要求时宜循环使用，不能循环使用的废水需进一步处理，满足《污水综合排放标准》（GB 8978—1996）的要求后排放或外运处理。碱液喷淋塔装置的喷淋设备、管路及其他辅助配件应采用耐碱腐蚀的材料制造。碱液应由专门的配置系统提供，碱液浓度通常为2%～10%，该系统应至少包括以下主要设备：a. 带搅拌器的碱液配置罐；b. 碱液存储罐，罐体容积应能贮存满足4 h的碱液喷淋量；c. 能实现变频调速的碱液输送泵，可调节喷淋液的量。洗气塔应配备除雾器，经洗气塔处理后的尾气应满足排放要求或后续设备对操作条件的要求。洗气塔的设计和制造应符合《环境保护产品技术要求　湿式烟气脱硫除尘设备》（HJ/T 288—2006）的要求。

（2）处理间接热脱附尾气的冷凝吸附法

冷凝吸附法处理间接热脱附尾气的典型工艺流程如图3-15所示，包括冷凝、气液分离、吸附等工艺环节。

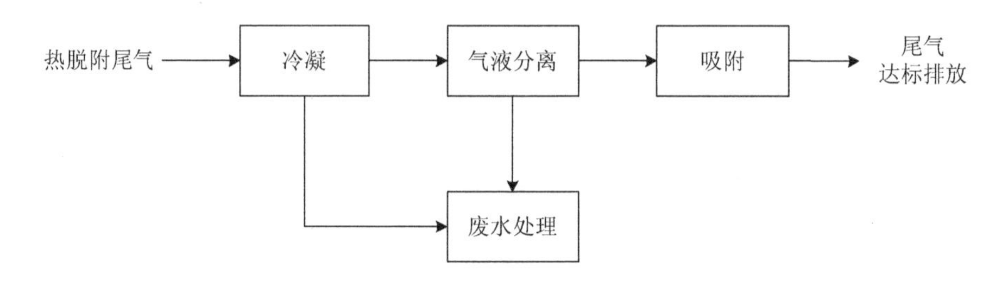

图3-15　冷凝吸附法处理间接热脱附尾气的典型工艺流程

①冷凝、气液分离

间接热脱附系统产生的尾气冷凝可采用直接换热、间接换热等单一或多种方法联合实施，冷凝器可选择风冷、水冷、冷却液冷却或其他冷却形式，可采用一级或多级的冷却形式。冷凝器的工作温度应根据污染物种类及工艺要求，确保气相污染物被冷却至其沸点以下。冷凝器后应配置气液分离设备，以降低不凝气中的液体含量。

气液分离设备可采取干燥法、捕雾法等单一或多种联合的技术方法，气液分离器可采用一级或多级的形式。气液分离设备的设计应符合《气-液分离器设计》（GB/T 20570.8—95）的要求。

冷凝器和气液分离设备内应配置液体收集及输送装置，以确保冷凝液及时输送。冷凝、气液分离产生的废水处理后宜循环使用或满足GB 8978—2017的要求后排放或外运处理。废水处理产生的有机物有回收利用价值时宜进行回收，否则应按危险废物进行管理和处置。气液分离后产生的污泥应按危险废物进行管理和处置。

②吸附

气液分离后的尾气可采用活性炭、分子筛等吸附剂进行吸附，吸附工艺参照《吸附法工业有机废气治理工程技术规范》（HJ 2026—2013）的要求进行设计。活性炭或分子筛等吸附剂及相关设备应具有兼顾去除重金属的功能。吸附设备的设计应符合《环境保护产品技术要求　工业废气吸附净化装置》（HJ/T 386—2016）的要求。

3.2.3 处理场所地址选择及辅助设施

1. 处理场所地址选择

污染土壤异位热脱附修复处理场址选择需要满足以下要求：①所在区域无洪水、潮水或内涝威胁，并建设在现有和各类规划中的水库等人工蓄水设施淹没区和保护区之外，不应设在湿地等生态保护区；②热脱附设施建设应符合经当地生态环境行政主管部门批准的环境影响评价结论，与居民区、商业区、学校、医院等环境敏感区的距离满足环境保护的需要；③待处理的污染土壤，其运输路线尽量不经过居民区、商业区、学校、医院、饮用水水源地及其输送沟渠等环境敏感区；④热脱附设施处理量、各设备运行状态、设施运行对环境的影响、设备防护措施等应满足环境保护的要求。

2. 辅助设施

（1）引风机

引风机的选择应以高效、节能、经久耐用、便于操作和维修为原则。引风机的选择应满足以下条件：①引风机流量范围调整应能满足系统风量变化要求；②引风机的工作压力应能满足最不利点所需风压的要求；③所选引风机应能经常保持在高效区内运行。

（2）水泵

水泵选择应以高效节能、不易堵塞、经久耐用、便于维修为原则，且应根据其所输送介质的特性及水泵的用途来确定，同时满足下列条件：①水泵流量的调节范围应能满足废水处理中水量变化的要求；②水泵的工作压力应能满足最不利点所需水压的要求；③所选水泵应能经常保持在高效区内运行。

（3）能源供应

①污染土壤加热设备使用的能源可为燃气、燃油、电、导热油等多种形式；

②电气系统的用电负荷应为AC380/220，负荷等级为二级，并应设有应急电源；

③高压配电装置、继电保护和安全自动装置、过电压保护和接地、照明设计应分别符合《3～110 kV高压配电装置设计规范》（GB 50060—2017）、《交流电气装置的过电压保护和绝缘配合》（DL/T 620—2016）、《交流电气装置的接地设计规范》（GB/T 50065—2011）和《建筑照明设计标准》（GB 50034—2013）的要求；

④电加热设备应符合《电热和电磁处理装置基本技术条件》（GB/T 10067）的要求，燃气贮存及供给应符合《城镇燃气设计规范》（GB 50028—2006）的要求，燃油的贮存及供给应符合《油品装载系统油气回收设施设计规范》（GB 50759—2012）的要求。

（4）给排水及消防

①生产用水应采用集中给水方式，设备冷却水宜采用循环给水方式并符合《工业循环水冷却设计规范》（GB/T 50102—2003）的要求，生活用水、消防用水、应急用水宜采用联合给水方式。给水设计应符合《室外给水设计标准》（GB 50013—2018）和《建筑给排水设计规范》（GB 50015—2019）的要求。

②热脱附过程中的生产废水和生活污水经处理后宜优先考虑循环利用，废水排放应符合GB 8978—2017的要求。

③厂房内应设置室内消火栓给水系统，消防设计应符合《建筑设计防火规范》（GB 50016—2018）的要求，厂房内的安全疏散应符合GB 50016—2018的要求，厂房内部装修设计应符合《建筑内部装修设计防火规范》（GB 50222—2017）的要求。

（5）采暖通风与空气调节

采暖通风与空气调节设计应符合《工业建筑供暖通风与空气调节设计规范》（GB 50019—2015）、《工业企业噪声控制设计规范》（GBJ 87—1985）、《化工企业安全卫生设计规范》（HG 20571—2014）的要求，余热量大、有害气体散发量较多的作业场所，宜采用机械通风。配电室及变电所应设置事故通风兼换气通风。

3.2.4 运行维护和监测

根据异位热脱附装置的工艺流程、设备的运行状况和特点，制定完善的设备维护和保养制度，并编制相应的维修和保养手册，确保装置的稳定和安全运行。系统中热脱附的热分离室、燃烧腔体、尾气管道、急冷和中和装置、袋式除尘器及引风机等主要设备应为维护的重点保护部位。设备系统应建立大修制度，大修周期应按系统设备的实际运行时间确定，一般大修周期不应超过 1 年。

热脱附装置自动化程度高，一般采用 PLC 系统（程序逻辑控制系统）对污染土壤进出料和热脱附过程等进行控制，对如进料速率、供油速度、加热温度、氧气含量、CO 浓度、CO_2 浓度及停留时间等重要参数进行实时监测。

3.2.5 处理成本估算

污染土壤异位热脱附处置费用受多方面因素的影响，主要有以下几个方面。

1. 热脱附设备类型

热脱附设备的类型显著影响系统的资本成本，如设备建造材料使用类型、设备尺寸、设备复杂性和系统组件类型等。通常具有较小处理废气体积的间接接触系统通常比相同尺寸的直接接触系统的成本更低，这主要由于来自间接接触燃烧器的烟道气不接触污染的材料，通常不需要处理，可减少处置成本。

2. 耐受温度能力

热脱附系统的耐受温度能力与设备材料密切相关，其耐受温度越高，材料越昂贵。

3. 污染土壤处理量

热脱附设备的污染土壤处理量通常与设备容积相关，其单位处理量越大，所需设备容积越大，且传输污染土壤的相关装置性能也需进一步提高，导致设备购置成本相应增加。

4. 氯化污染物处理能力

当土壤中含有氯代烃污染物时，需要酸性气体洗涤及中和设备来处理氯化物。因此，额外的设备模块（如酸性气体洗涤器）也会额外增加处理费用。

5. 气体清洁系统

污染土壤异位热脱附尾气处理费用除了气体洗涤器的成本或代替气体洗涤器的成本外，可能需要其他工艺气体清洁物品，如袋滤室或炭吸附器。

6. 仪表和控制（I&C）系统

仪表及控制系统的智能化程度，如报警、连锁和紧急关闭能力、连续的排放监测系统（CEMS）及某些相关的专门仪器（如不透明度监测器和气体质量流量计等），对热脱附系统的费用也有较大的影响，其智能化程度超高，费用超高。

此外，异位热脱附技术处置费用还受处置规模、土壤含水率、燃料类型、土壤性质及污染物浓度等因素的影响。通常情况下，国外对中小型地块（2 万 t 以下，约合 26 800 m^3）处理成本为 100～300 美元/m^3，对于大型地块（大于 2 万 t）处理成本约为 50 美元/m^3。根据国内生产运行统计数据，污染土壤热脱附处置费用为 600～2 000 元/t。

3.3 典型工程案例介绍

3.3.1 异位热脱附国内外的总体应用情况

欧美等发达国家对于异位热脱附技术的探索研发已有 30 余年，广泛应用于工程实践当中。1985 年，该技术入选为美国环保局推荐技术，在美国 1982—2014 年开展的 571 个异位土壤修复项目中，77 个采用异位热脱附技术，占项目总数的 13.5%。同时，自 20 世纪 80 年代以来，美国、法国、加拿大、阿根廷、韩国等多个国家的学者针对苯系物、PCBs、PAHs、石油烃类等多种有机污染土壤进行了热脱附修复研究，相关研究涵盖了污染土壤预处理技术、热脱附原理、尾气处理技术、热脱附效率影响因素等许多方面，也有部分学者开展了流化床式热脱附技术、真空强化远红外线热脱附技术等新型热脱附技术的探索。

异位热脱附的设备主要有直接接触回转窑、间接接触回转窑和间接接触热螺旋器 3 种形式，表 3-6～表 3-8 分别为这 3 种异位热脱附设备在美国的典型应用案例（Naval Facilities Engineering Service Center），并列出了项目名称、热脱附温度、污染土壤处理量、土壤污染物种类、原土壤中污染物浓度、处理后污染物浓度和污染物去除率等工艺参数和性能指标。由表 3-6～表 3-8 可以看出，直接热脱附系统和间接热脱附系统在美国有着广泛的应用，处理污染物的种类多，包括石油烃、有机氯农药、多氯联苯等，处理规模也很大，从几千吨到几十万吨不等。表 3-9 和表 3-10 分别为间歇式进料加热烤箱和热蒸汽真空抽提异位热脱附系统在美国应用的典型案例（数据来源：《异位热解吸技术修复污染土壤工程技术规范（征求意见稿）》）。

表 3-6 直接接触回转窑

项目名称	热脱附温度/℃	处理量及污染物种类	原土壤中污染物浓度/（mg/kg）	处理后污染物浓度/（mg/kg）	去除率/%
Old Marsh Aviation Site	400	52 000 t 毒杀芬 DDT DDD DDE 等	平均 200～500 最大 2 500	毒杀芬 1.09 DDT，DDD，DDE=3.52	>99
TH Agriculture and Natrition	450～600	OCL 农药	400～500	DDT<0.13 毒杀芬<6.8	>95
S&S Flying/Malone	700	5 500 t 毒杀芬	634	<1.5	>99.76
Port of Los Angeles Thermal Desorption	370	石油馏分	30 000	烃<200 多环芳烃<1	>97
Ecotechniek	600～610	农药	艾氏剂 44～70 狄氏剂 130～200 异狄氏剂 450～2 000	3 种污染物均<2	>99
NBM	670	农药	艾氏剂 34 狄氏剂 88 异狄氏剂 710 林丹 1.8	4 种污染物均<0.01	>99
General Motors（GM）Proving Grounds	320～480	6 727 t 二乙苯	380～2 400	<0.01	>99
Explorer Pipeline，Spring，TX	320～480	48 737 t 苯系物	15 000	<1	>99
Niagara Mohawk	320～550	5 000 t 苯并[g,h,i]苝	50 000	<3	>99
Kelley Air Force Base，San Antonio，TX	260～550	20 000 t 石油烃	5 000	<10	>99
Garage in city of Brooklyn Center，MN	260～550	柴油 苯 二甲苯	柴油 5 600 苯<0.09 二甲苯 0.22	柴油<0.6 苯<0.03 二甲苯<0.08	柴油>99 苯 66 二甲苯 63
Petroleum facility，North Adams，MA	320～550	240 000 t 苯系物 石油烃	50～1 000	<1	90～99

表 3-7 间接接触回转容窑

项目名称	热脱附温度/℃	处理量及污染物种类	原土壤中污染物浓度/（mg/kg）	处理后污染物浓度/（mg/kg）	去除率/%
Former Spencer Kellog Site	NA	6 500 t VOCs	5.42	0.45	＞90
Cannon Bridgewater	NA	11 300 t VOCs	5.3	＜0.025	＞99
Ottati and Goss	NA	3 440 t			
		1,1,1-三氯乙烷	12～470	＜0.025	＞99
		三氯乙烯	6.5～460	＜0.025	＞99
		四氯乙烯	4.9～1 200	＜0.025	＞99
		甲苯	＞87～3 000	＜0.025～0.11	＞99
		乙苯	＞50～440	＜0.025	＞99
		二甲苯	＞170～1 100	＜0.025～0.14	＞99
McKin	NA	11500 m^3			
		VOCs	2.7～3310	＜0.05	＞99
		SVOCs	0.44～1.2	＜0.33～0.51	＞75
South Kearney	NA	16000 t			
		VOCs	308.2	0.51	＞99
		SVOCs	0.7～15	ND～1.0	＞93
South Glens Falls Drag Site	625	PCBs	平均 500 最大 5 000	0.286	＞99
	630	PCBs	平均 500 最大 5 000	0.181	＞99
	646	PCBs	平均 500 最大 5 000	0.073	＞99
	658	PCBs	平均 500 最大 5 000	0.181	＞99
	690	PCBs	平均 500 最大 5 000	0.083	＞99
	822	PCBs	平均 500 最大 5 000	0.040	＞99
	842	PCBs	平均 500 最大 5 000	0.012	＞99
	904	PCBs	平均 500 最大 5 000	0.017	＞99
Mayport Naval Station	345	2 400 t 石油烃	TPRH 838～13 550	＜5	＞99
Wide Beach Site	NA	42 000 t PCBs	最大 500	0.043	＞99
Wau Kegan	NA	13 000 t PCBs	最大 17 000	ND	＞99
Dustcoating Inc.	600	10 000 t 煤焦油	3 531	0.72	99.9

注：VOCs=挥发性有机化合物；SVOCs=半挥发性有机化合物；PCBs=多氯联苯；TPRH=总可采石油烃；NA=无相关数据；ND=未检出。

表 3-8 间接接触热螺旋推进器

项目名称	热脱附温度/℃	处理量及污染物种类	原土壤中污染物浓度/（mg/kg）	处理后污染物浓度/（mg/kg）	去除率/%
Tinker A，OK	NA	2 300 m^3			
		VOCs	0.02～37	0.000 1～0.002 3	＞99
		SVOCs	0.09～53	6～0.5	
Recovery Specialists，Inc.	NA	2#燃油	13 000	330	97.46
Poestine，TX	500	10 000 t 柴油	20 000	80	＞99.6
Letterkenny Army Depot	NA	7.5 t 苯	590	0.73	＞99
		三氯乙烯	2 680	1.8	＞99
		四氯乙烯	1 420	1.4	＞99
		二甲苯	27 200	0.55	＞99
		其他 VOCs	39	BDL	＞99.99
U.S. Army-Letterkenny Army Depot	320	苯	586.16	0.73	99.88
		三氯乙烯	2 678	1.8	99.93
		四氯乙烯	1 422	1.4	99.90
		二甲苯	27 197	0.55	99.99
		其他 VOCs	39.12	BDL	NA
Lionville. PA Laboratory	400	煤焦油	＜0.15	＜0.005	＞96.7
		苯	＜0.15	＜0.005	＞96.7
		甲苯	78	＜0.005	＞99.9
		二甲苯	14	＜0.005	＞99.96
		乙苯	1 200	1.2	99.9
		萘			
Petroluem Refinery #1 by Remediation Technologies	NA	苯	32	＜1	＞96
		乙苯	44	1.2	＞97
		甲苯	92	3.9	＞96
		二甲苯	154	5.9	＞90
Petroleum Refinery #2 by Remediation Technologies	NA	乙苯	24～42	＜1	96±2
		二甲苯	57～66	＜1～3.1	90±2
		萘	96～168	＜5	＞99
		菲	127～346	＜5	＞99
		芘	11～29	＜5	90±2
Confidential Springfield，IL	350	2#燃油和汽油	苯 1	0.005 2	99.5
			甲苯 24	0.005 2	99.9
			二甲苯 110	＜0.001	＞99.9
			乙苯 20	0.004 8	99.9
			萘 4.9	＜0.330	＞99.3

注：BDL=低于检出限。

表 3-9 间歇进料式加热烤箱

项目名称	热脱附温度/℃	处理量及污染物种类	原土壤中污染物浓度/（mg/kg）	处理后污染物浓度/（mg/kg）	去除率/%
Otis Air National Guard Base	NA	30 000 t TPH，VOCs 污染土壤	NA	NA	NA
FCX Superfund Site	NA	11 000 m^3 污染土壤	农药	1	NA

数据来源：《异位热解吸技术修复污染土壤工程技术规范（征求意见稿）》。

表 3-10 间歇进料式热蒸汽真空抽提系统

项目名称	热脱附温度/℃	处理量及污染物种类	原土壤中污染物浓度/（mg/kg）	处理后污染物浓度/（mg/kg）	去除率/%
NFESC Port Hueneme，CA	55	汽油污染土壤	试验 1：汽油 160	ND	100
	65	柴油、燃油、重油、润滑油	试验 2：TPH 8 537	6337	26
	100	重油、润滑油	试验 3：TPH 177	平均 TPH：40	77
	210	与部分除去烃后的试验 2 相同的土壤	试验 4：TPH 5 807	平均 TPH：198	97
	155	混合燃料，柴油、润滑油	试验 5：TPH 4 700	平均 TPH：257	95

数据来源：《异位热解吸技术修复污染土壤工程技术规范（征求意见稿）》。

我国对于异位热脱附技术设备的自主研发及应用起步较晚。自 2009 年首次引进异位热脱附设备之后，我国相关科研机构及企业纷纷进行探索研发及工程应用。截至 2017 年，共开展了 23 例污染地块异位热脱附修复项目，异位热脱附技术在我国的应用已初具规模。目前，国内已经有北京、上海、广州、苏州等部分城市的污染地块应用了异位热脱附技术，如回转窑热脱附技术、热螺旋推进热脱附技术等，表 3-11 为我国典型异位热脱附项目概况、运行参数及修复成本（刘慧，2019）。

表 3-11 典型异位热脱附项目概况及参数

时间地点/尺度/修复公司	主要污染物/修复技术	地块规模/土方量	目标温度/尾气处理/修复效率	主要参数	费用
2014 年 广东广州 中试 北建工	苯并[*a*]蒽、苯并[*b*]荧蒽、苯并[*k*]荧蒽、苯并[*a*]芘、茚并[1,2,3-*cd*]芘 异位夹套式螺旋推进间接热脱附	修复土方量 1 358 m^3	150～500℃可调冷凝-过滤-除水＞99%	设备处理能力 1～3 t/h；天然气消耗量为 35～50 Nm^3/t；停留时间 10～60 min	设备安装、折旧等费用 350 万元；运行费用 761 元/t（土）

时间地点/尺度/修复公司	主要污染物/修复技术	地块规模/土方量	目标温度/尾气处理/修复效率	主要参数	费用
2015年 浙江宁波 全尺度 杰瑞环保科技有限公司	苯并[*a*]芘、苯并[*a*]蒽、苯并[*b*]荧蒽 异位热螺旋推进间接热脱附	修复土壤 7 500 t	450～650℃可调冷凝-除尘-除水	设备处理能力 8 t/h；停留时间 10～60 min 可调	投资：2 200 万元；运行：220 万元，约 293 元/t（土）
2017年 陕西榆林 全尺度修复 陕西邦达环保工程有限公司 设备提供：浙江宜可欧环保科技有限公司	总石油烃、PAHs 异位螺旋推进+梯度间接热脱附	为集中建站式污泥土壤修复项目，可持续修复污染土壤	150～700℃可调三相分离-高温燃烧-换热降温-活性炭装置-半干式除尘器-喷淋洗涤塔	设备处理能力 4.2 t/h；无害化及热能供应温度 900～1 100℃	投资费用：1 300 万元；运行费用 475 元/t（土）
2017年 湖南湘潭 全尺度修复 江苏盖亚/北建工	三氯甲烷、1,2-二氯乙烷、1,1,2-三氯乙烷、1,2-二氯丙烷、1,2,3-三氯丙烷、苯、苯胺、苯并[*a*]蒽、苯并[*a*]芘、茚并[12,3-*cd*]芘等 异位回转窑直接热脱附	污染面积约为 70 896 m^2，治理土方量约为 180 812 m^3（包括重金属污染土）	350～400℃旋风除尘-高温氧化-急冷降温-布袋除尘-酸液淋洗	处理速率 20 t/h	—
2016年 北京 全尺度修复 首钢环境产业公司	SVOCs、VOCs 异位回转窑直接热脱附	—	温度 300～550℃可调沉降-旋风除尘-高温燃烧-余热回收-急冷-消石灰-活性炭喷射-布袋除尘	设备处理能力 25 t/h；二燃室焚烧温度≥850℃；烟气停留时间≥2 s	—
2013年 广东广州 全尺度修复 北建工	PAHs 异位回转窑直接热脱附	污染面积 157 858 m^2，污染土方量 51 759 m^3（包括重金属污染土）	150～500℃可调旋风除尘-高温氧化-急冷降温-布袋除尘-碱液淋洗>95%	设备处理能力可达 100 t/h；高温氧化温度 1 200℃；氧化器气体停留时间 2 s	设备安装、折旧等费用 600 万元；运行费 814 元/t（土）

3.3.2 北京某焦化厂污染土壤热脱附治理案例

1. 污染地块概况

北京某焦化厂土壤污染来源，主要是工厂生产运行过程中原材料、中间产物或产品的泄漏以及排放的大气污染物沉降。该厂区主要分为 A、B、C 3 个地块，共布设采样点 103 个，地下水监测井 15 个，共采集土壤样品 383 个。根据该地块的风险评估报告，A、C 地块样品超标污染物统计见表 3-12 和表 3-13。地块 B 共采集 28 个样品，主要检测了苯系物、PAHs、TPH、重金属等目标污染物，检测结果表明所有 TPH 和重金属污染物浓度均低于筛选值，2 个样品中有苯并芘检出，最大检出浓度为 0.64 mg/kg，平均值为 0.04 mg/kg。该厂地修复污染土方量共计 43 万 m^3。

表 3-12 北京某焦化厂污染地块 A 超标污染物统计

污染物		样品数/个	检出数/个	平均值/(mg/kg)	最大值/(mg/kg)	筛选值/(mg/kg)	检出率/%	超标率/%
苯系物	苯	179	18	0.14	16.67	1.4	10.1	1.1
多环芳烃	萘	290	55	12.17	1 510	400	19.0	0.7
	菲		89	3.29	550	40	30.7	1.4
	苯并[*a*]蒽		76	0.55	77.1	4	26.2	1.4
	苯并[*b,k*]荧蒽		93	0.90	128.0	4	32.1	1.7
	苯并[*a*]芘		78	0.47	62.5	0.4	26.9	9.0
	茚并[1,2,3-*cd*]芘		80	0.35	44.1	4	27.6	0.7
	二苯并[*a,h*]蒽		46	0.12	18.2	0.4	15.9	2.8
	苯并[*g,h,i*]芘		79	0.40	56.7	40	27.2	0.3

表 3-13 北京某焦化厂污染地块 C 超标多环芳烃污染物统计

污染物	检出数/个	平均值/(mg/kg)	最大值/(mg/kg)	筛选值/(mg/kg)	检出率/%	超标率/%
萘	11	40.45	2 610	50	16.9	3.6
芴	10	5.29	332	50	15.4	3.6
菲	18	1.10	18.9	5	27.7	14.3
苯并[*a*]蒽	15	0.36	8.23	0.5	23.1	32.1
苯并[*b,k*]荧蒽	19	1.30	32.4	0.5	29.2	35.7
苯并[*a*]芘	17	2.61	136	0.2	26.2	46.4
茚并[1,2,3-*cd*]芘	15	0.49	10.8	0.2	23.1	39.3
二苯并[*a,h*]蒽	12	0.12	2.04	0.05	18.5	42.9
苯并[*g,h,i*]芘	15	0.51	11.0	5	23.1	3.6

根据检测结果总体分析可知，北京某焦化厂 3 个地块内的表层土壤主要受 PAHs 污染，而且污染呈面状，其主要原因是炼焦过程以及焦炉煤气中化学品回收利用过程中原料、中间产品、产品中含有 PAHs，以及废气和焦炉泄漏的粗煤气中含有一定的 PAHs，通过泄漏或干湿沉降进入土壤，对土壤造成污染。地块 A 的东南局部地区深层土壤及地下水存在不同程度的污染，主要位于原煤气精制车间所在区域，初步判断其污染主要是储罐泄漏导致。同时，由于污染区的西北方向为该焦化厂粗苯车间所在地，调查显示该区域地下水污染较为严重，局部区域存在非水相液体，因此，地块 A 东南部地下水的污染，还可能是粗苯车间所在区域污染物发生泄漏迁移扩散至地下水所致。

2. 污染地块修复技术方案

北京某焦化厂地块多环芳烃污染土壤采用直接加热式异位热脱附技术进行修复，污染土壤加热温度为 400～600℃，异位热脱附设备处理能力为 25～40 m^3/h，修复工期为 1 年。异位热脱附整套设备由加热分离系统（回转窑）、尾气净化系统及其他辅助系统组成，其工艺流程如图 3-16。将挖掘出的污染土壤预处理后，由输送机送至料仓，经给料机均匀给料，再由输送机送至热脱附回转窑内高温加热。热脱附回转窑内燃烧产生的热气与土壤物料逆向行进，气料充分接触，通过直接热交换将污染土壤加热到足够的温度，使有机污染物从土壤中得以挥发出来或被焚烧破坏。污染土壤经热脱附处理后排放到出料仓，转运至堆放场存放，待检测验收。热脱附回转窑中引出来的尾气在引风机作用下经过旋风除尘器，除去尾气中的大颗粒灰尘，然后进入二次燃烧室，在 1 200℃下高温氧化燃烧，焚毁尾气中有害污染物，然后依次通入喷淋急冷塔、袋式除尘器、喷淋吸收塔等工序将尾气处理达标后排放。

3. 污染地块修复工程实施进度

北京某焦化厂污染地块土壤修复工作主要由热脱附场区建设、污染土壤清挖与修复、修复后土壤验收及回填 3 部分组成：场区建设阶段包括 3 套高温热脱附设备、3 套预处理车间以及其他配套设施的建设工作；污染土壤清挖与修复阶段包括对污染土壤分层清挖，边清挖边热脱附处理，修复过程中对出土取样检测，场区内尾气排放检测；修复后土壤验收及回填工作是将修复后土壤依次顺序分区暂存，经监理、环保局验收合格后的土壤进行回填至原基坑内。表 3-14 为该焦化厂污染地块治理工程实施进度。

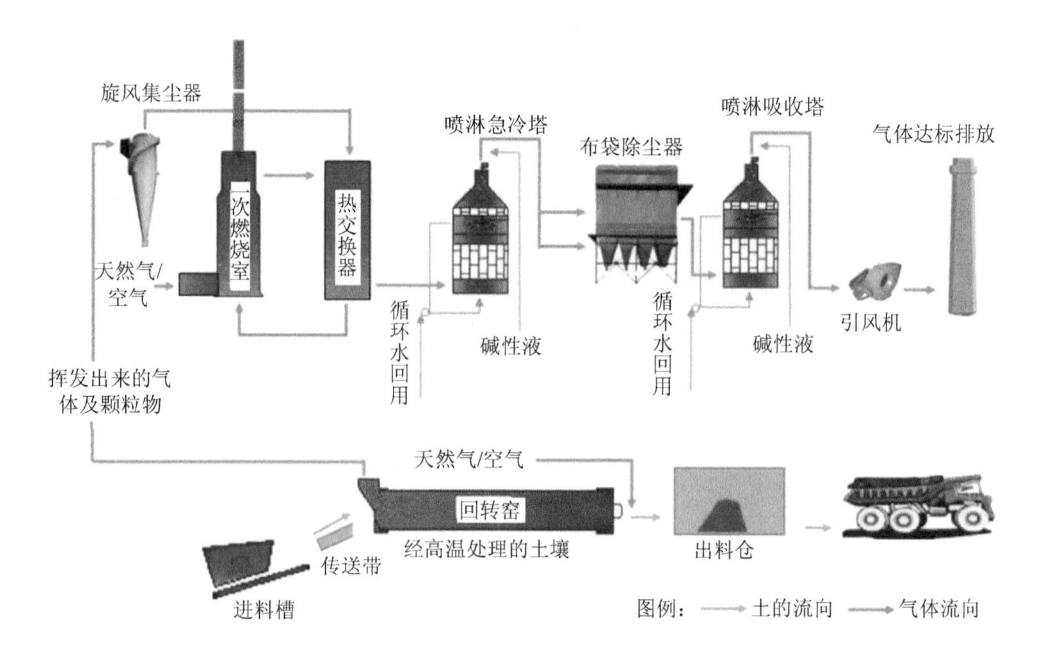

图 3-16 北京某焦化厂污染地块高温热脱附工艺流程

表 3-14 北京某焦化厂污染地块治理项目实施进度

日期	事件
1959—2006 年	该焦化厂运营
2006—2007 年	停产搬迁
2007—2010 年	开展地块调查与风险评估
2011 年	基本完成拆迁
2012 年	保障房地块修复方案完成编制
2013 年	保障房地块修复工程开展
2014 年	剩余地块修复方案完成编制
2015 年 12 月	保障房地块修复工程竣工
2016 年 5 月—2016 年 7 月	剩余地块修复工程前期准备阶段
2016 年 7 月—2017 年 7 月	剩余地块开挖与修复阶段
2017 年 7 月至今	总体竣工验收阶段

4. 污染地块修复工程实施效果

该焦化厂地块污染土壤中污染物的修复目标值由该地块场地调查及风险评估报告中确定的修复目标值和北京市《污染场地土壤再利用风险评估技术导则》中确定的筛选值综合制定，最终修复目标值见表3-15。根据项目土壤修复前后的污染物检测结果，修复后土壤中污染物满足既定目标值，多环芳烃的去除率达95%以上，热脱附尾气排放达到《大气污染物综合排放标准》（DB 11/501—2007）有组织排放的标准限值。

表3-15 北京某焦化厂污染地块土壤修复目标值

污染物	苯并[*a*]蒽	苯并[*b*,*k*]荧蒽	苯并[*a*]芘	茚并[1,2,3-*cd*]芘	二苯并[*a*,*h*]蒽	萘	苯
最终的修复目标/（mg/kg）	0.5	0.5	0.2	0.2	0.1	39	0.05

3.3.3 杭州某农药厂污染场地土壤修复工程案例

1. 污染场地概况

杭州某农药厂于2009年12月完成企业搬迁，搬迁后计划在原有土地上建造住宅及商业中心。该农药厂污染来源主要是农药厂设备生产过程中设备、管线等出现“跑、冒、滴、漏”造成的。污染物种类主要包括DDD、DDT、α-六六六（α-HCH）、β-六六六（β-HCH）、多氯联苯、苯并[*a*]芘、苯并[*k*]荧蒽、苯并[*b*]荧蒽、二苯并[*a*,*h*]蒽等多种有机污染物。该场地共计需修复近70 000 t污染土壤，修复后土壤达到商业住宅用地的相关标准后进行回填。表3-16为污染场地土壤中的污染物种类及其浓度。

表3-16 杭州某农药厂污染场地土壤中污染物种类及浓度

序号	污染物	浓度/（mg/kg）
1	DDD	1 176.6
2	DDT	2 319
3	α-六六六（α-HCH）	49.6

序号	污染物	浓度/（mg/kg）
4	β-六六六（β-HCH）	9.8
5	苯并[*a*]芘	4.2
6	苯并[*k*]荧蒽	2.55
7	苯并[*b*]荧蒽	6.15
8	二苯并[*a,h*]蒽	0.6
9	2-氯甲苯	808.5
10	4-氯甲苯	513
11	甲苯	37 650
12	乙苯	445.5
13	1,4-二氯苯	5.1
14	四氯乙烯	4.05
15	三氯甲烷	132
16	邻苯二甲酸二[2-乙基己基]酯	7.35
17	苯	2 085
18	林丹	48

2. 污染场地修复技术方案

杭州某农药厂地块污染土壤采用异位间接热脱附技术进行修复。该修复工程采用的间接热脱附成套装置的处理规模为 16 t/h。整套装置包括间接热脱附系统、馏分冷凝系统、水处理系统、不凝气处理系统、进出料系统、中央控制系统等多个单元。整套装置修复过程中的主要控制参数见表 3-17。异位间接热脱附系统利用燃料燃烧产生的高温在无氧环境下对污染土壤进行间接加热，使土壤中的污染物在受热条件下挥发，实现污染物与土壤颗粒分离，修复后土壤满足相关环保要求，挥发分离出的污染物与水蒸气经冷凝系统收集后通过水处理系统进行达标处理，燃料燃烧产生的高温烟气符合相关环保要求，可以达标排放。图 3-17 为该地块污染土壤间接热脱附技术的工艺流程图，具体处理过程包括：①污染土壤破碎、筛分、晾晒预处理，达到土壤颗粒度＜30 mm、物料含水率＜20%（质量分数）；②污染土壤通过进料系统输送到间接热脱附系统进行加热，通过控制污染土壤的加热温度和停留时间，将污染物发生汽化，促使污染物与土壤颗粒实现分离，最终达标的土壤颗粒经过降温后输送到指定地点；③间接热脱附系统产生的尾气进入馏分冷凝系统进行冷凝收集，收集的含污染物的污水除系统回用外输送到水处理系统进行达标处理后实现外排；④间接热脱附系统中产生的不凝气通过净化处理后最终达标排放。

表 3-17 杭州某农药厂地块污染土壤间接热脱附成套装置控制参数

控制参数	操作参数
污染土壤加热温度/℃	350～500
污染土壤停留时间/min	40～60
进料颗粒度/mm	＜30
排出物料温度/℃	＜80

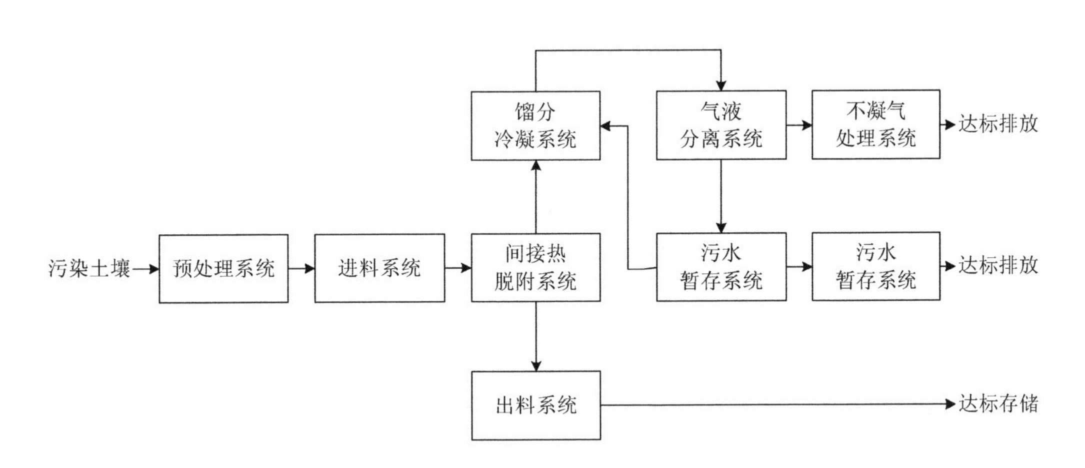

图 3-17 杭州某农药厂地块污染土壤间接热脱附技术工艺原理

3. 污染场地修复工程实施进度

该农药厂污染土壤修复工程项目始于 2014 年 6 月，截至 2015 年 6 月共修复污染土壤近 70 000 t，项目工程实施的重要节点见表 3-18。

表 3-18 杭州某农药厂地块污染土壤间接热脱附技术工程实施重要节点

阶段	日期	工作内容
1	2014 年 6 月	技术修复技术方案编制
2	2014 年 9 月	设备动员发货
3	2014 年 10 月	完成设备安装及调试
4	2014 年 11 月	设备试生产
5	2014 年 12 月	设备正常运行生产
6	2015 年 6 月	累计处理 70 000 t

4. 污染场地修复工程实施效果

杭州某农药厂污染土壤修复后土壤中污染物浓度及修复目标值见表 3-19，检测结果表明修复后土壤中所有污染物浓度均低于项目的修复目标值，其中苯并[*a*]芘、苯并[*k*]荧蒽、苯并[*b*]荧蒽、二苯并[*a*,*h*]蒽等多种污染物未检出，热脱附系统运行过程中产生的烟气也达到《大气污染物综合排放标准》(GB 16297—2017)(表 3-20)，图 3-18 为污染土壤修复工程现场照片。

表 3-19 杭州某农药厂地块污染土壤修复后土壤中污染物浓度及修复目标值

序号	污染物	监测结果/(mg/kg)	修复目标值/(mg/kg)
1	DDD	0.02	22
2	DDT	1.71	15
3	α-六六六(α-HCH)	0.135	0.8
4	β-六六六(β-HCH)	0.117	0.8
5	苯并[*a*]芘	未检出(＜0.2)	0.4
6	苯并[*k*]荧蒽	未检出(＜0.2)	0.4
7	苯并[*b*]荧蒽	未检出(＜0.2)	3.6
8	二苯并[*a*,*h*]蒽	未检出(＜0.2)	0.4
9	2-氯甲苯	未检出(＜0.2)	453
10	4-氯甲苯	未检出(＜0.2)	27

序号	污染物	监测结果/（mg/kg）	修复目标值/（mg/kg）
11	甲苯	未检出（<0.2）	183
12	乙苯	未检出（<0.2）	37
13	1,4-二氯苯	未检出（<0.2）	3.1
14	四氯乙烯	未检出（<0.2）	0.1
15	三氯甲烷	未检出（<0.2）	0.06
16	邻苯二甲酸二[2-乙基已]酯	未检出（<0.2）	2.6
17	苯	未检出（<0.2）	2.9
18	林丹	0.052	4.1

表3-20 杭州某农药厂地块污染土壤间接热脱附修复过程中气体排放监测指标

序号	污染物	监测数值/（mg/m^3）	修复目标值/（mg/m^3）	执行依据
1	二氧化硫	112	550	《大气污染物综合排放标准》（GB 16297—1996）
2	颗粒物	4.17	120	
3	氟化氢	$<6.03\times10^{-3}$	9	

图3-18 杭州某农药厂地块污染土壤修复工程现场图片

3.3.4 美国塔科玛市某煤的溶剂精制试验厂污染场地修复案例

1. 污染场地概况

美国塔科玛市某煤的溶剂精制试验厂地块污染主要源自工厂运行过程中原材料的泄漏及溢出。污染物包括半挥发性非卤代烃、多环芳烃（PAHs）及重金属。其中，7种多环芳烃类物质及砷为煤的溶剂精制试验厂土壤中的主要污染物。7 种多环芳烃类物质为苯并[*a*]蒽、苯并[*b*]荧蒽、苯并[*k*]荧蒽、苯并[*a*]芘、䓛、二苯并[*a,h*]蒽、茚并[1,2,3-*cd*]芘。

该场地在 1993—1994 年开展了修复调查，以确定污染地块对该地区土壤、地下水、地表水及沉积物存在的潜在影响。土壤污染物的调查是通过在实验厂内部及附近钻 23 口井并采集 23 个土壤样品进行的，然后对每个采样点收集的土壤样品进行 VOCs、SVOCs 与重金属检测。表 3-21 为土壤样品中 VOCs、SVOCs 及金属的检测分析结果。调查结果表明，地块土壤中存在实验厂操作所产生的 VOCs、SVOCs 及重金属（煤和催化剂中的金属），且实验厂的污染物分布具有高度变异性和不连续性。污染物以 PAHs 为主，并遍布场内多处地点，但平均检测浓度均低于 2 mg/kg。其中，VOCs 检出率相对较低（检测的 85 个样品中，少于 20 个样品含 VOCs），PAHs 与金属的检出率相对较高。

表 3-21 塔科玛市某煤的溶剂精制试验厂地块修复调查期间土样的分析结果

被检测物质		浓度范围/（mg/kg）	检测频率
挥发性有机物	苯	<0.052～0.30	1/85
	三氯甲烷	<0.054～0.3	2/85
	乙苯	<0.052～12	8/85
	2-己酮	<0.052～11	1/85
	四氯乙烯	<0.052～0.98	17/85
	1,1,1-三氯乙烷	<0.052～0.20	1/85
	三氯乙烯	<0.052～0.12	2/85
	甲苯	<0.052～5.2	13/85
	二甲苯	<0.052～34	15/85
半挥发性有机物—多环芳烃	苊	<0.18～69	30/159
	苊烯	<0.18～1.05	8/159
	蒽	<0.18～30	41/159
	苯并[*a*]蒽	<0.18～12	42/159
	苯并[*b*]荧蒽	<0.18～17	53/159
	苯并[*k*]荧蒽	<0.18～5.3	33/159
	氘代苯并苝	<0.18～5.7	48/159
	苯并[*a*]芘	<0.18～8.8	48/159
	䓛	<0.18～19	54/159
	二苯并[*a,h*]蒽	<0.18～1.2	14/159
	二苯并呋喃	<0.18～99	43/159

被检测物质		浓度范围/（mg/kg）	检测频率
半挥发性有机物—多环芳烃	荧蒽	＜0.18～130	61/159
	䓛	＜0.18～84	37/159
	茚并[1,2,3-*cd*]芘	＜0.18～3.3	43/159
	2-甲基萘	＜0.18～270	40/159
	萘	＜0.18～290	32/159
	菲	＜0.18～410	73/159
	芘	＜0.18～79	69/159
半挥发有机物—其他	苯胺	0.11～1.4 [b]	1/159
	苯甲酸	＜5.3～0.49 [b]	1/159
	邻苯二甲酸二[2-乙基己基]酯	0.041 [b]～19	8/159
	邻苯二甲酸二正辛酯	＜0.18～0.15 [b]	1/159
	2,6-二硝基甲苯	＜0.18～0.52	NR
	2-甲基-4,6-二硝基苯酚	＜0.91～0.95 [b]	1/159
	N-亚硝基二甲胺	＜0.18～0.14 [b]	1/159
	苯酚	＜0.18～1.2	5/159
	2-甲苯酚	＜0.18～0.41 [ba]	1/159
	4-甲苯酚	＜0.18～0.575 [b]	7/159
	2,4-二甲基苯酚	＜0.18～0.36 [b]	8/159
金属	锑	＜0.26～3.25	7/69
	砷	0.78～12	69/69
	钡	22～84	69/69
	铍	＜0.26～0.52	10/69
	镉	＜0.26～2.5	5/69
	铬	3.8～19	69/69
	铜	8～1 700	69/69
	铁	6 200～37 000	69/69
	铅	＜1.54～120	69/69
	锰	110～500	69/69
	汞	＜0.10～0.11	1/69
	镍	6.7～26	69/69
	硒	＜0.16～0.90	3/69
	银	＜0.26～1.5	11/69
	锌	13～220	69/69

注：[a] 所有检测的数值均低于方法检出限；[b] 估算浓度。

2. 污染场地修复技术方案

塔科玛市某煤的溶剂精制试验厂地块污染土壤采用异位低温热脱附系统进行修复，系统由一个回转窑热脱附系统、布袋集尘器及一个尾气热氧化装置组成。低温热脱附系统是一个直接加热装置，回转窑通过燃油燃烧器产生的烟气与土壤直接接触加热土壤。图 3-19 是低温热脱附系统处理过程中土壤传输与热烟气流动的示意图，土壤通过进料斗进入系统中，经过筛分（4 cm）及带式称重室，最后进入回转窑。处理后土壤通过粉尘控制器、土壤冷凝器，最后通过传送带运送到土堆。燃烧器提供的热气在回转窑内逆流吹扫土壤，回转窑内的气体通过袋式除尘器除尘后，经过二次燃烧，从通风管排向大气。表 3-22 为塔科玛市某煤的溶剂精制试验厂地块污染土壤低温热脱附系统监测参数与频率。

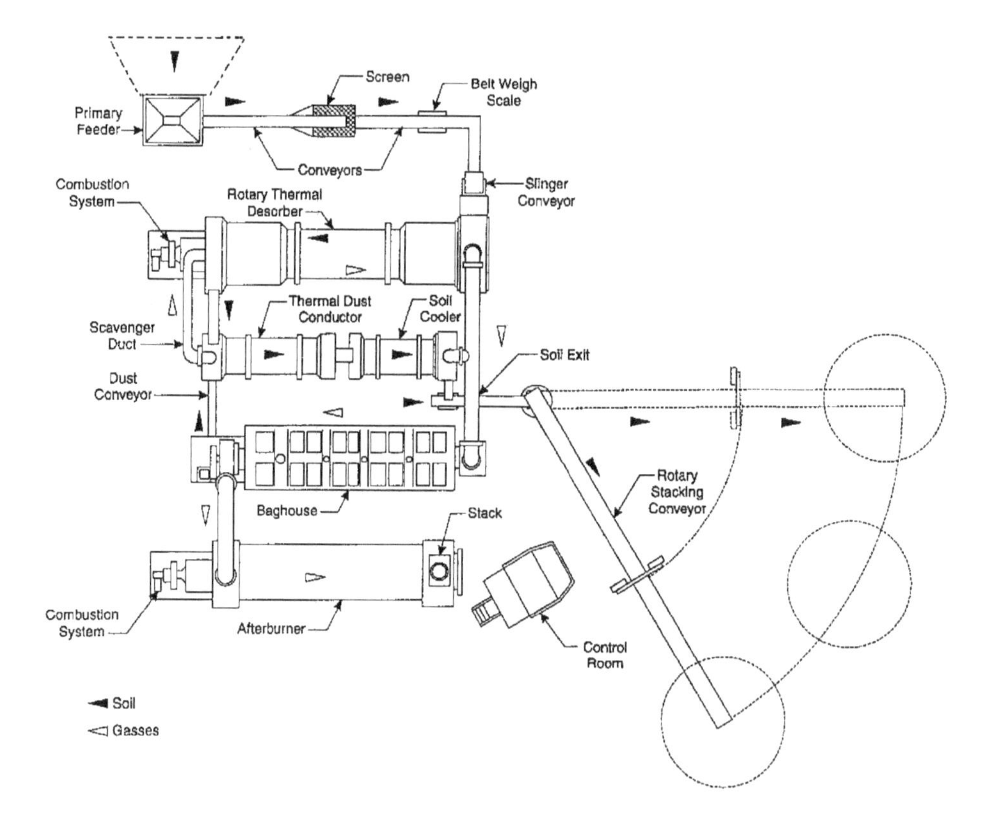

图 3-19 塔科玛市某煤的溶剂精制试验厂地块污染土壤低温热脱附工艺流程

表 3-22　塔科玛市某煤的溶剂精制试验厂地块污染土壤低温热脱附系统监控参数

监控参数	频率
热脱附炉土壤温度	示范试验时每小时两次，之后每小时一次
袋式除尘器的压降	
热氧化器温度	

3. 污染场地修复工程实施进度

塔科玛市某煤的溶剂精制试验厂地块污染土壤修复工作由 3 部分组成：①修复前准备阶段；②全面处理阶段；③完工确认阶段。修复前准备阶段包括表层土壤化学调查和地块热脱附示范试验；全面处理阶段包括热脱附处理污染土壤，持续取样和进行地下水、雨水监测，进行地面设施拆除，清理产生的废物及运出地块的废物；完工确认阶段包括对该场地进行回访，察看是否还存在遗留 PAHs 的污染土壤。

地块示范试验包括从待修复的土壤中筛出粗粒（筛上物）确定合适的粒径，并且处理“高污染地区”（采样过程中发现含 PAHs 和 TPH 浓度高的土壤），采集并分析低温热脱附装置处理前、后的样品及排放尾气。地块示范试验开始之前，设备就开始运行以保证系统的机械部件适应设定的操作参数。表 3-23 为塔科玛市某煤的溶剂精制试验厂地块污染土壤修复工程实施进度表。

表 3-23　塔科玛市某煤的溶剂精制试验厂地块污染土壤修复工程实施进度

日期	事件
1974—1981 年	作为煤的溶剂精生产和研究工厂运营
1993—1994 年	进行场地调查
1995 年 9 月	修复前表层土壤化学调查
1996 年 3—12 月	挖掘污染土壤，挖掘后采样
1996 年 6 月	土壤粒径现场分级示范试验
1996 年 8 月 5—9 日	设备运转
1996 年 8 月 12—14 日	开始现场土壤处理的示范试验
1996 年 8 月 15 日—9 月 9 日	热脱附处理土壤的整体运行
1996 年 12 月—1997 年 3 月	修复后土壤采样
1997 年 12 月 15 日	递交最后的研究报告

4. 污染场地修复工程实施效果

塔科玛市某煤的溶剂精制试验厂地块污染土壤所采用的修复标准是根据7种PAHs浓度的总和而制定的，而这7种PAHs污染物修复所需达到的标准来源于华盛顿MTCA法案中的方法B的规定，采用苯并[a]芘的斜率系数和最大浓度水平(MCL)计算总PAHs的修复标准。方法B修复标准对于每种PAHs都采用了百万分之一的风险，即总计百万分之七的风险。表3-24为该地块污染土壤执行的最终修复标准。

表3-24 塔科玛市某煤的溶剂精制试验厂地块污染土壤修复标准

污染物	修复目标/（mg/kg）	修复目标依据
苯并[*a*]蒽 苯并[*b*]荧蒽 苯并[*k*]荧蒽 苯并[*a*]芘，䓛 二苯并[*a,h*]蒽 茚并[1,2,3-*cd*]芘	所有7种PAHs总含量为1.0	修复决定记录（12）
总碳氢化合物-柴油类（被称为TPH-柴油）	200	福特路易斯基本管理（6）
总碳氢化合物-油类（被称为TPH-油）	200	福特路易斯基本管理（6）

经过低温热脱附处理后，塔科玛市某煤的溶剂精制试验厂地块污染土壤中总PAHs浓度范围由0.6～4.2 mg/kg（8/9的样品检测浓度高于1.0 mg/kg）降低到0.024～0.26 mg/kg，均低于项目所设定的1.0 mg/kg的修复目标。同时，低温热脱附系统运行过程的尾气排放也符合PSAPCA为本次修复所设定的目标。

3.4 异位热脱附技术的发展趋势

异位热脱附技术具有污染物去除效果好、修复周期短、适应的污染物范围广以及设备自动化水平高等显著优势，是目前修复有机污染土壤最有效的技术之一（沈宗泽，2019）。虽然，我国对于异位热脱附技术设备的自主研发及应用起步较晚，但是由于当前实际应用需求的增加，国内对于热脱附技术的研究开始进入快速发展阶段，相关学者针对多种有机污染物，如六六六（高艳菲，2011）、有机磷农药（刘新培，2017；门晓晔，2016）、滴滴涕（张新英等，2012；李晓东，2017）、多氯联苯（白四红，2014；李雪倩等，2012）等，以及汞污染土壤（何依琳等，2014；杨勤等，2013；毕廷涛等，2019）开展了实验研究。相关的研究主要集中于热脱附设备系统参数（热脱附温度、停留时间等）（勾立争等，2018）、土壤特性（土壤粒径、含水率等）（王瑛等，2011b；许端平等，2013）和污染物特性（Liu et al.，2014；Hu et al.，2011）等热脱附效率的关键影响因素，以及脉冲放电等离子体技术（王奕文等，2017）、水泥窑协同处置技术（马福俊等，2015）、低温等离子体技术（朱伊娜，2018）等热脱附尾气处理技术。除上述理论研究外，少数学者针对目前异位热脱附技术存在的装备能耗高、故障率高、二次污染控制水平低等问题，开展了热脱附工艺装备的优化及工程应用相关的创新性工作，如利用添加剂在相对较低的温度下强化热脱附汞、多氯联苯和重质石油烃污染土壤（Ma et al.，2014；Ma et al.，2015；马福俊等，2016；刘洁，2016；Liu et al.，2020）、异位热脱附设备的余热回用（许优等，2019）等。

然而，国内针对异位热脱附技术开展的研究主要基于小试或中试规模设备，且集中于对热脱附效率的关键影响因素和尾气处理技术的探索研究。这些研究虽然对热脱附技术发展具有一定意义，但研究的深度和广度不足，且对该技术的实际应用及推广作用却有限。同时，通过异位热脱附技术设备在我国的发展概况和应用案例的调研和分析，发现国内应用的主流设备的技术工艺路线大致相同，只是针对具体热脱附项目的特点，增加或减少某一个模块，且经热脱附处理后的土壤、尾气基本都能达到相关标准要求。但是，不同设备之间的运行稳定性、能效水平、模块化程度、集成化程度、可移动性等方面仍差别较大，从而使设备的实际处理能力、资金成本和适用范围等也不尽相同。我国的相关高校、科研院所及企业须在已有工程实践的基础上，进一步调研、学习、总结国内外热脱附技术应用的丰富经验，深入开展基础理论研究，夯实基础，并积极开展设备自主研发，推动异位热脱附技术在我国污染场地修复中的应用（沈宗泽等，2019）。

因此，针对目前我国在热脱附技术与装备普遍存在的修复能力不足、能效水平低、二次污染物生成机制认识不清等问题，结合国内场地修复项目周期短、污染情况复杂、修复土方量大、资金有限等情况，未来我国异位热脱附技术与设备研究应该从基础理论研究和设备优化创新两个方面进一步发展。

3.4.1 基础理论研究

（1）深入开展热脱附技术基础性理论研究，如高温条件下土壤有机污染物固—液—气界面行为及关键影响参数研究、典型污染物的迁移转化规律及控制条件研究、黏性土壤调理及其对典型有机污染物热脱附的作用机制研究等，为该技术应用发展夯实理论支撑。

（2）开展直接/间接加热单元中土壤传热传质特性研究，揭示热脱附过程的传热传质机制，得到不同含水量和污染程度的土壤导热系数、水分析出速率及热脱附速率等传热传质参数和关键位置的温度值。同时，针对不同有机污染土壤，通过实验研究和数值模拟等手段研究加热单元关键结构（加热单元直径、长度和布置倾角）设计和运行参数（转速及进出料速度等）与容积利用率的关系，探究加热单元内扬料板等关键部件的结构和布置对土壤传热和污染物脱附效率的影响。

（3）探索热脱附过程二次污染控制机制，获得直接热脱附关键环节（加热单元、急冷和除尘）有机污染物沿程气—固相分布，研究土壤间接热脱附尾气经喷淋冷却后有机污染物的迁移规律，探明喷淋冷却对不同有机污染物捕集的适用条件，分析喷淋水温、循环水量等因素对尾气中污染物在固—液—气三相间的迁移行为影响，获得有机污染物在直接/间接热脱附尾气净化单元沿程分布特性。同时，对比分析螺旋出料和回转窑出料方式对粉尘的抑制效果，降低出料过程中扬尘的产生量。

（4）探索多种修复技术组合的方式，开展多途径耦合联用。例如热脱附耦合化学氧化技术，先通过异位热脱附把污染物由高浓度降低到低浓度（还没达到修复目标值），再在螺旋出料装置中加入氧化药剂，利用化学氧化技术将污染物彻底降解。

3.4.2 设备发展

（1）提高设备的模块化程度。每个处理单元进行模块化设计，便于拆卸组装，并可根据项目实际需求添加或减少某一处理模块，扩大设备实际适用范围。

（2）提高设备的集成化程度和可移动性。采取紧凑型集成设计，减小设备占地面积，降低基建成本，同时，增加各处理模块的可移动性，缩短运输、安装等建设时间，满足国内快速施工的需求。

（3）提高设备的智能化程度。完善发展自动控制、监测等智能系统，便于对设备运行情况进行实时监测、控制，提高工作效率以及设备运行的稳定性，降低工程实施成本。

（4）提高设备处理能力和运行可靠性。可采取多套热脱附处理单位并联的实施方式，提高单位时间的处理能力；同时，需在参考借鉴的基础上，研发生产更为专业化的设备、部件，降低故障率，增强运行可靠性。

（5）发展余热回用技术，提高热能利用率。通过添加热能回收利用模块，对直接热脱附设备的二燃室高温烟气、间接热脱附设备加热烟气等进行余热回用，提高热效率；可发展优化两段窑式设置方式，充分利用热能，降低设备运行成本。

（6）探索研发多能源供给式设备。通过研发天然气、燃油、电、生物质等多能源供给型热脱附设备，扩大设备对不同场地条件、施工要求的适用性。

参考文献

白四红，2014. 高浓度多氯联苯污染土壤热脱附特性实验研究[D]. 杭州：浙江大学.

毕廷涛，姬成岗，王金华，等，2019. 氯碱行业含汞盐泥热脱附过程反应特征[J]. 无机盐工业，51（4）：63-66.

傅海辉，黄启飞，朱晓华，等，2013. 土壤粒径及有机质对多溴二苯醚热脱附的影响[J]. 环境工程学报，（7）：2769-2774.

高国龙，蒋建国，李梦露，2012. 有机物污染土壤热脱附技术研究与应用[J]. 环境工程，30（1）：128-131.

高艳菲，2011. 六六六和滴滴涕污染场地土壤的修复[D]. 南京：南京农业大学.

勾立争，刘长波，刘诗诚，等，2018. 热脱附法修复多环芳烃和汞复合污染土壤实验研究[J]. 环境工程，36（2）：184-187.

何茂金，方基垒，张树立，等，2018. 热脱附设备国产化研制分析[J]. 石油化工安全环保技术，34（4）：26-27.

何依琳，张倩，许端平，等，2014. $FeCl_3$ 强化汞污染土壤热解吸修复[J]. 环境科学研究，27（9）：1074-1079.

李晓东，伍斌，许端平，等，2017. 热脱附尾气中 DDTs 在模拟水泥窑中的去除效果[J]. 安全与环境学报，17（6）：2393-2397.

李雪倩，李晓东，严密，等，2012. 多氯联苯污染土壤热脱附预处理过程干化及排放特性研究[J]. 环境科学学报，32（2）：394-401.

刘惠，2019. 污染土壤热脱附技术的应用与发展趋势[J]. 环境与可持续发展，4：144-148.

刘洁，2016. 多氯联苯污染土壤改性剂协同热脱附机理及实验研究[D]. 杭州：浙江大学.

刘凌，2014. 油田污染土壤修复技术研究[J]. 广州化工，42（4）：38-40.

刘新培，2017. 热脱附技术在有机磷农药污染土壤修复过程中的应用研究[J]. 天津化工，（1）：57-60.

马福俊，丛鑫，张倩，等，2015. 模拟水泥窑工艺对污染土壤热解吸尾气中六氯苯的去除效果[J]. 环境科学研究，28（8）：1311-1316.

马福俊，张倩，谷庆宝，等，2014-05-14. 一种促进汞污染土壤热处理修复的方法：CN103785682A[P].

门晓晔，2016. 有机磷农药污染土壤风险评估及热脱附修复研究[D]. 天津：天津科技大学.

沈宗泽，陈有鑑，李书鹏，等，2019. 异位热脱附技术与设备在我国污染地块修复工程中的应用[J]. 环境工程学报，13（9）：2060-2073.

王奕文，张倩，伍斌，等，2017. 脉冲电晕放电等离子体去除污染土壤热脱附尾气中的 DDTs[J]. 环境科学研究，30（6）：974- 980.

王瑛，李扬，黄启飞，等，2011a. 污染物浓度与土壤粒径对热脱附修复 DDTs 污染土壤的影响[J]. 环境科学研究，24（9）：1016-1022.

王瑛，李扬，黄启飞，等，2011b. 有机质对污染土壤中 DDTs 热脱附行为的影响[J]. 环境工程学报，（6）：1419-1424.

魏萌，夏天翔，姜林，等，2013. 焦化厂不同粒径土壤中 PAHs 的赋存特征[J]. 生态环境学报，（5）：863-869.

夏天翔，姜林，魏萌，等，2014. 焦化厂土壤中 PAHs 的热脱附行为及其对土壤性质的影响[J]. 化工学报，（4）：1470-1480.

许端平，何依琳，庄相宁，等，2013. 热解吸修复污染土壤过程中 DDTs 的去除动力学[J]. 环境科学研究，26（2）：202-207.

许优，顾海林，詹明秀，等，2019. 有机污染土壤异位直接热脱附装置节能降耗方案[J]. 环境工程学报，9：2074-2082.

杨勤，王兴润，孟昭福，等，2013. 热脱附处理技术对汞污染土壤的影响[J]. 西北农业学报，22（6）：203-208.

杨勇，黄海，陈美平，等，2016. 异位热解吸技术在有机污染土壤修复中的应用和发展[J]. 环境工程技术学报，6（6）：559-570.

于晓娟，阚德民，顾吉浩，2019. 天津某燃气锅炉的烟气余热回收案例实测分析[J]. 河北工业大学学报，48（2）：56-61.

张建平，蒋岳盘，许志群，2013. 螺旋推进式污泥热解炉：CN203295331U[P].

张群力，王明爽，矫育青，等，2019. 喷淋式助燃空气加湿型烟气冷凝余热回收系统实验研究[J]. 科学技术与工程，19（11）：123-129.

张新英，李发生，许端平，等，2012. 热解吸对土壤中 POPs 农药的去除及土壤理化性质的影响[J]. 环境工程学报，6（6）：144-149

张瑜，2007. 土壤中有机污染物解吸行为的研究[D]. 天津：南开大学.

朱伊娜，徐东耀，伍斌，等，2018. 低温等离子体降解污染土壤热脱附尾气中 DDTs[J]. 环境科学研究，31（12）：2140-2145.

庄相宁，许端平，谷庆宝，2014. 土壤中 HCHs 热解吸动力学研究[J]. 安全与环境学报，（3）：251-255.

Gu Q B，Xu D P，Zhang X Y，et al，2012. HCH removal efficiency related to temperature and particle size of soil in an ex-situ thermal desorption process[J]. Fresenius Environmental Bulletin，21（12）：3636-3642.

Hu X，Zhu J，Ding Q，2011. Environmental life-cycle comparisons of two polychlorinated biphenyl remediation technologies：incineration and base catalyzed decomposition[J]. Journal of Hazardous Materials，191（1）：258-268.

Jr Araruna J T，Portes V L O，Soares A P L，et al，2004. Oil spills debris clean up by thermal desorption[J]. Journal of Hazardous Materials，110（1-3）：161-171.

Liu J，Chen T，Qi Z，et al，2014. Thermal desorption of PCBs from contaminated soil using nano zerovalent iron[J]. Environmental Science and Pollution Research，21（22）：12739-12746.

Liu J，Zhang H，Yao Z，et al，2019. Thermal desorption of PCBs contaminated soil with calcium hydroxide in a rotary kiln[J]. Chemosphere，220：1041-1046.

Liu Y Q，Zhang Q，Wu B，et al，2020. Hematite-facilitated pyrolysis：an innovative method for remediating soils contaminated with heavy hydrocarbons[J]. Journal of Hazardous Materials，383：121165.

Ma F J，Peng C S，Hou D Y，et al，2014. Citric acid facilitated thermal treatment：an innovative method for the remediation of mercury contaminated soil[J]. Journal of Hazardous Materials，300：546-552.

Ma F J，Zhang Q，Xu D P，et al，2014. Mecury removal from contaminated soil by thermal treatment with $FeCl_3$ at reduced temperature[J]. Chemosphere，117：388-393.

Mechati F，Roth E，Renault V，et al，2004. Pilot scale and theoretical study of thermal remediation of soils[J]. Environmental Engineering Science，21（3）：361-370.

Qi Z，Chen T，BAI S，et al，2014. Effect of temperature and particle size on the thermal desorption of PCBs from contaminated soil[J]. Environmental Science and Pollution Research，21（6）：4697-4704.

Sharma H D，Reddy K R，2004. “Thermal desorption”：geoenvironmental remediation：site remediation，waste containment，and emerging waste management technologies[M]. Wiley：Hoboken，445-456.

Troxler W L，Goh S K，Dicks L W R，1993. Treatment of pesticide-contaminated soils with thermal desorption technologies[J]. Air & Waste，43（12）：1610-1617.

US EPA，1998. Overview of thermal desorption technology. Port Hueneme：US EPA.

Zhao L，Hou H，Shimoda K，et al，2012. Formation pathways of polychlorinated dibenzofurans（PCDFs）in sediments contaminated with PCBs during the thermal desorption process[J]. Chemosphere，88（11）：1368-1374.

第4章　污染场地土壤原位热脱附处理技术

4.1　原位热脱附技术概述

原位热脱附技术（In-situ thermal desorption/destruction，ISTD）自20世纪70年代开始应用于污染场地修复。随着土壤修复技术发展，美国超级基金场地采用原位热脱附技术修复污染地块的比例逐年增加，已进行了大规模的中试和现场应用，是一种相对成熟的污染土壤修复技术（USEPA，2017）。目前，国内原位热脱附技术的研究及应用尚处于起步阶段，但发展迅速，引起了学者、专家、工程技术人员的广泛关注，生态环境部已将其列入《污染场地修复技术目录》。

按照加热方式（热对流、热传导、电加热）不同，传统原位热脱附技术主要分为热传导加热技术（Thermal Conductivity Heating，TCH）、电阻加热技术（Electrical Resistance Heating，ERH）和热蒸汽强化抽提技术（Steam Enhanced Extraction，SEE）3类，本章将针对其原理、适用性、技术特点、类型、影响因素及应用情况进行介绍。

4.1.1　原位热脱附技术的修复机理

1. 基本原理

原位热脱附技术是在污染场地中通过直接或间接加热的方式，将土壤及其污染物加热到一定温度，改变污染物的理化性质（蒸汽压及溶解度增加，黏度、表面张力、亨利系数及土水分配系数减小），使污染物与土壤颗粒分离，将污染物集中收集、处置后达标排放。主要去除机制包括促使污染物向气相分配提高污染物气相抽出效率、增加有机污染物的迁移能力提高气相抽出效率以及提高地下污染物反应（水解、热解及氧化降解）速率。土壤原位热脱附工艺流程如图4-1所示，主要由加热系统、气相抽提系统、尾气处理系统、废水处理系统及控制系统组成。

2. 热脱附动力学

原位热脱附过程中污染物去除机制主要包括低温热脱附和高温热解，其中高温热解过程可分为直接裂解和水解两部分。热脱附动力学既能反映污染物的去除效果，又能反映土壤中污染物的去除机制。常用描述热脱附的动力学模型有一级动力学［式（4-1）］、二级动力学［式（4-2）］、改进的 Freundlich［式（4-3）］和抛物线扩散模型［式（4-4）］。

$$\log X = k_1 t \tag{4-1}$$

$$\frac{1}{c} = 2k_2 t + \frac{1}{c_0} \tag{4-2}$$

$$c = k_{\mathrm{F}} q_0 t^m \tag{4-3}$$

$$X = D t^{\frac{1}{2}} + k_{\mathrm{p}} \tag{4-4}$$

式中，X 为土壤中吸附质量比例；k_1 和 k_2 为表观脱附速率系数；t 为时间；c 为土壤中污染物的浓度；c_0 为土壤中污染物的初始浓度；q_0 为水相中污染物的初始浓度；k_{F} 为吸附或脱附速率系数；m 为常数；D 为总扩散常数；k_{p} 为抛物线扩散方程常数。式（4-3）用来模拟吸附动力学，将式（4-3）的两面同时除以 q_0，得到了脱附模型，如式（4-5）所示：

$$X = k_{\mathrm{F}} t^{\frac{1}{m}} \tag{4-5}$$

例如，作者采用 SPSS 软件对热脱附处理汞污染土壤进行数据拟合，结果如图 4-2 所示。一级动力学方程和二级动力学方程的相伴概率（p 值）均为 0.000，小于 0.05，表明一级动力学方程和二级动力学方程显著性成立。但一级动力学方程的相关系数 R^2 为 0.773，二级动力学方程的相关系数 R^2 相对较高，为 0.867，说明土壤中汞的热脱附过程更符合二级动力学模型，这表明土壤中汞的去除率受其浓度的影响较大，即随着热脱附过程的进行，土壤中汞含量的降低会导致热脱附速率的急剧下降。

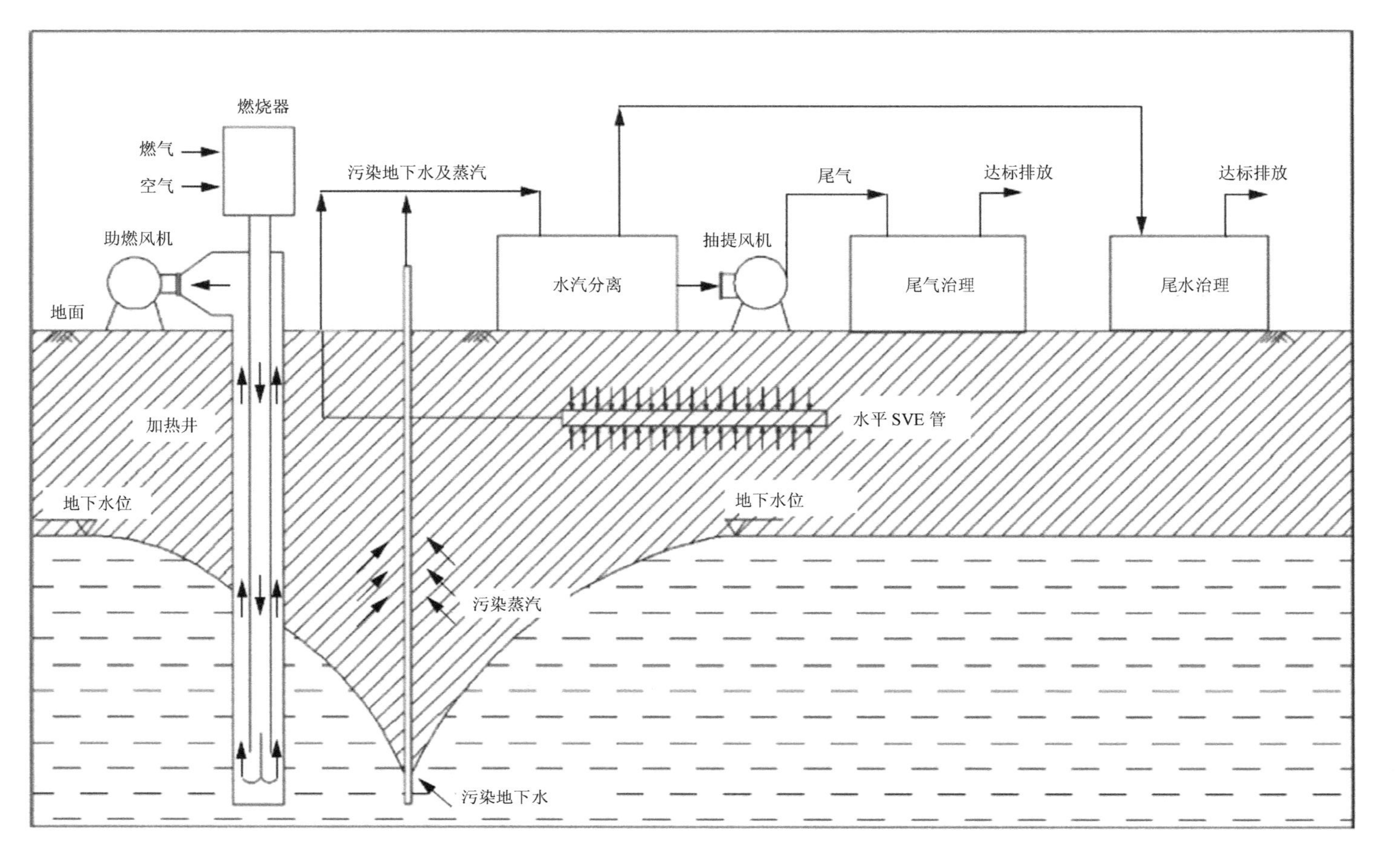

图 4-1　土壤原位热脱附工艺流程图（以燃气加热为例为例）

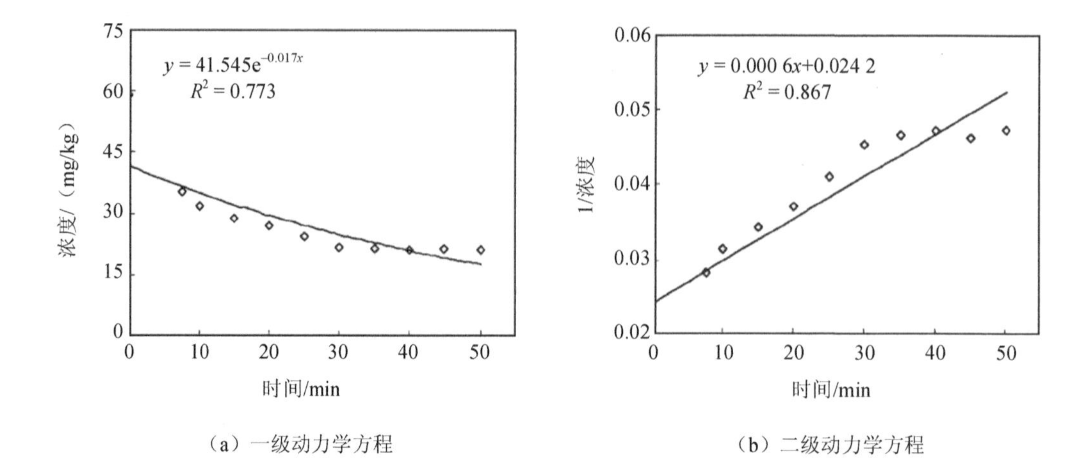

（a）一级动力学方程　　（b）二级动力学方程

图 4-2　汞污染土壤热脱附动力学拟合曲线

3. 原位热脱附过程中热量传递

通常情况下，原位热脱附过程中土壤中能量的传递主要通过热传导和热对流两种方式进行，其中热对流适用于高渗透性材料（如砂砾石），而热传导是低渗透性材料（如泥沙和黏土）热量传递的主要过程（刘凯，2017）。在没有流体流动情况下，土壤中热传导的能量流可采用式（4-6）描述：

$$q''_x = -k\frac{\mathrm{d}T}{\mathrm{d}x} \tag{4-6}$$

式中，q''_x 为 x 方向的热能通量，W/m^2；k 为传热系数，W/（m·K）；$\frac{\mathrm{d}T}{\mathrm{d}x}$ 为 x 方向的温度梯度，K/m。

土壤中各区域温度的高低是衡量原位热脱附能否有效修复的重要参数。因此有必要在修复前结合地块参数条件，进行修复区域的温度模拟，如式（4-7）和式（4-8）所示：

$$\frac{\partial T}{\partial t} = a^2\frac{\partial^2 T}{\partial x^2} \tag{4-7}$$

边界条件：$t=0$，$T=T_0$，$x=\frac{\partial T}{\partial t}=0$；

$$x = R, -\lambda\frac{\partial T}{\partial x} = h(T - T_0) \tag{4-8}$$

式中，a 为热扩散率，m^2/s，$a=\lambda/pc$；λ为热导率，W/（m·K）；c 为比热容，J/（kg·K）；p 为密度，kg/m^3；T 为电加热温度，℃；x 为所求点到加热井的垂直距离，m；R 和 h 分别为温度场的模拟半径、污染土壤层厚度。

4.1.2 原位热脱附技术的类型

污染土壤原位热脱附处理时，热传导加热、电阻加热和热蒸汽强化抽提技术在实际修复工程中应用较多，其中热传导加热技术的加热能源可以是电或者燃气，分别称为电热传导加热技术和燃气热传导加热技术。随着修复技术的发展，原位热脱附也衍生出一些新型技术，包括阴燃技术（Self-Sustaining Treatment for Active Remediation）、射频加热技术（Radio Frequency Heating）、微波加热技术（Microwave Heating）、等离子体技术等。本节主要针对传统的原位热脱附技术（热传导加热、电阻加热和热蒸汽强化抽提技术）进行介绍。

1. 热传导加热技术

热传导加热技术最初是壳牌石油公司为提高原油采收率而开发的采油新技术。随后该公司成立的 TerraTherm 环境修复公司成功将该技术广泛应用于低渗透性、难处理有机污染场地的修复实践中。2008 年，Heron 等首次采用热传导加热技术去除某裂隙岩场地中的三氯乙烯，设置 24 个加热钻孔/井，平均加热温度为 100℃，运行 148 d 后，土壤中三氯乙烯的最高残留浓度为 17 μg/kg，远低于修复目标值 60 μg/kg；地下水中三氯乙烯浓度降低了 74.5%～99.7%。热传导加热技术主要是在土壤中设置不锈钢加热井或者用电加热毯覆盖在土壤表面，通过循环热空气或热流体等方式进行供热从而达到污染物去除的目的。一般情况下，不锈钢加热井用于深层污染土壤修复，而电加热毯用于表层污染土壤治理。热传导加热原位修复技术应用示意如图 4-3 所示（孙袭明，2008），该技术必须与土壤气相抽提技术联用，一般来说，将加热井和抽提井布置在不同深度时，修复效果较好。

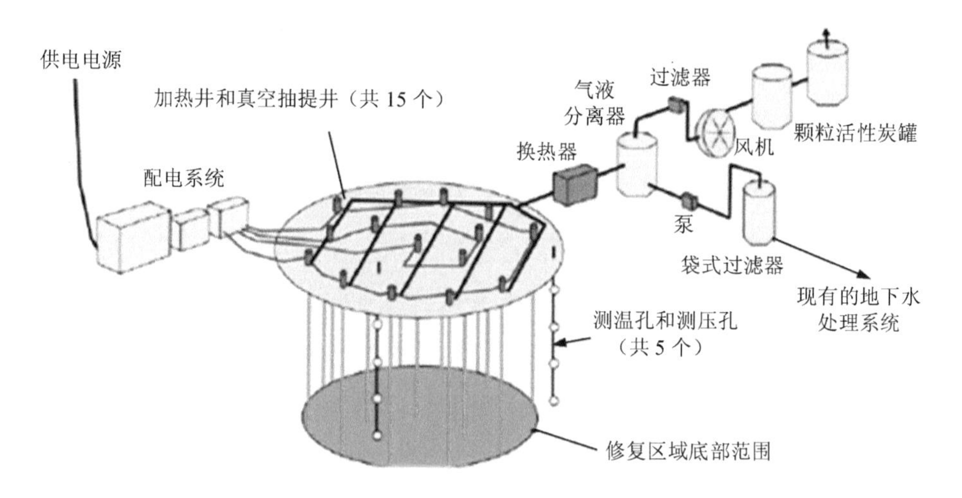

图 4-3　热传导加热原位修复技术应用示意

近年来，随着原位热脱附技术的发展，我国也成功引进新型原位热传导加热技术——燃气热脱附技术（Gas Thermal Remediation，GTR），该技术是利用天然气、丙烷或燃油等燃料燃烧提供热能，极大地缓解了用电困难等问题。燃气热脱附技术通过热传导的方式使目标区域升温，随后依靠动力控制单位抽提出地下污染物，进而实现有机污染物的脱附，主要由加热单元、抽提单元及污染物处理单元构成。加热单元由燃烧器和加热井构成，燃烧器安装于加热井的顶端，燃烧生成的高温烟气温度可达到 700℃。苏州某有机污染场地面积为 100 m^2，地块内主要污染物为苯和氯苯，最大污染浓度分别为 42.69 mg/kg 和 897.00 mg/kg。采用燃气热脱附技术修复 60 d 后，土壤中苯和氯苯的去除率均达到 99% 以上，可见燃气脱附技术原位处理有机污染场地具有很好的修复效果。

2. 电阻加热技术

电阻加热技术也源于石油提取工艺，自 1997 年开始在国外就被视为一项独立的商业技术，用于各种有机污染场地的修复，技术核心是在污染区域内直接安装电极，当电流经过饱和层或非饱和层土壤时会加热区域内的水分和土壤，通过升高温度使污染物变成气态，再通过井对其进行抽提、收集，然后进行尾气处理。该技术修复过程中除污染物挥发外，还会发生原位水解、热裂解与生物降解，实现污染物的降解甚至矿化。水解作用主要是水溶液中氢离子取代污染物上的氯离子，使其不具毒性，反应过程不需要氧气；热裂解是将溶解于热水中分子量较大的污染物，分解成较小的分子，此过程需在有溶解氧的环境中才能进行反应；此外，在电阻加热过程中，嗜热菌被激活，可有效耦合电阻加热技术对污染物进行脱附及降解。可见，电阻加热技术对土壤中污染物的去除是多机制共同作用的结果。

目前，电阻加热技术已有大量的工程应用实例，对多种污染物处理效果较好，包括柴油、非水相液体和苯系物等。同时，通过查阅美国关于电阻加热技术修复污染场地的案例，发现该技术涉及的行业类别包括干洗业、电子业、民生用品制造业、石油炼制业、加油站与废溶剂回收处理业等。原位电阻加热技术示意如图 4-4 所示，按照使用电相的不同，原位电阻加热技术可分为三相电阻加热和六相电阻加热 2 种方式。三相电阻加热技术电极以三角形的方式进行配置［图 4-5（a）］，借由 3 种不同电相配置相应数量的电极，电流自然达到平衡。而六相电阻加热电极以六角形的方式配置，并在六角形的中间接中性电极［图 4-5（b）］。通常情况下，三相电阻加热技术提供的电压相对稳定，电极配制方法简单，特别是针对不规则分布区域污染物的处理。

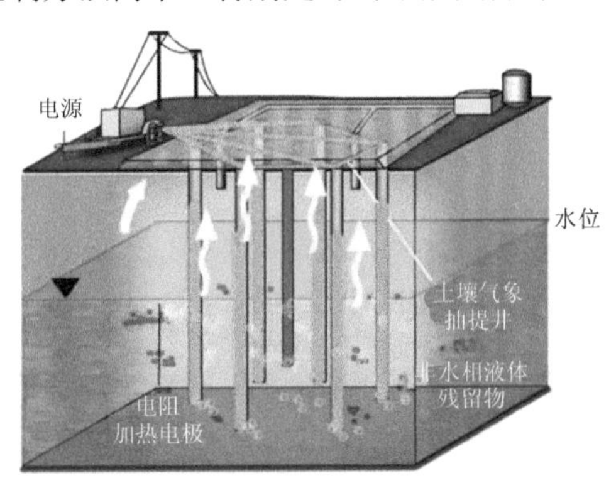

图 4-4　原位电阻加热技术示意

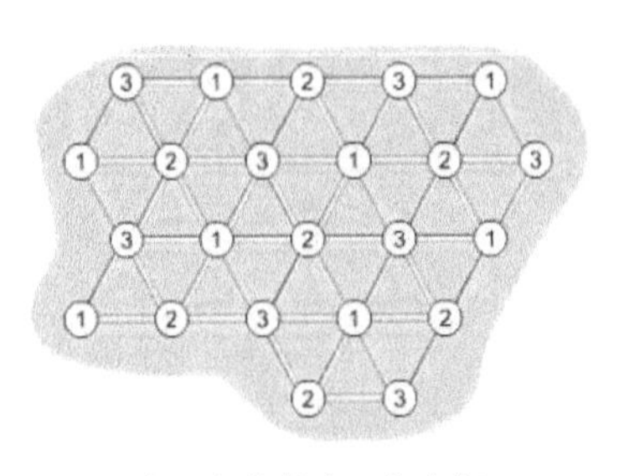

（a）电阻加热技术三相电极

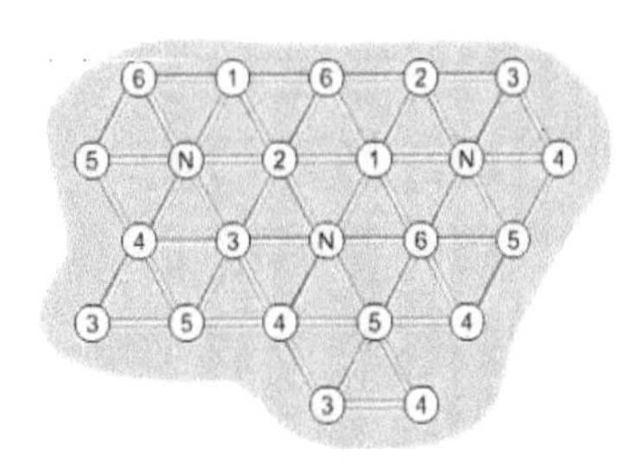

（b）电阻加热技术六相电极

1～6—电阻加热电极；N—中性电极。

图 4-5　电阻加热技术不同电极配置方式

Heron 等（1998）通过实验室的电阻加热技术小试，讨论了孔隙水沸腾是克服污染物传质过程的主要机制。实验过程中，Heron 等采用规格为 8 A 的可变电极对 120 cm×60 cm×12 cm 的长方体土壤进行加热，结果发现 0～8 d 单独使用抽提技术对土壤中的三氯乙烯去除效率低下；第 8～21 天升温至 85℃，80～90℃持续加热 28 d 的去除效率达到了 55%并逐渐减缓；第 39～45 天升温至 100℃并维持 5 d 的去除速率达到最高。Truex 等（2011）将零价铁和电阻加热法结合起来，在美国的某处三氯乙烯污染场地进行了原位联合修复的现场试验。试验中得到的数据表明，在加热 60 d 后三氯乙烯减少了 85%，这是因为零价铁创造了还原条件并通过脱氯反应降解了土壤中的部分三氯乙烯，升高温度则可在增加三氯乙烯挥发的同时促进其在水中溶解和提高其降解速率，从而最大限度地提高三氯乙烯的去除效率，并且减少三氯乙烯污染物向处理区域之外迁移扩散的现象。Beyke 等（2005）阐述了在用于美国肯塔基州的美国能源部帕度卡气体扩散工厂的中试电阻技术，装置包含 7 个电阻加热电极，其最大深度在 30.48 m（100 ft），加热过程持续了 130 d，去除效率在 98%以上。

3. 热蒸汽强化抽提技术

热蒸汽强化抽提技术是将高温蒸汽注入污染土壤中，然后利用热传递效应来加热土壤空隙中的水分，同时向土壤中扩散，进而携带土壤空隙中挥发性有机污染物流向抽提井，气相污染物抽出到地面上再使用除尘、冷凝、燃烧或吸附等技术进行处理，如图 4-6 所示。热蒸汽强化抽提技术的系统主要由蒸汽发生器、抽提井、气帽、温度和压力监控井、蒸汽注射井、热交换器、气液分离罐以及后续处理污水和废气的相关设备组成。虽然热蒸汽强化抽提技术能够在一定程度上提高了污染物的去除率，同时提高了土壤颗粒的渗透性，但仍受到土壤性质的限制，修复周期相对较长。

热蒸汽强化抽提技术的有效性和效率取决于待处理场地的情况，因为场地特征决定了污染物的分布和注入蒸汽的优选流动路径。热蒸汽强化抽提技术从 20 世纪 90 年代开始在国外使用，例如，利用热蒸汽强化抽提技术成功修复了美国南加利福尼亚州维塞利亚市中的 Edison 林地中杂酚油及相关的有机物污染场地。1984 年美国加利福尼亚州 Rainbow 输油管道破裂，导致 7 000～135 000 加仑的柴油泄漏，垂向迁移后，最终在地下水位区域形成非水相液体。通过修复论证决定采用热蒸汽强化抽提技术进行污染区域修复，施工过程中共设计了 35 个蒸汽注射井和 38 个抽气井，经长达两年的修复，抽提出的柴油约 16 000 加仑，表明热蒸汽强化抽提技术的运用对污染区域的修复取得了很好的效果（邵子婴，2015）。

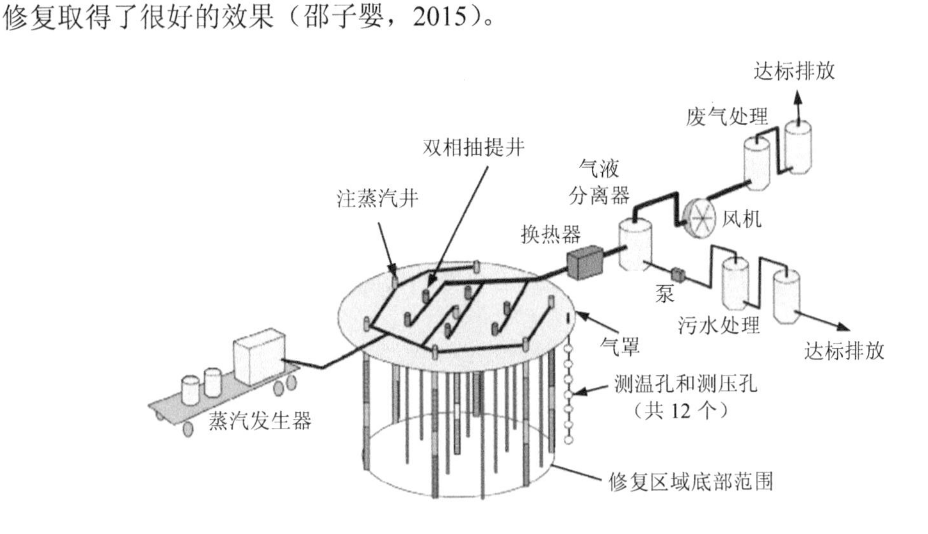

图 4-6　热蒸汽强化抽提技术应用示意

目前，热蒸汽强化抽提技术国内外研究工作甚少，研究目标多为单一壤土或砂土（李炳智，2016）。例如，Mohamed 等（2007）采用热蒸汽强化抽提技术去除沙土和壤土中的苯，结果发现苯的去除率分别较气相抽提技术提高 9%和 4%。王宁等（2013）以粗砂、细砂和粉砂组合设置二维土箱，研究包气带介质非均质性对热蒸汽强化抽提去除三氯乙烯的影响，结果发现蒸汽强化改进了土壤气相抽提技术去除过程的“拖尾现象”，非均质性对介质中气体通透性和热量传递均有影响，从而降低三氯乙烯的去除率。

4.1.3　原位热脱附技术的影响因素

1. 热脱附温度

原位热脱附技术作为一种热处理方法，其原理是通过足够高的温度加热土壤进而达到去除污染物的目的。因此，温度是影响原位热脱附技术修复效率的关键因素。针对苯和三氯乙烯等挥发性有机污染物，原位热脱附温度上升至 100℃就能将其完全去除；然而，对于多环芳烃和多氯联苯等半挥发有机污染场地的修复，加热温度需升高至 300～500℃，甚至更高。例如，2011 年美国佛罗里达州采用原位电热传导与蒸汽热脱附技术修复三氯乙烯、1,1-二氯乙烯、氯乙烯和 1,4-二噁英污染场地，修复深度为

12.5 m，修复结果表明当加热温度达到 100℃时，土壤中污染物的去除率可达 95%以上。而通过研究加热温度对多环芳烃去除的影响，发现当加热温度升高至 350℃时，总多环芳烃的去除率仅为 5%（Bulmau，2014）。

总之，土壤中污染物的去除率随温度的升高而逐渐增加，但当温度升高至一定程度时，即使在足够高的温度下原位热脱附的修复效率也不会进一步提升。如 Merino 和 Bucalá（2007）研究了不同温度下（150～800℃）污染土壤中的十六烷去除效果，处理 30 min 后发现在 300℃左右时已经得到了很好的去除效率（>99.9%），但温度进一步的升高并不能增加其去除率。

2. 热脱附时间

热脱附时间也是影响原位热脱附效果的关键因素，并且热脱附时间和热脱附温度是相互关联的。通常情况下，热脱附时间对其效率的影响取决于温度，加热温度较低时，需要较长的时间来保证污染物的脱附效率；温度升高，停留时间就会缩短（Lundin et al.，2007）。Heron 等（1998）在热修复含三氯乙烯污染土壤时发现，即使热脱附温度远低于特征污染物沸点，延长脱附时间同样可以达到较高的去除效率。梁贤伟等（2020）探索了加热时间对原位热脱附去除土壤中硝基苯和萘的影响，发现加热时间直接影响土壤中硝基苯和萘去除效率，并且随加热时间的延长，土壤中硝基苯和萘的去除效率随之提高，残留浓度逐渐降低。当加热温度为 215℃时，加热 20 min 后，土壤中硝基苯的残留浓度从 221.56 mg/kg 降至 56.12 mg/kg，加热 30 min 后，残留浓度降至 30.30 mg/kg，分别满足《土壤环境质量　建设用地土壤污染风险管控标准（试行）》（GB 36600—2018）中第二类用地和第一类用地筛选值要求，此时硝基去除效率分别为 74.67%和 86.32%。对于萘而言，在 220℃下，加热 10 min 后，残留浓度从 268.58 mg/kg 降至 45.60 mg/kg，加热 30 min 后，残留浓度降至 19.32 mg/kg，便可分别满足 GB 36600—2018 中第二类用地和第一类用地筛选值要求，此时去除效率分别为 83.02%和 92.81%。

但由于国内土地开发的形势需求，污染场地的修复工期往往是委托方关注的焦点。缩短热脱附时间，提高污染物去除率才是各环境修复公司需要解决的问题（张学良，2018）。

3. 土壤含水率和质地

原位热脱附的修复效率与成本均受土壤含水率的影响，含水率过高或过低都不利于土壤中有机污染物的去除。污染土壤含水率高，其热容量高，升温到目标温度需要更长的时间，虽然热损失较慢，但不利于有机污染物的脱附，且会消耗大量的能源（Falciglia et al.，2011）；污染土壤含水率低，其土壤热容量低，热损失较快，有利于热传导加热技术和热蒸汽强化抽提技术较好的脱附有机物。而电阻加热技术由于地下水是主要电导体，当电极周边区域因温度过高导致水分蒸干时，需向电极周围区域补充水分，增加电极周围土壤电导率（刘昊，2017）。Fisher 等（1996）的试验结果表明，抽气 25 h 能去除干燥土壤中 97%的甲苯，而对于潮湿的土壤，抽气 70 h 仅去除 72%的甲苯。Albergaria 等（2006）运用一维土柱模拟了不同湿度条件下 SVE 技术对环己胺去除的影响，试验表明湿度越高，去除土壤中环己胺所需时间越长、效率越低。Yoon 等（2002）研究了在一维条件下，湿度对 SVE 修复过程中 NAPL 态向气态转化过程的影响，结果表明在土壤湿度为 61%的条件下，液气转化过程受到限制，并且去除过程很快出现拖尾。

依据土壤质地不同，通常将其分为沙土、壤土和黏土 3 类。沙土含沙量大，土质疏松，透水透气性好，对污染物的吸附能力较弱，而且受热均匀，故污染物易挥发；而黏土含沙量很少，具有黏性，性质与沙土恰好相反，污染物分子较难发生脱附（赵中华，2018）。Falciglia 等（2007）在石油污染土壤热脱附试验中发现，较低的温度可完全修复石油污染的沙土，然而对于石油污染的黏土要达到相同的修复效果则需要更高的温度或者更长的停留时间；Fu 等（2003）也研究了不同粒径土壤对热脱附去除多溴联苯醚的影响，结果表明在粒径分别为＜75 mm、75～125 mm、125～250 mm 和 250～425 mm 的土壤中，多溴联苯醚污染物的去除率分别为 49.53%、73.88%、83.56%和 87.09%，随土壤粒径的增加而增加。

4.1.4 原位热脱附技术的适用性

原位热脱附技术修复温度范围较广，热蒸汽强化抽提技术修复温度为 100～250℃，电阻加热技术修复温度通常在 100℃以内，微波处理技术加热温度为 150～200℃，热传导加热脱附技术修复温度可达到 400℃，燃气热脱附技术修复温度为 200～400℃，阴燃技术修复土壤温度为200～700℃。玻璃化技术修复温度较高，可达1 600℃以上。热蒸汽强化抽提、电阻加热和热传导加热3种原位热脱附技术适应性条件如图4-7所示，一般来说，热传导加热技术和热蒸汽强化抽提技术对大部分VOCs和部分SVOCs（如苯系物、含氯等有机溶剂）去除效果良好。

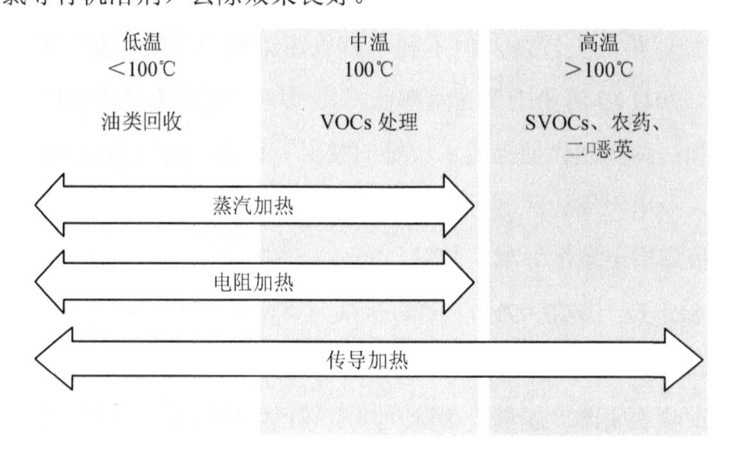

图4-7　3种原位热脱附技术适应性条件

原位热脱附修复过程中，若场地目标污染物能与水形成正共沸物，则可在低于目标污染物沸点的温度条件下实现污染物汽化。但对于沸点高于100℃且无法产生共沸现象的SVOCs，可采用热蒸汽强化抽提或热传导加热技术进行修复。其中热传导加热技术可去除较高沸点的污染物，适用范围更广。此外，许多修复工程涉及使用不止一种形式的原位热脱附修复技术。例如，一个场地的水文地质条件可能变化很大，热蒸汽强化抽提技术在高渗透区使用，热传导加热或电阻加热技术在低渗透层使用。地下水流速也是影响原位热脱附修复效果的重要因素。地下水流速较大会消耗热量，降低土壤的保温性能，因此对于地下水丰富且土壤渗透性较好的污染场地，一般使用热蒸汽强化抽提技术；当采用电阻加热技术修复污染土壤时，除考虑污染物沸点和地下水情况外，还需注意污染场地地下构造等因素，如基岩的存在影响土壤电阻率，从而影响电阻加热技术的修复效果。表4-1针对不同污染物和土壤条件，描述了3种加热方式的适用情况（方兴斌，2019）。

表4-1 TCH、REH、SEE 3种常见原位热脱附技术的适用条件

应用领域	蒸汽注入加热	热传导加热	电阻加热	蒸汽注入加热	热传导加热	电阻加热
	不饱和带土壤类型			饱和带土壤类型		
砾石	++	0	+	+~0	—	+~0
沙子	++	0	++	++	—	+~0
粉砾，沙质粉砂	+	++	++	+	+~0	+
淤泥	0	++	++	—	+	++~+
壤土，泥灰岩	—	++	+	—	++~0	+
黏土	—	++~+	+	—	++~0	+
	不饱和带污染物			饱和带污染物		
氯代烃	++	++	++	++~0	++~0	++~0
苯系物	++	++	++	++~0	++~0	++~0
石油系列有机物	0	+~0	+~0	0	+~0	+~0
多环芳烃	—	0~—	0	0	0	0

注：“++”非常好；“+”好；“0”部分可能试用；“—”不适用。

4.2 原位热脱附技术的工艺设计

4.2.1 工艺设计总体要求

1. 设计要求

原位热脱附技术的设计和运行除遵循绿色修复的理念、避免能源浪费外，还要遵守国家相关法律法规和国家及行业标准的规定。例如，原位热脱附处理后的土壤中污染物含量应满足场地修复目标的要求。针对原位热脱附修复工程施工和运行过程中所产生的废水、废气、固体废物及其他污染物需进行治理，并达到《污水综合排放标准》（GB 8978—2017）、《大气污染物综合排放标准》（GB 16297—2017）、《恶臭污染物排放标准》（GB 14554—1993）、《工业企业厂界环境噪声排放标准》（GB 12348—2008）等国家、地方和相关行业排放标准要求。

原位热脱附技术的工艺设计需对污染场地进行详细调查，收集目标污染场地资料，主要包括地块污染特征、水文地质条件、气候条件、地下构筑物分布、地块现状及规划、周边敏感区域分布、能源供应情况以及污染物类型、污染程度分布、环境风险分布、修复目标值、待修复区域范围等。施工方应保证修复工程科学合理，具备针对性和有效性。此外，修复工艺设计应本着成熟可靠、技术先进、经济适用的原则，并考虑节能、安全、操作简便，确保修复工程与修复工艺水平相适应。

2. 设计清单

通常情况下，原位热脱附技术是与土壤气相抽提技术联合进行土壤修复，其系统包括电力电源/燃气供用系统及控制器、加热井/电极井/蒸汽注入井、气相抽提井、蒸汽回收井、止水帷幕和地下水抽提井、温度和压力监测井、废水废气处理系统等。表4-2详细介绍了原位热脱附技术工艺设计清单，可为原位热脱附工程的设计提供必要信息。

表 4-2 原位热脱附技术工艺设计清单

设计项目	设计内容
地块信息	明确地层剖面、地下水赋存深度、土壤物理性质（粒径分布、孔隙度、渗透率、含水率等）等
污染物信息	明确污染浓度和分布、污染物理化性质（密度、沸点、蒸汽压等）、污染物修复目标、阴/阳离子浓度（尤其含氯污染物地块）等
实验室/中试数据	选择原位热脱附处理温度、预测尾气和废水中污染物类型和浓度、评估炭化后的可能产物等
地下设计	明确加热井和抽提井的布设方式；选择加热系统、抽提系统和监测系统的设备与耗材；评估是否针对地下水采取控制措施
修复工程设计	设计地块运行区域平面布置图（加热处理区、尾气处理区、材料堆放区、临时设施放置区、供水系统等）；评估修复过程中尾气及废水的产生量，制定相应的处理工艺流程；设计各处理单元管道、阀门等材料；开发控制回路和连锁装置，如需要可编程逻辑控制器
费用	估算修复过程中产生的材料、施工及运行费用

4.2.2 设备与材料

原位热脱附技术的设备主要包括加热系统与抽提系统两部分，其中加热系统又分为热传导加热、电阻加热和热蒸汽强化抽提 3 种方式。

1. 加热系统

（1）热传导加热系统

按照加热方式的不同，热传导加热系统有燃气加热和电加热两种。

①燃气热传导加热系统

燃气热传导加热系统一般包括燃烧器、加热井、助燃风机、仪器仪表等。燃烧器是使燃料和空气以一定方式喷出混合燃烧的控制器，也是加热井温度控制的核心；加热井包括内管和外管，内管设置在外管内部，加热时，启动助燃风机，在燃烧器和加热井内形成负压，外部的清洁空气被吸入并和燃气在燃烧器底部混合，再启动燃烧器底部的点火器；产生的火焰进入加热井的内管，并形成热风，通过助燃风机将其抽入外管，对外管进行加热，随后借助热传导方式对土壤加热，实现土壤加热过程的启动（申远，2020）。一般情况下，内管材质需要能够承受火焰燃烧的高温，而外管在插拔过程易损坏，不需要采用昂贵的耗材；此外，仪器仪表主要用于监测系统运行的温度、压力、流量及污染物排放浓度，燃气热传导原位热脱附工艺流程如图 4-8 所示，现场如图 4-9 所示。

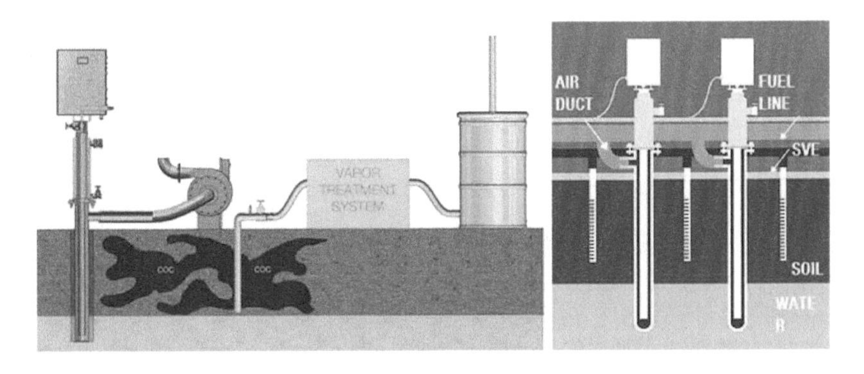

图 4-8　燃气热传导原位热脱附工艺流程

图 4-9　燃气热传导原位热脱附现场实物

燃烧器最好具有以下功能：a. 智能化加热，减少能源消耗；b. 自动点火装置和自动火焰监测系统；c. 一氧化碳自动监测系统，可提示施工人员调整燃烧器，提高能量转换效率；d. 燃烧器温度自动监控、火焰自动关闭，防止过热引发井口烧化；e. 进风阀门用于调节进风量，当燃气比调节后或者出口 CO、O_2 含量过高时，微调阀门，确保出口气体含量达到要求；f. 燃烧器的外壳采取防雨设计，可在露天长时间使用。

助燃风机的选择应满足以下条件：a. 助燃风机流量范围应能满足系统风量变化要求；b. 助燃风机的工作压力应能满足最不利点所需风压的要求；c. 所选助燃风机应能经常保持在高效区内运行。

②电热传导加热系统

电热传导加热系统相对简单，主要包括控制器、加热丝内管、外管、仪器仪表等。控制器通过控制电流大小控制加热丝温度；加热丝内管是发热的核心装置；外管主要用于保护内管；仪器仪表主要用于监测系统运行过程中的温度、电流和压力等。加热井由底部密封的金属套管内安置电加热元件共同组成，电热传导加热抽提井构造示意如图 4-10 所示。

电热传导加热系统主要功能与性能应满足两点要求，分别为：①电加热棒需耐高温、耐腐蚀，宜选择不锈钢、耐腐蚀合金作为加热棒的材质；②配电柜等温控系统需具有恒温控制功能。

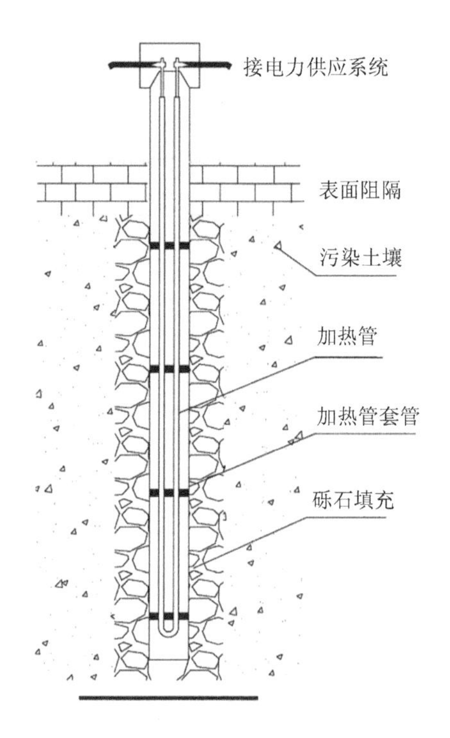

图 4-10　电热传导加热抽提井构造示意

（2）电阻加热系统

电阻加热系统主要包括电极井、电力控制系统、电极棒、监测系统等。尽管其设备组成简单，但系统控制较为复杂。电阻加热系统的加热井结构示意如图 4-11 所示。电极棒宜采用具有良好导电性、耐腐蚀的金属/非金属材料。在电极和井壁之间宜设置导电填料增强电极井的导电性，可选用石墨和不锈钢球。由于场地土壤电阻分布一般是不均匀的，因此，需监测和控制每一根电极棒的电压或电流，既要防止电流过大损坏线路或设备，又要防止电流过小，加热过慢，能量损失大。

电阻加热系统设计中的基础部分是电极阵列的布置。通常情况下，电极阵列以抽提井为中心，由数个电极围绕，其分布方式分为六边形和三角形两种。六边形排列的电极间距为 5.2～12.2 m，而三角形排列的电极间距为 2.5～6.0 m。在实际地块修复过程中，每个电极阵列单元可实现独立控制，依据修复区域目标污染物类型和浓度不同进行精准化修复。

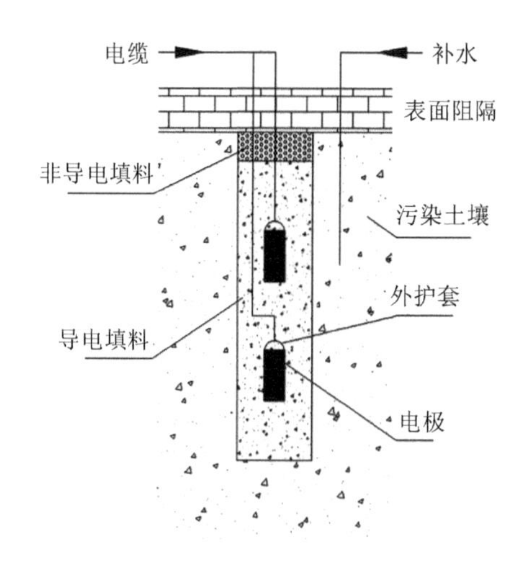

图 4-11 电极井构造示意

（3）热蒸汽强化抽提加热系统

热蒸汽强化抽提加热系统由蒸汽注入井、热强化抽提装置、土壤抽提气净化装置（包括气液分离罐、吸附—解吸罐），热能循环装置（包括烟气余热热交换器、催化燃烧器）和仪器仪表等部分组成。其中，蒸汽注入井是热蒸汽强化抽提加热系统的加热单元，其构造示意如图 4-12 所示。

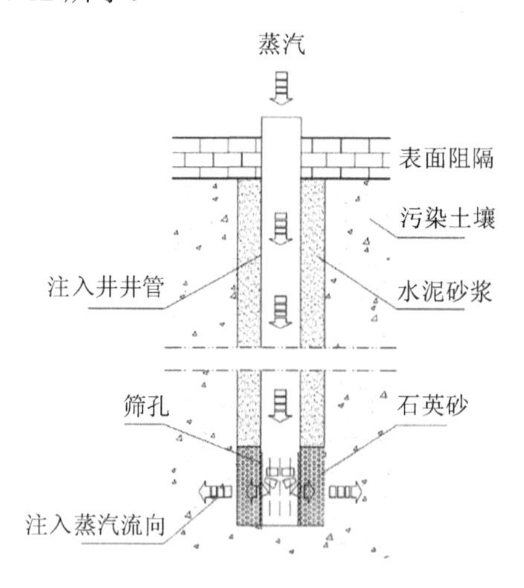

图 4-12 蒸汽注入井构造示意

热蒸汽强化抽提技术修复过程中，空气压缩机产生的气源与蒸汽经热交换器预热后进入催化燃烧器加热后温度升高至适当温度，热蒸汽通过安装在土壤井群中进气管线引入受污土壤中。一方面，将热量传递给污染区域，使污染区域温度升高；另一方面，流过污染区域的气流带走气相中的污染物，使气相中污染物分压降低，挥发性和半挥发性有机物加速进入气相，随后通过抽提进入气液分离罐去除液态污染物、部分固体杂质和水，最后由排气管线引入活性炭罐内进行吸附处理，净化后的气体进入排气稳压罐，经检测器检测浓度达标后直接排放到大气中。

2. 抽提系统

原位热脱附抽提系统包括抽提井、管路、动力设备、仪器仪表等，与 5.2.2 节中描述的抽提系统基本相似，只是在型号选择时需注意高温等特殊工况。这里主要介绍抽提井、抽提管路和动力设备。

（1）抽提井

抽提井由井口保护装置、井管、滤网构成，可分为垂直抽提井和水平抽提井两种。垂直抽提井应根据污染深度设置井管开缝的位置，井口宜高出地面 0.2～0.5 m，垂直抽提井结构示意如图 4-13 所示。施工过程中，可采用螺旋钻进、冲击钻进、清水/泥浆回转钻进、直接贯入钻井成孔等多种方法进行垂直抽提井的钻进。水平抽提井通常设置在包气带中，井管可外包金属滤网，再填充滤料，其结构示意如图 4-14 所示。水平抽提井的钻进方式可采用人工开挖、机械开挖、水平定向等方法。

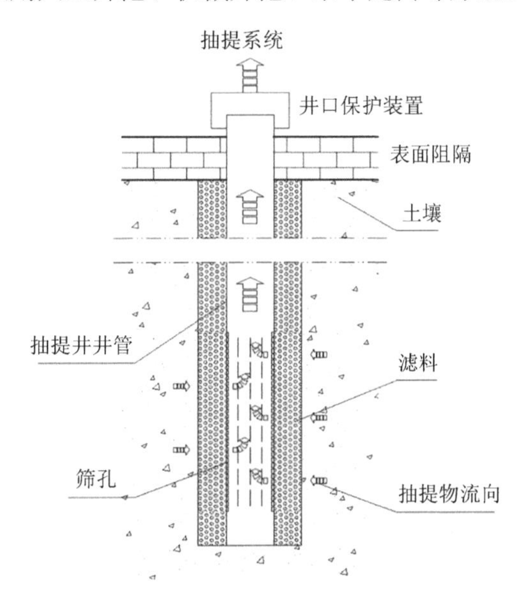

图 4-13　垂直抽提井结构示意

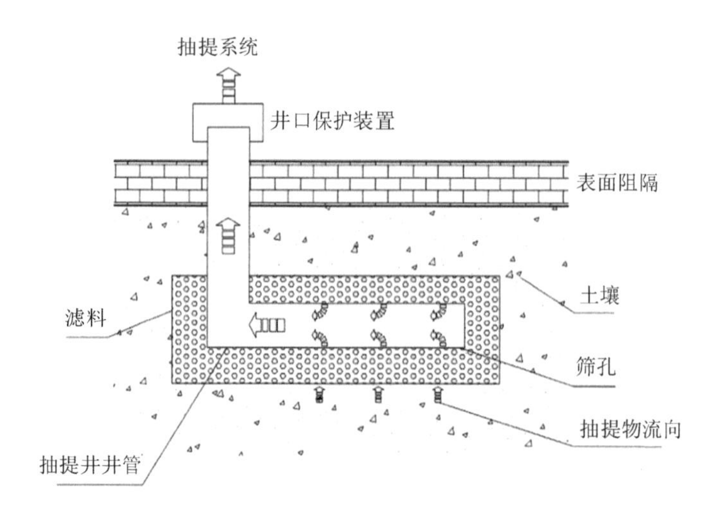

图 4-14　水平抽提井结构示意

（2）抽提管路

抽提井井管采用耐高温、耐腐蚀的无污染材质，井管之间连接可采用丝扣或焊接方式，不得使用产生二次污染的黏结剂。井管外壁可包金属滤网，再填充滤料。井口地面应采取防渗措施。

（3）动力设备

原位热脱附工程设计时，需依据污染物的性质、修复面积及深度、土壤渗透性等，确定抽提所需的真空度及抽气速率并选取合适的真空设备。热蒸汽强化抽提系统中的抽提速率一般应为注入速率的 1～3 倍，抽提气真空负压系统应根据蒸汽注入速率来确定，一般为 20～60 kPa（0.2～0.6 atm）。

4.2.3　辅助设施

1. 监测井

原位热脱附技术的监测井包括温度监测井和地下水监测井。依据项目需要，在距热源不同距离的水平方向上设置一系列温度监测井，对热修复区域的温度进行监测跟踪。按照设计要求，修复区域约为 400 m^2 时应布设一口温度监测井，且各温度监测井每 2 m 深度设置一个温度监测点，不足 2 m 的部分按 2 m 计。

地下水监测井主要是对修复区域地下水状况进行监测分析。当地下水入渗影响修复区域加热温度及修复效率时，应采用阻隔或地下水位控制等方法对修复场地进行地下水控制。其中，阻隔控制可在修复场地边界外布设止水帷幕、拉森钢板桩等阻隔设施，而地下水位控制可采用井点降水或井管降水等方法。

2. 地面水平阻隔层

原位热脱附技术的地面表层阻隔层采用水平敷设布置的形式，以阻断污染物向地上环境迁移输送。原位热脱附修复工程地面水平阻隔层面积应大于抽提处理区域，阻隔材料应具有良好的隔热及防渗性能。一般从下至上依次为防渗层和混凝土层（10～60 cm），地面水平阻隔层起到的主要作用有：

①防渗，防止污染蒸汽逸散至地表造成二次污染；避免雨水等地表水大量进入抽提区域影响升温效果。

②保温，降低地下热脱附区域的热量损失，同时保证地表温度处于安全范围，避免造成烫伤事故。

③对于电加热（电热传导和电阻加热），地面水平阻隔层还起到绝缘防护作用，避免地表电压过高引发人员触电危险。

3. 尾气处理单元

尾气处理单元是原位热脱附二次污染防治的重要单元，主要对原位热脱附抽提出来的尾气、废水吹脱处理等环节产生的有组织工艺废气进行处理，其修复过程中尾气处理实物图如图 4-15 所示。目前常用的尾气处理方法有冷凝—吸附法和燃烧—吸附法等。冷凝—吸附法去除机制是采用冷凝的方式去除原位热脱附尾气中高浓度的污染物质，残留的低浓度污染物进一步采用吸附法去除。燃烧—吸附法去除机制是采用焚烧的方法去除尾气中高浓度的污染物质，残留的低浓度污染物进一步采用吸附法去除。

处理后的尾气排放应符合《大气污染物综合排放标准》（GB 16297—2017）、《工业炉窑大气污染物排放标准》（GB 9078—1996）、《恶臭污染物排放标准》（GB 14554—1993）及相关行业和地方标准要求。此外，尾气处理单元的处理能力要同时满足预期的最大废气产生量、最高污染物负荷和尾气排放限值要求，工程设计及施工应符合《大气污染治理工程技术导则》（HJ 2000—2010）、《环境保护产品技术要求　工业有机废气催化净化装置》（HJ/T 389—2007）等的相关规定。

图 4-15 原位热脱附尾气处理单元实物图

4. 废水处理单元

原位热脱附的工艺废水主要来自抽提气体的冷凝水和气液分离系统产生的废水。针对污染物类型及浓度不同，废水处理技术通常包括油水分离、混凝、吹脱、高级氧化、活性炭吸附等方法。图 4-16 为高级电催化氧化污水处理工艺流程。若采用油水分离技术、混凝法、吹脱法、高级氧化法处理原位热脱附废水时，应分别参照《油污水分离装置》（GB/T 12917—2009）、《含油污水处理工程技术规范》（HJ 580—2010）、《污水混凝与絮凝处理工程技术规范》（HJ 2006—2010）、《污水气浮处理工程技术》（HJ 2007—2010）、《芬顿氧化法废水处理工程技术规范》（HJ 1095—2020）等相关技术规范。处理后废水排放应符合《污水综合排放标准》（GB 8978—2017）、《污水排入城镇下水道水质标准》（GB/T 31962—2015）及相关行业和地方标准要求。

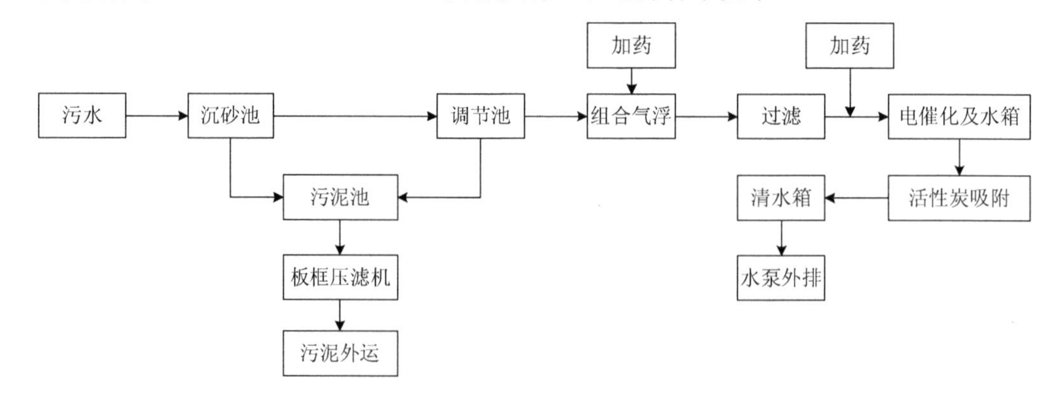

图 4-16 热脱附尾水处理工艺流程（以高级电催化氧化为例）

5. 噪声控制与检测

原位热脱附工程施工过程中，钻探、机房和处理设备的安装、建设、运行均会产生噪声，若超过一定分贝会对施工工人及周边居民的健康造成影响。因此，在修复工程施工过程中，机械作业产生的噪声需进行控制和定期检测。一般来说，抽提风机、注入风机等设备上都有消声器，钻探、机房也应有符合相关规范标准的降噪措施。噪声的测量仪器为积分平均声级计或噪声自动监测仪，实物照片如图 4-17 所示。噪声和振动控制的设计应符合《工业企业噪声控制设计规范》（GB/T 50087—2013）的规定，机房内、外的噪声应分别符合《声环境质量标准》（GB 3096—2008）的规定，厂界环境噪声排放应符合《工业企业厂界环境噪声排放标准》（GB 12348—2008）的规定。

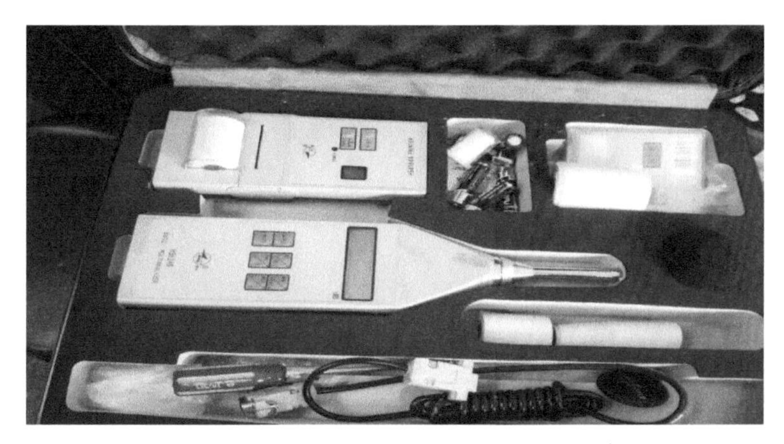

图 4-17 积分平均声级计

4.2.4 处理费用估算

整体上，原位热脱附技术的修复时间和修复费用依赖修复场地大小、污染物类型、土壤类型、修复深度等。通常情况下，国外采用原位热脱附技术修复污染场地，其修复费用为 350～450 美元/m^3；在国内，原位热脱附设备价格为 1 300 万～2 200 万元，修复费用为 800～1 000 元/m^3，部分项目的运行费用超过 2 000 元/m^3（刘惠等，2019）。表 4-3 介绍了部分地块原位热脱附技术的修复案例与修复费用（方兴斌，2019）。

表 4-3 原位热脱附技术修复案例与修复费用

序号	地点	污染物	面积/m^2	污染方量（含地下水和土壤）/m^3	加热技术	最高温度/℃	费用/万元
1	Northlake, Ⅱ	TCE, cis-l,2-DCE	23 225	25 248	蒸汽注入	74	4 000
2	Skokie, Illinois	TCE/TCA	2 415	26 615	电阻加热	100	5 241
3	Forl Richardson, Alaska	TCE、PCE、PCA	512	5 600	电阻加热	100	—
4	Portland, Oregon	TCE，is-1,2-DCE，VC	3 035	50 000	电阻加热	—	—
5	Portland, Indiana	Chlorinated Solvents	—	3 816	热传导加热	260	—
6	Largo, Florida	TCE、Toluene、TPH	929	9 925	蒸汽注入/电阻加热	100	3 040
7	Ohio	TCE、PCE、TCA	1 772	8 399	热传导加热	100	1 040

1. 热传导加热技术

地块中污染物类别和浓度不同时，其修复费用也具有显著的差异。例如，采用热传导加热技术修复挥发性有机污染土壤时，修复费用约 24 美元/m^3；而修复半挥发性污染土壤时费用约 32 美元/m^3。美国俄亥俄州的某有机溶剂污染场地，污染土方量约 8 400 m^3，修复达标后总费用为 130 万美元。可见，针对某些难处理有机污染物（如 PCBs），需要较高的处理温度和较长的处理时间，导致处理单位土方量所需的费用会更高。

2. 电阻加热技术

亨特陆军机场地下储油罐泄漏导致约 19 958 kg VOCs 流入地下土壤。采用电阻加热技术修复 4 个月后，自由态液体污染面积从 34.5 m^2 缩减到 0。修复完成后该地块共花费 130 万美元，其中 1 042 129 美元用于电阻加热系统的设计、安装、运行及维护，259 000 美元为修复期间电力成本。表 4-4 统计了美国部分地块电阻加热技术的修复费用。

表 4-4　电阻加热技术修复案例费用

地块	污染物	处理方量/m^3	单位费用/美元
伊利诺伊 Skokie	TCE、TCA	27 000	32
俄勒冈 Portland	TCE	16 400	42
伊利诺伊 Waukegan	二氯甲烷	12 000	61
伊利诺伊 Chicago	PCE	9 000	80
华盛顿 Ft. Lewis	TCE、烃	61 000	>200（包括水处理）

注：费用不包括废气处理。

3. 热蒸汽强化抽提技术

热蒸汽强化抽提技术原位处理土方量所需费用为 15～390 美元/m^3。例如，Visalia Pole Yard NPL 地块污染总面积积为 8 100 m^2。1976 年，该地块采用原位热蒸汽强化抽提技术进行修复。处理时间为 3 年，共去除了 590 000 kg 的杂酚油和五氯酚，总费用为 21 500 000 美元，处理费用低于 44 美元/kg 或 130 美元/m^3。

4.2.5　监测与运行维护

1. 监测

原位修复方式不同，过程监测的重要参数也略有不同。原位热脱附技术的共性监测项目，除了监测地下温度和压力之外，还有地上废气、废水抽提总管及部分抽提井口的温度、压力、目标污染物浓度以及废水废气排放口的污染物浓度。此外，燃气热传导技术还需监测燃气流量、管道压力、燃烧器出气温度和一氧化碳含量，电加热热传导技术还需监测加热棒温度、加热电流，电阻加热技术需监测加热电流、地层电阻率、加热区地表电压，热蒸汽强化抽提技术还需监测入口处的蒸汽温度、压力、流量。

（1）温度

原位热脱附修复污染土壤过程中，温度是修复成功与否的关键参数，需准确测量，其作用主要包括：

①评估地下热量传递和分布；

②明确是否达到目标污染物脱附温度或是否发生热分解；

③评估蒸汽压力及蒸汽的流动方式（当温度高于沸点温度时，可直接依据温度计算饱和蒸汽压）；

④比较实测数据和模拟数据，优化修复模型。

（2）压力

地下压力监测传感器可安装在加热井、抽提井的井口或井管内，也可安装在加热井和抽提井之间。地下压力监测点的安装位置及数量由监控目的、场地特征确定。压力监测的作用主要包括：

①掌握地下压力，预防井喷、泄漏或者逸散型排放；

②模拟地下流体的流动模式；

③评估挥发性污染物是否完全抽提或收集。

（3）尾气

热脱附尾气处理费用占热脱附工程的50%左右，可见热脱附尾气处理、监测的重要性。为了更好地评估热脱附尾气处理效果，需在热脱附尾气处理的前段与末端进行尾气中污染物类型及浓度的监测，为尾气处理技术的选择及应用提供详细的技术支撑。例如，修复工程初期若监测到尾气中可燃性污染物的浓度超过燃烧临界值时，可采用燃烧法进行处理；随着原位热脱附技术的持续运行，尾气中可燃污染物浓度降低，不能得到充分有效燃烧时，需更换处理方法，以保证处理后尾气达标排放。

2. 运行和维护

运行达标是场地修复工程的目的，维护和管理是保障系统长期正常运转的关键举措。除满足国家相关标准外，原位热脱附修复工程的运行、维护和安全管理还应在满足设计工况的条件下进行，并根据工艺要求，定期对设备、电气、自控仪表及建（构）筑物进行检查维护，确保系统稳定可靠运行。例如，运行操作人员上岗前应进行的专业培训内容应该包括：①必要的工艺技术知识、安全知识；②启动前的检查和启动要求条件；③设备的正常运行，包括设备的启动和关闭；④控制、报警和指示系统的运行和检查，以及必要时的纠正操作；⑤最佳运行条件参数的调节；⑥设备运行故障的发现、检查和排出；⑦事故或紧急状态下人工操作和事故处理；⑧设备日常和定期维护；⑨设备运行及维护记录，以及其他事件的记录和报告；⑩常用有毒有害化学品运输使用知识及防毒、防腐蚀、防火等安全知识和技能培训。

除此之外，表 4-5 总结了施工过程中的难点问题及其应对措施。

表 4-5　原位热脱附运行过程中难点问题与应对措施

问题	应对措施
地面沉降与开裂 因受热膨胀，治理区域的混凝土地会有一定程度的不均匀沉降，而且会有规律性的地面开裂现象	①在钻孔和井管吊装结束后，在场地内铺设砾石层、钢板层、混凝土层、保温棉层，这样加热时的热量绝大部分不会辐射到表面，可以防止地面混凝土开裂 ②受场地沉降影响较大的设备设施，将硬性连接改为能耐高温的软弹性连接，以免因地面沉降或开裂，造成设备运行中断
蒸汽外逸 因土壤升温，会造成场地内一些区域有蒸汽外逸现象，影响现场运行	①合理布置加热井与抽提井，在加热初期，加热井周围产生的大量蒸汽能通过气相抽提管道被抽出 ②调节井口装置，通过对出口阀门的开度控制，抽提井外管能尽快在场地内形成负压，使所有蒸汽都进入抽提系统而不致外逸 ③提高各连接结构、管件、井管与地表的密封性能，切断蒸汽外逸通道 ④地表面铺设砾石层，便于土壤蒸汽在此层进行收集

4.3　典型工程案例介绍

4.3.1　原位热脱附技术的总体应用情况

20 世纪 80 年代，国外开始将原位加热处理技术用于污染场地的修复。美国环保局超级基金场地修复报告统计结果表明，原位加热技术已经成为主要原位修复技术之一，1982—2004 年原位加热处理技术应用只占 1%，2005—2008 年已上升到 9%。相反地，国内原位加热处理技术的研究起步比较晚，目前工程应用不多，但应用案例也呈上升趋势。

1. 国外应用情况

（1）热传导加热技术

热传导加热技术在国外进行污染场地的修复已经有超过 20 年的历史，修复案例较多。1998 年 9 月，美国采用热传导加热技术对位于 Ferndale 市的某受 PCBs 及 PCDD/Fs

污染场地进行修复，整个修复工程共安装了57口加热井，加热温度为357～510℃。修复效果评估报告显示修复7个月后土壤中污染物的去除率超过99%，总费用为45.60万美元（Conley et al.，2000）。2002—2005年美国加利福尼亚州某一旧木材厂土壤受多环芳烃和二噁英污染，需要处理的土方量为12 600 m^3，运用原位热传导加热技术进行修复，平均加热深度为6.1 m，加热温度为335℃，修复完成后成功将多环芳烃浓度从30.6 mg/kg降至5 μg/kg，将二噁英浓度从18 μg/kg降至0.1 μg/kg，美国国家有毒物质监控中心验收后表示该修复地块可无条件投入使用（张学良，2018）。随着土壤热处理技术的发展，近5年来，热传导加热技术进行了很大程度的优化，加热井变得更简单、成本更低、耐腐蚀能力更强，控制系统也更加智能化，配套的尾气处理处置系统可以根据项目的具体情况进行配置（康绍果，2017）。

（2）电阻加热技术

20世纪90年代早期，电阻加热技术开始用于环境修复领域，由美国太平洋西北国家实验室开发的电阻加热技术利用电流加热渗透性较低的土壤，如黏土和细颗粒沉积物，从而蒸发较高导电区域中的水和污染物，以利于进行真空抽提。1997年电阻加热技术开始作为一种独立的修复技术被商业化应用。据统计，1998—2007年，超过50%以上的（98个中有56个）原位热脱附实际工程案例中是采用电阻加热技术，而且，自2000年之后，电阻加热技术的工程案例数量超过了热传导、蒸汽强化抽提和射频加热三者之和（84个原位热脱附技术案例中，电阻加热技术占48个）。该技术已被证明是一种有效的去除土壤和地下水中挥发性和部分半挥发性有机污染物的技术，包括氯代烃、苯系物和非水相液体等（Zeman，2012）。

目前，国际上电阻加热技术已被广泛的商业化应用，最具代表性的企业分别是美国的TRS Group，Inc.（TRS）公司和加拿大的McMillan-McGee（Mc^2）公司。近些年来，电阻加热技术在功能和应用方面主要呈现3个特点：①电极的多功能化，除供电功能外，集成了更多其他功能；例如，TRS公司将电极做成筛管形式，实现了“加热—抽提—注入”一体化，除供电加热外，还可以抽提蒸汽和注入功能药剂等（Beyke et al.，2007）；MC^2公司将注水功能集成到电极上，可通过“水分循环”实现电阻加热技术的稳定运行和高效传热（McGee，2003）；②使用形式多样化，电阻加热技术与多种技术进行耦合，例如，蒸汽加热技术（Heron et al.，2005）、化学氧化/还原技术（Chowdhury et al.，2017）、微生物修复（Truex et al.，2007）等，以达到高效低耗的目的。

（3）热蒸汽强化抽提技术

20 世纪 30 年代，热蒸汽强化抽提技术开始用于石油开采行业，随后，利用热蒸汽注入会降低油黏度的原理，逐渐被用于有机污染土壤的修复。1998 年，Betz 等研究发现将空气和水蒸气的混合气通入污染土壤中可以加速污染土壤的修复并避免污染物沿垂直方向扩散。2003 年，由美国能源部实施的使用蒸汽加热强化抽提和电阻加热去除污染场地中的 DNAPL，经历 4.5 个月的修复后，目标污染物的去除率高达 99.85%～99.99%，满足场地关闭的标准（Heron，2005）。Hinchee 等（2018）针对 1,4-二噁烷展开研究，因 1,4-二噁烷能完全溶于水而不适宜使用土壤气相抽提技术，通过注射 90℃加热空气强化气相抽提，经过 14 个月的修复后，污染物去除率达到 94%。

依据 1988—2007 年美国超级基金场地修复统计，约有 46 处的修复工程案例采用了热蒸汽强化抽提技术。美国环保局报告热蒸汽强化抽提技术是最有前景的去除包气带有机污染物最有效的修复方法之一。然而，随着热蒸汽强化抽提技术的应用，该技术的缺陷也逐渐暴露，即实施过程中高温蒸汽由地表逸出导致温度散失较多，这导致修复成本提升，修复效率降低。针对此问题，工程技术人员通过模型模拟认为空气注入对热量散失的控制比用低渗透性的表面覆盖层效果好，最好的方式是表面覆盖与在蒸汽注入点上面注入空气的方式相结合。

2. 国内应用情况

我国在原位热脱附技术方面还处于起步阶段（张学良等，2018）。但近些年，随着我国土壤修复产业迅速发展，原位热脱附技术也逐渐走向成熟。在科学研究方面，科研与工程技术人员结合我国的土壤类型、施工条件和土壤污染情况进行了大量的研究，也申请了相应的专利。廖志强（2013）通过采集污染土壤在实验室进行砂箱实验模拟原位热传导加热强化土壤气相抽提对苯系物的去除率。结果显示，在 100 W、200 W 和 400 W 3 个功率作用下，苯系物的去除率高于 90%，所需处理时间分别为 1 685 h、1 225 h 以及 104 h，消耗的总电能分别为 29.45 kW·h、33.50 kW·h 及 48.80 kW·h。总之，功率越高，土壤中苯系物的去除效率越高，同时能耗也越大。Peng 等（2013）采用蒸汽强化抽提技术处理二维沙箱中的三氯乙烯，结果发现粗砂层及细砂层三氯乙烯的去除率无显著性差异，但粗砂试验中观察到三氯乙烯出现垂直迁移现象。2012 年，张景辉等也申请了题为“一种原位热强化组合土壤气相抽提技术治理污染土壤的装置”的实用新型专利，其中使用的热强化技术即热传导加热。

在工程应用方面，我国大型土壤修复公司，如江苏大地益源环境修复有限公司、北建工环境修复股份有限公司、中科鼎实环境工程有限公司、北京高能时代环境技术股份有限公司等都进行了大量的研发，并开展了实际工程修复应用，目前针对我国有机污染土壤原位热脱附技术的修复工程案例有 10 余项。例如，广西博世科环保科技股份有限公司针对 *α*-六六六、*β*-六六六、苯并[*a*]芘以及三氯甲烷污染土壤进行原位热脱附修复，布置加热井 125 口、抽提井 51 口、温度压力监测井 14 口，保持井间距 4 m，加热 350～500℃持续 5 d 后，地块土壤污染物的去除效果明显，满足修复目标值的要求，项目修复工程总投资为 1 878.49 万元。

4.3.2 北京某焦化厂精苯污染场地原位燃气热脱附技术修复案例

1. 地块基本概况

北京市某焦化厂始建于 1937 年，之后发展成为大型煤炭和化工产品综合生产加工基地。该地块地层岩性大致分人工填土层、轻亚黏土层、卵石层、砂岩层 4 个土层，地下有两个取水层位，分别为浅层地下水和深层地下水。焦化厂内精苯地块范围约 5.1 hm^2，包括焦油精制工段以及粗苯精制工段，是焦化厂的一个主要产污环节。

2. 地块调查及污染情况

依据精苯地块详细调查与补充调查结果可知，精苯地块污染土壤需要风险管控和修复的土方量为 182 886.06 m^3。其中，0～1 m 地层需要风险管控和修复的土方量为 34 395.93 m^3；1～3.5 m 地层需要风险管控和修复的土方量为 52 713.85 m^3；3.5～5 m 地层需要风险管控和修复的土方量为 8 324.769 m^3；5～8 m 地层需要风险管控和修复的土方量为 35 888.49 m^3；8 m 以下地层需要风险管控和修复的土方量为 51 563.017 m^3。地下水苯的污染范围主要位于精制—精苯及周边区域，污染面积约为 28 935 m^2，基于土壤气中苯的风险管控和修复面积为 24 900 m^2。

调查发现，精苯地块土壤中大部分超标点位为单一污染，主要为多环芳烃污染，其中萘、苯并[*a*]芘、茚并[1,2,3-*cd*]芘、二苯并[*a,h*]蒽、苯并[*a*]蒽、苯并[*b*]荧蒽、苯并[*k*]荧蒽污染浓度大、范围广。选择《土壤环境质量建设用地土壤污染风险管控标准（试行）》

（GB 36600—2018）第二类用地筛选值对土壤中污染物进行筛选与统计分析，超标率及超标倍数见表 4-6。部分点位为复合污染，多环芳烃和 VOCs 复合污染的情况主要在 5～8 m 的地层，多环芳烃和总石油烃复合污染的情况主要在 0～1 m 的地层；大于 5 m 的地层主要超标污染物为多环芳烃。

表 4-6 北京某焦化厂精苯污染场地污染物含量统计分析

污染物	筛选值/（mg/kg）	样本数据个数/个	平均值/（mg/kg）	超标数/个	超标率/%	95%置性上限	最大超标倍数
苯并[*a*]蒽	15	572	9.98	52	9.09	29.62	120.0
苯并[*b*]荧蒽	15	572	8.48	42	7.34	31.03	116.66
苯并[*k*]荧蒽	151	572	6.93	7	1.22	20.44	7.88
苯并[*a*]芘	1.5	572	8.43	179	31.29	28.43	1 206.66
䓛	1 293	572	9.47	1	0.17	29.04	1.37
二苯并[*a,h*]蒽	1.5	572	1.2	40	6.99	2.47	61.24
茚并[1,2,3-*cd*]芘	15	572	7.12	25	4.37	17.22	65.95
萘	70	572	18.39	35	6.12	46.28	21.85
苯	4	295	1.21	7	2.37	25.79	270.0
乙苯	28	295	0.98	6	2.03	23.41	25.88
间,对二甲苯	572	295	1.04	6	2.03	139.3	7.14
总石油烃	4 500	295	87.61	19	6.44	1 280	2.07

3. 地块修复技术与实施

依据该地块详细调查与风险评估报告，并结合地块用地规划，最终确定土壤中苯、乙苯、间二甲苯、对二甲苯、邻二甲苯、萘、䓛、苯并[*a*]蒽、苯并[*b*]荧蒽、苯并[*k*]荧蒽、苯并[*a*]芘、茚并[1,2,3-*cd*]芘、二苯并[*a,h*]蒽、二苯并[*a,h*]蒽、TPHs 的修复目标值分别为 4 mg/kg、28 mg/kg、570 mg/kg、640 mg/kg、70 mg/kg、1 293 mg/kg、15 mg/kg、15 mg/kg、151 mg/kg、1.5 mg/kg、15 mg/kg、1.5 mg/kg、4 500 mg/kg。

通过技术筛选、比较，确定该地块采用原位燃气热脱附技术进行修复。原位燃气热脱附过程采用高温气体（450～600℃）通过加热管间接加热土壤，使得土壤温度升高（升温速率最高可达 20℃/d）至目标温度。当土壤温度达到目标值后，污染物从土壤中迅速脱附并分离出来，形成含污染物的蒸汽。随后，采用气相抽提系统将污染物蒸汽抽提至地表进行汽水分离，处理后达标排放。

本案例以该区域 1 号和 3 号地块为例进行修复实施方案介绍。依据修复方案报告，1 号和 3 号地块分别采用垂直和水平加热井进行目标污染物的去除，其中 1 号地块分两个批次进行修复，即 1#-1 号地块和 1#-2 号地块，如图 4-18 所示。1 号和 3 号地块分别布设加热井 1 211 个（其中 1#-1 号地块加热井数量为 768 个）和 76 个，埋深分别为 5.5 m 和 0.6 m，砾石均填充至离管口 1 m，然后均匀填充膨润土至管口 50 cm，最后均用混凝土封堵。针对抽提井，1 号地块布设数量为 151 个，埋深为 5.5 m；3 号地块布设数量为 76 个，埋深为 0.8 m。

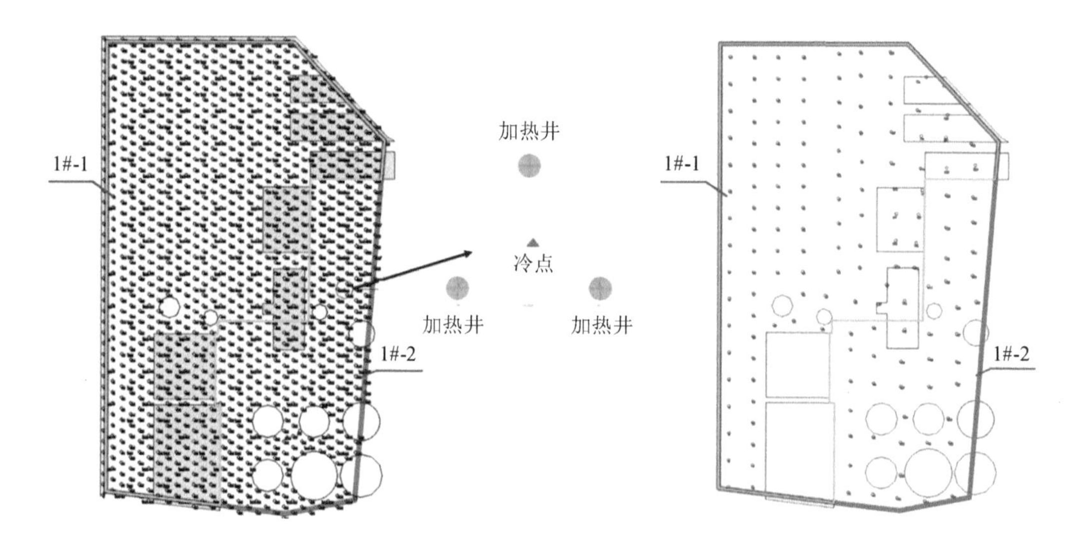

图 4-18　1 号地块加热和抽提井/管布设

原位燃气热脱附系统运行时，通过风机和抽提管将带有污染物的气体抽出，经过冷却系统降温，形成液相进入废水处理设备，废水达标经冷却为冷却系统提供冷水，剩余达标废水外排；气相经气液分离后进入废气处理单元，达标后排放。

4. 地块修复效果与费用分析

1 号和 3 号地块分别经过 4 个月和 3 个月修复，土壤中苯和苯并[*a*]芘的检出浓度均低于本地块的修复目标值。例如，1-1#地块区域内 3.5～5 m 处土壤中苯和苯并[*a*]芘的去除率分别为 99.27%和 100%，1～3.5 m 处土壤中苯和苯并[a]的去除率分别为 92.87%和 97.56%；3 号地块内土壤中苯并[a]芘的去除率为 98.68%。此外，原位热脱附工程运行过程中，未造成大气和噪声环境的二次污染，处理后的废水及废气均满足北京市相关排放标准。

该项目共修复土壤 182 886.06 m^3，投资费用估算约 2.59 亿元，原位燃气热脱附技术修复单价估算约 1 417.5 元/m^3。

4.3.3 美国密苏里电厂变压器废油泄漏地块原位电加热传导技术修复案例

1. 地块基本概况

美国密苏里电厂（Missouri Electric Works Inc.，MEW）位于密苏里河开普吉拉多（Cape Girardeau）的一个工业地带，占地 25 900 m^2，在 1953—1992 年运营。密苏里电厂提供电动装置的销售、保养和维护、变压器及其控制装置等服务，在厂内有超过 16 000 台变压器修理或报废。早期的生产活动包括回收变压器用油和废旧机器上的材料，其中铜线被变卖，而变压器用油经过滤回收被重复利用。在废油处理过程中，90%的油被回收，其余油溢出或泄漏到地上。另外，由于使用溶剂清洗电器，导致地块上也存在溶剂泄漏。

1990 年登记的修复记录显示，PCBs 污染土壤挖掘后进行了焚烧，地下水也被抽取处理。1994 年 8 月，EPA 与潜在责任单位签订了和解协议，经联邦特区法庭批准后，计划在 EPA 监管下修复该地块。密苏里电厂潜在责任单位督导委员会提议用原位方法修复土壤，在 1995 年 1 月确定利用热脱附技术处理污染土壤。1997 年 1 月，针对此项技术，EPA 与密苏里自然资源局制订了示范试验计划。

示范试验的目标是使修复土壤的污染物浓度低于清洁水平，并且使 PCBs 的去除率超过 99.999 9%。研究对象是曾储存 PCB 的区域。据报道，该区域 PCB 浓度高达 20 000 mg/kg。为了获取土壤污染物处理前的浓度，对污染区域的 PCB 浓度进行了监测，结果发现：地表以下 3 m 处也存在 PCBs，最高浓度发生在地表下 0～1 m 处。该区域土壤的理化性质见表 4-7。

表 4-7　密苏里电厂变压器废油泄漏地块的土壤理化性质参数

理化性质参数	参数值
土壤类型	在薄层的表土下是含少量粉土的棕色黏土
黏土含量或颗粒分布	2%～9%的砂，68%～81%的粉土，17%～23%的黏土
水分	12%～28%
pH	5.3～8.0
油脂	在变压器贮存区域，油浸泡了土壤
堆密度	1.8～2.0 g/cm^3

2. 地块调查及污染情况

1984 年 9 月，EPA 基于有毒物质控制法案，对该地块再次进行检查，发现了众多储存 PCBs 废油不当的违法行为。在检查期间，采集的两个土样检测结果表明，PCBs 浓度分别为 310 mg/kg 和 21 000 mg/kg。1984 年 10 月，密苏里自然资源局调查该地块，发现大量的 210 L 装的废变压器油桶，估计有 105 980 L 废变压器油泄漏到该地块上，而且需从地块上清除约 19 000 L 的桶装废油。EPA 在 1985 年 10 月—1987 年 6 月进一步调查并确认了在废水排放管道周围、土壤表层及地面下均存在 PCBs 污染。1989 年 9 月—1990 年 3 月修复调查期间，样品分析结果表明：表层及表面下土壤中均含有 PCBs（地块土壤浓度为 58 000 mg/kg，厂区外土壤浓度为 2 030 mg/kg），地下水含挥发性有机物（320 mg/L），但不含 PCBs。同时，修复调查发现：PCBs 被雨水冲刷到地块周围的环境介质中，土壤中 PCBs 浓度超过 10 mg/kg 的面积约为 26 000 m^2。

3. 地块修复技术与实施

该地块采用电加热热传导原位热脱附技术处理 PCBs 污染土壤，提取污染物蒸汽后收集到可移动单元进行处理，再排放至大气。本次示范试验共处理 40 m^3 污染土壤，修复工作在 1997 年 4 月 21 日—6 月 1 日进行。原位热脱附修复过程将加热毯（模块化的加热毯，规格为 2.5 m×6 m）置于土壤表层，处理浅层的污染物；利用三角模式加热井（加热器/真空井），处理土壤中深层污染物（大于 0.9 m）。

密苏里电厂地块中加热井的布局如图 4-19 所示，12 个加热器/真空井以三角模式安装，两两相距 1.5 m，每口井安装一个 12 m 长的镍铬导线加热元件且安装在陶瓷绝缘层中。绝缘加热元件固定在直径为6 cm的不锈钢管内，两端被封住，使之成为“加热器”（在运行过程中使加热元件与液体、水汽隔离）。每个井都设计成3.7 m深填满沙子的环形套管状，以确保蒸汽从土壤中流入井内。

为了弥补在深层土壤和空气中的热损失，经特殊设计的加热井能够给井口表层0.3 m处和离井底0.6 m处的土壤提供更多的热量。每个井均设计为具有3 889～7 778 W/m^{2}的加热能力，加热温度可达870～980℃。在井与井之间的三角区采用加热毯进行补充加热土壤，加热毯的加热能力为 5 556 W/m^2。在整个实验区域范围内，建设蒸汽密封层来保温和减少热量损失，同时防止蒸汽从地表溢出，在加热井的周围设置真空环境以免密封试验区的热气释放。

为了监测运行期间的温度，在热井之间的13个三角形区域的每个区域的大约中心位置以及处理区域内的两个中心位置安装了15个热电偶管（图4-19），每个热电偶钢管都被安装在深2 m的地方并密封底部。设置两个压力检测井（PW-1和PW-2）用于监测地下真空度，安装在接近处理区域的中心位置（图4-19），每口井都是穿孔管，在地下2 m深处用0.3 m厚的沙子完成，并用膨润土灌浆密封到地表面。为控制地表径流，在试验区域周围挖掘0.3 m深的沟渠，并配备了污水泵。

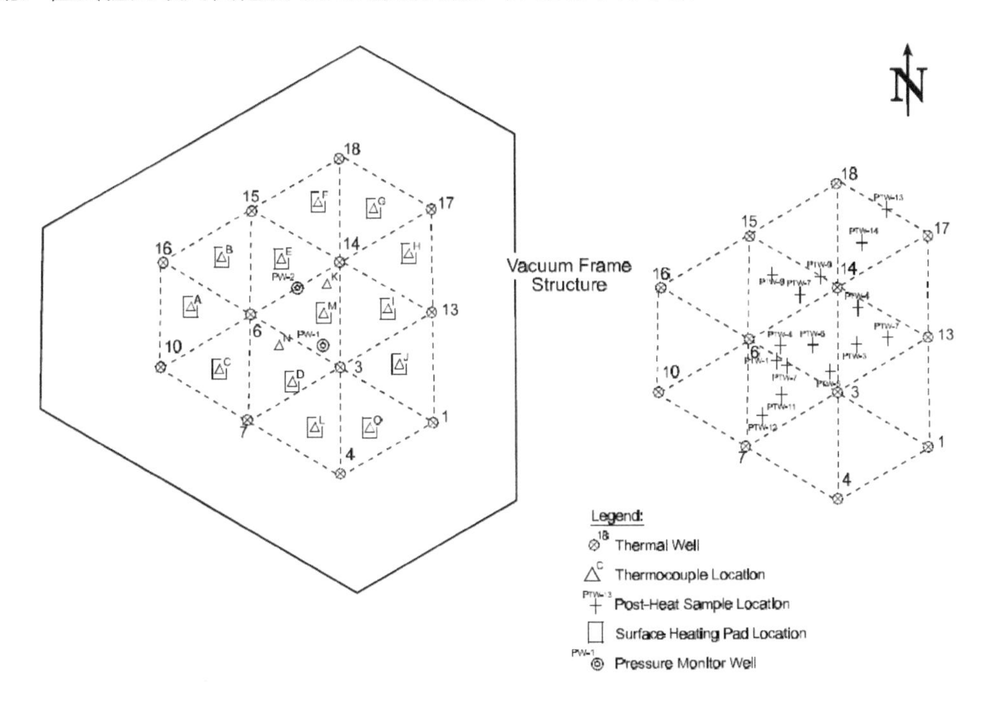

图4-19 加热器和热电偶的位置（左）和加热后取样位置（右）（井距=1.5 m）

试验场配备了MU-125移动处理设备，该设备配套有微粒旋风除尘器以及一台ES-125无火焰热氧化器，并串联两个活性炭过滤罐。辅助设备包括控制室、可编程的逻辑控制系统、加热控制器和基于PC的数据采集系统。

1997年4月21日，井加热器通电工作，经过3 h之后达到了5 376 W/m^{2}的功率，继续通电直到达到最大的操作温度880℃（热电偶检测）。示范试验开始的48 h内，操作条件发生了两个变化：①加热器真空度由25%下降至5%；②压力监测井的真空度由1%上升至4.5%，说明在加热过程中，土壤的渗透性增加。由于土壤的渗透性增加，表面加热毯的功率达到4 505 W/m^2。在为期42 d的示范试验期间，载气流速为1.4～2标准m^3/min，保持井内8～13 cm水柱的真空度。试验期间每12 h测定一次温度，当表层0.3 m以内的土壤温度达483℃时，降低表面加热毯的电力，以免蒸汽密封被过度腐蚀。

加热过程中，对3个典型的温度时段进行了记录：第一阶段，运行时间为250 h，土壤温度上升至水的沸点（100℃）；第二阶段，保持温度在水的沸腾100℃左右；第三阶段，也叫作过热阶段（从630 h到运行结束），此时土壤温度升至超过540℃。在所有三角区域的中心检测到土壤温度为480℃，处理区域的中心检测到土壤温度为590℃（K型热电偶）。承包商利用此数据估算，约50%土壤的温度超过590℃。该修复工程的实施时间见表4-8。

表4-8 密苏里电厂变压器废油泄漏地块修复工程的实施进度

时间	工作内容
1984年10月—1987年6月	进行地块调查
1989年9月—1990年3月	进行修复调查
1990年9月	签订修复决定记录
1994年8月 1996年8月 1998年3月	联邦地区法院通过判决
1995年1月	通过重要差异说明
1997年4月21—6月1日	进行示范

4. 地块修复效果与费用分析

在修复记录中，PCBs 要求的修复目标为 2 mg/kg。采用热脱附修复处理前：在地块中 0～1 m 深度内，PCBs 浓度≥10 mg/kg；在 1 m 以下土壤中，污染物浓度超过 100 mg/kg。经处理后 PCBs 的去除率达到 99.999 9%。

完成 42 d 的示范试验之后，采集样品监测，结果表明，多氯联苯从最高浓度约 20 000 mg/kg 和平均浓度 782 mg/kg（n=88）降至低于 2 mg/kg。在处理区域内的所有 90 个处理后样品中，84 个处理后的土壤样品中 PCBs 浓度未检测到，低于检出限（< 0.033 mg/kg），6 个检测的土壤样品中 PCBs 浓度小于 0.302 mg/kg。连续排放监测显示，烟囱平均组成中含有约 20 000 ppm CO_2、2 ppm CO 和 1 ppm THC。从多氯联苯开始分解，HCl 浓度峰值为 60 ppm。在项目期间，所有的排放标准都得到了满足，没有证据表明污染物水平或垂直迁移。处理土壤中二噁英含量低于北美背景水平（<6 ppt）。在所有三角形图案的中心，土壤温度达到了 482℃，整个图案的中心温度达到了 593℃。处理前后土壤水力特性对比表明，处理后土壤孔隙度由 30%增加到 40%，水平和垂直水力传导性增加了 4 个数量级以上，如从 1×10^{-3} m/d 增加至 30 m/d。

TerraTherm 公司对示范试验整个修复工程费用进行了估算，估计修复整个地块所用的资金为 157～262 美元/m^3。据项目经理介绍，影响实际费用的因素包括土壤含水率、操作系统的电力成本、污染物所在位置的宽度与深度、影响井的个数及其深度。据报告，该地块示范总费用为 2 038 000 美元。

4.3.4 美国亨特陆军机场地下储油罐泄漏地块原位电阻加热技术修复案例

1. 地块基本概况及污染情况

美国亨特陆军机场（Hunter Army Airfield）原航空燃料站 2#泵房场址如图 4-20 所示，该泵房从 1953 年投入使用，到 20 世纪 70 年代初，此处共有 10 个容积为 95 m^3 的地下储罐。该泵房于 20 世纪 70 年代初至 1995 年停止使用，其中 1995 年清除了其中的 8 个地下储罐。

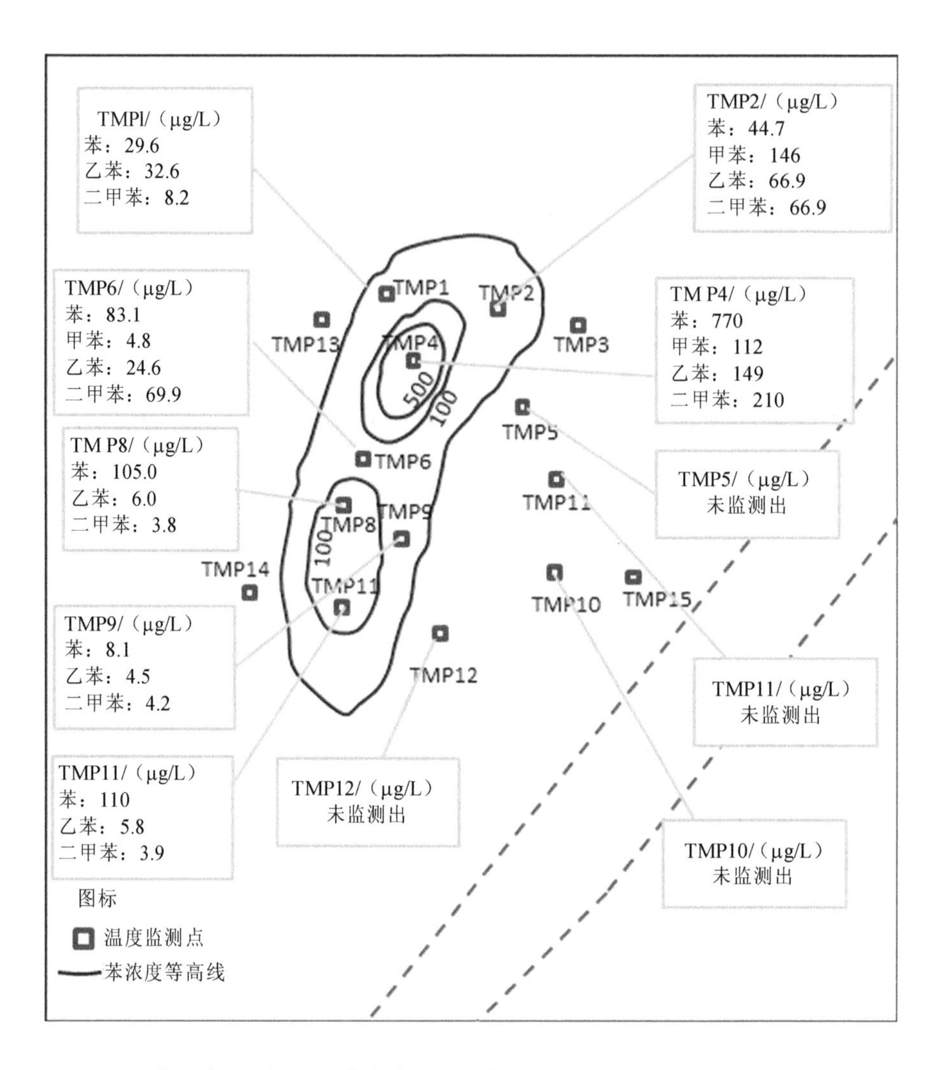

图 4-20 亨特陆军机场地下储油罐泄漏地块原 2#泵房场址地下水中 BTEX 分布图

1996 年实行修复行动计划 CAP–A 部分调查，并于 1997 年和 1999 年进行 CAP–B 部分调查，以明确该场地的石油污染程度。1998 年，场地中残留的 2 个地下储罐和泵房被清除。在 CAP–B 部分调查期间发现，由于地下储罐的泄漏，该区域土壤和地下水受到石油污染物的污染，主要包括苯、甲苯、乙苯和二甲苯（BTEX）以及多环芳烃（PAH），调查结果还表明地下水中溶解态污染羽覆盖面积达到约 257.4 m^2。

1997 年进行 CAP–B 部分调查时，发现其中一个监测井中含有轻质非水相液体。1997—1999 年，采用吸附剂去除发现的自由态液体。2000 年，发现这种自由态液体厚度有所增加，并在另一个监测井中检测出同类物质，于是继续采用同样吸附剂，来吸附这种自由态液体。调查显示轻质非水相液体污染面积约 11.5 m^2。

按照合同要求，一个咨询公司实施了 CAP–B 部分中确认的修复技术，即电加热修复技术系统，该系统于 2002 年 4 月开始在该场地进行了为期 4 个月的运行操作。

靠近亨特陆军机场场地的水文地质特征主要受 2 个含水层系统影响，即承压含水层和浅层含水层。承压含水层深度约为 240 m，属于 Hawthorn Group 的磷酸盐黏土层，饮用水主要来自承压含水层。场地介质特征见表 4-9。

表 4-9　亨特陆军机场地下储油罐泄漏地块原航空燃料站 2#泵房场址的介质特征

参数	参数值
土壤类型	极细至中等粒径的砂土
黏粒含量和/或颗粒直径分布	97%砂粒，3%黏粒或粉粒
地下水深度	平均位于地表以下 4 m
水力传导系数	0.012 1 cm/sec
透气性	未测
孔隙度	平均值为 0.41
非水相液体存在类型	轻质非水相液体
含水率	平均值为 0.43（体积含水率）
总有机碳含量	540～43 000 mg/kg
土壤电阻率	未测

2. 场地修复技术与实施

亨特陆军机场场地修复采用的是 6 相加热（SPH™）的电加热修复技术。在场地上共安装 111 个电阻加热电极，电极间距 5.4 m，安装深度为地表以下 4.8 m，共可处置土壤面积约 90 m^2。电极的设计方法为：在直径 0.3 m 的钻孔中安装直径 5 cm 的电极，电极中填充 Epsom 盐溶液（硫酸镁），电极周围的环状空间填充颗粒状石墨。采用电绝缘材料 PVC 包裹在电极上方的不导电区域（地表以下 0～2.1 m）。将 2 根水管分别安装在地表以下 2.7 m 和 3.9 m，位置靠近环状区域中的电极，目的是通过向水管中加水，防止因为干燥和降解过程造成的电源耦合。

在自由态轻质非水相液体的发现区域，共安装 18 个电极和双相抽提（DVE）共用井。电极/双相抽提井作为加热单元的同时，也作为突发产生的污染物抽提设施。

共安装 23 个间距为 12 m 的气体回收井，影响辐射半径为 7.5 m。在直径 0.2 m 的钻孔内安装 2 种气体回收井：双相抽提井和土壤气相抽提井。在自由态轻质非水相液体的发现区域安装 5 个双相抽提井（外壁包裹 5 cm 厚的不锈钢套）。在双相抽提井中插入蒸汽软管，用于回收自由态产物和水，以及非饱和区中的空气和蒸汽。在自由态轻质非水相液体的产生区域外围，安装 18 个气相抽提井（外壁包裹 5 cm 厚的不锈钢套）。

为监测处置区的内部温度，共设 15 个内径为 1.3 cm 的温度监测井，热电偶分别位于地表以下 2.4 m、3.6 m 和 4.8 m 处。在其中的 12 个温度监测井内，临时安装内径为 2.5 cm 的不锈钢压力计，用于地下水样的采集。该 12 个监测点（编号为 TMP-01～TMP-12）用于观测处置系统的工作效果。图 4-21 为废弃监测井、使用中的监测井、电极和双相抽提井、双相抽提和气相抽提井以及温度监测井在原 2#泵房南部的分布。

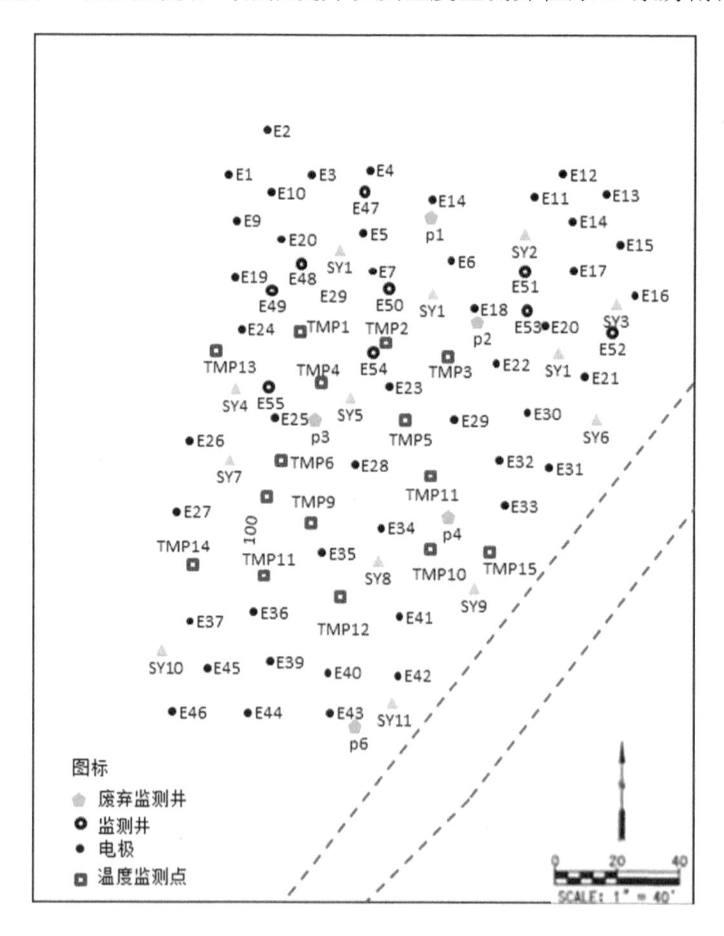

图 4-21　亨特陆军机场地下储油罐泄漏地块土壤气相抽提井及电极分布

安装电阻加热系统的地下结构部分（电极、井及温度监测点）共用了 9 d 时间。处置区域中地上部分到地下部分管线的安装共用了 10 d 时间。2002 年 1 月 19 日，在 11 个温度监测点中进行地下水样品采集（共 12 个温度监测点）。

修复工作于 2002 年 3 月 18 日开始进行。由于双相抽提井中自由态液体的数量足以导致废气超过最低爆炸极限，因此该系统的真空抽提单元自动关闭。系统只能通过“慢速启动”来控制爆炸极限。5 d 后抽提管管口降低到自由态液体和水位界面的下方，以此来控制该时间段内抽提出的挥发性有机污染物的量。

2002 年 3 月，美国能源部（DOE）将一台动力转换装置运抵场地，该装置具有 950 kV·A 的容量，并且可以直接使用城市电网的 12 400 V 或 13 800 V 交流电（VAC），在它的内部装有 480-VAC 的主降压变压器，电能通过 6 个输出变压器向处置区域供电。该工程的操作参数见表 4-10。

表 4-10　亨特陆军机场地下储油罐泄漏地块的电源操作参数

参数	参数值
日平均消耗电量	510 kW·h
总消耗电量	1 678 000 kW·h
地下平均温度	＞90℃

2002 年 4 月 5 日，系统启动期正式结束，加热和抽提系统实现在线操作。但由于其中 1 个变压器的电压调节控制失效，造成仅能使用其中一半的电力，只能对修复区域的北部进行供电。2002 年 4 月 11 日，该失效问题解决后，6 个变压器可向整个修复区域进行供电。系统运行第一周的平均输入功率约为 500 kW，此后输出电压不断增加，最后输入功率增加到 780 kW。

在温度监测井中检测地下环境温度频次为 3 次/周。2002 年 6 月初，在处置区北部观测到平均温度的极值（＞90℃）。2002 年 7 月初，处置区南部的温度达到了沸点。

在为期 4 个月的电阻加热系统工作周期中，向地下环境输出的总电力约为 1 678 000 kW·h，平均每天输电功率范围为 0～928 kW，4 个月的平均输电功率为 510 kW。

蒸汽流速可通过皮托管来进行测量，结果为 88.8～177.9 m^3/min。2002 年 6 月之前，修复操作由于受到低爆炸极限的限制，蒸汽抽提速率大致呈线性增加趋势。2002 年 6

月之后，由于污染物的去除，蒸汽抽提速率开始下降。亨特陆军机场场地修复行动进度见表 4-11。

表 4-11 亨特陆军机场地下储油罐泄漏地块的修复行动时间

日期	工作内容
2001 年 11 月	建设电阻加热系统
2002 年 1 月	样品采集
2002 年 3 月 18 日	电阻加热系统开始运行
2002 年 4 月 5 日	电阻加热系统在线运行
2002 年 5 月	首次进行电阻加热系统在线取样
2002 年 6 月	再次进行电阻加热系统在线取样
2002 年 7 月	第三次进行电阻加热系统在线取样
2002 年 8 月 5 日	电阻加热系统停止运行
2003 年 2 月	土壤样品采集（电阻加热系统停止运行后的第一次样品采集）
2003 年 9 月	电阻加热系统停止运行后的第二次样品采集
2004 年 3 月	电阻加热系统停止运行后的第三次样品采集
2004 年 8 月	电阻加热系统停止运行后的第四次样品采集

3. 场地修复效果与费用分析

亨特陆军机场场地修复行动的目标是去除场地中的轻质非水相液体，使可能造成污染的化学物质浓度降至标准要求（表 4-12）。基于政府规定的筛查水平，根据受体位置，采用污染物归宿与迁移模型来获得针对特定场地特定污染物的修复标准。当没有可采用的筛查水平时，则采用风险水平来计算污染物浓度限值。

该场地经过 4 个月的电阻加热技术修复，共去除约 19 958 kg VOCs。将自由态液体污染面积从最大时的 34.5 m^2（2002 年 5 月）缩减到 0（2002 年 6 月）。2003 年 2 月共采集了 4 个土壤样品，检测结果表明，样品中的苯系物和多环芳烃化合物浓度均未超过相应的污染物浓度标准。

表 4-12　亨特陆军机场地下储油罐泄漏地块的修复治理目标值

污染物	地下水中浓度限值 ACLs /（μg/L）	土壤中阈值水平 ATLs /（mg/kg）
苯	469	0.44
苯并[*a*]芘	2.0	6.8
苯并[*b*]荧蒽	2.0	27.0
䓛	2.0	10.0
乙苯	未计算	389
茚并[1,2,3-*cd*]芘	未计算	0.66
萘	428	未计算
甲苯	1 316 000	2 050
总二甲苯	未计算	700

注：只对 CAP-B 部分报告中识别出的 COPCs 污染物进行 ACLs 和 ATLs 计算。

2002 年 1 月—2004 年 3 月，监测了井中地下水样品中的苯浓度变化。2002 年 7 月后，溶解态苯浓度均小于 ACL 标准（除 2004 年 3 月在 TMP-04 井中检出其浓度为 733 μg/L）。2003 年 2 月（处理 6 个月后），检测出 2 种多环芳烃化合物超过 ACLs 标准：TMP-08 井中苯并[*a*]芘（2.8 μg/L）和 TMP-02 井中萘（459 μg/L）。但 2004 年 3 月以后，地下水中的多环芳烃均未超过 ACLs 标准。

美国陆军工兵部队的报告显示，亨特陆军机场场地的 6 相电阻加热修复工程共花费了约 130 万美元，其中 1 042 129 美元用于系统设计、安装、军队动员与复员和 4 个月的操作维护，电力供应成本为 259 000 美元。

4.3.5　美国 Visalia Pole Yard NPL 地块蒸汽强化抽提技术修复案例

1. 地块基本概况

美国 Visalia Pole Yard NPL 地块位于加利福尼亚的维萨利亚，属于南加利福尼亚爱迪生公司（Southern California Edison Company）。1925—1980 年，南加利福尼亚爱迪生公司运行木材处理工厂，导致苯并[*a*]芘、五氯苯酚、二噁英、呋喃和柴油等大量污染物渗入土壤和地下水，深度约 120 ft，污染面积达 8 100 m^2。

2. 地块修复技术与实施

该地块修复技术以原位热蒸汽强化抽提技术为主，辅以空气注入技术以增强原位化学氧化。项目初期安装了 11 个蒸汽注入井、7 个抽提井、4 个锅炉、1 套真空系统、1 套两级热交换系统、1 套尾气处理系统和 1 套污水三级处理系统。系统主要设计参数和说明见表 4-13，蒸汽发生器的功率为 200 000 lb/h，注气速率为 80 000～120 000 lb/h。

表 4-13　Visalia Pole Yard NPL 地块修复工程的主要设计参数和说明

设计项目	主要设计参数
井布设区域	45 ft×2 hm^2
污染介质总量	75 000 yr^3
加热介质总量	＞1 000 000 yr^3
污水处理设施处理能力	400 gpm
抽提系统功率	2 500 scfm
蒸汽注入系统	120 000 lb/h

该地块是一个典型的非均质饱和区，主要由粗砂和卵石构成。前期蒸汽注入井在处理区域周围按圆形排列，注入的蒸汽增加了污染物的迁移，导致污染物逐渐向中心位置的抽提井移动。热量转移模型模拟结果显示，将该地块弱透水层处的上层 15 ft 暴露在蒸汽温度下 140 d，温度最高为 100℃，运行 10 个月，发现污染物每日回收率可达 2 000 lb，最高达到 14 000 lb。

3. 地块修复效果与费用分析

1997 年 5 月—2000 年 6 月，Visalia Pole Yard NPL 地块蒸汽强化抽提修复工程向地下注入热蒸汽约 6.6 亿 lb，去除或分解污染物约 133 万 lb。修复报告显示，修复后地下水中五氯苯酚浓度低于 1 μg/L，苯并[*a*]芘浓度由 880 μg/L 降至 2 μg/L，二噁英的浓度从 160 000 μg/L 降至 280 pg/L。修复期间，南加州爱迪生公司总花费修复成本 2 150 万美元。

4.4 原位热脱附技术的发展趋势

原位热脱附技术出现于 20 世纪 30 年代，源于石油开采行业，自 20 世纪 70 年代开始应用于污染场地的修复。随着热脱附技术研究的不断深入，热脱附技术面临的主要问题是能耗较高以及产生二次污染物。一方面，由于热脱附技术需要消耗能源，修复成本和能耗较高。因此，未来的研究方向应注重提高修复效率、降低能耗成本。另一方面，原位热脱附技术在尾气处理等环节可能产生二次污染问题。目前，与国外技术发展对比，国内原位热脱附技术存在的主要问题包括：

（1）基础理论欠缺，如不同升温过程中有机污染物的迁移转化规律以及土壤中水分含量、矿物质、有机质等对热处理的影响机制等。

（2）核心技术缺少，我国自主研发的原位热脱附技术设备较少，需要开发高效、智能化的具有自主知识产权的原位热脱附成套技术设备。

（3）能耗高，原位热脱附技术的能量主要来源于电力和天然气。国内电和天然气的价格是国外的 4 倍，利用原位热脱附技术修复污染场地所需费用为 1 000～2 000 元/m^3，节约能耗成为此项技术得以在国内推广应用的关键。

（4）易造成二次污染。在修复项目中，由于设计不当可能产生有毒副产物，如二噁英等物质。此外，设备运行管理中，设备衔接不匹配可能会导致污染物泄漏，以及尾气处置不当而造成的二次污染。

从国内外发展趋势上来说，原位修复技术将替代异位修复技术，逐渐成为治理修复的主力军。此外，针对现阶段原位热脱附技术问题，国内研究学者应不断学习研究先进的原位热脱附技术，同时应注重产、学、研相结合，努力研发高效的成套处理设备。未来原位热脱附技术研究方向趋势将更多关注以下几个方面。

（1）针对焦化、石油化工等有机污染场地土壤，研究场地土壤有机污染物在高温条件下理化性质变化，创新具备热回用单元的低能耗、智能化、集约化、可快速移动及组装的成套热脱附技术与装备，研发配套的安全、高效、集成化的水气处理系统，并进行规模化集成与试验示范，提升热脱附成套技术与装备的修复能力与能效水平。

（2）原位热修复过程中的二次污染包括污染物向修复区域外土壤及地下水中迁移、向大气中释放以及后处理阶段产生的废气、废水、废渣等。针对污染物可能扩散到修复区域外土壤或地下水中，需在修复前对所在区域水文地质条件进行勘探，在修复过程中设置防护措施，在修复及后期全过程进行监测。针对热修复过程收集的污染物，需处理达标后妥善处置，避免再次进入自然环境中。

（3）创新加热方式以及不同加热方式的合理组合，充分利用我国有利能源，开发新型加热方式，进一步提升已有的新型原位热脱附技术。例如，阴燃技术是通过点燃污染物最下方的油层燃烧污染物，被称为能耗最少的一项原位热脱附技术。

（4）从单一的原位热脱附技术向综合集成技术发展实现多技术耦合、多装备集成。针对原位热脱附及耦合联用工艺，研究热场存在条件下的氧化剂传质扩散规律，获取关键参数，优化影响半径，用于指导方案设计与实际现场修复工程。深入分析大型复杂复合污染场地的水文地质条件及不同分区分层的污染特征，实现化学氧化药剂注射、微生物菌剂注入设备与热强化装置的自动化联动控制，实现精准注药、减少能耗、确保性价比最高。研发原位化学氧化、微生物降解与原位热脱附技术相耦合的装备，搭建相应的试验及应用装置平台，并在实际土壤修复工程项目中得以落地使用。

参考文献

方兴斌，诸毅，2019. 原位热脱附技术——适用于低渗透性土质的土壤修复技术[J]. 广州化工，47（13）：144-147，157.

康绍果，李书鹏，范云，2017. 污染地块原位加热处理技术研究现状与发展趋势[J]. 化工进展，36（7）：2621-2631.

李炳智，朱江，吉敏，等，2016. 蒸汽强化气相抽提修复苯系物污染黏性土壤[J]. 上海交通大学学报（农业科学版），34（5）：58-67.

梁贤伟，孙袭明，吴晓霞，2020. 原位热脱附土壤修复技术的关键影响因素研究[J].广州化工，48（10）：79-82.

廖志强，2013. 土壤中挥发性有机物的气相抽提处理热强化技术研究[D]. 上海：华东理工大学.

刘昊，张峰，马烈，2017. 有机污染场地原位热修复：技术与应用[J]. 工程建设与设计，（16）：93-98.

刘凯，张瑞环，王世杰，2017. 污染地块修复原位热脱附技术的研究及应用进展[J]. 中国氯碱，（12）：31-37.

邵子婴，2015. 强热化土壤气相抽提过程中的污染物去除研究[D]. 大连：大连海事大学.

申远，黄海，王海东，等. 加热装置及土壤修复燃气热脱附设备[P]. CN110788123A，2020-02-14.

孙袭明，2018. 有机污染土壤热脱附技术的影响因素研究及模拟系统开发[D]. 天津：天津大学.

王宁，彭胜，陈家军，2013. 介质非均质性对蒸汽强化 SVE 法修复 TCE 污染影响的二维土箱模拟研究[J]. 环境保护前沿，3（3）：45-51.

张景辉，刘朝辉，李野，等，2012. 一种原位热强化组合土壤气相抽提技术治理污染土壤的方法：102513347A[P]. 2012-06-27.

张学良，廖朋辉，李群，等，2018. 复杂有机物污染地块原位热脱附修复技术的研究[J]. 土壤通报，49（4）：243-250.

赵中华，2018. 含氯有机污染土壤热脱附及联合处置研究[D]. 杭州：浙江大学.

Albergaria J T，Alvim-Ferrazb M C M，Matosa C D，2006. Remediation efficiency of vapor extraction of sandy soils contaminated with cyclohexane：influence of air flow rate，water and natural organic matter content[J]. Environmental Pollution，143：146-152.

Betz C，Farber A，Green C M，et al，1998. Removing volatile and semi-volatile contaminants from the unsaturated zone by injection of a steam/air-mixture[C]. Contaminated Soil 1998：Thomas Telford Ltd，1：575-584.

Beyke G L，Dodson M E，Powell T D，et al，2017. Electrode heating with remediation agent：United States patent，US 7，290，959 B2[P]. 2007-11-06.

Beyke G，Fleming D，2005. In situ remediation of DNAPL and LNAPL using electrical resistance heating[J]. Remediation Journal，15（3）：5-22.

Bulmău C，Mărculescu C，Lu S，et al，2014. Analysis of thermal processing applied to contaminated soil for organic pollutants removal[J]. Journal of Geochemical Exploration，147：298-305.

Chowdhury A I A，Gerhard J I，Reynolds D，et al，2017. Low permeability zone remediation via oxidant delivered by electrokinetics and activated by electrical resistance heating：proof of concept[J]. Environmental Science & Technology，51（22）：13295-13303.

Conley D M，Lonie C M，2000. Field scale implementation of in situ thermal desorption thermal well technology[C]. Second International Conference on Remediation of Chlorinated and Racalcitrant Compounds：175-182.

Falciglia P P，Giustra M G，Vagliasindi F G A，2011. Low-temperature thermal desorption of diesel polluted soil：influence of temperature and soil texture on contaminant removal kinetics[J]. Journal of

Hazardous Materials，185（1）：392-400.

Fischer U，Schulin R，Keller M，et al，1996. Environmental and numerical investigation of soil vapour extraction [J]. Water Resource Research，32：3413-3427.

Heron G，Baker R S，Bierschenk J M，et al，2008. Use of thermal conduction heating for the remediation of DNAPL in fractured bedrock[M]. Columbus，Ohio：Battelle Press.

Heron G，Carroll S，Nielsen S G，2005. Full-scale removal of DNAPL constituents using steam-enhanced extraction and electrical resistance heating[J]. Ground Water Monitoring & Remediation，25（4）：92-107.

Heron G，Van Zutphen M，Christensen T H，et al，1998. Soil heating for enhanced remediation of chlorinated solvents：a laboratory study on resistive heating and vapor extraction in a silty，low-permeable soil contaminated with trichloroethylene[J]. Environmental Science & Technology，32（10）：1474-1481.

Hinchee B R E，Dahlen P R，Johnson P C，et al，2018. 1,4- Dioxane soil remediation using enhanced soil vapor ex-traction：I. field demonstration[J]. Groundwater Monitor-ing & Remediation，38（2）：40-48.

Johnson P，Dahlen P，Kingston J T，et al，2009. State-of-the-practice overview of the use of in situ thermal technologies for NAPL source zone cleanup[R]. US：Environmental Security Technology Certification Program.

McGee B，2003. Electro-thermal dynamic stripping process：United States patent，US 6，596，142 B2[P]. 2003-07-22

Merino J，Bucalá V，2007. Effect of temperature on the release of hexadecane from soil by thermal treatment[J]. Journal of Hazardous Materials，143（1）：455-461.

Mohamed A M I，El-Menshawy N，Saif A M，2007. Remediation of saturated soil contaminated with petroleum products using air sparging with thermal enhancement[J]. Journal of Environmental Management，83（3）：339-350.

Peng S，Wang N，Chen J，2013. Steam and air co-injection in removing residual TCE in unsaturated layered sandy porous media[J]. Journal of Contaminant Hydrology，153：24-36.

Truex M J，Macbeth T W，Vermeul V R，et al，2011. Demonstration of combined zero-valent iron and electrical resistance heating for in situ trichloroethene remediation [J]. Environmental Science & Technology，45（12）：5346-5351.

Truex M，Powell T，Lynch K，2007. In situ dechlorination of TCE during aquifer heating[J]. Groundwater Monitoring & Remediation，27（2）：96-105.

Yoon H K，2002. Effect of water content on transient nonequilibrium NAPL-gas mass transfer during soil vapor extraction[J]. Journal of Contaminant Hydrology，64：1-18.

Zeman N R，2012. Thermally enhanced bioremediation of LNAPL[D]. Colorado State University. Libraries.

第5章 污染场地土壤常温脱附处理技术

5.1 常温脱附技术介绍

5.1.1 常温脱附技术概述

随着工业化的进程和化学品种类与数量的增加，挥发性有机物进入土壤环境的机会与途径也日益增多。污染物泄漏后进入不饱和土壤，若继续向饱和区运移最终迁移至地下水系统，其治理难度及范围将会大大增加，因而不饱和区土壤的污染治理尤为重要。针对不饱和区土壤中苯、三氯乙烯等挥发性有机污染物，常温脱附技术可实现有效去除，是一种成本低、设备简单、操作灵活的修复技术。

常温脱附技术利用土壤中有机污染物易挥发的特点，在常温下通过土壤脱附机械设备（如翻抛机、土壤改良机和筛分机等）对污染土壤进行强制扰动，或通过土壤抽气井产生真空，使吸附于污染土壤颗粒内的挥发性有机物解吸和挥发，并最终通过尾气收集管道系统和尾气处理系统对尾气进行净化处理后排放。常温脱附技术适合处理低浓度、易挥发的有机污染物，按技术可分为气相抽提技术和机械通风技术两类。

5.1.2 常温脱附技术的类型

1. 气相抽提技术

（1）土壤气相抽提技术原理

土壤气相抽提（soil vapor extraction）也称作土壤真空抽取，是一种有效去除土壤不饱和区挥发性有机物的修复技术。土壤气相抽提技术利用真空泵在污染土壤中产生负压驱使空气流过土壤孔隙，将土壤孔隙中挥发性和半挥发性有机污染物解吸进而流向抽提系统，典型的土壤气相抽提装置如图 5-1 所示（崔龙哲等，2016）。采用土壤气相抽提处理挥发性有机物，在不考虑生物降解的情况下，对于一维稳态流动，挥发性有机物在土壤气相中的总传质方程为

$$\theta_g D_e \frac{\partial^2 C_g}{\partial x^2} - \theta_g V_g \frac{\partial^2 C_g}{\partial x} = \theta_g \frac{\partial^2 C_g}{\partial t} + \theta_1 \frac{\partial C_1}{\partial t} + \rho_s \frac{\partial C_s}{\partial t} \tag{5-1}$$

式中，C_g 为气相中污染物浓度，kg/m^3；C_1 为液相中污染物浓度，kg/m^3；C_s 为固相中污染物浓度，kg/kg^3；θ_g 为土壤中气相体积分率；θ_1 为土壤体积含水率；D_e 为污染物气相有效扩散系数，m^2/s；V_g 为气相孔隙流速，m/s（周友亚等，2010）。

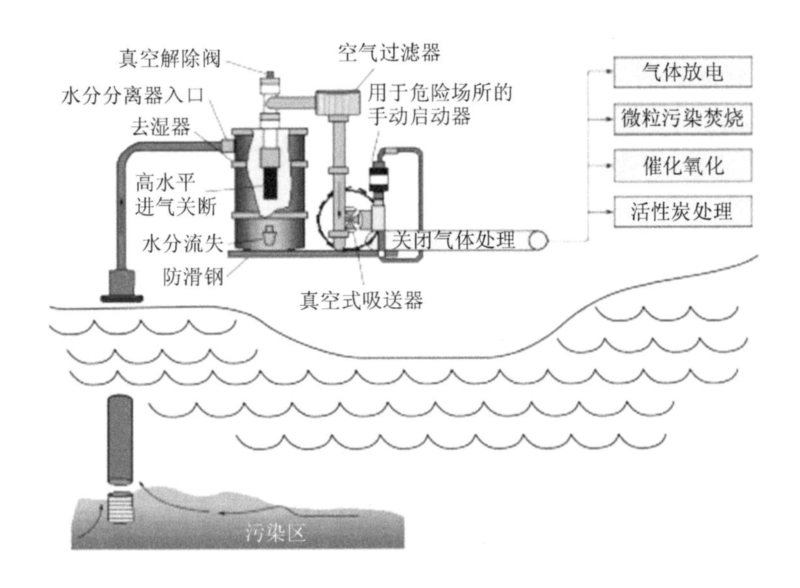

图 5-1　土壤气相抽提技术示意

（2）土壤气相抽提系统组成

土壤气相抽提系统包括气体收集单元、动力单元、气液分离单元、连接与监测单元、制冷单元、控制单元和废气处理单元。气体收集单元主要包括抽气井及用于连接井和抽提设备的钢丝软管。除抽气井外，还需设置相应的通风井，考虑到场区地层条件的复杂性和一些不可预见因素，需在场地中多设置几座井以增加工程操作的灵活性；动力单元主要包括真空泵（如双螺杆泵、齿轮泵）；气液分离单元应设置在动力单元之前，由于受土壤含水量和大气降水等因素影响，从土壤中抽出的气体可能含水，若直

接进入动力系统，会造成真空泵及仪表损坏；连接与监测单元应设置在各气体收集单元末端，明确各单元每阶段气体的浓度、压力、流量或温度；制冷单元设置冷却循环机，以水为传热介质，将真空泵运行过程中产生的热量传递出来，通过制冷系统将热量散发到设备外部，从而保证真空泵在正常的温度范围内工作；控制单元主要包括集成电控箱、电动阀及掺气阀的开关，根据实际情况和工作需要调整系统的真空度、运行时间、运行方式等；废气处理单元主要依据场地抽出气体的特殊性及各种废气处理工艺的适用范围，选择相应处理设备及材料（王澎等，2011）。

（3）适用条件

土壤气相抽提主要用于挥发性较强的有机污染物修复，如汽油、煤油、氯代烃、苯系物等，土壤质地均一、渗透性好、孔隙度大、湿度小且地下水位较低将有利于土壤气相抽提技术的运行，适用于土壤气相抽提修复的污染场地和污染物的部分参数条件见表 5-1（罗成成等，2015）。

表 5-1　土壤气相抽提技术的适用场合

	项目	一般适用于	一般不适用于
污染物	主要形态	气态或蒸发态	固态或吸附态
	蒸汽压（20℃）/Pa	$>1.33\times10^3$	$<1.33\times10^3$
	水中溶解度/（mg/L）	<100	>100
	亨利指数	>0.01	<0.01
土壤	温度/℃	>20	<10
	含水率/%	<10	>10
	空气传导率	$>10^{-4}$	$<10^{-6}$
	组成	均匀	不均匀
	地下水深度/m	>3	<0.9

（4）新型气相抽提技术分类

气相抽提技术的适用性经常受到土壤的种类和结构、污染物的挥发性等因素的限制，近年来人们不断改进气相抽提技术，研究出了空气喷射技术、热强化气相抽提技术、双相抽提技术和直接钻入修复技术等气相抽提强化技术，大大提高了气相抽提系统的运行效率。

①空气喷射技术

空气喷射技术是去除饱和区有机污染物的土壤原位修复技术，是将一定压力的新鲜空气喷射到被污染的饱和区域土壤中，空气流水平和竖直穿过土柱，通过脱附挥发达到去除污染物的目的。该技术源于20世纪80年代，主要用于受到污染的低渗透性黏土地质，同时采用生物技术分解污染物达到修复目的。

②热强化气相抽提技术

热强化气相抽提技术主要通过热空气注射、蒸汽注射、电加热、覆盖加热毯等方法加速土壤中有机污染物的挥发，把挥发性有机污染物从土壤颗粒表面解吸出来。热强化技术通常是寒冷地带石油污染土壤修复的有效手段。但热强化技术不适用于处理低挥发性有机污染物，不仅不会起到土壤修复的目的，还会加快这些污染物在土壤中的扩散。

③双相抽提技术

双向抽提技术可同时修复受污染的土壤和地下水，是一种针对整体污染场地修复的处理技术。该技术较为复杂，但适用范围较广，且修复效果好；由于采取了多种加强版的抽提技术，该技术成本较高，目前只被美国企业掌握。

④直接钻入修复技术

直接钻入修复技术源于20世纪80年代，是通过安装取污井和注入井，直接钻孔抽取土壤中污染物的一种修复技术。该技术可分为水平井和垂直井，一般垂直井造价低，但短路回流风险高；水平井造价则相对高昂，但得益于工艺的进步，其修复效果可进一步提高，造价也持续走低（崔龙哲等，2016）。

2. 机械通风技术

（1）机械通风技术原理

机械通风技术（mechanical soil aeration）是利用机械力的扰动作用，破坏土壤团聚体结构，将低沸点易挥发类污染物从土壤颗粒间分离，对逸出的污染气体进行处理后达标排放。该技术属于异位修复技术，通常伴随高额的清挖成本，国外普遍使用气相抽提技术进行挥发性污染土壤的修复，机械通风技术的应用场地和科学研究相对较少。

机械通风技术操作简单，对易挥发的污染物处理效果好、成本低廉，更容易满足较快工期的要求，特别适合于尚处在污染场地修复起步阶段且经济发展水平不高的我国使用。如图 5-2 所示，首先将污染土壤挖出，然后移至临时密闭大棚内，用机械堆放成条垛，定时翻动，并在大棚内强制通风，促使挥发性污染物从污染土壤中解吸，同时做好相应防范工作，防止污染气体外逸。当土壤中的污染物浓度达到修复目标时，即为修复终点，停止翻动。从密闭棚中移出处理好的土壤，用于回填或者其他用途。从土壤中挥发出的污染气体，需集中收集后用旋风除尘器除尘，三效活性炭吸附，或用焚烧的方法处理合格后达标排放。

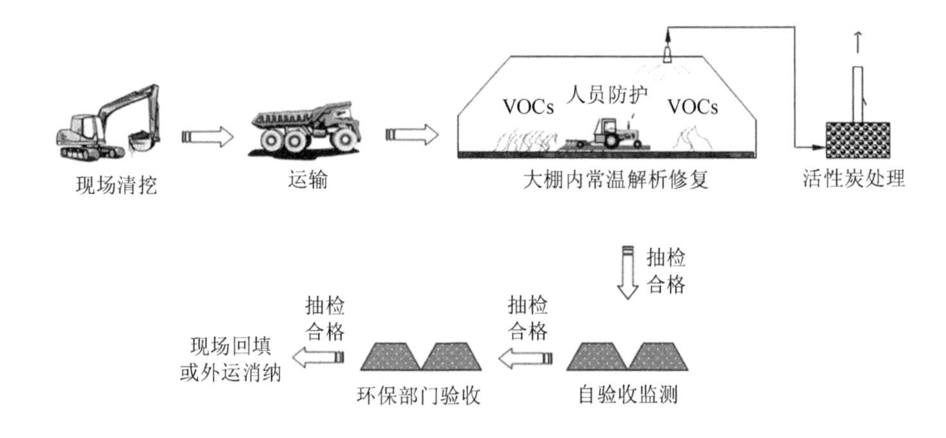

图 5-2　机械通风技术处理污染土壤的过程示意

（2）机械通风技术系统组成

机械通风技术处理挥发性有机物污染土壤时需保证在密闭空间内进行，以免造成周围空气二次污染。密闭式气体处理设施是近年发展起来的一项针对大气污染控制的预防治理设施，主要是通过对有毒有害气体释放源进行密闭，将有毒有害气体源密封起来，然后通过排风设备引导收集并通过气体处理设备进行处理，使废气由原来的无组织排放转变为有组织处理排放，同时，达到减少废气处理量、提高除臭效率、降低建设和运营成本的目的，特别适用于机械通风技术处理挥发性污染土壤的过程。该技术处理现场及主要操作工序如图 5-3 所示。

机械通风技术处理系统主要由 5 个部分组成：膜结构系统、气体收集及处理系统、环境安全监测系统、自控系统和其他系统。

图 5-3　机械通风技术处理现场及主要操作工序

①膜结构系统

膜结构是一种新型的密闭式气体处理设施，具有容量大、结构稳定、经久耐用、运行成本低、拆卸方便可移动、安装简单快捷、可重复利用等特点。采用膜结构作为机械通风技术处理污染土壤的车间，会对污染土壤作业区进行围合密闭，避免土壤中挥发出来的污染物释放到大气中，有效防止有毒有害气体和粉尘对周围居民以及厂区工作人员的毒害，提高修复效率，同时可避免降水下渗对地下水造成的污染。机械通风技术使用的膜结构系统包括正压和负压气膜大棚两种类型，以下针对不同的膜结构系统进行简要介绍。

- 正压气膜大棚

空气支撑膜结构系统是一种典型的正压气模大棚，主要包括膜组件（膜材、钢缆及连接器）、压力控制系统（压力传感器、压力自控、鼓风机）、进出门系统（车辆进出门、人员进出门、安全门）、配重系统。供风系统通过向空气支撑膜结构内部充气，使结构内外保持一定的压力差，保证体系的刚度，维持结构的稳定性，以对抗外界的恶劣天气，其结构原理如图 5-4 所示。

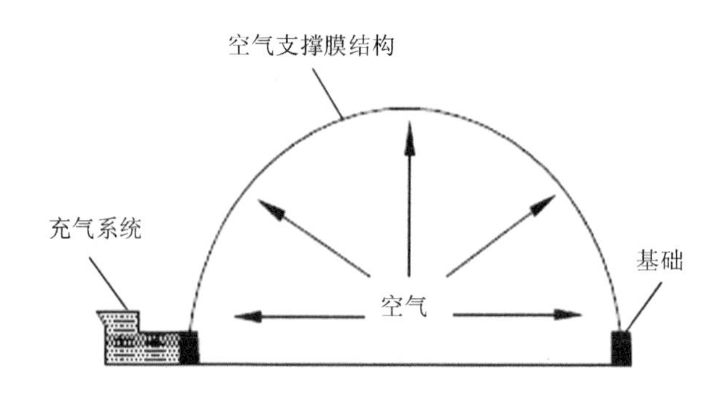

图 5-4　空气支撑膜结构原理图

为了满足运输污染土壤车辆、内部作业机械以及工作人员进出车间的要求，进出门采用双层互锁气密门结构设计。即污染土壤运输车辆到达门口，第一道气密门开启；随后，污染土壤运输车辆进入气密门通道中，第一道门关闭，第二道门开启，由于两道门之间采用了互锁装置，所以在第一道门未完全关闭前，第二道门不能开启；最后，污染土壤运输车辆通过第二道门，进入空气支撑膜结构内部作业区，第二道门关闭。污染土壤运输车辆在作业区卸料后，使用相同的方法通过气密门，到达空气支撑膜结构的外部。空气支撑膜结构的压力控制系统可以通过控制送风机的送风以及配套的风雪感应器，及时调节空气支撑膜结构内部的气压差，以应对来自外界的荷载与作用力，从而保证结构的安全（史怡，2014）。

- 负压气膜大棚

负压气膜大棚包括支撑体系、膜结构屋面、出入门系统、送风系统、监控系统和控制系统等。支撑体系采用网壳结构，其中中部结构通常采用双层柱面网壳结构，端部结构采用三角锥半球形网壳结构。膜结构屋面采用膜结构，鉴于膜材使用的场所环境条件比较特殊，可选用 PVDF 膜材，该膜材包括聚酯纤维基材、聚氯乙烯涂层、聚偏二氟乙烯面层等部分，具有高效节能、绿色环保、安全可靠、安装维护方便、高自洁性等特点。出入门系统要保证与膜屋面紧密连接，达到无泄漏的要求。一般情况下，需设置两个车辆入口、一个车辆出口、一个人员出入门、两个紧急情况安全门。送风系统采用自垂式百叶窗自然通风，无能耗、无噪声。正常情况下，百叶由于自重而下垂，隔绝大棚内、外空气交换，大棚内气体不会向外泄漏；监控系统由高速变焦摄像头、硬盘录像机、显示器等组成，具有全方位、完整、清晰的监控存储功能，通过监控系统对负压气膜大棚的集中监控，可以在第一时间掌握气膜大棚系统运行情况的视频画面，从而提高对气膜大棚的有效管理；控制系统主要是为了维持膜内负压的自平衡系统，确保作业人员安全。系统将空气补充、通风、室内气体成分及浓度控制、风速感应、雪荷载控制、应急系统以及备用单元融为一体，操作简单方便，管理员可通过上位机对负压大棚进行全面的管理与控制（徐栋梁等，2018）。

②气体收集及处理系统

机械通风技术修复过程需不断翻抛污染土壤，将其中的挥发性气体释放出来，对这些污染气体（尾气）进行收集并集中处理。在机械通风技术操作的密闭空间内，操作区与污染区混合在一起，为保证操作区内人员的人身安全，并使污染物能够全部迅速排出，送风口和出风口的选择十分重要。送风口尽可能设置在靠近操作区，同时尽可能地靠近污染区；排风口应尽可能靠近浓度较高的区域，并且尽量保持气流的平稳，以减少污染物在内部的滞留。综上所述，再加上考虑到修复过程中产生的气体主要是密度比空气大的有机气体，机械通风技术操作的密闭设施采用下进下出的送风方式。在修复过程中，对收集后尾气的主要处理方式包括吸附法、催化燃烧法、直接燃烧法、分层提取回收法、低温等离子分解法、冷凝回收法等。在对尾气进行处理的同时，应设置气态污染物在线监测系统，实时监测车间以及处理设施进出口的污染物浓度，确保尾气处理后排放达标。

③环境安全监测系统

在机械通风技术修复的日常作业过程中，车间内会产生大量的挥发性气体，既有有毒气体，又有易燃易爆气体，并且各种成分处于一个动态的变化过程中。考虑到污染物修复车间为密闭空间，为了保证内部作业人员的安全以及结构的安全，在现场修复中，需设计两套监测系统，一套在线监测系统，另一套手动监测系统，以快速掌握及调节密闭空间内污染物气体的浓度。

5.1.3 常温脱附技术的影响因素

1. 工艺参数

（1）空气流速

土壤中空气流速对常温脱附处理挥发性有机污染土壤有重要影响。随着空气流速的增加，存在于土壤表面和孔隙中的挥发性有机物能够更有效地被清除，从而提升对挥发性有机污染土壤的处理效率，有效缩短作业时间，同时节省大量修复成本。但在常温脱附处理过程中，当空气流速达到一定程度后，污染物的处理效率不再增加，这是因为常温脱附修复后期挥发性有机物浓度很低，进入了拖尾期。因此，采用常温脱附技术处理挥发性有机污染土壤时，可通过小试或中试定量最佳的空气流动速率，保证较好的处理效率的同时，还能够减少尾气处理量，进而降低修复成本。宋小毛（2011）在采用气相抽提法处理三氯乙烯和 1,1,1-三氯甲烷的研究中发现，间歇通风有助于提高土壤中污染物的去除效率。卢中华等（2011）发现，在通风条件下，土壤中有机污染物四氯化碳的去除过程符合一级反应动力学，增大通风速率能提高土壤中有机污染物四氯化碳的去除率。杨玉洁等（2019）分析了抽提气体流量对热强化土壤气相抽提处理效率的影响，研究结果如图 5-5 所示。随着抽提气体流量的增大，导致扩散力减少，从而加快了传质速率。当抽提气体流速为 80 mL/min 和 100 mL/min 时，在热强化脱附处理过程的前期，土壤中有机污染物的脱除速率高于其他气体流速条件下的结果。

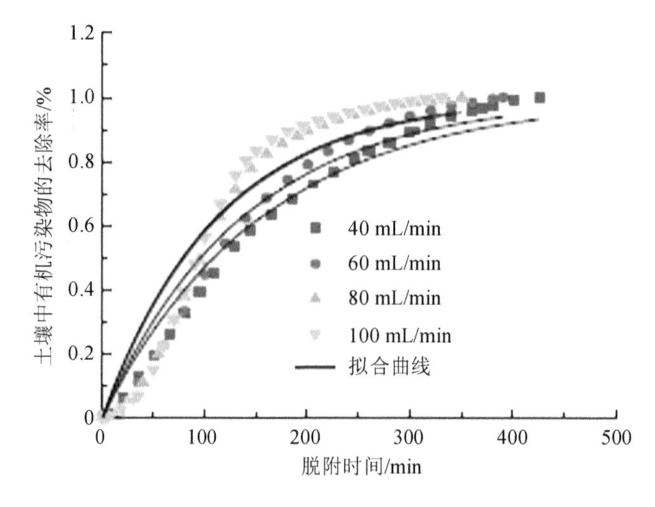

图 5-5 抽提气流量对模拟污染土壤处理过程的影响

（2）机械扰动

机械扰动也是影响机械通风技术修复挥发性有机污染土壤效率的一个重要因素。机械扰动破坏了土壤颗粒之间的团聚作用，将大颗粒的土壤打散，增加了土壤中污染物与外界气体的接触面积，扩大了土壤颗粒间的气体扩散通道，提高了土壤的气体渗透率和土壤中气体的流速，有利于土壤中污染物的挥发。

表 5-2 为某场地不同扰动间隔下土壤中各污染物的去除效果，研究表明，与对照

组土壤中的污染物相比（扰动间隔为∞），经扰动处理过的土壤中污染物浓度明显下降，在扰动间隔为6 h、4 h和2 h条件下，1,2-二氯乙烷浓度从开始时的870±24.30 mg/kg分别下降到试验后的7.10 mg/kg、4.11 mg/kg和4.05 mg/kg，远远低于对照组的451 mg/kg；三氯乙烯浓度从开始时的855±27.40 mg/kg分别下降到试验后的5.43 mg/kg、3.53 mg/kg和1.41 mg/kg，远远低于对照组的462 mg/kg；氯仿浓度从开始时的755±31.90 mg/kg分别下降到试验后的5.76 mg/kg、3.12 mg/kg和2.43 mg/kg，远远低于对照组的324 mg/kg；四氯乙烯浓度从开始时的649±15.40 mg/kg分别下降到试验后的5.34 mg/kg、2.32 mg/kg和1.73 mg/kg，远远低于对照组的298 mg/kg。可见，随着扰动间隔的缩短，污染物的去除率提高，4种污染物在扰动处理组的去除率均远远高于对照组，扰动组的污染物去除率均大于99%，对照组的污染物去除率较低，1,2-二氯乙烷、三氯乙烯、氯仿和四氯乙烯在未扰动的条件下，去除率分别仅为45.12%、44.28%、56.34%和47.04%。

表5-2　某场地不同扰动间隔下土壤中各污染物的去除效果

污染物名称	扰动间隔/h	初始浓度/（mg/kg）	试验后浓度/（mg/kg）	检出限/（mg/kg）	去除率/%
1,2-二氯乙烷	∞	821	451.00	0.05	45.12
	6	848	7.10		99.16
	4	865	4.11		99.52
	2	896	4.05		99.55
三氯乙烯	∞	829	462.00	0.05	44.28
	6	834	5.43		99.35
	4	845	3.53		99.58
	2	886	1.41		99.84
氯仿	∞	743	324.00	0.05	56.34
	6	749	5.76		99.23
	4	726	3.12		99.57
	2	789	2.43		99.69
四氯乙烯	∞	659	298.00	0.05	47.04
	6	639	5.34		99.16
	4	667	2.32		99.65
	2	642	1.73		99.73

（3）温度

饱和蒸汽压对从土壤中去除挥发性有机污染物也有重要影响，随着饱和蒸汽压的升高，该类污染物挥发性也逐渐增强。此外，环境因素对气体饱和蒸汽压的影响较大，特别是环境温度，提升温度是增强污染物挥发性最有效的方法。经实践证实，当升高土壤温度后，挥发性有机污染物的去除效率得到有效提升，去除范围也有效扩大。于颖等（2017）对热强化气相抽提技术修复半挥发性石油烃污染土壤的影响因素进行了深入研究。实验证明，温度决定性地影响了石油烃污染土壤的修复效率，土壤污染物残留率与加热温度基本成反比。

2. 土壤质地

（1）土壤含水率

当土壤中水分含量极低（近乎干燥土壤）时，附着在土壤颗粒的有机污染物的活性会降低甚至失活，挥发性和蒸汽压也受到影响。由于挥发性有机物的极性一般低于水分子，因此水更易与土壤颗粒结合。如果土壤含水率增加，则有机污染物会释放出来，增大挥发速率；但随着土壤含水率的进一步提高，土壤的通透性会降低，反而不利于有机污染物的挥发及去除。因此，不科学地增加或减少土壤含水量，均不利于挥发性有机污染物的有效去除，一般认为土壤含水率为15%～20%时，有机污染物去除效果最佳。Bohn等（1997）的研究成果显示，在土壤气相抽提技术运用过程中，当空气流速超过最佳值时，土壤含水率会降低，进而降低污染物去除效率；贺晓珍等（2008）研究发现当土壤中的含水率为 17.3%时苯的处理效率最佳，适宜的土壤含水率对去除土壤中挥发性有机污染物起着良好的促进作用。杨玉洁等（2019）研究表明当土壤含水率为 10%时，烃类污染物的去除效率最佳，同时阐述了土壤含水率的影响机制，即土壤含水率存在最佳值，这是由于土壤含水率小幅增加有利于热量的散出，促进挥发过程，从而可以使更多的有机污染物从土壤中蒸发出来，在湿润的土壤中，污染物更容易从土壤表面脱附出来。但土壤含水率继续增加，会降低有机污染物的去除效果。

（2）土壤异质性

挥发性有机物多以气态方式从土壤中逸出，土壤颗粒之间形成的大大小小的孔隙就成为这些气体扩散的通道，而土壤颗粒的组成和大小直接影响土壤中孔隙的大小。当土壤颗粒中大土粒或团粒较多时，土壤孔隙就较大；当小土粒占多数时，土壤中的孔隙就相对较小。在土壤这类多孔介质中，土壤颗粒之间的孔隙被土壤气相和土壤水占据，形成大小不一、连通情形不同的通道，气态污染物可以通过扰动或抽提在通道内进行迁移，最终从土壤颗粒间挥发出来。

土壤颗粒的大小和结构对有机污染物的迁移产生较大影响，有机污染物在土壤颗粒中的赋存状态如图 5-6 所示。有机污染物以多种相态存在于土壤颗粒中，气相污染物通常会存在于土壤颗粒的空气孔隙中，通过气/固间的分配吸附在土壤颗粒上，通过气/液间的分配进入土壤液相中，最终会通过气相输送和蒸汽对流等方式进入其他区域；液相和非水相液体污染物会溶解或部分溶解在土壤水中，分别通过挥发和蒸汽扩散进入土壤空气和孔隙内。由于土壤颗粒中的孔隙大小和分布不规律，导致有机污染物会以气相、液相或水气共存的形式存在于土壤大孔隙中。当土壤孔隙较小时，由于毛细作用，即使土壤含水率较低，也会被静止的液体占据，因此溶解在静止土壤水分中的污染物很难从土壤中挥发出来，从而导致土壤中有机污染物残留浓度增大。Yang 等（2018）研究了挥发性有机污染物甲苯在不同孔隙结构土壤中的吸附和脱附行为及动力学，结果表明，影响甲苯脱附速率的主要因素是污染土壤中的孔隙结构和体积。周友亚等（2009）研究了不同土质对苯污染土壤去污过程的影响，结果表明具有最大孔隙率的北京潮土净化时间最短。这主要是因为大孔隙土壤比表面积较小，毛细作用弱，对有机污染物的吸附能弱，导致常温脱附技术修复效率增强。基于此，我们研究了土壤异质性对其吸附有机物的影响，以揭示常温脱附技术在不同类型土壤中的修复机理。以我国 14 种典型土壤作为研究对象，以柴油为非水相液体代表性污染物，研究泄漏条件下，柴油在不同类型土壤中的垂向迁移及分布规律，识别影响柴油迁移及残留的土壤结构主控因子。依据不同类型土壤平均孔径和中孔体积与平均粒径的相关性发现，土壤平均粒径与土壤平均孔径呈显著正相关（R=0.627），与中孔体积呈显著负相关（R=0.594），即粒径较大的土壤中具有较大的孔隙，而中孔体积较小。这主要由于不同粒径的土壤颗粒形成的孔隙连通状况不同，大颗粒之间易形成较大的孔隙，相互连通形成大孔隙网络；平均粒径较小的土壤黏粒组分含量较高，胶结形成团聚体充满土壤大孔隙，增加了小孔及中孔的数量及体积。因此，不同类型土壤粒径特征的差异性最终表现为土壤孔隙状况的差异。

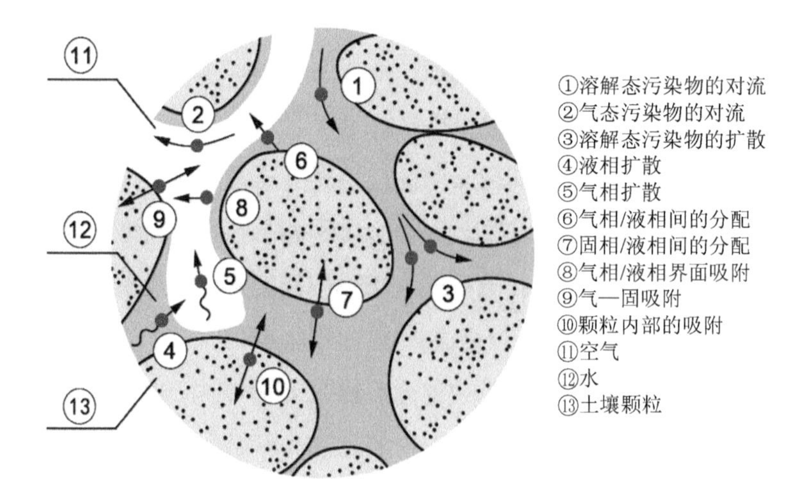

图 5-6 有机污染物在土壤颗粒中赋存状态示意

通过分析土壤空隙体积的影响，发现小于 0.5 μm 的土壤孔隙体积对柴油迁移的影响是负效应，即这部分孔隙阻碍柴油在土壤中的垂向迁移。土壤中大于 0.5 μm 的土壤孔隙为柴油运移提供了通道，有利于柴油迁移及扩散；相对而言，小于 0.5 μm 的土壤孔隙则会降低土壤孔隙连通性，增加柴油在土壤孔隙中的停留时间，进而增加土壤吸附柴油分子的接触平衡时间，阻碍其纵向迁移。相反，影响柴油在土壤不同深度残留量的孔隙特征因子不同，柴油在土壤表层 0～1 cm 的残留量受挥发作用的影响较大，而 0.5～7.5 μm 的孔隙促进柴油残留的同时，可能影响柴油的饱和蒸汽压，进而影响柴油的挥发性能。柴油泄漏初期，受重力作用影响较强，随着迁移时间延长，重力驱动减弱，土壤毛细力作用影响逐渐增强。毛细力与土壤孔径的大小呈负相关，孔径越小的孔隙中毛细力的作用越大，对柴油的捕获能力也越强，中孔内部的毛细力作用越大，因此对柴油在土壤 1～2 cm 和 2～3 cm 土层中的残留量影响最大（张雪丽，2015）。

3. 污染物类型

采用常温脱附处理不同类型挥发性有机污染物时，污染物的去除效率、挥发速率等方面存在一定差别，这与污染物本身的性质有很大的关系，包括污染物的饱和蒸汽压、辛醇-水分配系数和分子量等。

（1）饱和蒸汽压

在密闭条件中，一定温度下，与固体或液体处于相平衡的蒸汽所具有的压力称为饱和蒸汽压。不同液体饱和蒸汽压不同，溶剂的饱和蒸汽压大于溶液的饱和蒸汽压。饱和蒸汽压与化合物浓度对有机物的挥发速率均有一定影响。氯仿、三氯乙烯、1,2-二氯乙烷和四氯乙烯4种污染物在20℃的饱和蒸汽压见表5-3，满足$p_{氯仿}>p_{三氯乙烯}>p_{1,2-二氯乙烷}>p_{四氯乙烯}$的规律。不同土壤类型中，各污染物挥发速率和饱和蒸汽压的关系如图5-7所示。由图可知，在不同土壤质地中，污染物饱和蒸汽压与挥发速率之间有很好的线性关系，随着饱和蒸汽压的增大，污染物的挥发速率增大，污染物也就更容易从土壤中解吸。

表5-3　土壤中主要挥发性有机物类污染物的理化性质

污染物名称	相对密度	熔点/℃	沸点/℃	蒸汽压/kPa	分子量
1,2-二氯乙烷	1.26	35.3	83.5	25.59	98.97
三氯乙烯	1.46	−87.1	87.1	32.69	131.39
四氯乙烯	1.63	−22.2	121.2	18.49	165.82
氯仿	1.50	−63.5	61.2	46.47	119.39

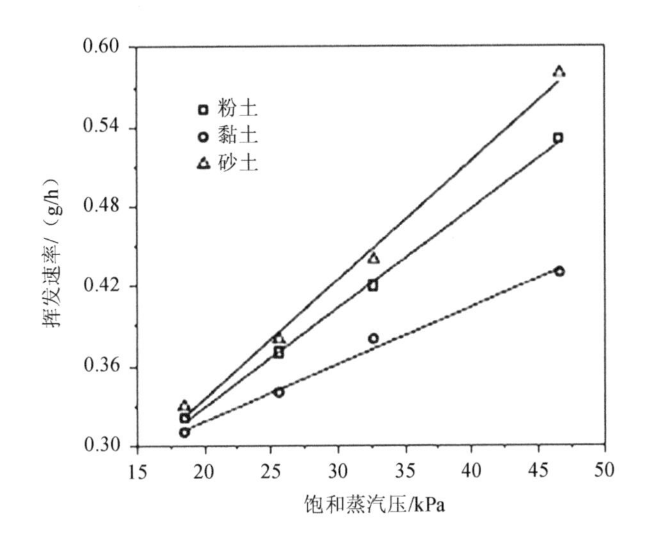

图5-7　挥发速率与污染物饱和蒸汽压的关系

（2）污染物在土壤中的分配规律

常温脱附技术处理有机污染土壤的过程实际是通过物理方式促进土壤中污染物挥发的过程。该过程是在外力作用下，污染物在气、液、固三相中分配的过程，常用土壤—水分配系数（K_d）来描述。土壤—水分配系数会受到辛醇—水分配系数和溶解度的影响，可以通过实验获得，也可以通过经验方程进行估算。在计算过程中，引入一个与土壤性质无关的参数，即污染物在水和纯有机质之间的分配系数（K_{oc}），可表示化合物被吸附的趋势。二者之间的关系如式（5-2）所示：

$$K_d = K_{oc} \times f_{oc} \tag{5-2}$$

式中，K_d为土壤—水分配系数；K_{oc}为水和纯有机质之间的分配系数；f_{oc}为土壤中有机质的含量，%。辛醇-水分配系数（K_{ow}）是指有机物在等体积的辛醇和水的混合液中污染物浓度的比，反映了该化合物的疏水性或亲水性的性质。有机物的 K_{ow} 越大，疏水性越强。K_{ow}与K_{oc}数值上满足式（5-3）所示关系：

$$\log K_{oc} = 0.078\,4 + (0.691\,9 \times \log K_{ow}) \tag{5-3}$$

通过计算氯仿、三氯乙烯、1,2-二氯乙烷和四氯乙烯 4 种污染物与水之间的分配系数，发现四氯乙烯疏水性最强，1,2-二氯乙烷的亲水性最强。在不同含水量试验中，供试土壤为单一类型，有机质含量为 2.4%，各污染物所对应 K_d值见表 5-4。

表 5-4　污染物在同一土壤不同含水率下的分配系数

污染物名称	$\log K_{ow}$	溶解度/（mg/L，20℃）	$\log K_{oc}$	K_d
1,2-二氯乙烷	1.47	8 520	1.24	0.42
三氯乙烯	2.17	1 100	1.80	1.51
四氯乙烯	2.67	200	2.19	3.72
氯仿	1.92	7 920	1.60	0.96

对于不同类型的污染物，在土壤颗粒中固—液—气三相的分配，决定了其在土壤颗粒中的主要存在形态，如土壤—水分配系数越大，有机污染物溶解度越小，吸附在土壤颗粒上的比例越多，溶解在土壤水分中的比例越小。因此，针对土壤颗粒中污染物的不同形态，可以有针对性地采取对应的技术，从而提高土壤中污染物的常温脱附效果。四氯乙烯在不同含水率条件下的残留浓度普遍高于其他种类的污染物（图 5-7），

且土壤—水分配系数最高，说明在常温脱附“拖尾”阶段土壤中的四氯乙烯多以吸附的形式存在于土壤颗粒间。因此，常温脱附时可通过竞争吸附的作用，通入吸附性强且无害的气体取代四氯乙烯在土壤颗粒上的吸附位，从而达到进一步去除残留污染物的目的；而 1,2-二氯乙烷虽然残留浓度也较高（图 5-8），但土壤—水分配系数最小，说明在“拖尾”阶段土壤中的 1,2-二氯乙烷多以溶解在土壤水分中的形式存在，因此可增加土壤温度，通过减少土壤水分含量的方法使其进一步去除。

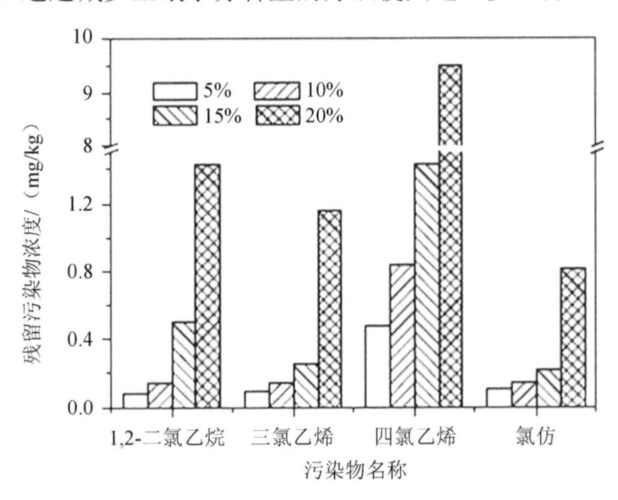

图 5-8　不同含水率土壤中各污染物的残留浓度

5.2　常温脱附技术的工艺设计

常温脱附的气相抽提与机械通风技术在机理上具有相似性，均在常温下实现土壤中挥发性有机污染物的去除。因此本节以土壤气相抽提技术为例，详细介绍常温脱附技术的工艺设计总体要求、主要工艺设备和材料、主要辅助工程以及运行与维护。

5.2.1　工艺设计总体要求

1. 设计要求

土壤气相抽提系统的设计需考虑 3 个方面，分别为污染物的组成和特征、气相流通路径及流动速率和污染物在流通路径上的位置分布。首先，通过现场试验测试土壤空气渗透性以评估土壤特性；其次，明确有机污染物的组成及挥发性物质的蒸汽压及亨利常数等；最后，掌握修复场地的地层结构、地下水水位及修复过程中所需泵数量。

土壤气相抽提系统的设计基于气相流通路径与污染区域交叉点的相互作用过程，其运行应以提高污染物的去除效率及减少费用为原则。抽提体系是气相抽提设计的核心，工程应用中根据污染源性质及现场状况确定抽提装置的数目、尺寸、形状及分布，并对抽气流量及真空度等操作条件加以控制（杨乐巍，2006）。针对抽提体系，选择抽提井的数量及位置是气相抽提系统设计的主要任务之一，抽提井位置的设置应使其影响半径相互交叠以完全覆盖污染区。此外，由于土壤异质性、现场特征数据和污染物分配行为等不确定因素和固有局限性，需灵活设计土壤气相抽提系统，避免后期工程修复过程很大程度的修改，从而大量节省修复成本。土壤气相抽提系统设计的主要目标包括以下 4 方面：①系统部件规范，如真空泵、抽水井、废气处理装置、气液分离器、管道、阀门等；②合理的操作条件，如抽真空水平、气流速度、污染物蒸汽浓度等；③满足修复目标、修复时间、残余浓度等；④满足预期成本及相关法律法规等限制条件。

土壤气相抽提系统的设计内容主要分为两部分，一部分是确定系统运行参数，另一部分是选择系统部件和设备。系统运行参数包括抽气流量、真空度、影响半径、污染物浓度等。系统部件和设备包括抽提井数量、抽提井位置、抽提井的施工（深度、筛分间隔）、真空泵、气液分离器、管道、阀门、仪表和控制系统（测量装置，如流量计、压力计等）、尾气处理装置等。

2. 设计方法

（1）经验法

经验法是所有设计方法中最简单的，主要基于前期的经验，充分掌握待修复场地水文地质条件、污染物类型及浓度等参数，进行土壤气相抽提系统设计（包括真空泵类型、真空度、抽提井数量、气体流速等），以达到预期目的。然而，经验法存在一定缺陷，例如，当设计的气相抽提系统无法满足修复标准时，则难以对该系统进行重新调整，导致修复效率低下，修复成本明显增加。因此，采用经验法设计土壤气相抽提系统的案例相对较少。

（2）影响半径法

影响半径法是设计土壤气相抽提系统最常用的方法。该方法依据现场中试所获得的信息，确定抽提流量、抽提井数量及其位置。首先测量抽提井不同径向方向的真空度，其次将真空度与径向半径进行线性拟合以确定该抽提系统的影响半径，最后在现场图中画出与该半径重叠的圆，如图 5-9 所示。通过这种方法可获得覆盖污染区的抽提井数量和位置。但需要注意的是，土壤存在异质性，因此真空度与径向半径的关系在场地中可能会发生改变，这就导致影响半径可能不是一个常数。

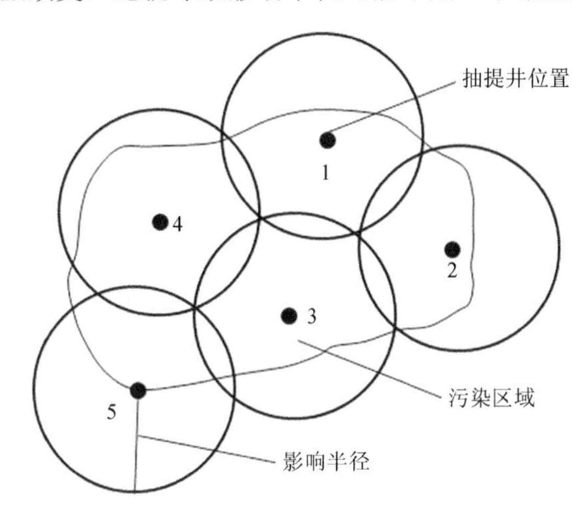

图 5-9　基于影响半径法确定气相抽提井数量

当采用影响半径法确定抽提井数量及位置后，就可计算该场地所需的气体总流量。依据气体流量选择适合的真空泵以完成现场工作。在实际工程中，一些场地可能表现出低流量、高真空条件（低渗透性土壤），而其他场地可能表现出高流量、低真空条件（高渗透性土壤）。因此，工作人员可以根据现场遇到的实际情况，选择两台较小容量的真空泵代替大容量真空泵以串联或并联方式进行场地修复工作，节省修复成本。

（3）模型法

模型法主要采用计算机模拟对土壤气相抽提系统进行优化设计，通过操作参数的改变进行模拟结果的可视化。气相抽提系统设计的模型可分为气流模型和多相输送模型。气流模型可选择和优化污染区域内抽提井的位置和井网；多相输送模型可依据所选择的井网布局模拟随时间变化的气相抽提过程。因此，在工程应用中，首先采用气流模型确定抽提井位置，随后采用多相输送模型模拟土壤气相抽提系统对污染物分配扰动，并预测不同时间段内土壤介质中的污染物浓度。

5.2.2 主要工艺设备和材料

1. 气体收集单元

土壤气相抽提井包括抽提井孔、抽提井管及筛管、井填料等。井材质根据工况确定，一般有 UPVC、HDPE、碳钢和不锈钢等材质；抽提井管直径越小，井影响范围越大，导致压力损失越大；井筛筛缝一般为 0.2～0.5 mm，筛缝过细会导致压力损失过大（程功弼，2019）。

抽提装置的作用是同时抽取污染区域的气体和液体（包括土壤气体、非水相液体等），把气态、水溶态及非水溶性液态污染物从地下抽吸到地面上的处理系统中。原位抽提装置如图 5-10 所示，包括地上总管、抽提井头、抽提筛管、液相抽提管、气相抽提管和注气管。抽提井头与抽提筛管之间密封连接，液相抽提管一端穿过抽提井头置于抽提筛管内，另一端与地上总管相连；气相抽提管一端与抽提井头的出气口相连，另一端与地上总管相连；地上总管连接抽真空装置。污染场地内按照影响半径均匀布置相同间隔抽提筛管与抽提井头，并连接到地上总管。

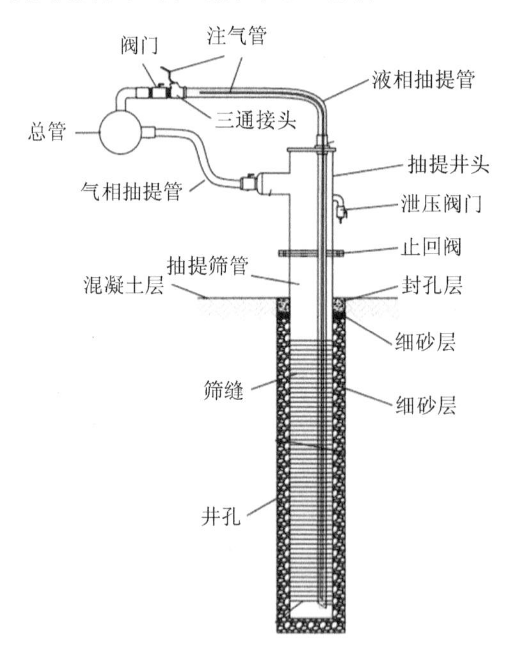

图 5-10 土壤气相抽提装置示意（金雯晖等，2019）

2. 动力单元

土壤气相抽提系统修复场地通常采用真空泵作为动力设备，将土壤中的挥发性气体通过抽气井抽出，经过与抽气井连接的管道进入气液分离装置和真空泵，最终进入尾气设备进行处理。气相抽提系统动力设备的选择主要是真空泵的选择。首先计算气体流速，确定真空度；其次依据气体流速和真空度，选择场地修复所需要的真空泵。

真空泵种类众多，如爪式真空泵，能够承受高温，但对系统冷凝有较高要求；水/油环式真空泵能耐腐蚀，但会产生废水、废油等二次污染；罗茨真空泵、真空风机工艺简单，但不耐高温。在实际工程中，应根据工况和抽提压力要求进行真空泵的选择。本节就气冷罗茨真空泵进行简要介绍，设备相关参数见表 5-5，结构如图 5-11 所示。

为保障真空泵的寿命，须在其前端安装缓冲罐或气液分离器，主要是截留因负压过大而抽出的大部分液体，以及无法被筛管过滤的细小土壤颗粒，防止进入真空泵或引风机影响系统的运行。气液分离器的分离效率跟待分离的液体特性有关，如果液体黏度大，分子间作用力强，相对来说容易分离。分离方法通常包括重力沉降、折流分离、离心力分离、丝网分离、超滤分离和填料分离等。

表 5-5 气冷罗茨真空泵设备相关参数

型号	几何抽气速率/（L/s）	极限压力/MPa	最大允许压差/kPa	进气口通经/mm	出气口通经/mm	噪声/≤dB（A）	电机功率/kw	转速/（r/min）
ZJQ-600	600	−0.085	100	200	150	85	75	1 460

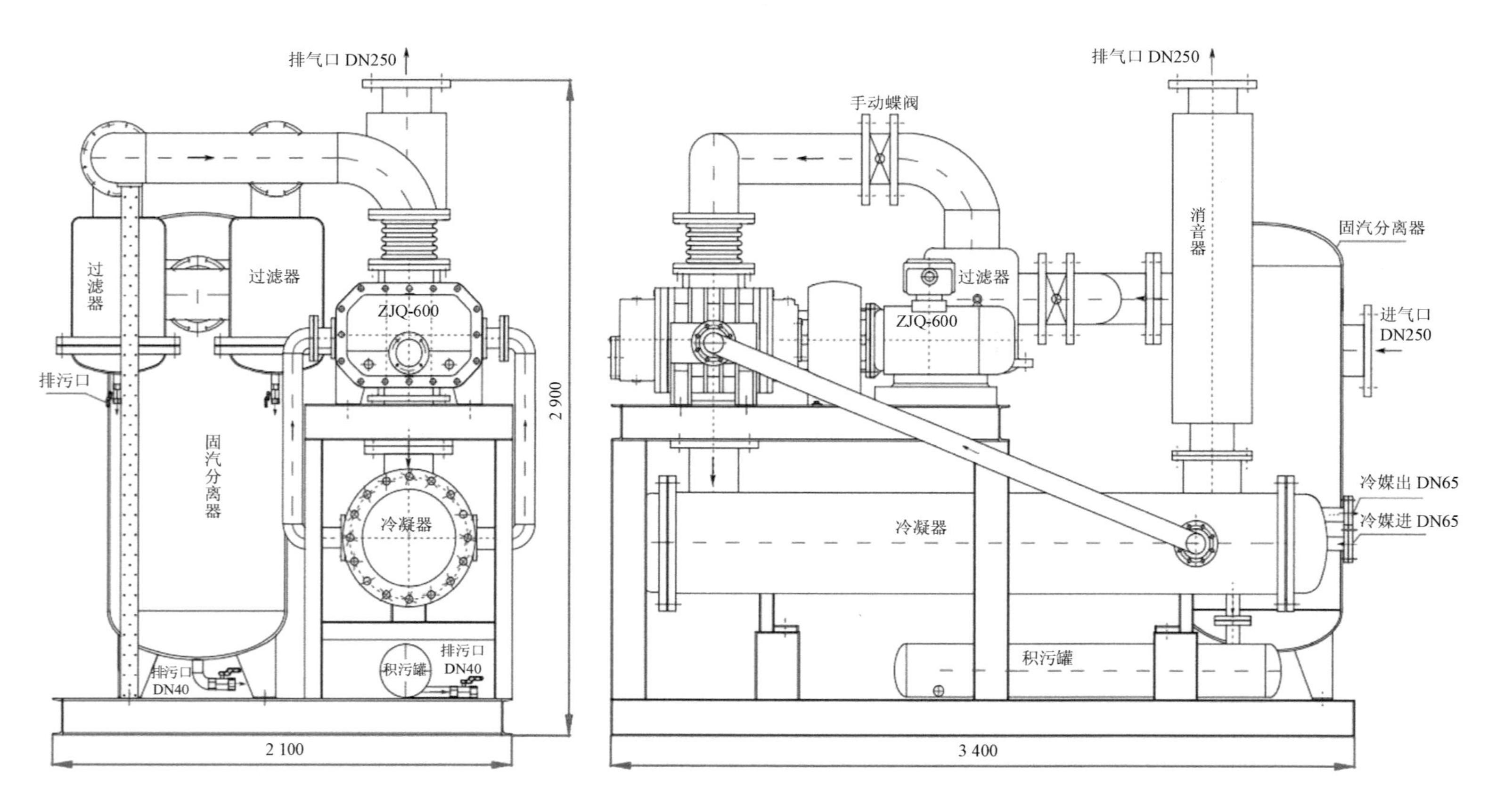

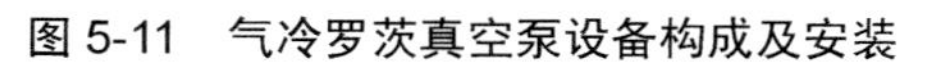
图 5-11　气冷罗茨真空泵设备构成及安装

3. 仪器仪表、阀门与管道系统

（1）仪器仪表

仪器仪表主要包括真空表、压力变送器、气体流量计、液体流量计、温度计、湿度计等。流量是抽提系统的核心参数，也是系统自动控制的核心，因此流量计的选型是抽提系统中的重点（程功弼，2019）。流量计的选择与使用应遵循以下4个原则，第一，工作过程中必须保证通过流量计的介质没有水滴，否则会影响流量计的精度及寿命；第二，流量计应安装在真空泵之前，且所选用的流量计应适用高负压工况条件；第三，流量计必须耐高温和耐腐蚀；第四，应注意流量计量程与管径的关系，一定流量的真空泵所对应的管径通常较大，一般流量计前后须变径才能测出流量。

（2）阀门

阀门的设置主要用于控制气体的流速或开/关控制，可手动或由电源自动控制。阀门必须与流体的化学性质相兼容，也应能够承受系统的压力和温度。此外，阀门的规格必须与系统的流量相匹配。土壤气相抽提系统常用的阀门主要有以下几种。

①蝶阀

用于控制空气、水、蒸汽、各种腐蚀性介质等各种类型流体的流动，在管道上主要起切断和节流作用。

②隔膜阀

用隔膜做启闭件封闭流道、截断流体，也可做将阀体内腔和阀盖内腔隔开的截止阀。隔膜常用橡胶、塑料等弹性、耐腐蚀、非渗透性材料制成。

③针型阀

一种可以精确调整的阀门，用途较广，但摩擦损耗相对较高，主要用于开启或切断管道通路。

④球形阀

用于开/关和清洁工况下的节流，主要能有效地节流，减少拉丝现象的发生，进而减轻阀门及阀座的腐蚀。

（3）管道

管道材料的正确选择和规范使用对土壤气相抽提技术的修复效果起着主要的作用。因此，必须详细规划材料的尺寸和管道的配置，以免修复成本的增加。气相抽提系统的管道一般包括真空管、压力管、采样管和冷凝管。催化或热氧化剂（用于废气处理）可能还有燃料供应管。在设计管道系统时，应考虑压力限制、温度限制、绝缘和化学兼容性等因素。

5.2.3 主要辅助工程

1．土壤开挖及运输

土壤气相抽提技术分为原位修复和异位修复两种方式。异位修复采用机械开挖的同时辅以人工配合，减少超挖，避免将污染土壤和干净土壤混合造成二次污染。挖掘的土壤及时运输至指定堆放区域，运输过程中要防止污染土壤散落并及时清理散落污染土壤，防止污染周边环境（图 5-12）。

图 5-12　土壤开挖及运输密封处理

2．废水处理系统

土壤气相抽提过程中会产生冷凝废水和地下抽出废水，包含大量的有机污染物，需经过处理达标后才能排放。废水通过收集进入废水收集池，经过预沉、隔油、破乳、气浮沉淀、芬顿氧化、活性炭吸附等处理，排入出水池。废水处理所需设备或设施包含废水收集池、废水提升泵、预沉池、气浮器、反应罐、活性炭过滤器、反冲洗泵、出水池等。

3．尾气处理系统

通常情况下，尾气处理系统包括除尘与氧化燃烧、冷却降温和脱酸淋洗处理多个阶段，以确保尾气达标排放。尾气除尘与氧化燃烧处理主要包括旋风集尘器、换热器、二次燃烧室、二次燃烧器、二次燃烧室紧急排放口；尾气冷却降温处理主要包括喷淋急冷塔和袋式除尘器。冷凝系统一般适用于抽提气体的降温冷凝，液化去除大量挥发性污染物，并降低空气含水率，防止对后端气体处理系统产生影响。依据工况条件不同，冷凝系统可能设置在系统的多个位置，并采用多级冷凝；脱酸淋洗处理主要包括喷淋吸收塔、循环水池及引风机。

4. 噪声监测系统

如果修复场地周围环境敏感点较多，在施工过程中，应加强噪声的监测，尽量选择无雨、风力 6 级以下的气候，且平坦、无大反射物的场地中进行噪声监测。噪声的监测方法按照《建筑施工场界环境噪声排放标准》(GB 12523—2011)。噪声检测点设置高度应在 1.2 m 以上，采用积分声级计采样，白天应以 20 min 的等效 A 声级表征该点的昼间噪声值，夜间以 8 h 的平均等效 A 声级表征该点夜间噪声值。

5.2.4 运行与维护

1. 系统运行

土壤气相抽提系统运行之前需保证整个抽提管路具备良好的密闭性，包括井口、管路、接口等。系统启动后根据观测流量，调节真空度使系统稳定运行。运行过程中应对尾气排放的挥发性有机物浓度进行检测，这决定了气相抽提系统的运行时间。因此，气相抽提设备的运行分为 3 个阶段：第一阶段为初始调试阶段，以较低风量运行；第二阶段为污染物的正常抽取阶段，以较高风量运行；第三阶段为收尾调整期，持续时间可能比较长，包括低浓度去除期和达标调整期。

2. 系统维护

在系统维护之前，工作人员需进行正式的操作培训，以保障安全有效的操作和维护土壤气相抽提设备。工作人员培训包括理论培训和现场操作培训。

①抽提井维护

土壤气相抽提过程中，抽提井应密封良好，未被石头碎片或化学物质堵塞，保障挥发性有机物从井中抽出时不受阻碍。抽提系统运行较长时间后，抽提套管在高负压工况下可能产生裂缝，随着裂缝的加大，管套密封性被破坏。此时，应进行检修，严重时应更换抽提设备。

②真空泵维护

某些真空泵会产生高排放温度，若温度过高会导致管道内气体自燃。因此可通过真空泵或鼓风机启动一个内部风扇，对其进行降温。若有机污染气体的浓度在爆炸上限和下限之间，存在爆炸可能，应及时采用措施，防止事故发生。此外，采用旋转叶片真空泵进行土壤气相抽提时，如果维护不当可能引起轴承或叶片损坏，导致装置损坏无法进行修复。

③尾气处理单元维护

首先，工作人员需定期检查尾气管道是否发生泄漏，若发生泄漏应及时采取措施进行修复或更换管道，防止尾气进入环境中造成二次污染；其次，工作人员需关注处理后的尾气浓度是否达到安全排放标准。若尾气排放未达标，应及时优化处理条件或更换处理材料。例如，采用活性炭吸附法处理尾气时，若排放尾气不能达标，需及时更换新的活性炭以提升吸附效率。

5.2.5 处理成本估算

1. 气相抽提技术费用估算

土壤气相抽提技术的修复费用主要取决于待修复场地规模、土壤性质及水文地质条件、气相抽提井数量、污染物浓度等。崔龙哲等（2016）使用 RACER 软件，依据场地规模、污染物的性质、数量以及水文地质条件分析了美国部分气相抽提技术的修复费用，见表 5-6。研究发现小规模场地的处理费用通常比较昂贵，单位处理费用是大规模地块的 1.5～3.0 倍。在气相抽提技术修复费用中，抽提尾气处理费用高达 50%。因此采取经济、高效的尾气处理方法可以大幅降低成本。

表 5-6 美国部分污染场地气相抽提技术费用分析结果

地块规模	小		大	
处理难易程度	容易	难	容易	难
费用/（美元/m^3）	1 275	1 485	405	975
相对费用	3.2	3.7	1	2.4

2. 机械通风技术费用估算

机械通风技术具有操作简单、去除挥发性污染物效果好、能耗低、成本低、修复时间短等特点。因此，机械通风技术在我国具有很大的优势，特别是在城市中心大量挥发性有机污染场地的修复方面。随着我国修复设备制造能力和工艺管理水平的不断提高，机械通风已成为一种高效、经济的有机污染场地修复技术。通过对国内某大型废弃氯碱化工场地的修复数据分析，发现该场地机械通风技术的处理能力为 1 000～1 500 m^3/h，搅拌频率为 12 次/d，修复 50.7 万 m^3 的污染土壤仅需 5～7 d 时间。机械通风技术处理费用主要包含空气支撑膜结构系统的搭建、气体组织及处理系统、环境安全监测系统、自控系统的安装等，通过核算发现每处理 1 m^3 污染土壤仅需 150 元（不含土方开挖及运输费用）。对比几种不同的挥发性有机污染土壤修复技术（表 5-7），发现机械通风技术比其他常用的土壤修复方法所需时间更短、成本效益更高。

表 5-7 我国挥发性有机化合物污染土壤常用技术比较（Ma et al.，2016）

修复技术	修复时间	修复费用/（元/m^3）
土壤淋洗	3～12 个月	600～3 000
热脱附	1～36 个月	350～2 100
化学修复	1～3 个月	500～1 500
土壤阻隔	1～3 个月	300～800
机械通风	2 个月内	90～200

5.3 典型工程案例介绍

5.3.1 国内外应用情况

1. 气相抽提技术应用情况

土壤气相抽提技术始于 20 世纪 80 年代，因其对污染土壤中挥发性污染物治理的经济有效性，被欧美等国大力倡导应用。国际上对土壤气相抽提技术的去污机制以及影响因素、模拟模型都进行了较为系统的研究，而且在许多污染场所进行了实践应用，取得了较好的处理效果。20 世纪 80 年代初，得克萨斯研究院首先通过实地调查，发现气相抽提是一种高效的去污技术，其费用不及土壤挖掘法、清洗法的 10%，速度却是两者的 5 倍以上。1988 年美国犹他州某空军基地因航空发动机燃料泄漏造成 0.4×10^4 m^2、深度为 15 m 的土壤污染，土壤中石油烃浓度最高达到 5 000 mg/kg，经气相抽提处理后，其浓度可降至 410 mg/kg（罗成成等，2015）。美国许多州将土壤气相抽提作为去除土壤中挥发性有机物的一种标准方法。此后，欧洲、澳大利亚、加拿大、日本、印度等也进行了关于气相抽提技术的相关研究和应用。截至 2014 年，在美国已修复的 2 511 个污染场地中，气相抽提修复案例达 331 个（USEPA，2017）。近年来，气相抽提技术得到快速发展，实现了与多种修复技术的高效耦合，提升了修复效率。

我国对气相抽提的研究起步较晚，20 世纪 90 年代中期才开始进行。相比固化/稳定化、水泥窑协同处置、热脱附、化学氧化等主流修复技术，气相抽提技术工程应用较少，统计 2005—2016 年我国 113 个污染场地修复案例，气相抽提技术占比 7.91%。大多数气相抽提修复技术研究处于室内实验和现场中试实验阶段。例如，王喜等（2009）依据挥发性有机物浓度变化将气相抽提过程划分为高效去除阶段和低效率的“拖尾”阶段；王玉（2010）通过在北京市某焦化厂进行气相抽提现场实验，监测了系统运行的土壤气相压力变化，求取了土壤透气率和抽气影响半径；刘沙沙等（2013）在广东省某柴油污染场地开展了气相抽提修复示范工程，处理 3 个月后，土壤中总石油烃的去除率最高达 64.88%。

2. 机械通风技术应用情况

我国挥发性有机物污染土壤问题严重。由于化工产品的大量生产、使用，导致部分场地存在大面积挥发性有机污染土壤，污染面积从 17 474 m^3 到 1 530 000 m^3 不等。根据不完全数据统计（表 5-8 和图 5-13），我国北京、江苏、山东、湖北和辽宁等省份已采用机械通风技术对挥发性有机污染场地开展修复，修复污染土壤总方量达 340 万 m^3（其中采用机械通气—热脱附联合修复技术处理的土壤为 110 万 m^3），占污染土壤总量的 75%。例如，北京 5 个场地的污染物包括挥发/半挥发性有机污染物和重金属，联合采用机械通风与其他修复技术如热脱附、固化/稳定化技术，实现了污染场地高效、快速修复；江苏某染料厂采用机械通风和热脱附技术对挥发性和半挥发性污染土壤进行修复，其中机械通风技术处理的土壤总体积占总处理量的 47%。

机械通风技术在西方国家报道较少。例如，1982—2011 年，美国超级基金仅报道了 11 个机械通风案例，这可能是因为超级基金只处理毒性强的污染场地，机械通风技术不是一个较合适的处理技术。同时，机械通风技术面临土壤挖掘、运输、临时储存等过程，会增加二次污染的风险，特别是机械通风可能需要工人在重污染的环境中操作，对操作人员的人体健康风险造成巨大的威胁，这也可能是超级基金项目在修复过程中采用较少的原因。

表 5-8　我国部分场地机械通风技术修复案例统计（Ma et al.，2016）

省份	土壤中主要污染物	土壤修复技术	土壤污染总量/m^3	机械通风修复总量/m^3
辽宁（S1）	重金属、多环芳烃、苯系物	机械通风、土壤淋洗、化学氧化	279 290	5 721
湖北（S2）	重金属，VOCs（苯胺、苯、氯苯等）、SVOCs（苯并[*a*]蒽）	机械通风、固化/稳定化、化学氧化	376 000	57 000
山东（S3）	VOCs（苯、氯仿）和 SVOCs（六氯苯、苯并和滴滴涕）	机械通风、水泥窑焚烧	17 474	7 863
江苏（S4）	多环芳烃、苯系物、氯代烃/有机磷农药	机械通风、热脱附、化学氧化	245 742	116 081
北京（S5）	多环芳烃、苯	热脱附、机械通风	1 530 000	1 144 200
北京（S6）	VOCs（1,2-二氯乙烷、氯仿、三氯乙烯等）	机械通风	57 500	57 500
北京（S7）	VOCs（氯仿、二氯甲烷、苯）	机械通风	334 000	334 000
北京（S8）	VOCs（1,2-二氯乙烷、氯仿、苯等）	机械通风	416 100	416 100
北京（S9）	VOCs（1,2-二氯乙烷、氯仿、苯等）	机械通风	1 230 000	1 230 000

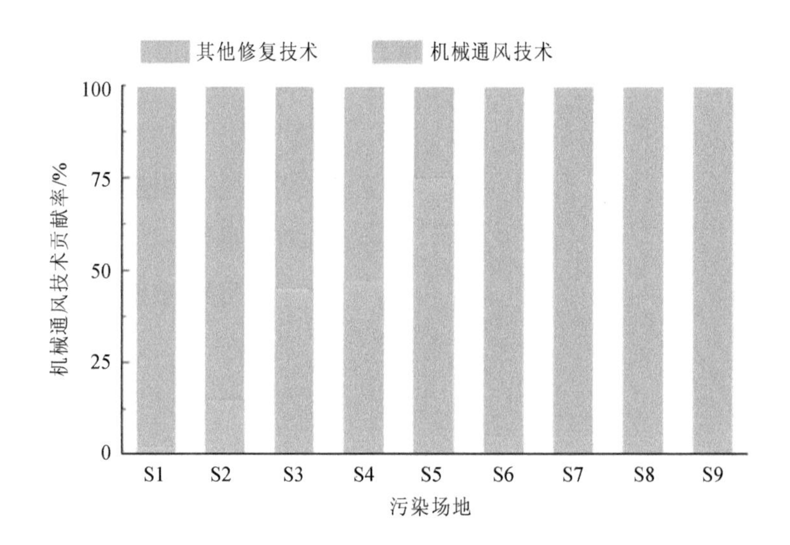

图 5-13　中国 9 个污染场地中机械通风技术所占百分比

5.3.2　北京市某化工厂污染场地气相抽提技术修复案例

1. 地块概况

北京市某化工厂有40多年的生产历史，于2006年停产并开始搬迁（王澎等，2011）。场地原地层分为人工堆积层及第四纪沉积层两大类，第四纪沉积层自上而下总体上呈现出粗粒、细粒土层交互沉积变化的特征。地表下约 20 m 深度范围内主要分布 1 层地下水，赋存于埋深 12.40～13.55 m 的砂土层中，地下水类型为潜水。地下水位以上土层中存在两层相对弱透气层，分别为埋深 4 m 左右的粉质黏土、重粉质黏土层和埋深 7.30～8.40 m 的粉质黏土、黏质粉土层。

由于建厂初期生产工艺及污染治理水平有限，导致该地块土壤污染严重，主要污染物为苯系物和多环芳烃，对厂区和周围环境造成一定的影响。经现场勘察取样分析，得知土壤和地下水中含有大量挥发性有机物（主要是苯系物）、半挥发性有机物、多环芳烃和非水相液体（图 5-14）。

图 5-14 北京市某化工厂污染场地现状

2. 地块修复技术方案

对 10 m 深抽气井进行试验时发现，在较低真空度条件下，从抽气井中就有水不断被抽出，涌向气液分离器，为了避免水对修复系统仪表和设备的污染，同时也为避免地下水中非水相液体在更大范围内的迁移，导致污染范围的扩大，该地块修复工程采用 8 m 深的工程井（包括抽气井和通风井）进行修复。

在气相抽提修复工程前，进行了现场小试以确定修复工程所需的工艺参数，包括气相抽提修复系统的最佳真空度、抽气井有效影响半径、土壤气流量等，并依此确定修复方案，结论如下。

①适合地块车间场区的系统最佳真空度为 30 kPa。

②该地块内抽气井有效影响半径为 6 m。

③由于多井修复的综合效应，多井联合抽提时的气体流量与单抽一个井时的气体流量不是简单的倍数关系。

④8 m 深抽气井能够对其上部的地层（埋深 4 m 左右的相对弱透气层以上的地层）产生影响。故在工程实施阶段，0～8 m 深度范围内地层不做分层处理。

3. 地块修复实施内容

整个气相抽提系统以气相形式提取土壤中污染物质，定时监测气相介质流量、压力、温度、浓度等参数，废气在地面处理达标后排放。

气相抽提单元主要包括抽气井及用于连接井和抽提设备的钢丝软管。该工程共设8个抽气井（C1～C8）和10个通风井（T1～T9及P1-1），井的影响半径按5～6 m设置。考虑到地块地层条件的复杂性，有一些不可预见因素，特在地块中部设置了CT1、CT2，既可用作抽气井，又可用作通风井，以增加工程操作的灵活性。工程井平面布置如图5-15所示，现场布置情况如图5-16所示。根据前期试验，在30 kPa真空度、8井联抽情况下的气流量为400～500 m^3/h，因此选用抽气量625 m^3/h的真空双螺杆泵。同时，受土壤含水量、大气降水等因素影响，从土壤中抽出的气体可能含水，如果直接进入动力系统，会对螺杆泵及仪表造成损坏，故采用体积约1 m^3的横置罐体进行气液分离，罐内沿气体进入罐体方向上设横向挡板，含水气流撞击挡板后气液分离，气体从挡板下方、侧方流过，绕至挡板后部，经罐体上部的出气口进入后续管道。

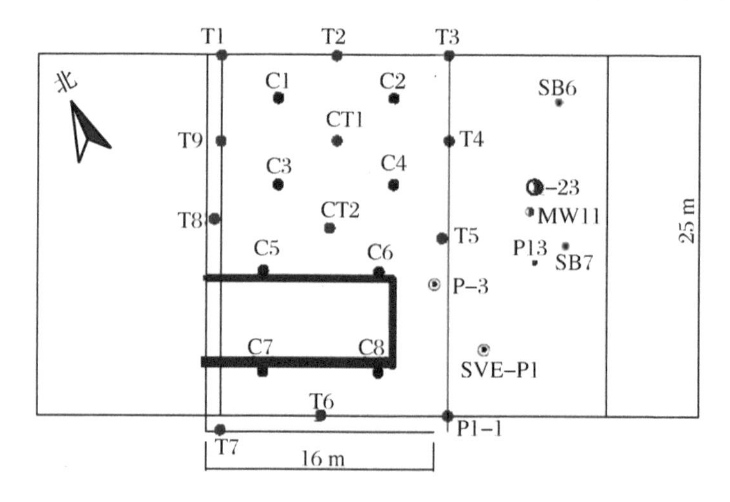

C—抽气井；T—通风井；□—地下泵房。

图5-15 工程井平面布置（王澎，2011）

图 5-16　工程井现场布置（王澎，2011）

根据气相抽提技术抽出气体的特性及各种废气处理工艺的适用范围，该工程联合应用催化燃烧、活性炭吸附—再生技术来处理抽提出的有机废气。抽提出的有机废气浓度高（大于 1 000 mg/m^3）时采用催化燃烧技术进行处理，当修复系统运行一定时间，土壤气体浓度降至低于 1 000 mg/m^3 时，已达不到催化燃烧技术所需浓度，通过进气管路切换采用蜂窝状活性炭吸附装置进行吸附处理，吸附一定时间活性炭饱和后借用催化燃烧技术的催化燃烧室对活性炭进行脱附再生，再生后的活性炭可重复利用。当处理后气体的浓度满足北京市排放标准时，直接排空。

4. 地块修复效果

经过 8 个月的修复，对比土壤污染物及土壤气体浓度的变化情况，土壤污染物及土壤气体中以苯的浓度为最高，故以苯为例说明气相抽提技术的修复效果，土壤中苯含量变化情况见表 5-9。气相抽提系统运行 8 个月后，8 m 深度范围内污染土壤中苯的去除率为 95.2%～99.9%，土壤有机气体中苯的去除率为 80.7%。另根据在废气处理系统的进气口和排气口采集气样进行分析的结果，土壤有机废气经催化燃烧装置处理后，苯等主要污染物的去除率都在 98%以上。

表 5-9 场地污染土壤中苯含量变化

采样深度/m	修复前/（mg/kg）	修复后/（mg/kg）	去除率/%
1.0	＜0.5	0.55	—
2.0	17.2	0.05	99.7
3.0	70.7	1.30	98.2
4.0	＜0.5	0.21	—
5.0	83.3	3.97	95.2
6.0	180	0.20	99.9
7.0	1 000	3.85	99.6
8.0	1 080	7.21	99.3

5.3.3 上海市某污染场地机械通风技术修复案例

1．场地概况

上海市某污染场地位于宝山区，根据区域地质资料显示，该地块属于滨海平原区，地表以下约 50 m 范围内为第四纪全新世 Q_4 沉积物。地块调查最大钻探深度为 8.0 m，钻探揭露的土层依次为填土、黏土和粉质黏土，0.1～2.0 m 为填土层，2.0～6.0 m 为黏土和粉质黏土。该地块的化工厂建于 1994 年，2016 年起地块开始拆除、修整，到 2017 年地块完全拆除，拆除后地块环境如图 5-17 所示。根据地块未来规划图，该地块将用于商务办公用地，属于敏感用地类型。

通过地块调查报告资料显示，该地块地下水埋深约 1.5 m。初步调查共设土壤采样点位 58 个，通过分析检测确定土壤检测指标分别包含砷、铊、挥发性有机污染物、半挥发性有机污染物和总石油烃。随后经过详细地块调查和健康风险评估，发现土壤中砷、苯并[a]蒽、苯并[a]芘、1,3,5-三甲苯、总石油烃（C＞16）对建筑工人的风险超出可接受水平，需进行后期修复。计算得出该地块污染面积约 2 670 m^2，土方量约 4 400 m^3。

图5-17 上海市某污染场地现场

2. 地块修复技术方案

该地块清理出的挥发性有机污染土壤采用机械通风技术进行修复，施工过程中调整土壤含水率、进行土壤团粒破碎和翻抛等工作。机械通风工艺主要包括污染土壤暂存、预处理、机械通风实施以及车间内换气通风及尾气收集和处理等工序。机械通风修复技术在密闭膜结构或钢结构大棚内进行作业，以保证各环节实施过程中污染物不会挥发到大气中。

污染土壤在密闭膜结构车间内的暂存、预处理、堆置反应的解吸过程均需要进行通风换气，以利于污染物的不断挥发和扩散，并经收集至尾气处理系统进行净化处理，处理流程图如5-18所示。机械通风车间内通过强制换气通风抽出的污染空气，在引风机负压作用下先进入除尘器进行除尘，再进入活性炭吸附系统被吸附，最后经风机排入烟囱，最终进入大气。机械通风技术修复后的土壤按照相关规范要求分批次进行采样、检测和验收。

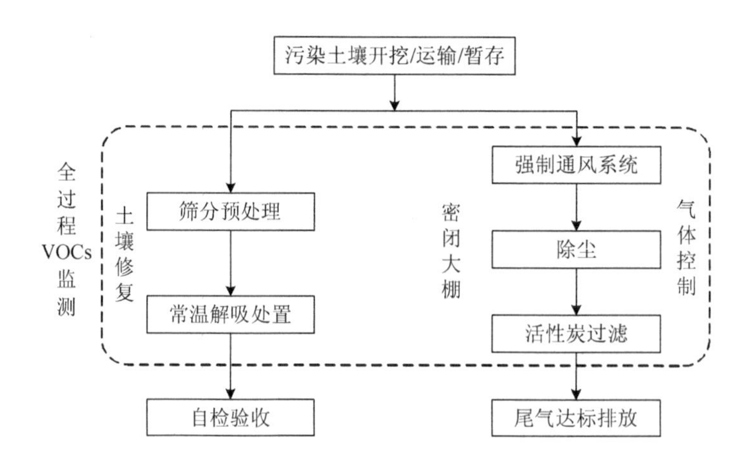

图 5-18 挥发性有机污染土壤机械通风技术修复路线

3. 地块修复实施内容

该地块需采用机械通风技术修复的挥发性有机污染土壤方量共 1 400 m^3，土壤密度按 1.8 g/cm^3 计算，修复土壤总质量为 2 520 t。污染土壤经过预处理后运至堆置反应区，按 0.5 m 的厚度摊开在机械通风大棚内。采用筛分斗对堆放的土壤进行定期筛分混合等操作，通过适当的机械扰动进一步提高挥发性有机污染的解吸效果。机械扰动频率设计为每天对土垛进行 5 次翻抛。扰动机械行进速度为 0.2～0.4 km/h，单程行进时间为 15～30 min，每次扰动持续 1～1.5 h。机械扰动挥发出来的有机污染气体统一收集，经尾气处理系统处理达标后排放。机械通风技术处理时间为 15 d。

4. 场地修复效果

风险评估报告确定该地块的挥发性有机污染物主要为1,3,5-三甲苯，修复目标值为 3.4 mg/kg。机械通风技术计划修复方量为 1 400 m^3，实际修复污染土壤约 1 482 m^3。依据《土壤环境监测技术规范》（HJ/T 166—2004）的相关要求，进行效果评估采样及检测。修复效果评估结果显示，1,3,5-三甲苯的浓度范围为 0.269～0.810 mg/kg，低于修复目标值 3.4 mg/kg，修复效果评估合格。

5.4 常温脱附技术的发展趋势

常温脱附技术如土壤气相抽提广泛应用于挥发性有机污染场地的修复，国内外针对其修复效果及机制进行了较多的研究，但土壤和污染物性质对常温脱附技术修复效果的影响仍缺乏系统的综述和总结。同时，针对常温脱附过程中挥发性有机污染物的动态特征研究较少。我们发现目前关于常温脱附技术修复的理论知识难以满足挥发性有机污染场地的修复要求。基于此，在常温脱附技术修复机制方面，一是科研机构应偏向土壤和污染物的性质进行常温脱附技术的修复参数研究，积累为常温脱附修复技术提供指导的经验，以缩小实验室试验与实际修复工程之间的差距；二是分析常温脱附过程中挥发性有机污染物的传质过程，以提高常温脱附技术模型模拟的准确性，此外，原位的常温脱附技术，如土壤气相抽提技术等，我国还缺少准确的模型来模拟抽气管路的设计以及土壤中污染物的去除过程。

此外，我国土壤污染范围逐渐扩大，污染程度越来越高，污染物组合类型复杂。但我国场地土壤修复起步晚、起点低，场地修复技术种类单一，大多数修复技术还只是处于实验室小试以及现场试验阶段，工程化应用进展缓慢，现有的修复技术研发不能满足污染场地土壤修复的巨大市场需求。针对挥发性、半挥发性有机物和重金属复合污染问题，如何发展常温脱附协同联合的土壤综合修复模式就成为污染场地修复的研究方向。例如，针对重金属和挥发性有机物复合污染土壤可进行热强化气相抽提、固化/稳定化技术的有效耦合，实现复合污染土壤的快速修复。

土壤修复技术的应用在很大程度上依赖修复设备和监测设备，设备化的修复技术是土壤修复走向市场化和产业化的基础。但我国环境修复企业关于土壤修复设备自主研制力度不够，尤其是成套土壤修复设备的研制工作近乎空白，导致目前用于工业场地修复的设备严重缺乏，主要依靠引进欧美等发达国家的成套修复技术和装备，费用昂贵，且受到国外知识产权保护的制约。挥发性有机污染土壤的常温脱附（气相抽提或机械通风）修复过程及修复后环境监测等都需要设备。同时，常温脱附技术的设备研制、生产缺乏系统性，尚无标准形成。常温脱附技术工艺中使用的设备往往由不同设备生产厂家提供，形式五花八门，一方面存在不匹配的风险，另一方面对常温脱附技术的应用推广造成一定困难。因此，加强研发适合国情的常温脱附修复设备，规范土壤修复设备制造标准应作为今后我国挥发性有机污染场地土壤修复领域的工作重心之一（赵玲等，2018）。

此外，相比欧美发达国家，我国土壤修复尚处于起步阶段，针对我国挥发性有机污染场地的修复，常温脱附处理技术具有修复时间短、处理效率高及费用低的特点。此外，常温脱附技术处理后的土壤可以用作回填使用，是一种特别有前景的土地复垦方法，因此，在我国，常温脱附技术可以解决有限的土地资源、大量受污染的土壤、严格的时间限制和有限的财政资源所带来的挑战，非常具有竞争性。然而，我国目前仍缺少土壤常温脱附修复技术（机械通风、气相抽提）相关技术导则和规范，导致修复过程中环境监管难度很大。因此，常温脱附技术的发展不仅需要土壤修复从业者的共同努力，更需要政府部门和科研机构的大力支撑，健全相关技术规范和监管制度，研发高效的常温脱附技术和国产设备，促进国内常温脱附技术的标准化和成熟化。

参考文献

程功弼，2019. 土壤修复工程管理与实务[M]. 北京：科学技术文献出版社.

崔龙哲，李社峰，2016. 污染土壤修复技术与应用[M]. 北京：化学工业出版社.

贺晓珍，周友亚，汪莉，等，2008. 土壤气相抽提法去除红壤中挥发性有机污染物的影响因素研究[J]. 环境工程学报，5（2）：105-109.

金雯晖，倪冲，刘波，等，2019. 一种污染场地原位多相抽提井装置：2019103639541[P]. 2019-07-05.

刘沙沙，陈志良，刘波，等，2013. 土壤气相抽提技术修复柴油污染场地示范研究[J]. 水土保持学报，1（27）：172-181.

卢中华，裴宗平，鹿守敢，2011. 通风速率对土壤中四氯化碳污染物去除效率的影响研究[J]. 农业环境科学学报，30（1）：55-59.

罗成成，张焕祯，毕璐莎，等，2015. 气相抽提技术修复石油类污染土壤的研究进展[J]. 环境工程，（10）：163-167.

马妍，2015. 生石灰对机械通风修复挥发性氯代烃污染土壤的强化作用及其机制研究[D]. 北京：北京师范大学.

史怡，2014. 机械通风处理氯代烃污染土壤的工艺参数优化及机理研究[D]. 北京：北京科技大学.

宋小毛，2011. 环境中氯代烃分析方法及污染土壤气相抽提法研究[D]. 上海：华东理工大学.

王澎，王峰，陈素云，等，2011. 土壤气相抽提技术在修复污染场地中的工程应用[J]. 环境工程，(29)：171-174.

王喜，陈鸿汉，刘菲，2009. 依据挥发性污染物浓度变化划分土壤气相抽提过程的研究[J]. 农业环境科学学报，28（5）：903-907.

王玉，2010. 某焦化厂气相抽提方法污染修复数值模拟分析[J]. 工程勘察：797-801.

杨乐巍，黄国强，李鑫钢，2006. 土壤气相抽提（SVE）技术研究进展[J]. 环境保护科学，32（6）：62-65.

杨玉洁，王春雨，沙雪华，等，2019. 烃类污染土壤热强化气相抽提技术的脱附动力学[J]. 环境工程学报，13（10）：2328-2335.

于颖，邵子婴，刘靓，2017. 热强化气相抽提法修复半挥发性石油烃污染土壤的影响因素[J]. 环境工程学报，11（4）：2522-2527.

张雪丽，2015. 泄漏条件下影响柴油迁移及残留的土壤结构主控因子识别[D]. 北京：中国环境科学研究院.

赵玲，滕应，骆永明，2018. 我国有机氯农药场地污染现状与修复技术研究进展[J]. 土壤，50（3）：435-445.

周友亚，贺晓珍，侯红，等，2009. 气相抽提法去除土壤中的苯和乙苯[J]. 化工学报，60(10)：2590-2595.

周友亚，贺晓珍，李发生，等，2010. 气相抽提去除红壤中挥发性有机污染物的去污机理探讨[J]. 环境化学，(29)：39-43.

Bohn H L，1998. Vapor extraction rates for decontaminating soils[J]. Polluting Engineering，1997（29）：52-56.

Ma Y，Du X M，Shi Y，et al，2016. Engineering practice of mechanical soil aeration for the remediation of volatile organic compound-contaminated sites in China：advantages and challenges[J]. Frontiers of Environmental Science & Engineering，(10)：17-27.

Pignatello J J. Soil organic matter as a nanoporous sorbent of organic pollutants[J]. Advances in Colloid & Interface Science，(76-77)：445-467.

United States Environmental Protection Agency（USEPA），2017. Superfund Remedy Report 15th[R]. Washington，DC.

Yang X，Yi H，Tang X，et al，2018. Behaviors and kinetics of toluene adsorption-desorption on activated carbons with varying pore structure[J]. Journal of Environmental Sciences，(67)：104-114.

第6章　污染场地土壤水泥窑协同处置技术

6.1　水泥窑协同处置技术概述

水泥窑协同处置（Co-processing in Cement Kiln）技术是指将满足或经预处理后满足入窑（磨）要求的污染土壤投入水泥窑或水泥磨，在进行水泥或熟料生产的同时，实现对污染土壤的无害化处置的过程。与传统的专用焚烧处置技术相比，水泥窑协同处置技术具有诸多优势。

一是处置过程达到了完全的环境无害化。水泥窑内焚烧温度高，燃烧过程充分，气相和固相在高温区的停留时间长，各种有害有机物可以被彻底分解破坏；水泥窑内呈较强的碱性特性，可以有效抑制酸性气体的排放，增加对挥发性金属的捕获吸附能力；污染土壤焚烧残渣全部进入水泥产品，处置过程无残渣排放，污染土壤残渣中的重金属等有害成分绝大部分被固定在水泥产品中，并且不影响水泥产品的质量和环境安全性。

二是提高固体废物的处置能力。水泥窑空间大，具有很强的热惯性和工况稳定性，废物投加点多，因此水泥窑可以处置的废物种类范围广、处置能力大。很多不适合传统的专用焚烧设施处置的低热值、高灰分废物，如污染土壤、污泥、焚烧残渣和飞灰等都可以利用水泥窑进行协同处置，大大提高了固体废物的处置能力，缓解了现有处置设施处置能力不足的问题。

三是促进了水泥工业的节能减排。污染土壤中的有机组分在水泥窑内焚烧产生的热能可以替代部分水泥生产所需的化石燃料，污染土壤中的无机组分最终进入水泥产品可以替代部分水泥生产所需的天然原料，从而减少水泥工业对化石燃料和原料的消耗，减少温室气体和大气污染物的排放量，对水泥产业转型、促进循环经济发展具有重要作用。

四是实现了环境效益、经济效益和社会效益的统一。利用现有的水泥窑设施协同处置污染土壤，不但可以节省新建污染土壤专用处置设施的巨额投资，降低协同处置水泥企业的燃料和原料消耗成本，增加处置污染土壤带来的额外收益，还可以缓解整个社会的固体废物处置压力和新建专用处置设施选址的舆论压力，真正实现了环境效益、经济效益和社会效益的统一。

近年来，针对因城区污染企业关闭及搬迁产生的污染场地，水泥窑协同处置技术因具有受污染土壤及污染物性质影响较小、适用范围广、无废渣排出等特点，广泛应用于有机和部分重金属污染土壤处置，成为一项极具竞争力的土壤修复技术。

6.1.1 水泥窑协同处置技术原理

水泥窑协同处置技术是利用水泥窑回转窑内的高温、气体长时间停留、热容量大、热稳定性好、碱性环境、无废渣排放等特点，在生产水泥熟料的同时，焚烧固化处理污染土壤。有机物污染土壤从窑尾烟气室进入水泥窑回转窑，窑内气相温度最高可达1 800℃，物料温度约为1 450℃，在该高温条件下，即使是污染土壤中最稳定的有机污染物也能转化为无机化合物。高温气流与高细度、高浓度、高吸附性、高均匀性分布的碱性物料（Ca、$CaCO_3$ 等）充分接触，有效地抑制酸性物质的排放，使硫和氯等转化成无机盐类固定下来，重金属污染土壤从生料配料系统进入水泥窑，使重金属固定在水泥熟料中。由于污染土壤以Si、Al、Fe、Ca等对水泥生产有益的无机组分为基体，有机物含量低且不可燃烧，因此在水泥窑协同处置时，污染土壤对水泥生产具有替代原料价值。

6.1.2 水泥窑工艺特性

1. 水泥生产工艺特性

水泥包括通用硅酸盐水泥和特种水泥两种，其中通用硅酸盐水泥是水泥的主要品种，我们通常所说的水泥以及水泥窑协同处置中的“水泥”均指通用硅酸盐水泥。通用硅酸盐水泥是由硅酸盐水泥熟料、混合材和石膏组成，其中硅酸盐水泥熟料（简称熟料）是一种由主要含 CaO、SiO_2、Al_2O_3、Fe_3O_4 的原料按适当比例配合磨成细粉（生料）烧制部分熔融，得到以钙为主要成分的水硬性胶凝物质。硅酸盐水泥的生产过程主要分为生料制备、熟料煅烧、水泥制成及出厂 3 个阶段。

①生料制备

生料制备阶段是将石灰石原料、黏土质原料及少量校正原料破碎后，按一定比例配合、磨细并调配为成分合适、质量均匀的生料过程。

②熟料煅烧

熟料煅烧阶段是指生料在水泥窑内煅烧至部分熔融，得到以硅酸钙为主要成分的硅酸盐水泥熟料的过程。

③水泥制成及出厂

水泥制成及出厂阶段主要包括熟料加适量石膏、混合材共同磨细成粉状的水泥，水泥包装或散装出厂。

生料制备的主要工序是生料磨，水泥制成及出厂的主要工序是水泥的粉磨。因此，水泥的生产过程也可称为“两磨一烧”，具体水泥工艺生产过程如图 6-1 所示。

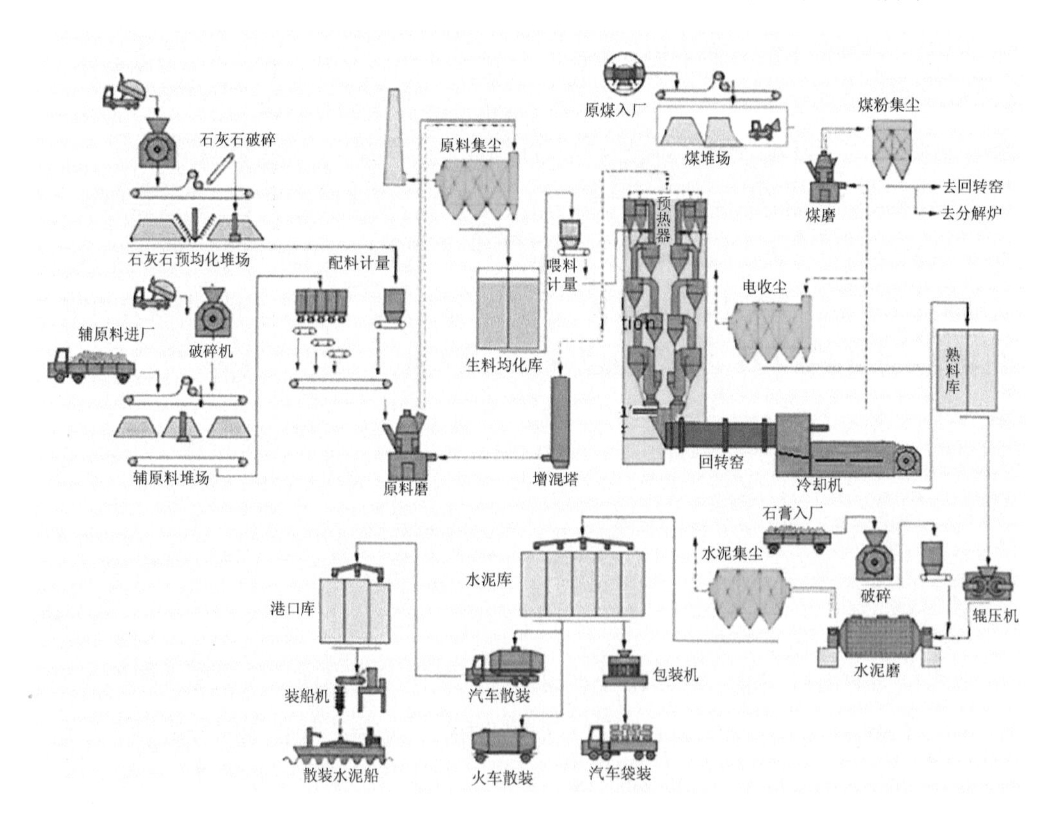

图 6-1　水泥窑生产水泥的典型工艺流程

2. 水泥生产原料和燃料特性

生产硅酸盐水泥熟料的原料主要有石灰质原料（主要提供CaO）和黏土质原料（主要提供 SiO_2、Al_2O_3、Fe_2O_3），当某些成分不足时，还需补充校正原料。我国硅酸盐水泥熟料一般采用 3 种或 3 种以上的原料。通常生产 1 t 硅酸盐水泥熟料约消耗 1.6 t 干生料，其中干石灰质原料占 80%左右，干黏土质原料占 10%～15%。在实际生产过程中，根据具体生产情况还需加入一些其他材料，如加入矿化剂、助熔剂以改善生料易烧性和液相性质等，加入晶种诱导并加速熟料的煅烧过程，加入助磨剂提高磨机的粉磨效果等。在水泥制成过程中，还需在熟料中加入缓凝剂调节水泥凝结时间，加入混合材共同粉磨改善水泥性质和增加水泥产量。

从元素的角度看，水泥原料中的元素分为常量元素和微量元素两大类。水泥原料中常量元素的含量主要以百分比（%）计量，包括 Si、Al、Fe、Ca、Mg、K、Na、Cl、F、S、P 等。其中，Si、Al、Fe、Ca 是水泥生产所需的有益元素。少量 Mg 可以促进熟料烧成，但 Mg 超过 5%时，多余的 Mg 呈游离的方镁石晶体存在，影响水泥安定性。适量的 Na、K 可以降低烧结液相表面张力促进烧结，但也会导致水泥窑发生结皮堵塞，并使水泥凝结时间不正常，降低水泥强度，还可能使某些水工混凝土因碱性膨胀产生裂缝。少量的 Cl 对水泥生产有一定有益的影响，如 Cl 盐可以作为熟料煅烧的矿化剂，能够降低烧成温度，有利于节能高产，Cl 盐也是有效的水泥早强剂，不仅使水泥 3d 强度提高 50%以上，而且可以降低混凝土中水的冰点温度，防止混凝土早期受冻。但水泥原料中 Cl 含量超过 0.015%时，水泥窑就容易发生结皮堵塞，且会造成建筑物中钢筋锈蚀。适量的硫酸盐在熟料中起矿化剂作用，在水泥中是缓凝剂，但硫酸盐过多会导致水泥窑结皮，并会影响水泥安定性。适量的 CaF_2 起矿化剂作用，但 CaF_2 过多会使熟料烧成过程中液相黏度增大，不利于硅酸三钙形成，同时降低熟料质量，造成水泥快凝。熟料中 P 含量为 0.05%～0.15%时，可提高熟料易烧性和强度，但含量大于 0.15%后会影响水泥安定性，使水泥强度下降，硬化过程变慢。

水泥原料中微量元素的含量主要以 mg/kg（ppm）计量，包括各种重金属及类金属（Be、As 等）元素。一般认为，在熟料烧结过程中，适量的微量元素对水泥熟料物理化学性能的变化、液相化学活性的增加以及熟料水化活性的增加均起到了有利作用，但过量的微量元素（含量大于 1.5%时）将起到有害作用。此外，水泥原料中的有害微量元素还会在熟料煅烧过程中挥发进入大气，或在水泥使用过程中缓慢浸出进入环境，从而导致环境风险。水泥生产常用的天然原料和燃料主要类别见表 6-1。

表 6-1　硅酸盐水泥天然原料和燃料主要类别

类别		名称	占原料比例	备注
主要原料	石灰质原料	石灰石、白垩、贝壳、泥灰岩	约 85%	
	黏土质原料	黏土、黄土、页岩、千枚岩、河泥		
校正原料	铁质校正原料	低品位铁矿石	约 15%	生产熟料
	硅质校正原料	河沙、砂岩、粉砂岩、硅藻土		
	铝质校正原料	铝矾土		
外加剂	矿化剂	萤石、石膏	少量	
	晶种	熟料		
	助磨剂	醋酸钠		生料、水泥粉磨
燃料	固体燃料	烟煤、无烟煤	约 10%	我国常用煤
	液体燃料	重油		
缓凝材料		石膏、硬石膏	约 5%	水泥组分
混合材料		火山灰、石灰石等	占水泥的 5%～50%，一般 35%	

（1）石灰质原料

石灰质原料是指以碳酸钙为主要成分的原料，水泥生产中常用的是含碳酸钙的天然矿石。常用的天然石灰质原料有石灰石、泥灰岩、白垩、大理石、海生贝壳等。其中使用最广泛的是石灰石，主要成分为 $CaCO_3$，其品位由 CaO 含量确定。用于水泥生产的石灰石不一定就是 CaO 含量越高越好，还取决于它的酸性氧化物组成含量，如 SiO_2、Al_2O_3、Fe_2O_3 等。石灰质原料的一般质量指标见表 6-2。

表 6-2　水泥窑石灰质原料的质量要求

名称品味		含量/%				
		CaO	MgO	游离 SiO_2	SO_3	Na_2O+K_2O
石灰石	一级品	≥48	≤2.5	≤4	≤1	≤1
	二级品	45～48	≤3	≤4	≤1	≤1
泥灰岩		35～45	≤3	≤4	≤1	≤1.2

（2）黏土质原料

黏土质原料的主要成分是 SiO_2，其次是 Al_2O_3、Fe_2O_3 和 CaO，在水泥生产中提供水泥熟料所需的酸性氧化物（SiO_2、Al_2O_3、Fe_2O_3）。我国水泥工业采用的天然黏土质原料有黏土、黄土、页岩、泥岩、粉砂岩及河泥等。而衡量黏土质原料的主要指标是黏土的化学成分（硅率 n、铝率 p）、含砂量、含碱量，表 6-3 为黏土质原料的质量要求。采用水泥协同处理污染土壤的出发点，就是使用污染的土壤来替代水泥生产原料中的部分黏土质原料。

表 6-3 水泥窑黏土质原料的质量要求

品味	硅率（n）[a]	铝率（p）[b]	含量/%		
			MgO	R_2O [c]	SO_3
一等品	2.7～3.5	1.5～3.5	＜3	＜4	＜2
二等品	2.0～2.7 或 3.5～4.0	不限	＜3	＜4	＜2

注：[a] $n=\dfrac{w(SiO_2)}{w(Al_2O_3)+w(Fe_3O_4)}$。

[b] $p=\dfrac{w(Al_2O_3)}{w(Fe_3O_4)}$。

[c] $R_2O=Na_2O+0.658K_2O$ 。

（3）校正原料

当石灰质原料和黏土质原料配合所得生料成分不能符合配料方案要求时，必须根据所缺少的组分掺加相应的原料，这种以补充某些成分不足为主的原料称为校正原料。校正原料的一般质量要求见表 6-4。

表 6-4 水泥窑校正原料的质量要求

校正原料	硅率（n）	含量/%			
		SiO_2	R_2O	Al_2O_3	Fe_2O_3
硅质	＞4	70～90	＜4	—	—
铝质	—	—	—	＞30	—
铁质	—	—	—	—	＞40

校正原料根据其成分的不同，主要分为铁质校正原料、硅质校正原料、铝质校正原料3种。当生料中氧化铁含量不足时，应掺加氧化铁含量大于40%的铁质校正原料，常用的天然铁质校正原料是低品位铁矿石。当生料中 SiO_2 含量不足时，需要掺加硅质校正原料，常用的天然硅质校正原料有硅藻土，硅藻石，含 SiO_2 多的河沙、砂岩、粉砂岩等。当生料中 Al_2O_3 含量不足时，需掺加铝质校正原料，常用的天然铝质校正原料是铝矾土。

（4）燃料

我国水泥工业一般采用固体燃料来煅烧水泥熟料，固体燃料煤可分为无烟煤、烟煤和褐煤，回转窑一般使用挥发分较高的烟煤。水泥工业用煤的一般质量要求见表6-5。

表6-5 水泥工业用煤的一般质量要求

灰分/%	挥发分/%	硫/%	低位发热量/（kJ/kg）
≤28	22～32	≤3	≥21 740

（5）矿化剂

在煅烧过程中能加速熟料矿物形成但本身不参加反应或只参加中间物反应的物质称为矿化剂。天然矿化剂有萤石（CaF_2）、石膏、复合矿化剂（氟化钙—石膏复合剂、重晶石—萤石复合矿化剂）等氟化物、硫酸盐、氯化物、磷酸盐。矿化剂添加量要适当，不宜过多，氟化钙掺量以生料的0.5%～1.0%为宜，石膏掺量为2%～4%。

（6）晶种

晶种可以为熟料生成提供结晶核心，加速熟料矿物的形成。晶种一般使用优质熟料，其 Ca_3O_5Si（硅酸三钙）含量应在50%～60%。

（7）缓凝剂

石膏是硅酸盐水泥的缓凝剂，当水泥熟料单独粉磨与水混合，很快就会凝结，使施工无法进行，掺加适量石膏可使水泥的凝结时间正常，同时提高水泥的早期强度。石膏的质量要求见表6-6。

表6-6 水泥窑石膏类产品质量要求

<table>
<tr><th rowspan="2">产品名称</th><th>石膏/%</th><th>硬石膏/%</th><th>混合石膏/%</th></tr>
<tr><th>$CaSO_4 \cdot 2H_2O$</th><th>$CaSO_4+CaSO_4 \cdot 2H_2O$
[$CaSO_4/(CaSO_4+CaSO_4 \cdot 2H_2O)$
$\geqslant 0.8$（质量比）]</th><th>$CaSO_4+CaSO_4 \cdot 2H_2O$
[$CaSO_4/(CaSO_4+CaSO_4 \cdot 2H_2O)$
< 0.8（质量比）]</th></tr>
<tr><td>特级</td><td>≥95</td><td>—</td><td>≥95</td></tr>
<tr><td>一级</td><td colspan="3">≥85</td></tr>
<tr><td>二级</td><td colspan="3">≥75</td></tr>
<tr><td>三级</td><td colspan="3">≥65</td></tr>
<tr><td>四级</td><td colspan="3">≥55</td></tr>
</table>

（8）混合材

混合材是在粉磨水泥时与熟料、石膏一起加入磨内用以提高水泥产量、改善水泥性能、调节水泥标号的矿物质材料，可分为活性和非活性两类。活性混合材是指具有火山灰性或潜在的水硬性的矿物质材料，天然活性混合材料包括火山灰、凝灰土、浮石、沸石岩、硅藻土、硅藻石、蛋白石等。非活性混合材是指活性指标不符合要求，在水泥中主要起到填充作用，而又不损害水泥性能的矿物质材料，天然非活性混合材包括砂岩、石灰石等。

3. 水泥生产替代原料和替代燃料特性

水泥生产原料除了天然原料外，还包括多种固体废物作为替代原料和替代燃料。

（1）替代原料

作为替代原料的污染土壤与天然原料具有相似化学成分，可全部替代或部分替代天然原料。但具有与天然原料相似化学成分的污染土壤并不一定都适合作为替代原料，还要综合考虑土壤的其他特性，如有害元素和有害成分含量、水分、易烧性、易磨性、矿物类型等。水泥生产过程中可替代原料不止污染土壤，还可以是各种工业废渣，主要类别见表6-7，其中某些废物具有多种替代原料价值。

表 6-7 硅酸盐水泥替代原料主要类别

替代目标	废物类别
替代石灰石质原料	电石渣、氯碱法碱渣、石灰石屑、石灰窑渣、石灰浆、碳酸法糖滤泥、造纸厂白泥、饮水厂污泥、窑灰、肥料厂污泥、高炉矿渣、钢渣、磷渣、油页岩渣等
替代黏土质原料	污染土壤、粉煤灰、炉渣、煤矸石、赤泥、小氮肥厂石灰碳化煤、球灰渣、金矿尾砂、增钙渣、金属尾矿、催化剂粉末、城市垃圾焚烧底灰等
替代铁质校正原料	低品位铁矿石、炼铁厂尾矿、硫铁矿渣、铅矿渣、铜矿渣、钢渣等
替代硅质校正原料	碎砖瓦、铸模砂、谷壳焚烧灰等
替代铝质校正原料	炉渣、煤矸石等
替代矿化剂	铜锌尾矿、磷石膏、磷渣、电厂脱硫石膏、氟石膏、盐田石膏、柠檬酸渣、含锌废渣、铜矿渣、铅矿渣等
替代晶种	炉渣、矿渣、钢渣、磷渣
替代助磨剂	亚硫酸盐纸浆废液、三乙醇胺下脚料
替代缓凝剂	磷石膏、电厂脱硫石膏
替代混合材	活性混合材：粒化高炉矿渣、煅烧后的煤矸石、煤渣、烧黏土、硅质渣、粉煤灰、化铁炉渣、精炼铬铁渣、粒化电炉磷渣、增钙液态渣、钢渣、沸腾炉渣、赤泥、部分金属尾矿、硅锰渣、锰铁渣；非活性混合材：粒化高炉钛矿渣、块状矿渣、铜渣；窑灰

（2）替代燃料

理论上具有低位热值的固体废物均有替代燃料价值，主要包括固态（半固态）替代燃料和液态替代燃料两类，而气态替代燃料比较少见。替代燃料燃烧后的灰分进入水泥熟料，因此灰分高的替代燃料也具有替代原料价值。替代燃料的主要类别见表 6-8。

表 6-8 硅酸盐水泥替代燃料主要类别

替代燃料形态	废物类别
固态（半固态）替代燃料	废轮胎、废橡胶、废塑料、废皮革、废纸、石油焦、焦渣、废纺织物、化纤丝、漆皮、油墨渣、油污泥、木块、木屑、稻壳、花生壳、动物饲料和脂肪、RDF、页岩和油页岩飞灰、聚氨酯泡沫、包装废物、农业和有机废物、由动物脂肪或骨粉等制成的动物饲料、废漂白土、废白土、造纸污泥、生活污水污泥、蒸馏残渣、废煤浆等
液态替代燃料	废有机溶剂、废油等

4. 水泥窑类型

水泥窑按生料制备方法可分为湿法、半湿法、干法、半干法 4 类。按煅烧窑结构可分为立窑和回转窑两类，其中回转窑又可分为湿法回转窑、半干法回转窑（立波尔窑）、干法回转窑（普通干法回转窑）、新型干法回转窑等多种类型。我国目前水泥窑类型使用现状见表 6-9，其中新型干法水泥窑是我国目前使用的主要窑型。

表 6-9　水泥窑类型

生料制备方法分类	煅烧窑结构分类		我国现状
湿法	回转窑	湿法长窑	已淘汰
半湿法	回转窑	湿法短窑（带料浆蒸发机的回转窑）	
		湿磨干烧窑	
半干法	回转窑	立波尔窑	
	立窑	普通立窑	
		机械立窑	基本淘汰
干法	回转窑	干法中空长窑	已淘汰
		悬浮预热器窑	极其少量
		新型干法窑（悬浮预热器和预分解窑）	主要窑型

新型干法水泥窑是指窑尾配加了悬浮预热器和分解炉的回转窑。从水泥生产的角度看，新型干法水泥窑与其他窑型相比具有巨大优势，代表了当前水泥工业生产水泥的最新技术。目前我国除了还存在极其少量的机械立窑和悬浮预热器窑外，其他水泥窑均为新型干法水泥窑，截至 2017 年年底，我国新型干法水泥窑总计 1 843 条，实际产能约 20 亿 t/a，平均单线熟料产能 3 400 t/d，其中熟料产能大于或等于 4 000 t/d 的新型干法窑 700 余条。

新型干法水泥窑包括熟料篦冷机、水泥回转窑、分解炉、悬浮预热器、生料磨、除尘器等主要设备（图 6-2）。熟料生产原料首先进入生料磨磨制成粉状的生料，生料经生料均化库均化后依次通过悬浮预热器、分解炉和回转窑最终转为熟料。与此同时，煤粉从水泥回转窑的窑头和分解炉同时喷入燃烧，燃烧产生的烟气（包括碳酸盐分解产生的废气）与水泥窑系统中的固态物料呈反方向流动，分别经过回转窑、窑尾烟室、分解炉、悬浮预热器、增湿塔、生料磨、除尘器后排入大气。在分解炉和悬浮预热器内，固态物料与水泥窑烟气充分接触呈悬浮流态化状态。在生料磨内，水泥窑烟气对生料起到了烘干的作用。窑尾除尘器收集的粉尘（又称窑灰）全部返回生料均化库与生料混合。表 6-10 为新型干法水泥窑内的气固相温度和停留时间。

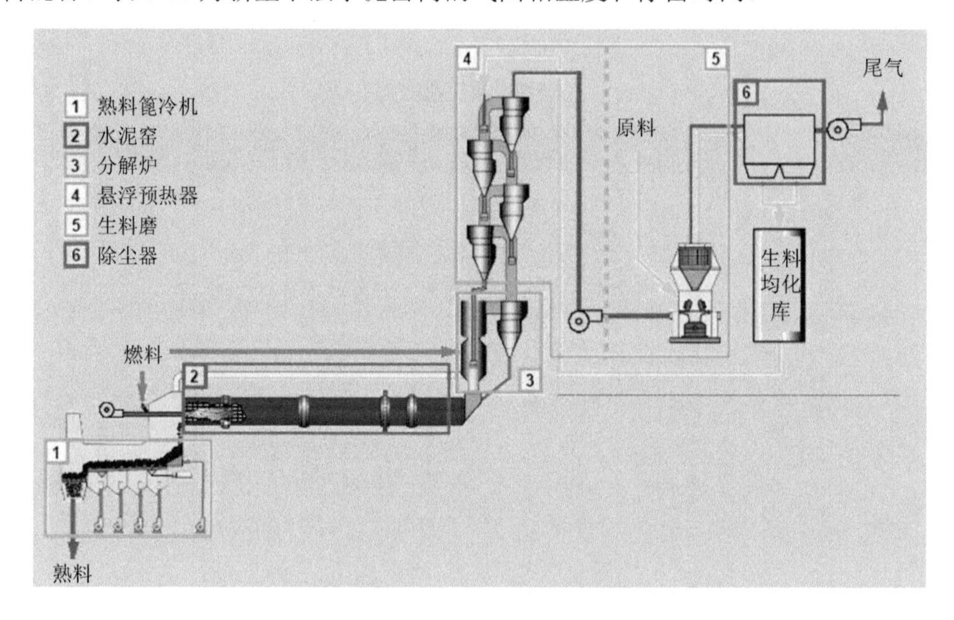

图 6-2 新型干法水泥窑的典型工艺及主要设备

表 6-10 新型干法水泥窑内的气固相温度和停留时间

设备	气相		固相	
	温度/℃	停留时间/s	温度/℃	停留时间/s
回转窑	1 050～2 000	10	900～1 450	1 800
窑尾烟室	950～1 050	0.5	850～900	0.5
分解炉	850～950	3	750～850	5
悬浮预热器	350～850	10	30～750	50
生料磨	100～250	2	20～100	600

表6-11为典型新型干法水泥窑内不同部位的主要气体成分含量，由表可以看出，水泥窑系统内CO含量低，空气过剩系数大于1，呈现明显的氧化性气氛。

表6-11 典型新型干法水泥窑内不同部位的主要气体成分含量

部位	CO_2/%	O_2/%	CO/%	H_2O/%	过剩系数
回转窑出口	22.39	1.61	0.10	8.29	1.10
窑尾烟室出口	21.54	2.32	0.10	8.06	1.15
分解炉出口	29.69	2.70	0.10	8.07	1.21
C5旋风筒出口	29.39	3.02	0.00	7.93	1.24
C4旋风筒出口	29.23	3.32	0.00	7.79	1.27
C3旋风筒出口	28.96	3.61	0.01	7.67	1.30
C2旋风筒出口	28.11	3.85	0.02	8.71	1.33
C1旋风筒出口	27.29	4.31	0.04	8.65	1.38
增湿塔	28.4	5.2	0.03	8.23	1.05
除尘设施	17.33	11.25	0.00	—	—

6.1.3 水泥窑协同处置污染土壤主要功能

1. 替代原料功能

采用水泥窑协同处置污染土壤的出发点就是利用污染的土壤来替代水泥中的硅质校正原料或黏土原料，在不影响水泥产品质量的同时实现对污染土壤的无害化处置。表6-12为某污染土壤样品中的常量元素含量（以氧化物计），可以看出，该污染土壤中Si含量高，接近天然硅质校正原料的Si含量要求，Mg、K、Na、Cl、F、S、P等对水泥生产有害的元素含量低，满足天然硅质校正原料的要求。因此，该污染土壤具备替代水泥生产硅质校正原料的价值，采用合理的掺加比和投加位置，可以保证不影响水泥生产过程。

表 6-12　某污染土壤样品中的常量元素含量　　单位：%

项目	样品 1 含量	样品 2 含量
水分	18.50	20.00
烧失量	6.43	6.54
SiO_2	53.98	50.62
Al_2O_3	9.98	9.50
Fe_2O_3	4.74	3.92
CaO	2.18	4.04
MgO	0.97	1.92
SO_3	0.10	n.d.
K_2O	1.32	n.d.
Na_2O	0.60	n.d.
P_2O_5	n.d.	n.d.
Cl^-	n.d.	0.078
F^-	n.d.	n.d.

注：n.d. 表示该物质低于检测限。

2. 无害化处置功能

污染土壤主要包括有机物（包括氰化物）污染土壤和重金属污染土壤。有机物污染土壤中的有机物（包括氰化物）在水泥窑内的高温环境和氧化性气氛下，可以被充分地降解，表 6-13 为我国几个水泥窑协同处置有机物污染土壤工程应用案例的污染土壤中特征有机物焚毁去除率（DRE）测定结果，可以看出，除氰化物污染土壤外的其他所有案例中的特征有机物 DRE 均＞99.999%。在水泥窑协同处置氰化物污染土壤案例中，水泥窑窑尾烟气中并未检测到氰化物，但由于现有烟气中氰化物检测方法的检出限不足够低，因此依据烟气中氰化物检出限计算所得的氰化物 DRE＞97.88%。

重金属污染土壤中的重金属在水泥窑内的高温环境下不会像有机物一样被分解，而是根据重金属的挥发特性最终进入水泥熟料或随烟气排出。欧洲综合污染防治局根据重金属及其盐类在水泥窑内的挥发特性，将常见重金属元素划分为不挥发、半挥发、易挥发和高挥发 4 类（表 6-14）。

表 6-13 污染土壤中特征有机物的焚毁去除率

序号	特征有机物名称	特征有机物 DRE/%
案例 1	六六六	>99.999 64
	DDT	>99.999 91
案例 2	DDT	99.999 9
案例 3	六六六	>99.999 80
	DDT	>99.999 83
案例 4	氰化物	>97.88

表 6-14 重金属元素在水泥窑内的挥发性分级

等级	元素	冷凝温度/°C
不挥发	Ba、Be、Cr、As、Ni、V、Ti、Mn、Cu、Ag	—
半挥发	Sb、Cd、Pb、Se、Zn	700～900
易挥发	Tl	450～550
高挥发	Hg	<250

不挥发类元素 99.9%以上进入熟料。半挥发类元素在回转窑和预热器系统内形成内循环，最终几乎全部进入熟料，随烟气带入、带出窑系统外的量很少。易挥发元素 Tl 在预热器内形成内循环或冷凝在窑灰里形成外循环，一般不进入熟料。虽然烟气排放的量少，但随内外循环的积累，净化后烟气排放的 Tl 逐渐升高。高挥发元素 Hg 主要是凝结在窑灰上或随烟气带走形成外循环和排放，仅极少量的 Hg 以硅酸盐的形态进入熟料。需要说明的是，表 6-14 对水泥窑内重金属元素挥发特性的分级仅是一个原则性的分级，水泥窑内重金属的挥发特性与重金属的化学形态、投加位置等多种因素有关。例如，氯化砷的挥发性甚至高于 Hg，但砷酸盐即使在 1 400℃时也基本不挥发。硫化砷从生料磨投加时，显示出了相对较高的挥发率，但从窑尾烟室投加时，硫化砷则快速转变成为难挥发的砷酸盐。总之，水泥窑内重金属的迁移转化特性到目前为止仍需进一步深入研究。环境保护部发布的《水泥窑协同处置固体废物环境保护技术规范》（HJ 662—2013）基于环境风险最大化原则，采用的重金属挥发率见表 6-15。

表 6-15 《水泥窑协同处置固体废物环境保护技术规范》（HJ 662—2013）采用的重金属挥发率

等级	元素	挥发率/%
高挥发	Hg、Tl	100
半挥发	As	15
	Sb	5
	Pb、Cd、Sn	1
难挥发	Be、Cr、Cu、Mn、Ni、V、Co	0.1

进入熟料的重金属并不是简单地与熟料矿物的物理混合，重金属在熟料矿物中的存在方式有以下 3 种：①作为杂质离子置换晶格上元素或填充于晶格间隙内，存在于熟料矿物固溶体内；②形成化合物吸附在固溶体表面；③生成不溶性的化合物，混合在熟料中。也就是说，经过高温煅烧，熟料对进入其中的重金属具有一定的固定作用。此外，熟料在使用时的水化过程中，重金属可以通过以下 5 种方式被二次固定：①随熟料矿物水化结合到 C-S-H 凝胶中；②依然固定于未完全水化的熟料矿物中；③吸附在水化产物表面；④生成氢氧化物或碳酸盐形式沉淀；⑤以可溶态存在于不连通的孔隙中，被密实包容。

因此，水泥窑并不适合协同处置含高挥发性的污染土壤，但对于含难挥发甚至半挥发性的污染土壤，水泥窑协同处置可将其中有机污染物焚烧以及将绝大部分重金属固定于水泥熟料中，在控制污染土壤投加速率的前提条件下，可以有效降低有机污染物和重金属对环境的污染风险，具有一定的无害化处置效果。

6.1.4 水泥窑协同处置技术类型

目前，成熟的水泥窑协同处置工艺主要分为直接投加工艺、热脱附后投加和流态化后投加工艺 3 类。

1. 直接投加工艺

污染土壤直接或仅做简单物理性预处理（如筛分、破碎、自然晾晒等）后投入水泥窑进行协同处置的工艺称为直接投加工艺。对于不同类型污染物的土壤，水泥窑协同处置工艺不同。

（1）重金属污染土壤

对于不含有机物（有机质含量＜0.5%，二噁英含量＜10 ng I-TEQ/kg，其他特征有机物含量＜常规水泥生料中相应的有机物含量）和简单氰化物（CN^-含量＜0.01 mg/kg）的污染土壤（主要为重金属污染土壤），如果污染土壤中混有大块状的混凝土类建筑废物或废金属，首先应通过磁选和筛分分离出大块状的废金属和建筑废物后再投入生料磨。如果污染土壤中无大块状的混凝土类建筑废物和废金属，可直接投入生料磨。如果污染土壤含水率过高，可先经自然晾晒后处理。水泥窑协同处置该类重金属污染土壤的工艺路线如图 6-3 所示。

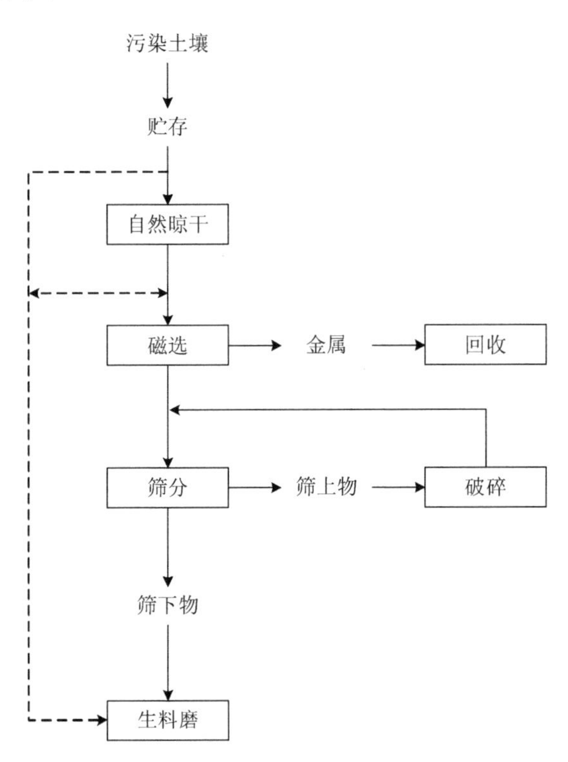

图 6-3　重金属污染土壤直接投加工艺路线

（2）有机物或简单氰化物污染土壤

对于含有机物或简单氰化物的污染土壤，在投入水泥窑分解炉或窑尾烟室之前必须筛除其中的较大颗粒和杂物，入窑污染土壤的粒径一般控制在 10 mm 以下为宜。水泥窑协同处置该类污染土壤的工艺路线如图 6-4 所示。

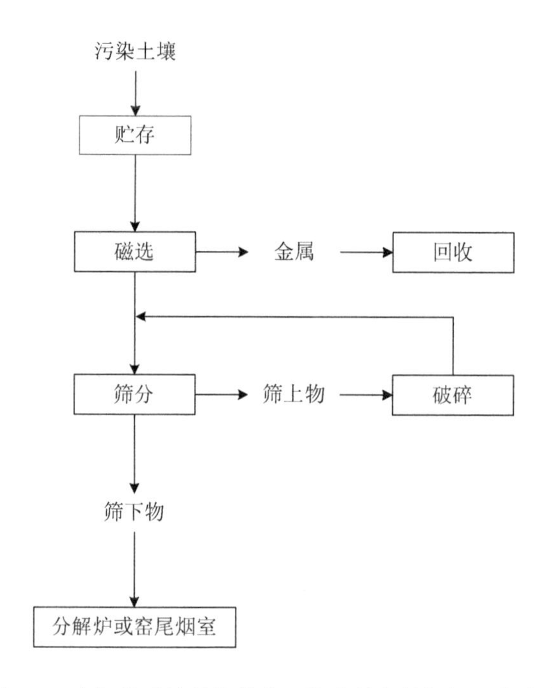

图 6-4　有机物或简单氰化物污染土壤直接投加工艺路线

2. 热脱附后投加工艺

污染土壤先通过加热进行污染物脱附预处理后再投入水泥窑协同处置的工艺称为热脱附后投加工艺。最早提出热脱附后投加工艺时，针对的主要是有机物污染土壤，有机物污染土壤脱除有机物后就可以从生料磨投加，从而增大水泥窑协同处置污染土壤的能力。热脱附的热源一般采用水泥窑三次风、篦冷机热风，也可采用化石燃料或某些可燃废物燃烧烟气作为热源。污染土壤热脱附有机物产生的废气一般通入水泥窑分解炉进行处置。图 6-5 为污染土壤热脱附后投加工艺路线。

但在实际工程应用中，图 6-5 所示的工艺路线出现了两个问题：一是污染土壤中的有机物脱附不彻底，脱附后的土壤中仍残留一定浓度的有机物，难以满足从生料磨投加的要求；二是热脱附后的土壤仍具有较高的温度，从生料磨投加就会损失这部分热量，热损失较高。为解决这两个问题，原有热脱附投加工艺进行了如下改进：①热脱附的主要目的不再是彻底地脱除污染土壤中的有机物，而是对污染土壤进行干化和研磨预处理，脱附部分有机物只是附属功能；②热脱附（干化和研磨）后的土壤不再投入生料磨，而是通过气力输送，以热态形式直接喷入水泥窑分解炉。污染土壤经过干化和研磨预处理后，物理形态转变为干燥和高均质性的细粉状，类似热生料，大大降低了从分解炉投加时对水泥熟料质量和产量的负面影响，从而可以采用更高的污染土壤投加速率，污染土壤处置能力达到与生料磨投加相同的水平。除此以外，热脱附（干化和研磨）后的土壤直接以热态通过气力输送喷入分解炉，有效利用了脱附后污染土壤的余热，热损失小。图 6-6 为改进后的污染土壤热脱附后投加工艺路线。

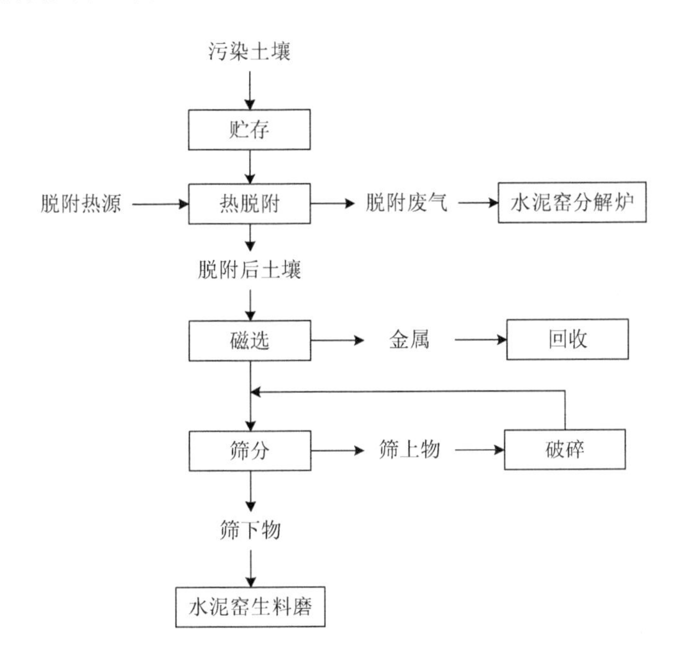

图 6-5　污染土壤热脱附后投加工艺路线

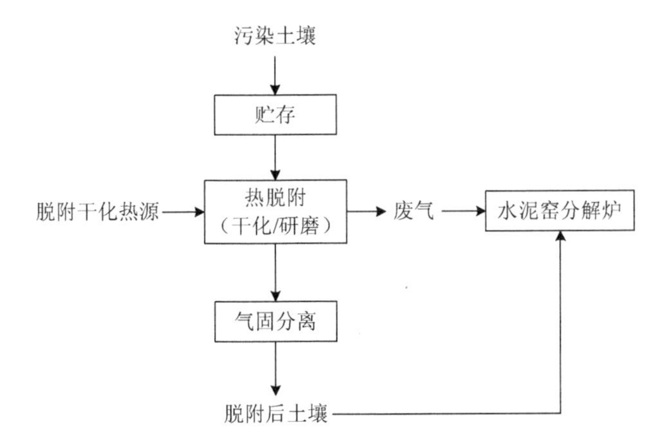

图 6-6　改进后的污染土壤热脱附后投加工艺路线

相比污染土壤热脱附后投加工艺，直接投加工艺简单、建设周期短、建设投资和运行成本低，受到广泛应用。但对于需要从窑尾烟室或分解炉投加的有机物污染土壤或简单氰化物污染土壤，直接投加工艺处置能力相对较小，其投加速率折算成生料的掺加比一般不超过 2.5%，即一条熟料产量 4 000 t/d 的水泥窑，每天可以协同处置有机物或简单氰化物污染土壤 160 t，每年协同处置污染土壤约 5 万 t，基本可以完成一个一般尺度污染场地内污染土壤的处置任务。对于可以从生料磨投加的重金属污染土壤，水泥窑对其处置能力主要取决于污染土壤中的重金属含量。对于可以从生料磨投加的络合氰化物污染土壤，水泥窑对其处置能力主要取决于污染土壤中主要氧化物 SiO_2、Al_2O_3、Fe_2O_3、CaO、SO_3 的含量。

3. 流态化后投加工艺

污染土壤与液体废物混合搅拌制成半固态废物再投入水泥窑分解炉或窑尾烟室进行协同处置的工艺称为流态化后投加工艺，具体工艺路线如图 6-7 所示。

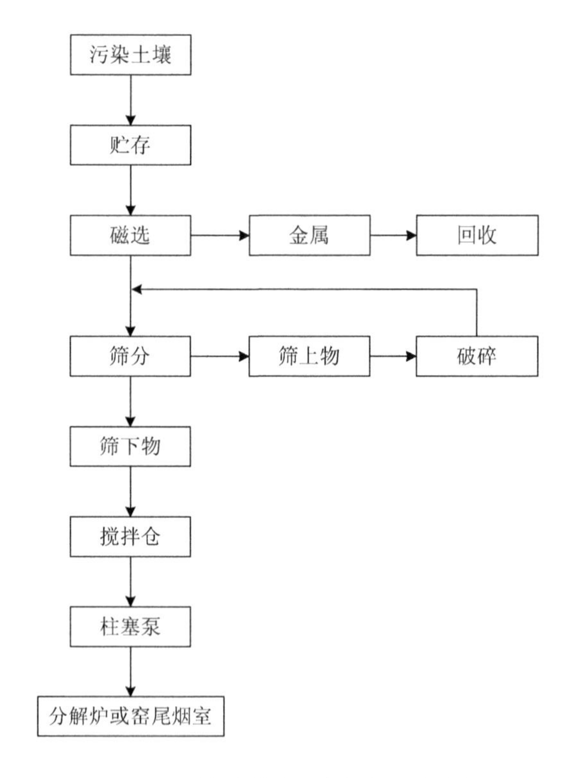

图 6-7 污染土壤流态化投加工艺路线

该工艺的关键设备主要是混合搅拌仓和柱塞泵，主要适用于处置有机物污染土壤，其优点包括无组织异味易控制、工艺相对简单、建设周期相对短、建设投资和运行成本相对低、可同时处置液体废物等，缺点是搅拌不易均匀、堵塞柱塞泵、对水泥窑正常冲击大、处理量较小等。

目前，我国建成和在建的水泥窑协同处置污染土壤项目近20个，其中除华新水泥（武穴）有限公司外，其他所有项目均采用直接投加工艺。因此接下来所提到的水泥窑协同处置工艺均为直接投加工艺。

6.1.5 水泥窑协同处置技术的影响因素

1. 污染土壤投加位置

固体废物在水泥窑协同处置时的投加位置，主要包括窑头主燃烧器、窑门罩、窑尾烟室、分解炉和生料磨等环节（图 6-8），各投加位置适合投加的固体废物特性见表 6-16。

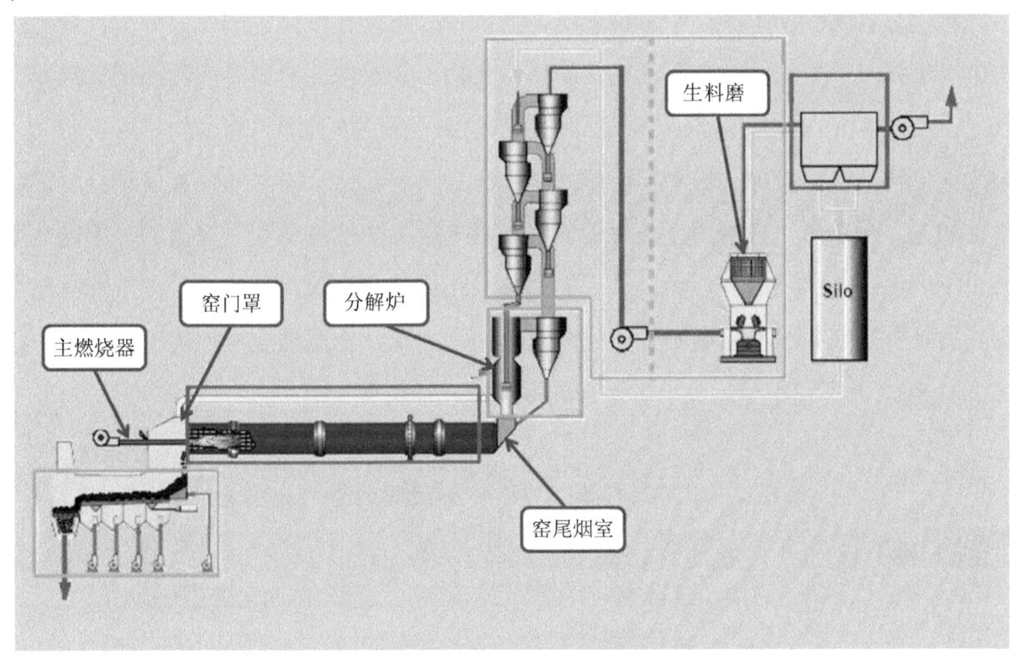

图 6-8 水泥窑协同处置过程中固体废物投加位置

表 6-16　水泥窑协同处置过程中各投加位置适于投加的废物特性

投加位置	适于投加的废物特性
主燃烧器	• 液态或易于气力输送的小粒径固态废物 • 含 POPs 物质或高毒、难降解有机物质的废物 • 热值高、含水率低的有机废液
窑门罩	• 不适于在窑头主燃烧器投加的液体废物，如各种低热值液态废物 • 易于气力输送的小粒径固态废物
分解炉	• 所有废物
窑尾烟室	• 受物理特性限制无法从窑头投加的高毒、难降解有机物 • 不可燃，有机质含量低
生料磨	• 不含有机物（有机质含量<0.5%，二噁英含量<10 ng I-TEQ/kg，其他特征有机物含量<常规水泥生料中相应的有机物含量）和简单氰化物（CN^-含量<0.01 mg/kg）的固态废物

为确保水泥窑协同处置污染土壤的水泥熟料产品质量满足要求，同时使污染土壤中的重金属被有效固定于熟料中，投入水泥窑的污染土壤应有充分的时间与水泥窑内物料发生化学反应，因此，水泥窑窑头投加位置，即主燃烧器和窑门罩不适合投加污染土壤。

对于有机物和简单氰化物污染土壤，为确保有机物和氰化物的充分分解，避免从污染土壤挥发、脱附的部分有机物和简单氰化物不经过水泥窑高温区就随烟气排入大气，污染土壤应直接投入水泥窑高温区并在高温区有足够长的气相和固相停留时间，因此，生料磨不能投加有机物和简单氰化物污染土壤，适合投加的位置仅剩分解炉和窑尾烟室。从熟料生产的角度，由于分解炉具有更大的抗波动和干扰空间，因此从分解炉投加优于从窑尾烟室投加。从有机物和氰化物焚毁去除率的角度，由于从窑尾烟室投加具有更高的温度和更长的烟气停留时间，因此从窑尾烟室投加优于从分解炉投加。表 6-17 为不同类型污染土壤适合的水泥窑投加位置。

表 6-17　水泥窑协同处置过程中污染土壤适合投加的位置

污染土壤类型		适合的投加位置
有机物污染土壤	含难降解有机物	分解炉、窑尾烟室（优先）
	仅含一般有机物	分解炉（优先）、窑尾烟室
简单氰化物污染土壤		分解炉、窑尾烟室（优先）
络合氰化物污染土壤		生料磨（优先）、分解炉、窑尾烟室
重金属污染土壤		生料磨（优先）、分解炉、窑尾烟室

2. 污染土壤掺加比或投加速率

水泥熟料生产和污染土壤无害化处置效果都与污染土壤掺加比或投加速率密切相关。而污染土壤掺加比或投加速率的确定需考虑水泥熟料产品质量、水泥熟料产量、水泥窑正常运行、重金属环境释放量和特征有机物焚毁去除率等因素，以各个因素决定的污染土壤掺加比或投加速率中的最小值作为最终的掺加比或投加速率。

（1）水泥熟料产品质量

硅酸盐水泥熟料中主要氧化物 SiO_2、Al_2O_3、Fe_2O_3、CaO、SO_3 含量之间比例关系的系数称为率值，率值是熟料质量控制的基本要素，我国主要采用石灰包含系数（*KH*）、硅率（*n*）、铝率（*p*）3 个率值，其中 *n*、*p* 的计算公式在表 6-3 备注中已给出，*KH* 的计算公式如下：

$$KH = \frac{w(\text{CaO}) - 1.65w(\text{Al}_2\text{O}_3) - 0.35w(\text{Fe}_2\text{O}_3) - 0.7w(\text{SO}_3)}{2.8w(\text{SiO}_2)} \tag{6-1}$$

为保证熟料产品质量，*KH* 一般控制在 0.86～0.90，*n* 一般控制在 2.2～2.6，*p* 一般控制在 1.3～1.8。熟料煅烧过程中，入窑物料（常规生料、燃料、污染土壤）中的 SiO_2、Al_2O_3、Fe_2O_3、CaO、SO_3 不会挥发，全部进入熟料，因此，入窑物料中 SiO_2、Al_2O_3、Fe_2O_3、CaO、SO_3 含量是决定熟料三率值的唯一因素。为了将熟料三率值控制在合理的设定范围内，必须根据各种原料中 SiO_2、Al_2O_3、Fe_2O_3、CaO、SO_3 的含量，对各种原料进行合理搭配，即生料配料。当污染土壤掺加比或投加速率比较低时，如污染土壤掺加比低于生料量的 1%时，可以忽略由污染土壤带入的 SiO_2、Al_2O_3、Fe_2O_3、CaO、SO_3 对三率值的影响。当污染土壤掺加比大于生料量的 2%时，由污染土壤带入的 SiO_2、Al_2O_3、Fe_2O_3、CaO、SO_3 对三率值的影响一般就不能再忽略了，需要通过调整其他原料的配比将三率值控制在原有数值。当污染土壤掺加比或投加速率增大到一个极限值后，无论怎么调整其他原料的配比都不能将三率值控制在合理范围内时，该极限掺加比或投加速率就是污染土壤的理论最大掺加比或投加速率，一般可达 15%左右。

污染土壤掺加比或投加速率对熟料产品质量的影响还体现在由污染土壤向熟料带入的 MgO、K_2O、Na_2O、P_2O_5、Cl 等有害组分含量，当污染土壤中上述有害组分含量较高时，必须降低污染土壤掺加比或投加速率，使熟料中有害组分含量满足熟料产品质量标准。

污染土壤从分解炉或窑尾烟室投加时，污染土壤投加速率对熟料产品质量的影响还与污染土壤的粒径有关。由于污染土壤没有经过预热和预分解就直接投入分解炉或窑尾烟室，大粒径污染土壤不易与水泥窑内的物料发生充分的接触，从而使熟料煅烧反应不能完全，影响熟料产品质量。为减少对熟料产品质量的影响，必须降低污染土壤投加速率。对于仅经过初步筛出砖头瓦块的污染土壤投入，从窑尾烟室或分解炉投加时，其投加速率折算成生料的掺加比一般不超过 2.5%，远低于由三率值计算得到的理论最大掺加比。

（2）水泥熟料产量

污染土壤从分解炉或窑尾烟室投加时，污染投加速率还会影响水泥窑熟料产量。投加速率对熟料产量的影响主要与污染土壤含水率有关。污染土壤直接投入分解炉或窑尾烟室后，污染土壤中的水分吸收热量后汽化。由于水的蒸发潜热上升，汽化后体积也显著增大，因此会降低分解炉或窑尾烟室内温度，增加分解炉或窑尾烟室内压力。为了保证分解炉或窑尾烟室内温度和压力的稳定，要么降低污染土壤投加速率，要么通过降低熟料产量减少原有物料在分解炉或窑尾烟室内吸热份额和产气份额。当污染土壤含水率小于 20%时，污染土壤投加速率对水泥熟料产量影响不明显；当污染土壤含水率超过 50%时，从分解炉或窑尾烟室投加时，为了不明显降低熟料产量，污染土壤投加速率折成生料的掺加比一般不超过 10%，也低于由三率值计算得到的理论最大掺加比。

（3）水泥窑正常运行

污染土壤掺加比或投加速率对水泥窑正常运行的影响主要体现在由污染土壤向水泥窑带入 Cl 元素总量。当水泥窑入窑物料（包括原料、燃料、污染土壤及其他废物）中 Cl 元素含量超过 0.015%时，水泥窑就会发生比较严重的结皮堵塞。因此，若污染土壤中 Cl 含量较高时，应降低污染土壤投加速率或掺加比。

（4）重金属环境释放量

重金属环境释放量包括水泥生产过程中由水泥窑烟气排入大气的重金属和水泥产品使用过程中由水泥产品向环境浸出的重金属。控制重金属环境释放量的主要措施就是控制入窑重金属的总量。对于协同处置污染土壤的水泥窑，污染土壤的掺加比或投加速率直接影响入窑重金属的总量。《水泥窑协同处置固体废物环境保护技术规范》（HJ 662—2013）根据重金属元素在水泥窑中的挥发率和在水泥产品中的浸出率，水泥窑协同处置污染土壤时污染土壤的最大投加速率 M_{soil} 应满足如下关系式：

$$\frac{C_{soil}\times M_{soil}+C_{fuel}\times M_{fuel}+C_{material}\times M_{material}+C_{waste}\times M_{waste}}{M_{clinker}}\leqslant FM_{clinker} \tag{6-2}$$

$$\frac{C_{soil}\times M_{soil}+C_{fuel}\times M_{fuel}+C_{material}\times M_{material}+C_{waste}\times M_{waste}}{M_{clinker}}\times R_{clinker}+\sum C_i\times R_i\leqslant FM_{cement} \tag{6-3}$$

式中，C_{soil}、C_{fuel}、$C_{material}$、C_{waste} 和 C_i 分别为投入水泥窑的污染土壤、常规燃料、常规原料、其他废物以及各种混合材中的重金属含量，mg/kg；M_{soil}、M_{fuel}、$M_{material}$、M_{waste}、$M_{clinker}$ 分别为污染土壤、常规燃料、常规原料、其他废物向水泥窑的投加速率和熟料的单位时间产量，kg/h；$R_{clinker}$ 和 R_i 分别为水泥中熟料和各种混合材的百分比，%；$FM_{clinker}$ 和 FM_{cement} 分别为生产单位质量熟料时重金属投入水泥窑的最大量和生产单位质量水泥时重金属投入水泥窑和水泥磨的最大量，mg/kg。$FM_{clinker}$ 和 FM_{cement} 的值见表 6-18。

表 6-18　重金属最大允许投加量　　单位：mg/kg

重金属	重金属的最大允许投加量	备注
汞（Hg）	0.115	生产单位质量熟料时重金属投入水泥窑的最大量
100×铊+镉+铅+15×砷（100×Tl+Cd+Pb+15As）	230	
铍+铬+10×锡+50×锑+铜+锰+镍+钴+钒（Be+Cr+10Sn+50Sb+Cu+Mn+Ni+Co+V）	1 150	
总铬（Cr）	320	生产单位质量水泥时重金属投入水泥窑和水泥磨的最大量
六价铬（Cr^{6+}）	10(1)	
锌（Zn）	37 760	
锰（Mn）	3 350	
镍（Ni）	640	
钼（Mo）	310	
砷（As）	4 280	
镉（Cd）	40	
铅（Pb）	1 590	
铜（Cu）	7 920	
汞（Hg）	4(2)	

注：（1）计入窑物料中的总铬和混合材中的六价铬。
（2）仅计混合材中的汞。

（5）特征有机物焚毁去除率

特征有机物的焚毁去除率（DRE）仅与水泥窑内的气相温度和停留时间有关。当污染土壤从分解炉或窑尾烟室的投加速率较低时，对分解炉或窑尾烟室内的温度场影响可忽略不计，因此污染土壤中特征有机物的 DRE 可以达到设定要求。当污染土壤从分解炉或窑尾烟室的投加速率过高时，就会明显降低分解炉或窑尾烟室内的温度，可能导致污染土壤中特征有机物的 DRE 减小。污染土壤投加速率对分解炉或窑尾烟室温度场的影响程度与污染土壤的含水率有关，相同的污染土壤投加速率，污染土壤含水率越高，对分解炉或窑尾温度场的影响越大。可以采取增加喷煤量方式提升分解炉或窑尾烟室温度至正常水平，但该措施会增加单位熟料煤耗，甚至降低熟料产量。

3. 投加口密闭性能

当污染土壤从分解炉或窑尾烟室投加时，由于分解炉和窑尾烟室内为负压，冷空气会从污染土壤投加口漏入分解炉或窑尾烟室。当投加口缺少锁风装置或锁风装置设计不当时，漏风过多就会明显影响分解炉或窑尾烟室内的温度场，从而影响熟料煅烧过程和污染土壤中有机物焚毁去除率。

6.1.6 水泥窑协同处置污染土壤的适用性及效果评价指标

1. 技术适用性

水泥窑协同处置技术适用于处理有机及重金属污染土壤，不宜用于汞、砷、铅等重金属污染较重的土壤。由于水泥生产对进料中氯、硫等元素的含量有限值要求，在使用该技术时需慎重确定污染土壤的添加量。

2. 效果评价指标

水泥窑协同处置污染土壤需要满足两个基本原则：不影响水泥熟料生产和实现对污染土壤的无害化处置。

（1）不影响水泥熟料生产

不影响水泥熟料生产包括 3 个评价指标：熟料产品质量、熟料产量和水泥窑正常运行。

①熟料产品质量

水泥窑协同处置污染土壤的熟料产品质量首先应满足《硅酸盐水泥熟料》（GB/T 21372—2008）中规定的化学性能和物理性能标准，在此前提下，协同处置污染土壤的熟料产品质量可能相比未协同处置污染土壤的常规熟料产品质量略微下降，这种质量的略微下降是水泥窑协同处置污染土壤的运行成本之一。

②熟料产量

水泥窑的熟料产量受多种因素的影响，是一个波动的范围，通常一条水泥窑的熟料最大产量可超过设计产能的20%，最低产量可降至设计产能的60%。在正常情况下，一条水泥窑的熟料产量也会在±3%范围内波动。水泥窑协同处置污染土壤可能会降低熟料产量，但具体有多少产量的降低是由协同处置污染土壤单因素导致的，需要依托多组运行数据进行综合分析，分清熟料产量正常波动的情况及其他因素的影响。由协同处置污染土壤导致的熟料产量降低也是水泥窑协同处置污染土壤运行成本之一，只要高于水泥窑的极限最低产量且熟料减产成本可接受，也是允许的。

③水泥窑正常运行

水泥窑协同处置污染土壤不应影响水泥窑的正常运行，主要是指不加快水泥窑结皮堵塞、内衬腐蚀等故障的趋势和进程，水泥窑的清理结皮、更换内衬以及停窑检修频次仍能维持在正常水平。

（2）污染土壤的无害化处置

污染土壤的无害化处置主要包括 4 个评价指标：污染土壤中特征有机物（包括氰化物）DRE，水泥窑大气污染物排放浓度，熟料中重金属的浸出浓度，污染土壤贮存、预处理和投加过程中的污染物排放。

①特征有机物（包括氰化物）DRE

特征有机物焚毁去除率主要针对有机物污染土壤，参考《水泥窑协同处置固体废物污染控制标准》（GB 30485—2013）中对水泥窑协同处置危险废物的特征有机物焚毁去除率要求，水泥窑协同处置污染土壤时，污染土壤中特征有机物（包括氰化物）的DRE 应≥99.999 9%。

②水泥窑大气污染物排放浓度

水泥窑协同处置污染土壤时，水泥窑窑尾烟气中大气污染物排放浓度应满足《水泥窑协同处置固体废物污染控制标准》（GB 30485—2013）的要求（表 6-19）。

表 6-19　水泥窑协同处置土壤大气污染物排放限值（标态干烟气，10%氧含量）

污染物	限值/（mg/m³）	取值时间
颗粒物	30	1 h 均值
	20[1]	
二氧化硫	200	
	100[1]	
氮氧化物（以 NO_2 计）	400	
	320[1]	
氟化物（以总 F 计）	5	
	3[1]	
氨[2]	10	
	8[1]	
氯化氢	10	
氟化氢	1	
总有机碳	10[3]	—
汞及其化物	0.05	3 h 均值
铊、镉、铅、砷及其化合物	1.0	
铍、铬、锡、锑、铜、钴、锰、镍、钒及其化合物	0.5	
二噁英类	0.1	

注：（1）指重点地区执行的特别排放限值。
（2）适用于使用氨水、尿素等含氨物质作为还原剂，去除烟气中氮氧化物的水泥窑。
（3）指协同处置污染土壤和未协同处置污染土壤的差值。

③熟料中重金属的浸出浓度

水泥窑协同处置污染土壤时所生产的熟料中重金属浸出浓度应满足《水泥窑协同处置固体废物技术规范》（GB 30760—2014）中的限值（表 6-20），水泥产品中水溶性六价铬的含量应满足《水泥中水溶性铬（Ⅵ）的限量及测定方法》（GB 31893—2015）的要求，即不超过 10 mg/kg。

表 6-20　水泥熟料中重金属浸出浓度限值

重金属	砷	铅	镉	铬	铜	镍	锌	锰
限值/（mg/L）	0.1	0.3	0.03	0.2	1.0	0.2	1.0	1.0

④污染土壤贮存、预处理和投加过程中污染物排放

有机物或简单氰化物污染土壤贮存设施、预处理车间和输送投加装置卸料车间有组织排放源的非甲烷总烃或氰化氢排放浓度应满足《大气污染物综合排放标准》（GB 16297—1996）的要求，颗粒物排放浓度应不超过 20 mg/m^3（标准状态下干烟气浓度）。采用独立排气筒的预处理设施（如烘干机、预烧炉等）排气筒大气污染物排放浓度应根据预处理设施类型满足相关大气污染物排放标准要求。有机物或简单氰化物污染土壤协同处置企业无组织排放源的非甲烷总烃或氰化氢排放浓度应满足《大气污染物综合排放标准》（GB 16297—1996）的要求，颗粒物排放浓度应满足《水泥工业大气污染物排放标准》（GB 4915—2013）的要求。

重金属污染土壤或络合氰化物污染土壤贮存设施、预处理车间和输送投加装置卸料车间有组织排放源的颗粒物排放浓度应不超过 20 mg/m^3（标准状态下干烟气浓度）。采用独立排气筒的预处理设施（如烘干机、预烧炉等）排气筒大气污染物排放浓度应根据预处理设施类型满足相关大气污染物排放标准要求。重金属污染土壤或络合氰化物污染土壤协同处置企业无组织排放源的颗粒物排放浓度应满足《水泥工业大气污染物排放标准》（GB 4915—2013）的要求。污染土壤贮存、预处理和投加过程中的污染物排放限值见表 6-21。

表 6-21　污染土壤贮存、预处理和投加过程污染物排放限值（标态干烟气浓度）

污染土壤类别	污染物排放方式及指标类型		排放限值/（mg/m^3）
有机物污染土壤	有组织排放	颗粒物	20
		非甲烷总烃	120
	无组织排放	颗粒物	0.5
		非甲烷总烃	4.0
简单氰化物污染土壤	有组织排放	颗粒物	20
		氰化氢	1.9
	无组织排放	颗粒物	0.5
		氰化氢	0.024
重金属污染土壤/络合氰化物污染土壤	有组织排放	颗粒物	20
	无组织排放	颗粒物	0.5

6.2 水泥窑协同处置工艺设计与运行维护

6.2.1 工艺设计

水泥窑协同处置工艺是在原有水泥生产工艺的基础上，对投料口进行改造，并增加必要的投料装置、预处理设施、符合要求的贮存设施和具备分析能力的实验室的工艺，图6-9 为典型水泥窑协同处置污染土壤工艺流程。水泥窑协同处置污染土壤工艺主要由土壤预处理系统、上料系统、水泥回转窑及配套系统、监测系统组成。土壤预处理系统在密闭环境内进行，主要包括密闭贮存设施（如充气大棚）、筛分设施（筛分机）、尾气处理系统（如活性炭吸附系统等），预处理系统产生的尾气经过尾气处理系统后达标排放。上料系统主要包括存料斗、板式喂料机、皮带计量秤、提升机，整个上料过程处于密闭环境中，避免上料过程中污染物和粉尘散发到空气中，造成二次污染。水泥回转窑及配套系统包括预热器、回转式水泥窑、窑尾高温风机、三次风管、回转窑燃烧器、篦式冷却机、窑头袋收尘器、螺旋输送机、槽式输送机。监测系统主要包括氧气、粉尘、氮氧化物、二氧化碳、水分、温度在线监测及水泥窑尾气和水泥熟料的定期监测，以保证污染土壤处理的效果和生产安全。

1. 土壤暂存与预处理

为了避免清挖后的污染土壤在运输过程中有机污染物挥发，污染土壤在地块使用吨袋（覆膜）密封包装，防止在装载和运输过程中污染物挥发。车辆密封覆盖，污染土壤入袋、装车后，扎好雨布，防止遗撒和淋雨，进行全封闭运输，保持车速平稳。

暂存地块（堆棚）应与水泥窑窑体、分解炉和预热器保持一定的安全距离，确保密闭性、防漏、防溢，如堆棚周边设置挡墙，进行地面硬化、地面防渗处理、地块设置雨水收集系统及渗滤液收集系统、袋装污染土进行覆膜暂存。贮存含挥发性有机物污染土壤的堆棚应配备大功率风机，使堆棚保持微负压，抽出气体作为水泥窑补充气通入窑内与燃料一起燃烧。

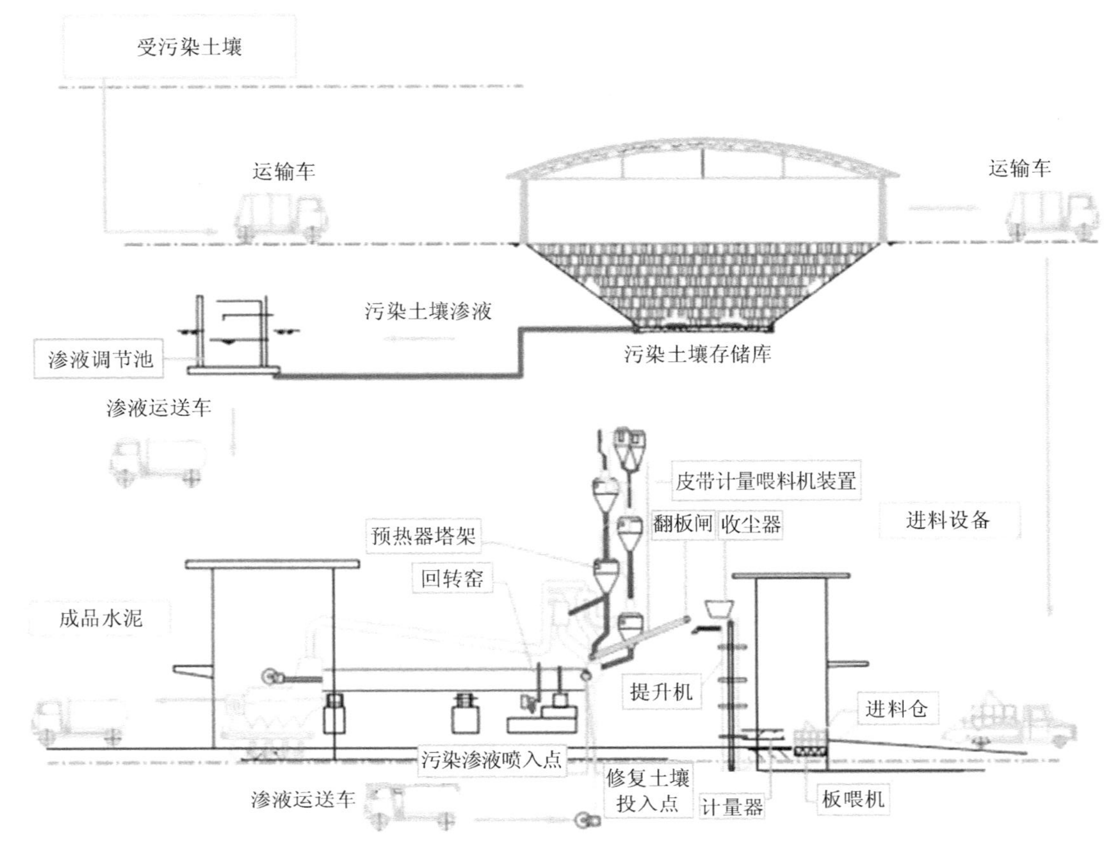

图 6-9　水泥窑协同处置污染土壤工艺流程

资料来源：http：//www.chinageo.com.cn/ g1360/s3544/t27357.aspx。

为了满足入窑污染土壤颗粒直径不超过 50 mm，污染土壤需进行破碎、筛分等预处理。进行污染土壤预处理的设施应具有较好的密闭性，并保证与操作人员隔离。对于含挥发性和半挥发性有毒有害成分的污染土壤，其预处理设施应布置在室内车间，车间应设置通风换气装置，排出气体应通过处理后排放或导入水泥窑高温区焚烧。对于从配料系统入窑的污染土壤，其预处理设施应具有破碎和配料的功能，也可根据需要配备烘干等装置。对于从窑尾入窑的污染土壤，其预处理设施应具有破碎和混合搅拌的功能，也可根据需要配备分选和筛分装置。

2. 土壤投加

（1）土壤投加要求

污染土壤投加前需对其特性进行化学分析，根据污染土壤的特性及进料装置的要求和投加口的工况特点，选择适当的污染土壤投加位置。入窑物料（包括常规原料、燃料和污染土壤）中重金属的最大允许投加量不应大于表 6-22 所列限值，对于单位为 mg/kg-cem 的重金属，最大允许投加量还包括磨制水泥时由混合材带入的重金属。入窑重金属投加量与污染土壤、常规燃料、常规原料中重金属含量以及重金属投加速率的关系如式（6-4）和式（6-5）所示：

$$FM_{\text{hm-cli}} = \frac{c_{\text{w}} \times m_{\text{w}} + c_{\text{f}} \times m_{\text{f}} + c_{\text{r}} \times m_{\text{r}}}{m_{\text{cli}}} \tag{6-4}$$

$$FR_{\text{hm-cli}} = FM_{\text{hm-cli}} \times m_{\text{cli}} = c_{\text{w}} \times m_{\text{w}} + c_{\text{f}} \times m_{\text{f}} + c_{\text{r}} \times m_{\text{r}} \tag{6-5}$$

式中，$FM_{\text{hm-cli}}$为重金属的单位熟料投加量，即入窑重金属的投加量，不包括由混合材带入的重金属，mg/kg-cli；c_{w}、c_{f}和 c_{r}分别为污染土壤、常规燃料和常规原料的重金属含量，mg/kg；m_{w}、m_{f}和 m_{r}分别为单位时间内污染土壤、常规燃料和常规原料的投加量，kg/h；m_{cli}为单位时间的熟料产量，kg/h；$FR_{\text{hm-cli}}$为入窑重金属的投加速率，不包括由混合材带入的重金属，mg/h。

对于表 6-22 中单位为 mg/kg-cem 的重金属，重金属投加量和投加速率的计算如式（6-6）和式（6-7）所示：

$$FM_{\text{hm-ce}} = \frac{c_{\text{w}} \times m_{\text{w}} + c_{\text{f}} \times m_{\text{f}} + c_{\text{r}} \times m_{\text{r}}}{m_{\text{cli}}} \times R_{\text{cli}} + c_{\text{mi}} \times R_{\text{mi}} \tag{6-6}$$

$$FR_{\text{hm-ce}} = FM_{\text{hm-ce}} \times m_{\text{cli}} \times \frac{R_{\text{mi}} + R_{\text{cli}}}{R_{\text{cli}}} = c_{\text{w}} \times m_{\text{w}} + c_{\text{f}} \times m_{\text{f}} + c_{\text{r}} \times m_{\text{r}} + c_{\text{mi}} \times m_{\text{cli}} \times \frac{R_{\text{mi}}}{R_{\text{cli}}}$$
$$= FM_{\text{hm-cli}} \times m_{\text{cli}} + c_{\text{mi}} \times m_{\text{cli}} \times \frac{R_{\text{mi}}}{R_{\text{cli}}} \quad (6\text{-}7)$$

式中，$FM_{\text{hm-ce}}$为重金属的单位水泥投加量，包括由混合材带入的重金属，mg/kg-cem；c_{w}、c_{f}、c_{r}和c_{mi}分别为污染土壤、常规燃料、常规原料和混合材的重金属含量，mg/kg；m_{w}、m_{f}和m_{r}分别为单位时间内污染土壤、常规燃料和常规原料的投加量，kg/h；m_{cli}为单位时间的熟料产量，kg/h；R_{cli}和R_{mi}分别为水泥中熟料和混合材的百分比，%；$FR_{\text{hm-ce}}$为重金属的投加速率，包括由混合材带入的重金属，mg/h；$FR_{\text{hm-cli}}$为入窑重金属的投加速率，不包括由混合材带入的重金属，mg/h。

表 6-22　入窑物料重金属最大允许投加限值

重金属	单位	重金属的最大允许投加量
汞（Hg）	mg/kg-cli	0.23
铊+镉+铅+15×砷（Tl+Cd+Pb+15As）		230
铍+铬+10×锡+50×锑+铜+锰+镍+钒（Be+Cr+10Sn+50Sb+Cu+Mn+Ni+V）		1 150
总铬（Cr）	mg/kg-cem	320
六价铬（Cr^{6+}）		10[(1)]
锌（Zn）		37 760
锰（Mn）		3 350
镍（Ni）		640
钼（Mo）		310
砷（As）		4 280
镉（Cd）		40
铅（Pb）		1 590
铜（Cu）		7 920
汞（Hg）		4[(2)]

注：（1）计入窑物料中的总铬和混合材中的六价铬；
（2）仅计混合材中的汞。

此外，水泥窑协同处置企业应根据水泥生产工艺特点，控制随物料入窑的氯（Cl）和氟（F）元素的投加量，以保证水泥的正常生产和熟料质量符合国家标准。入窑物料中 F 元素含量不应大于 0.5%，Cl 元素含量不应大于 0.04%。通过配料系统投加的物料中硫化物硫与有机硫总含量不应大于 0.014%。从窑头、窑尾高温区投加的全硫与配料系统投加的硫酸盐硫总量投加量不应大于 3 000 mg/kg-cli。入窑物料中 F、Cl 及 S 元素的投加量计算如式（6-8）～式（6-10）所示。

入窑物料中 F 元素或 Cl 元素含量的计算如式（6-8）所示：

$$C = \frac{c_w \times m_w + c_f \times m_f + c_r \times m_r}{m_w + m_f + m_r} \tag{6-8}$$

式中，C 为入窑物料中 F 元素或 Cl 元素的含量，%；c_w、C_f 和 c_r 分别为污染土壤、常规燃料和常规原料中的 F 元素或 Cl 元素含量，%；m_w、m_f 和 m_r 分别为单位时间内污染土壤、常规燃料和常规原料的投加量，kg/h。

从配料系统投加的物料中硫化物 S 和有机 S 总含量的计算如式（6-9）所示：

$$C = \frac{c_w \times m_w + c_r \times m_r}{m_w + m_r} \tag{6-9}$$

式中，C 为从配料系统投加的物料中硫化物 S 和有机 S 总含量，%；c_w 和 c_r 分别为污染土壤和常规原料中的硫化物 S 和有机 S 总含量，%；m_w 和 m_r 分别为单位时间内污染土壤和常规原料的投加量，kg/h。

从窑头、窑尾高温区投加的全 S 与配料系统投加的硫酸盐 S 总投加量的计算如式（6-10）所示：

$$FM_s = \frac{c_{w1} \times m_{w1} + c_{w2} \times m_{w2} + c_f \times m_f + c_r \times m_r}{m_{cli}} \tag{6-10}$$

式中，FM_s 为窑头、窑尾高温区投加的全硫与配料系统投加的硫酸盐总投加量，mg/kg-cli；c_{w1} 和 c_f 分别为从高温区投加的污染土壤和常规燃料中的全硫含量，%；c_{w2} 和 c_r 分别为从配料系统投加的污染土壤和常规原料中的硫酸盐 S 含量，%；m_{w1}、m_{w2}、m_f 和 m_r 分别为单位时间内从高温区投加的污染土壤、从配料系统投加的污染土壤、常规燃料和常规原料的投加量，kg/h；m_{cli} 为单位时间的熟料产量，kg/h。

（2）污染土壤投加设施要求

①能实现自动进料，并配置可调节投加速率的计量装置实现定量投料；

②污染土壤输送装置和投加口应保持密闭，污染土壤投加口应具有防回火功能；

③保持进料畅通以防止污染土壤搭桥堵塞；

④配置可实时显示污染土壤投加状况的在线监测系统；

⑤具有自动联机停机功能，当水泥窑或烟气处理设施因故障停止运行，或者当窑内温度、压力、窑转速、烟气中氧含量等运行参数偏离设定值，或者烟气排放超过标准设定值时，可自动停止污染土壤投加；

⑥处理腐蚀性污染土壤时，投加和输送装置应采用防腐材料。

污染土壤在水泥窑中投加位置根据污染土壤特性有两个选择：①窑尾低温段，生料配料系统（生料磨）；②窑尾高温段，包括分解炉和窑尾烟室投加点。不同位置的投加设施应满足以下特殊要求：①生料磨投加可借用常规生料投加设施；②窑尾投加设施应配备泵力、气力或机械传输带输送装置，并在窑尾烟室或分解炉的适当位置开设投料口。

3. 水泥窑协同处置工艺

水泥窑协同处理污染土壤的投加位置包括窑尾烟室、分解炉和生料磨等环节，为了能根据污染土壤的特性，使污染土壤能够顺利投加到水泥生产线的不同位置，消除污染土壤的环境风险，同时确保协同处置污染土壤的水泥熟料产品质量满足要求，减少二次污染的产生，通常需要选择合适的水泥生产线，并对相关设施进行改造，或者增加相关设备，用于污染土壤的协同处置。

（1）水泥窑改造和关键设备

当利用水泥窑协同处置污染土壤时，针对不同污染物，对原有水泥窑的改造及所需关键设备不同。

①重金属污染土壤

重金属污染土壤直接投加工艺路线无须对水泥窑做任何改造，其关键设备主要包括用于筛除大块状混凝土类建筑废物和废金属的筛分、破碎和磁选设备。适用的筛分装置包括振动筛、滚动筛，甚至可以采用简易的筛网进行人工或半机械式筛分。破碎装置一般采用颚式破碎机或锤式破碎机。

经筛除大块状混凝土类建筑废物和废金属的污染土壤到污染土壤投料点之间的输送可以采用移动式运输设备，如翻斗车、渣土车等，也可以采用皮带输送装置。污染土壤向生料磨的投加可以借用空闲的常规原料皮带输送系统，也可为污染土壤新建一条专用的皮带输送系统，或者与某一种常规原料共用一条皮带输送系统。污染土壤与某一种常规原料共用一条皮带输送系统时，需要采取必要的措施准确计量污染土壤的掺加比，常用的方法是采用铲斗车向原料受料仓加料时，按照设定的掺加比，以每铲斗为单位，依次向受料仓投加常规原料和污染土壤。例如，若常规原料硫酸渣和污染土壤的混合比例设定为 2∶1，那么每次向原硫酸渣受料仓投加 2 铲斗硫酸渣后，就投加 1 铲斗污染土壤。

②有机物和简单氰化物污染土壤

有机物和简单氰化物污染土壤的筛分、破碎和磁选设备与重金属污染土壤基本相同，除此以外，有机物和简单氰化物污染土壤直接投加工艺路线还需要在水泥窑分解炉或窑尾烟室开设污染土壤专用投加口并配置适用的输送设施和投加设施。

当污染土壤从分解炉投加时，投加口开口位置应选择在分解炉的煤粉或三次风入口附近，并在保证分解炉内氧化气氛稳定的前提下，尽可能靠近分解炉下部，以确保足够的烟气停留时间。污染土壤输送和投加设施应能实现自动进料，并配置可调节投加速率的计量装置实现定量投料，常用的输送和投加设施包括皮带输送装置、提升机、板喂机等。在窑尾烟室或分解炉，也可设置人工投加口，用于临时投加待处置量少（几天内即可处置完成）的污染土壤。在分解炉或窑尾烟室的污染土壤入口处应设置锁风结构（如物料重力自卸双层折板门、程序自动控制双层门、回转锁风门等），防止在投加污染土壤过程中向窑内漏风以及水泥窑工况异常时窑内高温热风外溢和回火。

（2）水泥窑设计要求

用于协同处置污染土壤的水泥窑须满足以下条件：

①窑型为新型干法水泥窑，采用窑磨一体机模式；

②单线设计熟料生产规模不小于 2 000 t/d；

③对于改造利用原有设施协同处置污染土壤的水泥窑，在改造之前原有设施应连续两年达到 GB 4915—2013 的要求；

④配备在线监测设备，保证运行工况的稳定。其中监测的指标有窑头烟气温度、压力，窑表面温度，窑尾烟气温度、压力、O_2 浓度，分解炉或最低一级旋风筒出口烟气温度、压力、O_2 浓度，顶级旋风管出口烟气温度、压力、O_2、CO 浓度；

⑤水泥窑及窑尾余热利用系统采用高效袋式除尘器作为烟气除尘设施，保证排放

烟气中颗粒物浓度满足 GB 30485 的要求，水泥窑及窑尾余热利用系统排气筒配备粉尘、NO_x、SO_2浓度在线监测设备，连续监测装置满足 HJ/T 76 的要求，并与各地监测中心联网，保证污染物排放达标；

⑥ 配备窑灰返窑装置，将除尘器等烟气处理装置收集的窑灰返回送往生料入窑系统。

4. 水泥窑协同处置污染物控制

（1）窑灰排放和旁路放风控制

为避免外循环过程中挥发性元素（Hg、Tl）在窑内的过度累积，协同处置水泥企业在发现排放烟气中 Hg 或 Tl 浓度过高时，宜将除尘器收集的窑灰中的一部分排出水泥窑循环系统。为避免内循环过程中挥发性元素和物质（Pb、Cd、As 和碱金属氯化物、碱金属硫酸盐等）在窑内的过度积累，协同处置企业可定期进行旁路放风。未经处置的从水泥窑循环系统排出的窑灰和旁路放风收集的粉尘不得再返回水泥窑生产熟料。从水泥窑循环系统排出的窑灰和旁路放风收集的粉尘若采用直接掺加入水泥熟料的处置方式，应严格控制其掺加比例，确保水泥产品中的氯、碱、硫含量满足要求，水泥产品环境安全性满足相关标准的要求；水泥窑旁路放风排气筒大气污染物排放限值按照 GB 30485 的要求执行。

（2）水泥产品环境安全性控制

生产的水泥产品质量应满足 GB 175—2007 的要求。协同处置污染土壤的水泥窑生产的水泥产品中污染物的浸出应满足国家相关标准，协同处置污染土壤的水泥窑生产的水泥产品和检测按照国家相关标准中的规定执行。

（3）排放烟气控制

①水泥窑协同处置污染土壤的排放烟气应满足 GB 30485 的要求；

②按照 GB 30485 的要求对协同处置污染土壤水泥容排放烟气进行监测；

③水泥窑及窑尾余热利用系统排气筒总有机碳（TOC）因协同处置污染土壤增加的浓度应满足 GB 30485 的要求。

（4）废水排放控制

污染土壤贮存和预处理设施以及污染土壤运输车辆清洗产生的废水应经收集后按照 GB 30485 的要求进行处理。

（5）其他污染物排放控制

污染土壤贮存、预处理等设施产生的废气应导入水泥窑高温区焚烧，或经过处理达到 GB 14554 规定的限值后排放。协同处置污染土壤的水泥生产企业厂界恶臭污染物限值应按照 GB 14554 执行。

6.2.2 处理场所地址选择

用于协同处置污染土壤的水泥窑设施所在位置应该满足以下条件：

①符合城市总体发展规划、城市工业发展规划要求；

②所在区域无洪水、潮水或内涝威胁，设施所在标高应于重现期不小于 100 年一遇的洪水位之上，并建设在现有和各类规划中的水库等人工储水设施的淹没区和保护区之外；

③协同处置污染土壤的设施，经当地生态环境主管部门批准的环境影响评价结论确认与居民区、商业区、学校、医院等环境敏感区的距离满足环境保护的需要；

④协同处置污染土壤过程中的运输路线应不经过居民区、商业区、学校、医院等环境敏感区。

6.2.3 运行维护和监测

水泥窑设施的运行维护包括定期检查、日常保养、制定完善统一的维修制度、维修质量标准等，工作重点主要有：①预防为主，坚持日常保养与按计划维修并重，使设备设施处于良好状态；②设备设施定期检查、巡视形成制度，对不同设备根据实际使用情况做到定人、定时、定期、定质的检查与养护；③根据管理中心维修人员的实际情况，实行专业人员维修与操作人员维修相结合；④常年运行于季节性使用的设备，合理制订安排维修保养期限和计划，完善设备管理维修保养规程并予实施、执行；⑤不经常使用、运行或非正常情况下使用的设施设备，不能忽略对其保养和检查；⑥对设施设备系统进行技术分析，结合设备的技术特点，提出工程设备维护管理方案和各设备的维修保养内容和计划。

由于水泥窑协同处置是在水泥生产过程中进行的，协同处置不能影响水泥厂正常生产、不能影响水泥产品质量、不能对生产设备造成损坏，因此在水泥窑协同处置污染土壤过程中，除了需要按照新型干法回转窑的正常运行维护外，为了掌握污染土壤的处置效果及对水泥品质的影响，还需定期对水泥回转窑排放的尾气和水泥熟料中特征污染物进行实时监测，并根据监测结果采取应对措施。

6.2.4 处理成本估算

水泥窑协同处置污染土壤项目的建设投资和运营成本与协同处置污染土壤工艺相关，其中运营成本主要包括设备折旧及维修、电耗、污染土壤的运输和厂内转运、人员工资、熟料减产、熟料煤耗增加、营业费用、原料替代（负成本）等几项。水泥窑协同处置污染土壤项目的污染土壤贮存设施建设投资以及污染土壤的运输和厂内转运成本与污染土壤的其他处理技术相同，因此本章对水泥窑协同处置污染土壤项目成本的估算不再包括污染土壤的贮存及运输和厂内转运环节。

1. 直接投加工艺

直接投加工艺包括从生料磨投加和从分解炉/窑尾烟室投加两种工艺。

从生料磨投加工艺将污染土壤作为水泥生产原料，全部借用水泥生料粉磨系统进行输送和投加，建设投资仅包括增设的实验分析仪器。运营成本中的设备折旧和维修、电耗、熟料减产、熟料煤耗增加成本也均可忽略不计，主要成本仅包括因处置污染土壤增加的分析检测和市场人员费用以及营业费用；此外，由于污染土壤可以替代部分熟料生产原料，还产生了原料替代的负成本。以水泥窑协同处置污染土壤规模 700 t/d（21 万 t/a）的项目为例，生料磨投加工艺的成本估算见表 6-23。

表 6-23 生料磨直接投加工艺成本估算

项目	年金额/万元	吨土壤金额/元	核算依据
一、建设投资	70	3	
二、运营成本	–703	–33	
设备折旧及维修	7	0.3	建设投资 10%
电耗	0	0	
人员	30	1.4	5 人，平均每人 6 万元/a
熟料减产	0	0	
熟料煤耗增加	0	0	
营业费用	100	4.8	包括市场开发和宣传费、差旅费、客户服务费等
原料替代	–840	–40	污染土壤含固率平均 80%，天然原料 50 元/t

分解炉/窑尾烟室投加工艺除了需要增设实验分析仪器外，还需增设污染土壤专用的输送和投加设施。在运营成本中，污染土壤专用输送和投加设施会产生电耗成本，协同处置污染土壤或多或少会影响水泥熟料产量，分析检测和操作人员相比生料磨投加工艺也会有所增加。以水泥窑协同处置污染土壤规模 100 t/d（3 万 t/a）的项目为例，分解炉/窑尾烟室投加工艺的成本估算见表 6-24。

表 6-24　分解炉/窑尾烟室直接投加工艺成本估算

项目	年金额/万元	吨土壤金额/元	核算依据
一、建设投资	250	83	
二、运营成本	110	37	
设备折旧及维修	25	8.3	建设投资 10%
电耗	15	5	处理污染土壤电耗 10 kW·h/t，电费 0.5 元/（kW·h）
人员	60	20	10 人，平均每人 6 万元/a
熟料减产	30	10	与污染土壤粒度和投加速率相关，以 1 t 污染土壤熟料减产 0.1 t，每吨熟料利润 100 元估算
熟料煤耗增加	0	0	
营业费用	100	33	包括市场开发和宣传费、差旅费、客户服务费
原料替代	−120	−40	污染土壤含固率平均 80%，天然原料 50 元/t

2. 热脱附后投加工艺

改进后的热脱附投加工艺（或者称为半脱附后投加工艺）由于需要增设主要起到干化和研磨功能的热脱附设备以及脱附后污染土壤的暂存及风送等设备，因此建设投资显著增加。在运营成本中，设备折旧及维修成本相应增加，污染土壤热脱附设备和风送设备耗电量大，电耗显著增加。仍以水泥窑协同处置污染土壤规模 700 t/d（21 万 t/a）的项目为例，改进后的热脱附投加工艺的成本估算见表 6-25。

表 6-25　改进后的热脱附投加工艺成本估算

项目	年金额/万元	吨土壤金额/元	核算依据
一、建设投资	3 000	143	
二、运营成本	157	7.5	
设备折旧及维修	300	14	建设投资 10%
电耗	525	25	处理污染土壤电耗 50 kW·h/t，电费 0.5 元/（kW·h）
人员	72	3.4	12 人，平均每人 6 万/a
熟料减产	0	0	
熟料煤耗增加	0	0	
营业费用	100	4.8	包括市场开发和宣传费、差旅费、客户服务费等
原料替代	−840	−40	污染土壤含固率平均 80%，天然原料 50 元/t

3. 流态化后投加工艺

流态化后投加工艺需要增设搅拌仓、柱塞泵以及相关输送管道，建设投资高于分解炉/窑尾烟室直接投加工艺。在运营成本中，污染土壤搅拌仓和柱塞泵会产生电耗成本，对熟料产量的负面影响略高于分解炉/窑尾烟室直接投加工艺，其他运营成本与分解炉/窑尾烟室直接投加工艺类似。以水泥窑协同处置污染土壤规模 100 t/d（3 万 t/a）的项目为例，流态化后投加工艺的成本估算见表 6-26。

表 6-26　流态化后投加工艺成本估算

项目	年金额/万元	吨土壤金额/元	核算依据
一、建设投资	500	167	
二、运营成本	180	60	
设备折旧及维修	50	17	建设投资 10%
电耗	30	10	处理污染土壤电耗 20 kW·h/t，电费 0.5 元/（kW·h）
人员	60	20	10 人，平均每人 6 万/a
熟料减产	60	20	与污染土壤投加速率相关，以 1 t 污染土壤熟料减产 0.2 t，每吨熟料利润 100 元估算
熟料煤耗增加	0	0	
营业费用	100	33	包括市场开发和宣传费、差旅费、客户服务费
原料替代	−120	−40	污染土壤含固率平均 80%，天然原料 50 元/t

6.3 典型工程案例介绍

6.3.1 国内外应用情况

欧洲、美国、日本等发达国家和地区水泥工业于20世纪70年代起遇到发展“瓶颈”，水泥市场基本饱和，同时期世界出现能源危机，水泥企业生产成本急剧增加，水泥企业开始面临严重的生存压力，为寻求降低生产成本的路径，发达国家和地区开始了水泥窑协同处理固体废物的实践。经过40多年的发展，水泥窑协同处理技术已发展成为发达国家和地区普遍采用的成熟技术，对水泥工业可持续发展和固体废物处置发挥了巨大作用（胡芝娟等，2011；崔敬轩等，2013；刘志阳，2015）。

发达国家水泥窑协同处置固体废物主要以替代燃料和原料为目的，在固体废物处置设施不足的国家或在应急处置时，一些无替代燃料和替代原料价值的固体废物也利用水泥窑进行处置。国外水泥窑常用的替代燃料和替代原料类别见表 6-27。替代燃料和替代原料并没有严格的区分，替代燃料燃烧后的灰渣也具有替代原料的价值，某些含有机质的替代原料也具有替代燃料的价值，如污泥、废白土、劣质煤等。从表6-27可以看出，污染土壤并不是国外水泥窑协同处置的主要废物类别。表6-28是国外水泥窑协同处置技术在污染土壤修复方面的应用情况。

表6-27 国外水泥窑协同处置的固体废物主要类别

替代燃料主要类别	替代原料主要类别
废木屑、纸屑、纸板，废纺织物，废塑料，垃圾衍生燃料（RDF），废橡胶、轮胎，工业污泥，生活污水污泥，动物饲料、脂肪，煤和焦炭废物，农业废物，固态替代燃料（浸润废物），废溶剂，废油	高炉矿渣，粉煤灰，污泥，副产物石膏，建筑废物，有色金属矿渣，炉渣，铸造砂，钢渣，废白土、劣质煤

表6-28　国外水泥窑协同处置技术在污染土壤修复方面的应用案例

地块名称	主要污染物
美国得克萨斯州拉雷多市某土壤修复工程	PAHs
澳大利亚酸化土壤修复	多种有机污染物及重金属等
美国 Dredging Operations and Environmental Research Program	PAHs、PCBs
德国海德尔堡某地块修复	PCDDs/PCDFs
斯里兰卡锡电力局土壤修复工程	PCBs

资料来源：http：//www.h2o- china.com/news/231013.html。

我国水泥窑协同处置危险废物始于2000年前后，最早开展相关研究和处置业务的是北京水泥有限公司和上海万安企业总公司（原上海金山水泥厂）。2007年北京水泥有限公司在国内首先开展了水泥窑协同处置生活污泥和污染土壤的业务，2010年铜陵水泥有限公司在国内首先开展了水泥窑协同处置生活垃圾的业务。由于之前我国水泥市场需求旺盛，水泥生产企业效益好，水泥窑协同处置危险废物、污染土壤、生活污泥和生活垃圾经济效益不明显，加之缺乏相关政策措施支持和标准规范引导，水泥企业跨界经营存在一定风险和不确定性，缺乏协同处置固体废物的内在动力，导致我国水泥窑协同处置固体废物发展比较缓慢。据不完全统计，截至2018年年初，我国建成、在建和规划建设的水泥窑协同处置危险废物、生活垃圾、生活污泥项目近300项，水泥窑协同处置污染土壤也迎来了快速发展期，建成和在建的项目近20个。表6-29为我国典型水泥窑协同处置污染土壤项目（陈慧，2019）。

表6-29　我国典型水泥窑协同处置污染土壤项目

项目名称	主要污染物	工程/m^3	修复公司	时间
苏州机械仪表电镀厂原址地块污染土壤治理修复项目	砷、铬、铜、锌、镍、氰化合物	40 883	北京鼎实环境工程有限公司	2014年
苏州安利化工厂原址污染场地土壤修复项目	甲基丙烯酸甲酯、铅	2 000	北京高能时代环境技术股份有限公司	2014年
北京染料厂污染土壤修复项目	六氯苯、三氯苯、重金属	520 000	北京建工环境修复有限责任公司	2011年
常化厂污染场地深层污染土壤修复工程	氯仿、二氯乙烷、甲苯、苯胺	137 000	江苏大地益源环境修复有限公司	2010年

6.3.2 唐山某焦化厂地块污染土壤水泥窑协同处置修复案例

1. 污染场地概况

随着唐山市经济建设和城市化的发展，市政府规划对老旧城区进行改造，唐山某焦化厂地块的污染土壤对于该地块未来开发成为建设居住用地构成环境风险。为消除污染土壤对环境、人体健康潜在的危害，唐山市政府按照《关于切实做好企业搬迁过程中环境污染防治工作的通知》的精神，要求该场地在进行开发建设时，必须先清理和修复该场地内的污染土壤。根据场地环境调查、样品采集和检测分析，唐山某焦化厂地块中污染土壤的主要污染物为苯并[*a*]蒽、苯并[*a*]芘、苯并[*b*]荧蒽、二苯并[*a,h*]蒽、茚并[1,2,3-*cd*]芘、䓛、萘、咔唑、总石油烃和苯等污染物（致癌风险高达 0.000 26～0.001 5），经过风险评估，该地块规划作为居住用地共需修复污染土壤方量为 6.4 万 m^3。

2. 污染场地修复技术方案

本项目中的污染土壤利用水泥窑协同处置技术进行处置，污染土壤由高温段采用专用输送设备直接加入，添加量根据水泥原料元素配比计算，污染土壤中的有机物经过高温煅烧彻底分解，实现污染土壤的无害化处置，处理过程符合环保要求，不产生二次污染。项目中处理污染土壤的水泥窑设施利用窑头热风作为烘干机热源，采用顺流式回转烘干工艺对污染土壤中的有机物进行热脱附处置，热脱附之后的污染土壤进入生料配料系统，随生料进入预热器系统最终参与熟料煅烧过程。热脱附烘干后的污染土壤大颗粒经拉链机输送至指定棚内，废气中携带的污染土壤细颗粒物经旋风收尘器气固分离后形成固体物料，该固体物料输送到指定棚内与热脱附烘干后的污染土壤大颗粒混合后自然冷却；热脱附处置后的冷却混合污染土壤输送至砂岩堆棚作为部分替代原料使用。热脱附工艺产生的经旋风收尘器气固分离后的气体通入两线篦冷机后进入窑内彻底焚烧。水泥窑系统热工制度稳定，全过程负压操作，安全可靠。图 6-9 为水泥窑协同处置污染土壤工艺流程。

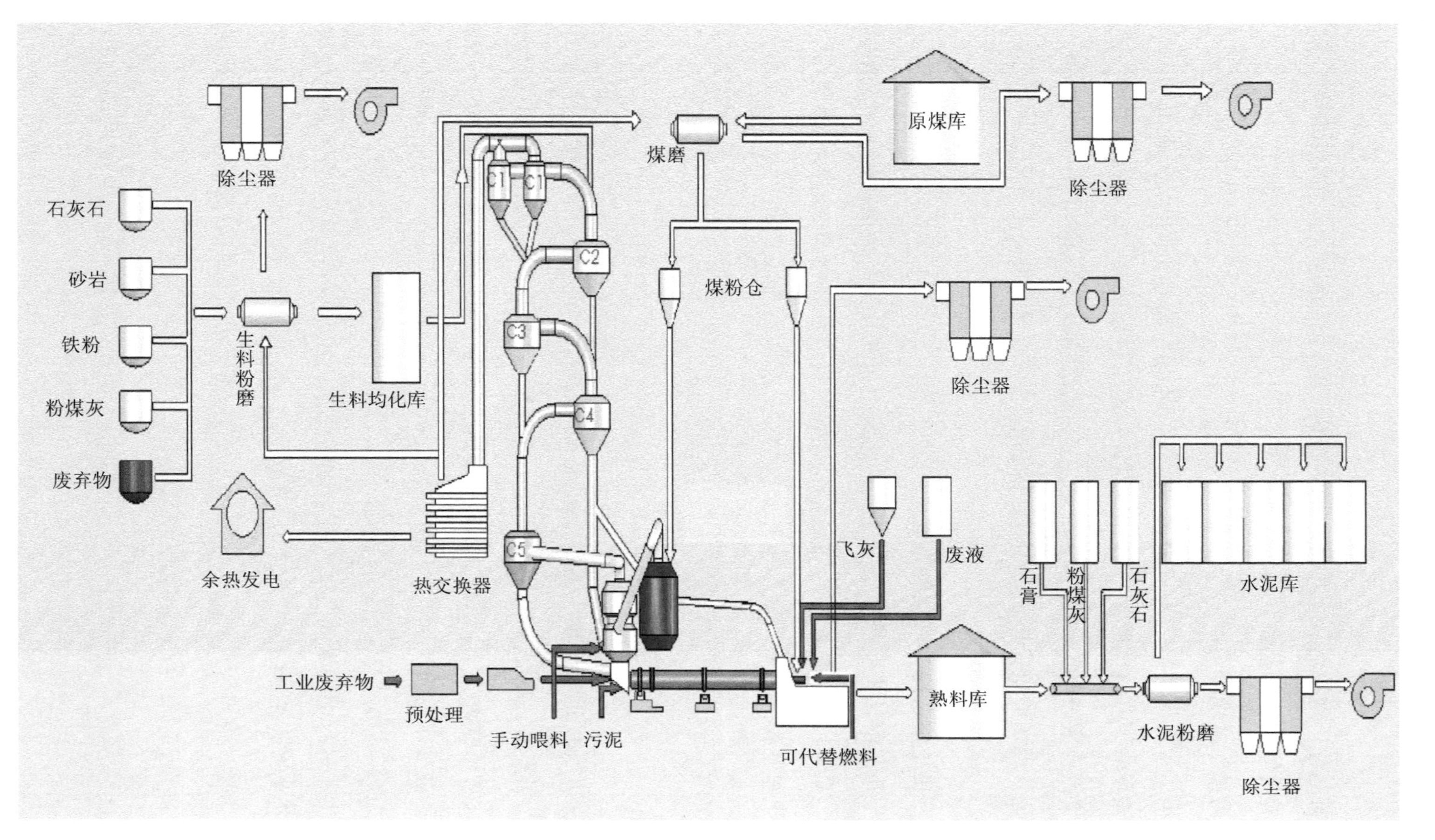

图6-10 唐山某焦化厂地块污染土壤水泥窑协同处置工艺流程

3. 污染场地修复实施内容

唐山某焦化厂地块污染土壤经现场清挖后，运送至处理场，采用水泥窑协同处置技术进行异位修复，修复工程具体实施方案主要包括以下两部分内容。

（1）污染土壤现场清理

唐山市原焦化厂地块污染土壤现场清理主要包括现场内部污染土壤定位、清理、支护、运输及清挖基坑的回填。具体流程为：施工进场准备，设备人员进场→测量定位现场污染区位置→污染土壤清理、支护→污染土壤运送至水泥厂→人工配合铲车进行现场清理→现场清挖完毕，申请第三方进行基坑清理效果监测→回填、夯实→回填完毕。

（2）污染土壤最终治理实施方案

污染土壤最终治理实施方案主要包括污染土壤在异位贮存地块暂存、水泥窑高温协同处置。具体流程为：污染土壤运输至处置接收单位储存场→进行污染土壤的预处理→污染土壤从窑尾进入回转窑→和其他物料一起转化为水泥熟料→污染土壤完成无害化处置。

4. 污染土壤修复效果

唐山某焦化厂地块污染土壤经挖掘区域、运输及水泥窑协同处置后，为了考察水泥窑处理污染土壤的效果，除了检测污染土壤是否会对水泥质量造成影响，还要检测处置过程是否会对环境质量产生影响。因此，根据《大气环境质量标准》（GB 3095—2012）和《通用硅酸盐水泥质量标准》（GB 175—2007），对处理前后水泥和飞灰中污染物的含量进行检测，以评价加入污染土壤前后水泥和飞灰的质量。水泥窑协同处置前后水泥及水泥生产过程中产生的飞灰（取自水泥生产过程管道飞灰汇集处）所检测的目标污染物主要为苯、苯并[*a*]蒽、苯并[*b*]荧蒽、苯并[*a*]芘、茚并[1,2,3-*cd*]芘、二苯并[*a,h*]蒽、䓛、咔唑、萘和总石油烃，水泥及飞灰样品均采集平行样，检测结果见表 6-30。

表6-30 唐山某焦化厂地块污染土壤修复前后水泥和飞灰检测结果

分析指标	分析方法	水泥01*	水泥02*	飞灰01*	飞灰02*
总石油类烃					
C_6～C_9	USEPA 8260C	<0.5	<0.5	<0.5	<0.5
C_{10}～C_{14}	USEPA 8015C	<10	<10	<10	<10
C_{15}～C_{28}	USEPA 8015C	<20	<20	<20	<20
C_{29}～C_{36}	USEPA 8015C	<20	<20	<20	<20
苯	USEPA 8260C	<0.05	<0.05	<0.05	<0.05
萘	USEPA 8270D	<0.1	<0.1	<0.1	<0.1
芴	USEPA 8270D	<0.1	<0.1	<0.1	<0.1
菲	USEPA 8270D	<0.1	<0.1	0.6	0.8
蒽	USEPA 8270D	<0.1	<0.1	<0.1	<0.1
荧蒽	USEPA 8270D	<0.1	<0.1	0.3	1.0
芘	USEPA 8270D	<0.1	<0.1	<0.1	0.2
苯并[*a*]蒽	USEPA 8270D	<0.1	<0.1	<0.1	<0.1
䓛	USEPA 8270D	<0.1	<0.1	<0.1	<0.1
苯并[*b*]荧蒽&苯并[*k*]荧蒽	USEPA 8270D	<0.1	<0.1	<0.1	0.2
苯并[*a*]芘	USEPA 8270D	<0.1	<0.1	<0.1	<0.1
茚并[1,2,3-*cd*]芘	USEPA 8270D	<0.1	<0.1	<0.1	<0.1
二苯并[*a,h*]蒽	USEPA 8270D	<0.1	<0.1	<0.1	<0.1
苯并（*g,h,i*）苝	USEPA 8270D	<0.1	<0.1	<0.1	<0.1

注：*水泥和飞灰样品01表示加入污染土壤前的样品，02表示加入污染土壤后的样品。

6.3.3 北京地铁某路段污染土壤水泥窑协同处置修复案例

1. 地块概况

北京地铁某路段起点位于北京最大的铁路交通枢纽——北京西客站，以地下线方式敷设，沿羊坊店南路向南至广安门外大街后转向东，线路沿广安门大街、广渠门大街向东至四环，在规划仓储西路转向南、沿着规划仓储西路向南穿越规划绿地到达化工路，穿过化工路后沿垡头南路再转向东，穿过双丰铁路，进入玻璃二厂、染料厂等工业工地范围，线路沿规划道路向东南敷设，到达终点站焦化厂站。线路全长 23.67 km，全部为地下线，全线共设车站 21 座，平均站间距 1.14 km，原焦化厂内设置车辆段一处。

根据大郊亭至焦化厂站和车辆段沿线土壤取样分析与风险评估的结果表明，该区间百子湾站至化工站、双合村站至焦化厂站、焦化厂站及车辆段等部分区段土壤的污染程度超过相应的修复目标值，需要进行修复处置。其中百子湾站至化工站区间及化工站区段超过修复目标的土壤污染物包括 1,2-二氯乙烷、氯仿、氯乙烯和总石油烃，双合村站至焦化厂站区间超过修复目标的土壤污染物为苯胺，焦化厂站及车辆段超过修复目标的土壤污染物为多环芳烃。该场地土壤中主要污染物的物理化学性质见表 6-31，其中百子湾至化工厂站区段以及双合村至焦化厂区间的主要污染物挥发性相对较强，而焦化厂内的污染物挥发性较弱。

表 6-31　北京地铁某路段污染土壤中主要污染物理化性质

物质名称	分子量	密度/(g/m^3)	熔点/℃	沸点/℃	蒸汽压/mmHg	水溶解度/(mg/L)	亨利常数/(Atm-m^3/mol)	水-有机碳分配系数 $\log K_{oc}$	辛醇-水分配系数 $\log K_{oc}$
1,2-二氯乙烷	99	1.24	−35.5	84	79	8 520	0.000 979	1.77	1.47
氯仿	120	1.50	−63.8	63	200	7 920	0.15	1.60	1.92
氯乙烯	63	0.91	−154	−13	3 000	2 760	1.11	1.27	1.50
苯胺	93.1	1.02	−6	184	0.3	35 000	0.136	1.41	0.90
氯苯	112	1.11	−4.6	132	12	500	0.004 45	1.68	2.84
1,3-二氯苯	147	1.30	−24.8	172	2.2	125	0.002 8	2.47	3.53
1,4-二氯苯	146	1.20	−52.7	174	1.8	79	0.002 41	2.44	3.44
苯并[*a*]芘	250	1.35	180	310	0.000 000 005 5	0.001 6	0.000 001 1	6.01	6.00
二苯并[*a*,*h*]蒽	278	1.28	262	524	0.000 000 000 1	0.000 5	0.000 000 073	3.30	6.80
苯并[*a*]蒽	228	1.28	162	435	0.000 000 11	0.009 4	0.000 003 4	5.60	5.70
萘	128	1.16	80.5	220	0.085	31	0.000 48	3.09	3.30

根据该场地环境评价报告，以北京市《场地土壤环境风险评价筛选值》（征求意见稿）中的工业/商业筛选值作为确定土壤污染修复目标的依据，土壤的修复目标值及排放标准见表6-32。

表6-32 地铁7号线某路段污染土壤修复目标值

污染物	修复目标/（mg/kg）
1,2-二氯乙烷	9.1
氯仿	0.5
氯乙烯	1.7
苯胺	4
苯并[*a*]芘	0.4
茚并[1,2,3-*cd*]芘	4
苯并[*b*]荧蒽	4
苯并[*k*]荧蒽	40
二苯并[*a,h*]蒽	0.4
苯并[*a*]蒽	4
萘	400
总石油烃（C_6～C_9）	2 305

2. 地块修复技术方案

该项目中位于焦化厂内路段的污染土壤主要受多环芳烃化合物的污染。多环芳烃类化合物的挥发性比较弱，而且不是含氯有机物，因此通过水泥窑协同处置技术进行污染修复。该段污染土壤采用北京市某水泥有限公司的水泥窑进行协同处置。该水泥有限公司拥有两条（2 000 t/d、2 500 t/d）窑外分解新型干法水泥生产线。为了确保污染土壤能够得到安全处置，其投料点温度应满足≥900℃的条件，因此用窑外分解窑处置污染土壤必须从窑尾高温烟室处直接投入，即污染土壤由密闭汽车运到窑外分解窑窑尾密闭储仓，通过仓下电子皮带秤（密封）计量后经入料溜子进入窑尾提升机，直接进入窑尾烟室高温段。两条生产线均采用高温段投加技术，即在窑尾烟气室投加污染土壤，该入料点的温度为 950～1 050℃。该路段多环芳烃污染土壤总计修复量为

61 655 m^3。按照两条线年消耗生料 260 万 t，计划处理时间为 12 个月，从水泥配料角度考虑两条生产线处置污染土的能力分别为 1#窑 4.5 万 t，2#窑 5.5 万 t，具体见表 6-33。

表 6-33　水泥有限公司水泥窑生产线及处置能力

工艺名称	1#窑	2#窑
设计熟料产量/（t/d）	2 000	2 500
工艺线类型	新型干法窑外分解窑	新型干法窑外分解窑
收尘器类型	布袋收尘器	布袋收尘器
分解炉类型	TSD	TSD
高温段投加工艺	窑尾焚烧系统	窑尾焚烧系统
理论工艺处理能力/（万 t/a）	6	7.2
工艺处理能力/（t/月）	6 400	5 400
计划处理量/（t/月）	3 800	4 600

3. 地块修复实施内容

该段多环芳烃污染土壤采用水泥窑协同处置技术进行处理，处理后的土壤直接转化为水泥熟料，具体实施内容如下。

①污染土壤运输至水泥窑协同处置接受单位储存场；

②进行污染土壤的预处理；

③污染土壤从窑尾进入回转窑；

④和其他物料一起转化为水泥熟料。

4. 污染土壤修复效果

根据水泥厂在水泥窑协同处置污染土壤过程的监测结果，采用水泥窑协同处置北京某路段地铁多环芳烃污染土壤，能够彻底去除土壤中有机物，且处理后土壤转化为水泥熟料，对水泥产品质量不产生影响，生产过程中也没有造成环境二次污染。

6.4 水泥窑协同处置技术的发展趋势

水泥窑协同处置污染土壤不仅对改善目前我国的资源环境具有重要的作用，而且推动了水泥企业的可持续发展战略逐步实施。但目前我国水泥窑协同处置污染土壤技术还处于起步阶段，需要政府进一步提供政策及资金支持，加速水泥窑协同处置污染土壤技术的发展。同时，水泥企业和科研院所应该提升对水泥窑协同处置技术和工艺的资金投入，积极进行技术的创新，逐步提升相关企业和单位的经济水平，促使土壤修复单位逐步获得群众的支持和认可，逐步提升水泥窑协同处置污染土壤技术的实用性和合理性。经过综合分析，水泥窑协同处置污染土壤未来发展趋势主要有以下几个方面。

一是加强不同条件下最终处置效果的研究。一般的水泥窑污染土壤的投放位置主要有 3 个，分别是窑头、窑尾以及生料配料系统。根据实际调查，发现不同的投放位置温度不同，污染土壤的停留时间也不一样。然而现阶段内对水泥成分以及烟尘排放影响仍处于探索阶段，对其研究并不完善。因此，在未来应当在研究水泥窑协同处置污染土壤的过程中，加强对不同处置条件下最终处置效果的研究。

二是加强对污染土壤中重金属污染物迁移规律的研究。水泥窑协同处置可以处理多种不同类型的有机物污染土壤和重金属污染土壤，但由于污染土壤中重金属存在形式十分复杂，容易受到多种元素的影响，因此重金属的迁移转化规律仍然是业内研究者的工作重点。明确污染土壤中重金属在水泥窑中的迁移规律，能够有效地控制重金属污染物的排放，保证水泥产品的质量。

三是提高水泥窑协同处置高氯、高硫污染土壤的能力。污染土壤中含有一定的硫、氯元素，容易引起水泥窑的堵塞，降低水泥的质量。根据 HJ 662—2013 要求，污染土壤中硫的含量应小于 0.014%，氯的含量应小于 0.04%，然而对于水泥窑协同处理含硫、氯污染土壤的化学研究及燃烧实验依然较少。因此，未来必然要加强对高硫、高氯污染土壤的转化处理研究，从而进一步提升对含硫、氯污染土壤的处置能力。

四是优化水泥窑协同处置污染土壤的经济效益。与传统环保产业相比，水泥窑协同处置污染土壤技术已经在很大程度上降低了处置成本，给相关企业带来了一定的经济效益。然而，污染土壤处置的成本依然居高不下。未来几年在提升水泥窑协同处置污染土壤能力的同时，还要不断降低处置成本，优化经济效益。

参考文献

陈慧，2019. 水泥窑协同处置污染土技术及应用探讨[J]. 水泥工程，(1)：40-41.

崔敬轩，闫大海，李丽，等，2013. 水泥窑协同处置过程中 Pb、Cd 的挥发特性[J]. 环境工程学报，7(12)：5001-5006.

胡芝娟，李海龙，赵亮，等，2011. 水泥窑协同处置废弃物技术研究及工程实例[J]. 中国水泥，(4)：45-49.

户宁，武振平，马军民，等，2016. 水泥窑协同处置污染土壤实例分析[J]. 水泥，(4)：10-12.

李璐，黄启飞，张增强，等，2009. 水泥窑共处置污染土壤的污染排放研究[J]. 环境工程学报，3(5)：891-896.

李晓东，伍斌，许端平，等，2017. 热脱附尾气中 DDTs 在模拟水泥窑中的去除效果[J]. 安全与环境学报，17(6)：2393-2397.

李寅明，李春萍，李瑞卿，2019. 水泥窑协同处置污染土壤示范应用研究[J]. 水泥，10：8-12.

刘志阳，2015. 水泥窑协同处置污染土壤的应用和前景[J]. 污染防治技术，28(2)：49-50.

马福俊，丛鑫，张倩，等，2015. 模拟水泥窑工艺对污染土壤热解吸尾气中六氯苯的去除效果[J]. 环境科学研究，28(8)：1311-1316.

欧阳黄鹏，2017. 水泥窑协同处置污染土壤在江苏某地块的应用[J]. 污染防治技术，30(4)：30-33.

许冰洁，2017. 水泥窑协同处置成本核算方法与步骤[J]. 中国建材报，4：46.

周玲莉，薛南冬，韩宝禄，等，2011. 水泥窑协同处置 POPs 污染土壤对环境的影响研究[J]. 中国环境科学，31(S1)：24-29.

Li Y，Jiang Z，Miao W，et al，2015. Disposal of historically contaminated soil in the cement industry and the evaluation of environmental performance[J]. Chemosphere，134：279-285.

Li Y，Wang H，Jiang Z，et al，2012. The industrial practice of POPs contaminated soil as alternative row materials in clinker production[J]. Procedia Environmental Sciences，16(4)：641-645.

Navia R，Rivela B，Lorber K E，et al，2006. Recycling contaminated soil as alternative raw material in cement facilities：life cycle assement[J]. Resources Conservation & Recycling，48(4)：339-356.

第7章　污染场地土壤玻璃化处理技术

7.1　玻璃化技术介绍

7.1.1　玻璃化技术概述

玻璃化技术通常用于重金属和放射性污染场地的修复，通过对污染土壤固体组分施加高温高压处理，冷却后形成化学性质稳定、不渗水、坚硬的玻璃态物质，将重金属、放射性核素等污染物质固定在玻璃网络中（图7-1）（陈明周等，2011），从而达到从根本上消除土壤污染的目的。由于玻璃化技术的优良包容性能，其应用领域已经从固化高放废物扩展到处理长寿命低中放废物、超铀废物、核电站废液，乃至用于处理污染土壤。玻璃化技术处理污染土壤效率较高，适用于处理含水量较低、污染物埋深不超过6 m的土壤，或污染土壤的异位修复，处理对象包括放射性物质、有机物、无机物等多种污染物，不适于处理可燃有机物含量超过5%～10%的土壤以及地下水水位较高的土壤。值得一提的是，玻璃化技术特别适合对重金属污染严重的土壤进行应急性修复，但该技术实施工程量大、费用偏高，从而限制了其在我国的推广应用。

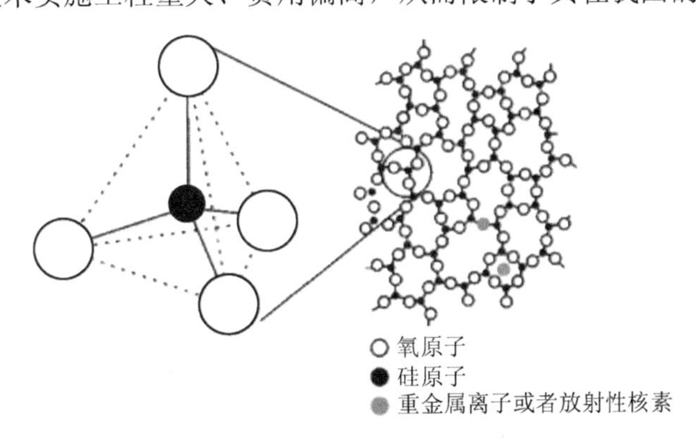

图7-1　硅玻璃原子结构和硅—氧网络

7.1.2 玻璃化技术的类型

按处置地点分类，玻璃化技术可分为原位玻璃化技术和异位玻璃化技术。

1. 原位玻璃化技术

原位玻璃化（in situ vitrification，ISV）是将受污染的土壤、掩埋的废物或淤泥融化以使材料无害化的过程，其技术原理示意如图 7-2 所示（Khan et al.，2004）。

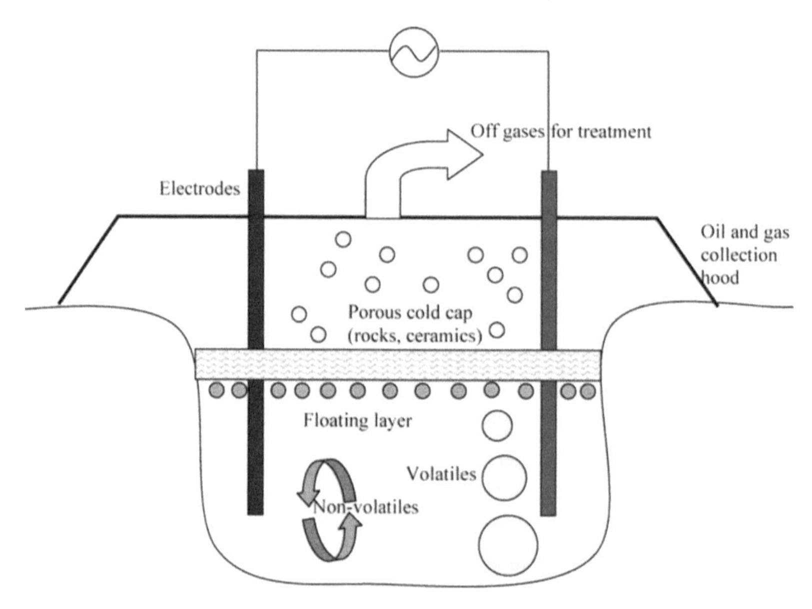

图 7-2 原位玻璃化技术原理示意

玻璃化过程基于将土壤加热到高达 1 600～2 000℃的温度，通过高温热解破坏有机污染物（Hamby，1996）。加热过程中有机污染物被破坏，整个处理区域熔化后，停止加热，熔融物质冷却后形成包裹无机污染物的非扩散的坚硬玻璃体，热解过程中产生的水分和热解产物由气体收集系统收集后做进一步的处理（http：//www.cpeo.org/techtree/ttdescript/ssvit.htm）。大多数原位玻璃化技术应用涉及土壤的融化，但是，也可以有效地处理污泥、工厂尾矿、沉积物、化学品和其他无机物，处理后土壤基质的体积减小 20%～40%（Hamby，1996）。原位玻璃化技术具有以下功能（Bellandir，1995）：①处理过程可同时覆盖有机废物、重金属废物和放射性废物；②该工艺降低了废料的毒性、移动性和体积；③残留产品相对无害；④该技术可应用于废液、碎屑和各种土壤类型。

尽管玻璃化产品具有长期性和持久性（Wilson et al.，1994），无害化效果较好，但是应用成本较高。

深层污染土壤玻璃化处置时，需要沿着玻璃化的区域边界设置隔热层，防止热量进入邻近区域，迫使热能向下传输，增加熔化深度。原位玻璃化可使用间距高达18英尺的方形电极阵列，电极插入地下深度为1～5英尺，这样的电极深度可修复深达20英尺的污染区域，电极设置的间距在一定程度上取决于土壤的特性。由于常规环境温度下的土壤没有足够的电导率，因此可通过在电极之间放置片状石墨和玻璃粉的导电混合物来启动该过程，以充当电路的起始路径。电极之间通过石墨和玻璃料路径的电流启动了熔化过程，石墨最终由于氧化过程被消耗了，电流被转移到周围的熔融土壤中，然后导电。随着熔融体向下和向外生长，非挥发性元素成为熔融体基质的一部分，有机化合物被热解破坏。当达到所需的熔融深度和体积时，中断电流，并使熔融体冷却并固化。处理过程中的逸出气体由处理区上方的气体收集罩进行收集，经冷却后进入封闭系统，处理达标后排放（Dutta，1997）。实践已经证明了原位玻璃化具有高达19英尺熔融深度的能力（Wilson et al.，1994）。

2. 异位玻璃化技术

异位玻璃化技术（ex-situ vitrification，ESV）是指将污染土壤挖出，利用等离子体、电流或其他热源在1 600～2 000℃高温下熔化土壤及其污染物，有机污染物在此高温下被热解或蒸发而去除，产生的水汽和热解产物收集后由尾气处理系统进行处理后排放，其原理示意如图7-3所示。熔化物冷却后形成的玻璃体将无机污染物包覆起来，使其失去迁移性，从而消除或降低其对或周围环境或暴露人体的危害。

该技术可用于破坏、去除污染土壤、污泥等泥土类物质中的有机物和大部分无机污染物，但实施过程中需控制尾气中有机物及一些挥发性重金属，同时需进一步处理玻璃化后的残渣，否则可能导致二次污染（http：//www.cpeo.org/techtree/ttdescript/ssvit.htm）。

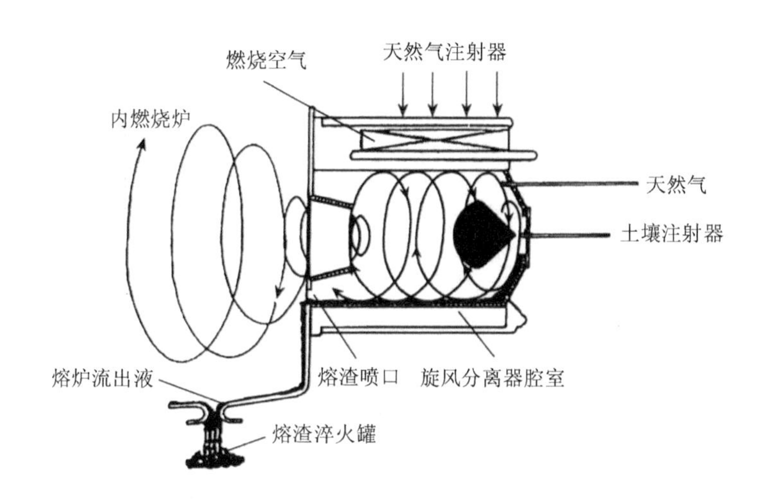

图 7-3 异位玻璃化技术原理示意

7.1.3 玻璃化技术的影响因素

玻璃化技术的实施效果主要受以下几个因素的影响：①焚烧物料的影响，如物料中碱性氧化物的含量，硫、氟、氯等酸性组分情况，以及灰熔点等；②添加剂的影响，如加入物料的种类和加入量等；③操作方式的影响，如焚烧温度、淬火速率及方式等（张金龙等，2012）。

1. 焚烧物料对玻璃化技术的影响

焚烧物料中含有大量的金属成分，焚烧后飞灰中会夹带有金属及金属氧化物。这里借用飞灰的碱度概念（栾敬德等，2009），即总碱性氧化物与总酸性氧化物的质量比来研究碱性氧化物含量对焚烧的影响。

$$K = \frac{m_{CaO} + m_{Fe_2O_3} + m_{MgO} + m_{Na_2O}}{m_{SiO_2} + m_{Al_2O_3}} \tag{7-1}$$

另外，仿照碱度的定义，给出了酸度的概念，即酸性易挥发组分占不易挥发组分的比例。

$$P = \frac{m_{易挥发（SO_2+F+Cl）}}{m_{总（SO_2+F+Cl）}} \tag{7-2}$$

式中，K 主要反映了熔渣中以 Ca、Si 氧化物为主的玻璃态，含有的酸性氧化物及碱氧化物的差异，由于 Al、Na 等具有良好的助熔效果，在 SiO_2 足够的情况下，是形成玻璃态化合物的重要保证。*P* 主要体现了熔渣产生中气相和固相的参与度，*P* 值越小，参与固相结合的机会越大，直接影响了残渣的热灼减率，并且在酸性渣相中，稳定化程度也不可控；*P* 值越大，对气相而言，由于酸性气体的影响，加大了尾气脱酸的难度。阳杨等（2018）根据已有物料情况，仿照正交设计安排了 10 组研究方案，具体研究内容及结果见表 7-1。

表 7-1 焚烧物料对玻璃化影响研究结果

实验组数	碱度 *K*	酸度 *P*	焚烧温度 *T*/℃	焚烧状态	熔渣状态
1	0.88	0.89	950±15	良好	颗粒较小
2	0.92	0.85	950±10	良好	颗粒较小
3	0.96	0.90	950±10	良好	良好
4	0.86	0.91	1 000±15	渣相黏度较大	颗粒分布不均
5	0.86	0.94	1 000±20	渣相黏度较大	良好
6	0.90	0.92	1 000±15	良好	良好
7	0.91	0.93	1 050±20	良好	良好
8	0.92	0.94	1 050±15	良好	良好
9	0.90	0.95	1 050±10	良好	良好
10	1	1	1 000±10	良好	颗粒分布均匀

上述 *K* 取值为 0.86～0.96，*P* 取值为 0.85～0.95，并添加少量粉煤灰以调节 *K*=1，通过补充高硫高氯物料，近似 *P*～1，并设置对照实验组。实验结果表明，在物料的金属氧化物较低时，焚烧物料的黏度会上升；在渣相残留的阴离子越少时，对熔渣的形成具有一定的促进作用（阳杨等，2018）。

2. 添加剂对玻璃化技术的影响

添加剂的作用主要是调节合适的 *K* 值，当碱性氧化物不足时可以补充 CaO，当灰熔点过高或无机灰分过多时，可以添加 SiO_2。若碱性物质含量过高，则以游离的形式存在于硅酸盐晶格中，产生水合作用，导致玻璃质残渣结构的破裂，从而降低玻璃残渣的耐酸性，促进重金属的浸出。碱性物质的最佳添加比例，因危险废物的性质、种类的不同以及回收的重金属种类不同而不同。在实际应用中，应根据具体危废物种类及目标金属，选择最佳还原剂及其添加比例（孙绍锋等，2013）。

3．温度对玻璃化技术的影响

不同的焚烧技术对于各种形态危险废物的适应性也不一样。按照焚烧行业中对焚烧技术的划分来说，根据焚烧温度不同分为熔渣（1 000℃）、灰渣（850℃）、热解（650℃）3种焚烧技术（张林等，2010），其焚烧特性和适应性也不一样。其中，熔渣焚烧可以适应各种不同形态的危险废物，而灰渣和热解焚烧技术对于桶装废物和热值变化大的废物时容易出现问题。相比其他焚烧工艺，熔融焚烧最根本的就是焚烧温度的选择和控制。在国家规定限值的重金属中，大部分的重金属沸点很高，大多数残留于焚烧残渣中，熔融焚烧炉的熔融残渣会包容这些残渣，其毒性浸出效果等同玻璃固化，完全可以不用填埋处理（阳杨等，2018）。

4．淬火速率及方式对玻璃化技术的影响

淬火速率及方式是影响玻璃化产品稳定性的一个重要因素。浸出毒性随着淬火速率的增加而降低。研究表明，在缓慢降温的条件下，Cr稳定性较差，这与残渣表面发生剧烈的氧化作用，使Cr转化为浸出性更强的Cr^{6+}有关。相比空气淬火，水淬火方式可增强玻璃质无定形相的形成以促进玻璃态物质的均质化，从而提高玻璃化产品的耐酸性。尤其是当CaO：SiO_2＜0.674时，水淬火方式可显著促进残渣中玻璃非结晶态的形成和残渣中重金属的固定（孙绍锋等，2013）。

此外，使用原位玻璃化（ISV）技术，可以产生的熔融体大小被限制为大约40 ft×40 ft，最大深度约为20 ft。可获得的最大ISV深度受几个因素的影响，包括电极之间的间距、可用的电量、土壤组成和地下水的埋深、含水层中土壤的渗透性以及废物和土壤的密度，所有这些控制因素使原位玻璃化技术的应用变得高度复杂。土壤含水量和补给水也会限制ISV的适用性。处理潮湿的土壤时需要额外的能量输入，以便在融化之前将土壤干燥，这种额外的能量输入可能会使修复成本增加10%。因此，当待玻璃化处理的土壤水分含量较低时，ISV实施起来更加经济（https：//www.geoengineer.org/education/web-class-projects/cee-549-geoenvironmental-engineering-winter-2013/assignments/vitrification#recommended-reading）。

为了形成熔融体，必须存在足够（通常为2%～5%）的一价碱金属阳离子（如钠和钾），以提供该方法有效操作所需的电导率，还需要在废料中存在足够的玻璃形成材料（如硅和氧化铝）以形成和支撑高温熔融体。如果天然土壤不满足这些要求，则可将助熔剂添加到基础材料中，但会导致成本增加。

总体来说，原位玻璃化技术修复过程中，还需要考虑的因素：埋设的导体通路（管状、堆状）；质量分数超过20%的砾石；土壤加热引起的污染物向清洁土壤的迁移；易燃易爆物质的积累；土壤或污泥中可燃有机物的质量分数；固化的物质对今后现场土地利用与开发的影响；低于地下水位的污染修复需要采取措施防止地下水反灌；湿度太高会影响成本等（冯凤玲，2005）。

7.1.4 玻璃化技术适用的场地特征

玻璃化技术相对比较复杂，实地应用中会出现难以达到统一熔化以及地下水渗透等问题。此外，熔化过程需要消耗大量的电能，使玻璃化技术成本很高，限制了其应用（顾红等，2005）。另外，玻璃化过程会压缩减小土壤体积，因此需要外运的土壤回填到污染场地中（Hamby，1996）。该方法通常用于处理含石棉废物（Iwaszko et al.，2018）、熔炉废物（Pelino et al.，2002）、医疗废物（Papamarkou et al.，2018）、制革废物甚至核废料或受污染的土壤（Pegg，2015）等。

1. 原位玻璃化技术适用的场地特征

ISV 技术至少可以应用到 5 个含有有害废物的领域：①污染场地土壤；②废物填埋场；③以淤泥或盐饼形式的含有有害残留物的储罐；④已经装入集装箱或者适合于集装箱的废物；⑤含有放射性物质的工艺淤泥和尾渣堆（Buelt et al.，1989）。

实践表明，几乎所有土壤都可以被玻璃化处理，所以，土壤类型不是大多数处理能力试验中要考虑的事情。ISV 技术能否实施，主要受限于供电能力以及尾气净化系统维持负压的能力，更受限于大气污染防治相关法规的要求。限制供电系统能力的因素有两个：地下水的存在和埋藏金属的含量。由于熔融的速度为7～15 cm/h，因此，当土壤的渗透率≤10^{-5} cm/s 时，即使有地下水存在或者在含水层，也能够实施 ISV 工艺；当土壤的渗透率＞10^{-4} cm/s 时，就难以实施 ISV 工艺，除非采取其他的措施（如排水、安装地下屏障等）；渗透率为10^{-5}～10^{-4} cm/s 时是过渡区间（Buelt et al.，1989）。由于废物桶的排列采用了熔融分布的优势，通常废物桶的金属含量低于 5%（如 273 个废物桶的金属含量只是熔融产物重量的 1.5%），这为废物桶内金属的含量留有了足够的容量。但是，当金属含量大于此值时，ISV 工艺是否适用尚未得到验证（王志明等，2006）。

ISV 可以广泛应用于不同废物的处理处置，但是，没有单一的处理工艺适用于所有的废物处理需要。ISV 的处理对象可以是放射性物质、有机物、无机物等多种干湿污染物。ISV 可以破坏、去除污染土壤、污泥等泥土类物质中的有机污染物和固定化大部分无机污染物，这些污染物主要是挥发性有机物、半挥发性有机物、其他有机物，包括二噁英、多氯联苯、金属污染物、放射性污染物（周启星等，2006）、农药和汞的混合物（Oppelt，1995），As（USEPA，2002）、Zn 和 Pb（Dellisanti et al.，2009）等。

此外，ISV 的应用还存在一些限制的条件或因素：①ISV 不能与重量比例超过 20% 的地下管道或铁桶和瓦砾一起使用；②加热土壤可能导致污染物从地下迁移到清洁区域；③在有大量易燃或易爆物质堆积的地方，不能使用 ISV；④固化的材料可能会阻碍将来的现场使用；⑤在处理过程中，可能迅速挥发一些有机化合物和挥发性放射性核素，因而带来潜在的健康和安全风险；⑥ISV 降低了放射性核素的体积和迁移率，但并未降低其放射性。因此，在某些场所可能仍需要限制辐射暴露的防护屏障；尽管某些新的 ISV 技术可能将处理深度增加到 10 m，但 ISV 对于近地表污染最有效（http://www.cpeo.org/techtree/ttdescript/ssvit.htm）。

如果在土壤表面以下的密封容器中存在大的空隙或液体，则不能安全、有效地处理，释放的气体可能导致熔融材料过度起泡，从而导致潜在的安全隐患。因此建议在处理之前，要进行充分的现场调查（William，1997）。

2. 异位玻璃化技术适用的场地特征

异位玻璃化技术可以破坏、去除污染土壤、污泥等泥土类物质中的有机污染物和大部分无机污染物，对于降低土壤中污染物的活动性非常有效，玻璃化物质的防泄漏能力也很强。其应用受到以下因素的影响：需要控制尾气中的有机污染物以及一些挥发的重金属蒸气；需要处理玻璃化后的残渣；湿度太高会影响成本等（冯凤玲，2005）。

异位玻璃化修复基本上适合于所有污染物的处理，对各种类型的污染土壤进行修复都适用（周启星等，2006）。

7.2 玻璃化技术的工艺设计

7.2.1 工艺设计总体要求

无论是原位还是异位玻璃化技术，其工艺设计都必须考虑许多相同的问题：污染物的组成和特性、产生的玻璃成分、不均匀程度、尾气处理要求及处理效率等。此外，异位处理还必须考虑规定期限内的处理量，原位处理还应考虑场地条件等其他因素，如污染物深度和土壤特性等（William，1997）。

1. 工艺要求

（1）原位玻璃化技术的工艺要求

在设计阶段，必须确保每个熔化装置或分段单元满足玻璃化技术的工艺参数要求。原位玻璃化技术的工艺要求如下（William，1997）：①确定污染土壤是否需要压实以消除空隙，是否破坏了密封容器的完整性；②确定污染土壤中是否含有至少 1.4 wt%的碱性氧化物，是否存在足够的二氧化硅以形成耐久性的玻璃体；③确定污染土壤中的有机物含量，应小于 10 wt%；④确定污染土壤中的元素金属含量，其含量应小于 37 wt%；⑤确定废物介质中无机碎片的比例应小于 50 wt%；⑥如果污染土壤位于地下水位以下，则确定耗电量是否可以接受或可控；⑦确定待玻璃化处理污染土壤的深度，应小于 6.1 m；⑧确定污染土壤中淤泥和非膨胀黏土的含量，该含量应足够小，以确保安全排放水蒸气；⑨确定现场土壤是否能支撑起吊车，以便移动排气罩；⑩确定现场上是否有足够的空间，来安装和移动所有必需的 ISV 设备；⑪采用场地建模的方法，选择合适的场地布置、熔化特性、电极间距和氧化物组成；⑫评估或检测从熔融体中释放的气体成分；⑬设置尾气排放限值；⑭确定尾气鼓风机的尺寸，以控制所有从熔融体中释放的气体，并在排气罩中提供 1.3 cm 的负压。鼓风机的风量应可控，以便实现此目标；⑮设计尾气处理系统，以满足尾气峰值流量时的排放限值，并提供充分的公共卫生保护；⑯现场设计与规划，以确保适当的运行/径流控制和工人的安全。

（2）异位玻璃化工艺要求

异位玻璃化技术的熔炉器是根据所需的处理效果、待处理污染土壤的组成和特性、产品要求以及所需的使用寿命来设计的（William，1997），设计时应考虑以下工艺要求：①充分表征、调查污染土壤，以确定其均匀性、腐蚀性、主要成分、产生废气情况、金属含量和有机物含量等指标；②确定污染土壤的预处理方式，如混合、粉碎、筛分、脱水等；③确定熔炉在加工过程中是否会损失任何主要或次要废物成分（如汞），或是否具有明显的挥发性（如铅、镉和卤化物）；④确定所需的处理时间或速率；⑤确定最终产品的性能要求，是否有预期的产品用途；⑥确定操作许可要求；⑦对污染土壤样本进行实验室研究，以确定应如何进行预处理，或是否需要向污染土壤中添加玻璃或化学添加剂以得到合格产品；⑧确定玻璃体在设计的工作温度下是否具有可接受的电导率和黏度特性；⑨确定玻璃体是否与熔炉中使用的组成材料兼容；⑩确定是否需要二燃室来处理有机物；⑪配置尾气系统，以最大限度地将二次污染物经循环管路返回熔炉，不能积聚任何与玻璃化不相容的成分；⑫确定熔炉是否与所需的连续式、间歇式或批量运行等操作模式兼容。

2. 工艺参数

玻璃化技术的关键在于玻璃体的形成，张金龙等（2012）研究了垃圾焚烧飞灰玻璃化技术中玻璃体的形成条件，发现在 1 350℃的条件下，氯和硫元素不影响玻璃体的形成；相比在炉内慢速冷却，熔融体经空气中自然冷却更容易形成玻璃体；空气自然冷却时，高 Ca 组分比高 Na 组分更难形成玻璃体，而炉内慢速冷却时，高 Na 组分更难形成玻璃体；Al 对玻璃体的形成具有促进和抑制的双重作用；B_2O_3 可以代替 SiO_2 组建网络结构，也可以形成玻璃体。定义 O/F 为某温度下组分中相对氧含量与网络形成体含量的比值，当玻璃体在炉内慢冷却形成时，$O/F<3.2$；当玻璃体在空气中自然冷却时，$O/F<3.4$。阳杨等（2018）研究发现，回转窑温度控制在 1 000～1 100℃，添加废玻璃以调节 K（碱度）值为 0.92～0.96，P 值控制在 0.94～0.99，熔渣淬火方式为水骤冷淬火，可以实现较好的玻璃化处理效果，其焚烧残渣浸出毒性极低。王贝贝等（2013）在重金属污染土壤微波玻璃化技术研究中发现，微波（539 W）辐照 5 min，对 Cd 的固定率可达 95%以上。此外，刘丽君等（2015）对电熔炉、一步法冷坩埚、两步法冷坩埚 3 种玻璃化技术的工艺参数进行了比较，包括设计液体进料速率、玻璃产率、玻璃熔池表面积、熔炉质量、运行温度、计算的高放废液进料速率、计算的单位面积、玻璃产率等，具体见表 7-2。

表 7-2　电熔炉、冷坩埚玻璃化技术的工艺参数

参数	不同方法下的数值		
	电熔炉	一步法冷坩埚	两步法冷坩埚
设计液体进料速率/（L/h）	65	20	75
玻璃产率/（kg/h）	38.4	12.9	25
玻璃熔池表面积/m^2	1.4	0.332	0.332
熔炉质量/t	28	<0.5	<0.5
运行温度/℃	1 150	1250	1250
计算的高放废液进料速率/［L/（h·m^2）］	47	60	—
计算的单位面积玻璃产率/［kg/（h·m^2）］	27.4	38.8	75.3

3．工艺设计

高放废液陶瓷电熔炉玻璃化技术最初由美国太平洋西北实验室于 1972 年开发，随后在美国、德国、日本得到了发展。尽管各国的玻璃化技术各有特点，但原理和系统组成基本相同，如图 7-4 所示（张威，2007），高放废液陶瓷电熔炉玻璃化技术的系统组成包括进料系统、熔炉系统、产品容器处理系统、尾气处理系统、二次处理系统等，工艺设计时还要考虑固体废物的管理问题。

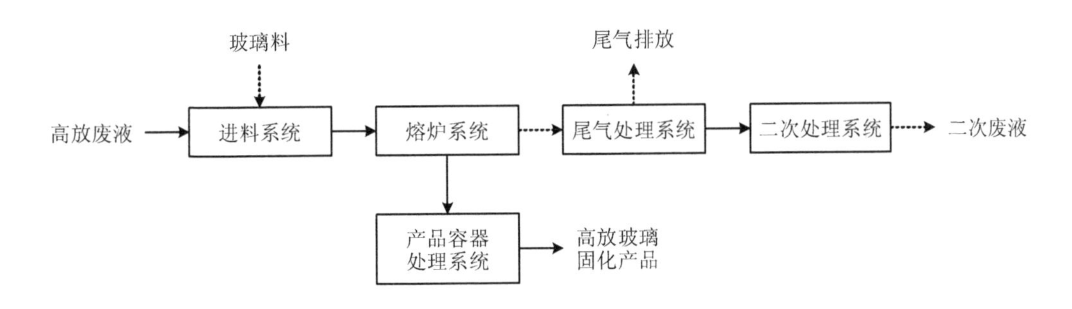

图 7-4　高放废液陶瓷电熔炉玻璃化技术的系统组成

（1）进料系统

作为玻璃固化系统的首个设备，进料系统通常需要以批量方式接收存放的高放废

液，每批一般为几立方米。接收槽的尺寸设计，应考虑玻璃化处理速率、废液取样和分析时间，以满足玻璃化系统连续运行的要求。

根据德国和法国的实践经验，可能需要在整个运行过程中进行高放废液的取样分析，高放废液的取样分析是控制产品玻璃体质量的第一步。根据分析结果，针对组分有偏差的废液，可能会加入一些化学试剂以调节废液组分，使其满足预定的工艺参数要求，得到预定的玻璃体产品。例如，对于运行后期的槽内清洗液，需要加入 $NaNO_3$ 或 NaOH 以调节废液中的 Na 含量，满足熔炉的运行要求。

高放废液的输送和向熔炉的定量供料，最好选择无动能部件的装置，如 RFD（Reverse Flow Diverter，可逆流体换向装置）泵、空气提升器、蒸汽喷射泵。在一些工艺要求下，可能需要能动装置进行废液的输送和进料，如美国使用 ADS 泵来定量输送泥浆，在这种情况下，ADS 泵要设计为可远距离更换模式。

（2）熔炉系统

熔炉一般为圆柱体或立方体形状，熔炉内壁一般由极耐腐蚀的电容铸耐火陶瓷砖构成，一般熔池内温度大于 1 100℃。熔炉的供电系统由变压器、电器母线、电极构成。电极是熔炉的关键部件，目前还不能维修或更换，电极产生的焦耳热必须满足玻璃固化工艺运行时热量的消耗。当玻璃出料时，溢流出料系统一般由出料室、供气管、提升道、溢流管道、加热器、出料管等组成。熔炉在运行过程中部分热量通过热传导损失在炉体上，一般利用热室内的空气对熔炉外壁进行自然冷却，以带走这些热量，保护熔炉的整体性和功能性。对于大型熔炉，在其不锈钢外壳设有冷却夹套，通过冷水来冷却炉体。

（3）产品容器处理系统

产品容器在盛装玻璃产品后，要进行一系列的处理工序，首先进行冷却，一般在 4 d 左右。而后进行容器顶盖焊封。由于在固化过程中，产品容器与熔炉在同一热室，会形成非固定污染，因此还要进行表面去污，经去污后的容器还需进行擦拭测试，合格后将运至暂存库进行中间贮存。

（4）尾气处理系统

熔炉尾气通过气膜冷却器流出进入尾气系统，在管壁形成一层气膜，经气膜冷却器的尾气随后进入尾气处理系统。首先通过预处理设备去除尾气中的颗粒物质和冷凝水蒸气，从预处理设备流出的气体将进入后续处理设备以进一步净化，后续处理设备一般由湿法设备和干法设备组成。其中，湿法后续处理设备可选用喷射洗涤器或 NO_x 吸收塔；干法后续处理设备可选用玻璃纤维过滤器或高效空气粒子过滤器。

（5）二次处理系统

在玻璃化技术处理过程中产生的二次废液，主要来自尾气处理系统的洗涤液、产品容器表面去污液、其他去污清洗液。在尾气处理系统的第一个湿法处理设备中的洗涤液含有较高放射性核素，需直接返回玻璃工艺中；其他废液在收集后进行蒸发处理或在专门设施中进行处理。

（6）固体废物的管理

采用玻璃化技术处理高放废液过程中也要产生放射性固体废物，包括进料系统的搅拌装置、熔炉系统的热电偶、通风系统的过滤器等。对于热室内产生的放射性活度较高、不能直接接触操作的废物，可通过机械手等工具将装入屏蔽容器中运至固体废物整备中心；对于可直接接触操作的废物，可通过 200 L 桶装运出厂外。

7.2.2 设备与材料

1. 原位玻璃化技术的设备与材料

原位玻璃化技术所需要的设备与材料，包括电力系统、封闭系统（防止逸出气体进入大气）、逸出气体冷却系统、逸出气体处理系统、控制站和石墨电极等部分。

拖车是 ISV 工艺现场所需的主要设备。唯一需要的附加设备是柴油发电机，如果没有高压线路电源，则需要一台起重机和一台前端装载机或推土机。对电气设备的要求，由 ISV 的电压和电流需求决定：加工开始的高电压需要足够绝缘，而加工结束的高电流需要足够的传导能力。例如，高电流（4 000A）时要求 4 根电极中的每一个电极都使用 6 根 750MCM 的电源线。此外，ISV 作业需要两台重型设备：一台起重机用于运送电极架和保护罩，一台前端装载机用于回填和场地准备。另外，还需要一台钻孔机或钻床，以便将电极打入地面以下（USEPA，1992）。

只有对现场条件有足够的了解，才能实现对辅助系统的有效设计。只有对土壤和废物的总氧化物组成进行测试检测，才能获取关键的熔融参数或特性，包括熔融时间和熔融温度以及熔融黏度等。要处理的土壤必须包含足够数量的导电性碱（K、Li 和 Na），以便熔融物料携带电流。另外，土壤中应含有足够的玻璃形成剂，如二氧化硅等。全球大多数污染土壤，均可采用原位玻璃化技术处理。Geosafe 公司采用玻璃化技术处理污染土壤时，通常在处理前先确定土壤中存在的氧化物含量，然后基于计算机模型确定该污染土壤是否适合玻璃化处理技术，该模型还可识别哪些固体和废物需要在处理前进行预处理（USEPA，1994）。

2. 异位玻璃化技术的设备与材料

异位玻璃化技术系统主要由热源、炉体、进料系统、产物排出系统及尾气净化系统等 5 个部分构成。根据热源的不同，玻璃固化熔炉可分为电加热熔炉和燃料式熔炉，其中电加热熔炉包括焦耳加热、感应加热、等离子体炬、电弧（等离子体弧）加热熔炉（陈明周等，2012）和微波熔炉（William，1997）等多种形式。

（1）电加热熔炉的设备与材料

玻璃化技术的设备主要使用氧化铝-氧化锆-二氧化硅（AZS）耐火材料与玻璃体接触，因为其在缓慢腐蚀时不会使玻璃着色。大型商用熔炉最多可以运行两年，就必须更换墙体耐火材料；在玻璃流量高的区域，需要更频繁地更换墙体耐火材料。提高耐火材料的氧化铬比例可以提高其耐用性，这类耐火材料的缓慢腐蚀会导致少量氧化铬进入熔融体，但对玻璃性能没有影响。氧化铬耐火材料被广泛用于危险废物和放射性废物的玻璃化技术处理过程中。如果经验不足，应咨询耐火材料供应商，以确保耐火材料选择的合理性，必要时应该进行实验室腐蚀测试，以选择合适的耐火材料。对于耐火材料来说，确定可承受的热量损失程度应基于两个因素：一是温度，耐火壁处的玻璃温度应足够高（高于液相线温度），以避免晶体形成；二是成本，较高的熔炉制造成本降低了运行期间的能源成本和外壳水冷却成本（William，1997）。电加热熔炉中常用的几种耐火材料的标称成分和相关性能数据见表 7-3。

在熔炉空转期间，熔炉盖上的耐火材料将暴露于高温下，进料开始和停止时的极端温度以及腐蚀性尾气成分（如酸性气体、盐、进料和玻璃飞溅物）都会对其有影响。因此，合适的耐火材料的选择，必须基于预期的工艺条件和所需的使用寿命。通常，使用高铝可浇铸耐火材料、耐火砖和绝缘板（William，1997）。

表 7-3 普通熔融耐火材料的性能

耐火材料及用途	Al_2O_3/%	SiO_2/%	Cr_2O_3/%	ZrO_2/%	Fe_2O_3/%	MgO/%	CaO/%	密度/(g/mL)	电导率[a]/(W/M·℃)
玻璃触点：Monofrax K-3[b]	60.4	1.8	27.3	—	4.2	6.1	—	3.9	2.9（1 100℃）
玻璃触点：Monofrax E[b]	4.0	1.6	77.7	—	7.9	8.7	—	4.2	5.0（1 100℃）
玻璃触点及备用材料：AZS（Zirmul[c]）	70.7	10.2	—	19.5	—	—	—	3.1	1.9（900℃）
备用绝缘材料：Alfrax 57[b] Castable	94.8	0.4	—	—	0.1	0.1	4.7	1.2	0.7（550℃）
备用绝缘材料：Alfrax 66[b] Castable	95.9	—	—	—	0.1	—	4.0	2.7	1.4（550℃）
备用绝缘材料：Fiberfrax Duraboard[b]	56.0	39.0	—	—	—	—	—	0.3	0.07（300℃）

注：[a] 1 BTU·in/（hr·ft^2）·℉=0.144 W/（m·℃）；[b] Carborundu 公司注册商标名称；[c] Chas. Taylor & Sons 公司注册商标名称。

此外，选择合适的电极材料也很关键。石墨、氧化锡和钼金属均是玻璃工业的标准电极材料，已经应用于放射性和危险废物的玻璃化处置技术（William，1997）。镍合金材料 Inconel-690（INCO 合金国际公司生产，西弗吉尼亚州亨廷顿）已成功用于在 1 200℃（2 200℉）以下运行的高放射性废料熔炉中。Inconel-690 以及石墨和钼已用于电加热熔炉，已被证明可用于危险废物的玻璃化处置技术。电极材料的选择，高度依赖加工过程中存在的玻璃成分和氧化条件（William，1997）。

①焦耳加热陶瓷熔炉

焦耳加热陶瓷熔炉（JHCM）在浸入熔融体中的电极间通过电流，利用焦耳热来实现熔融体的加热，其结构示意图如 7-5 所示。JHCM 技术是由美国太平洋西北实验室（PNNL）开发，美国萨凡纳河的国防核废物处理设施（DWPF）和西谷示范性工程（WVDP）的玻璃化装置均采用了 JHCM 技术。JHCM 技术是利用燃烧器加热玻璃体至导电，或者在玻璃体表面洒一层导电物质以便在电极间形成通路来实现熔炉的冷启动。JHCM 技术起初用于高放射性废液的玻璃化处置，后来发展出移动式焦耳加热熔融系统，可以用于处置低放射性废物和混合废物（陈明周等，2012）。

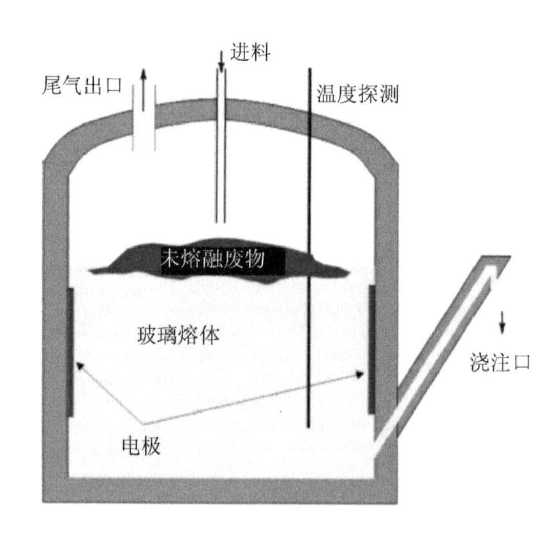

图 7-5 焦耳加热熔炉结构示意

焦耳加热熔炉的优点主要有：a. 处理量大，工艺相对简单；b. 无须向炉膛内通入气体，并能运行“冷帽”，减少挥发性核素向尾气中的挥发以及颗粒物的夹带；c. 被处理废物的熔融体在熔炉内停留时间长，确保了产物玻璃体的均匀性。焦耳加热熔炉不足之处在于：a. 由于 JHCM 的电极材料常用铟科镍 690，其工作温度较低（通常为 1 150℃），需要调配废物组成以控制熔融温度；b. 高熔点和金属废物需要从进料中拣出；c. 浸入式电极加热对熔融体的电导率非常敏感，为了优化熔炉的运行工况，需控制废物各组分之间的配比，1 150℃时的熔融体具有较高的电阻率（≥6.5 Ω·cm）；d. 体积大，不便于更换。

②冷坩埚感应熔炉

冷坩埚感应熔炉是利用电磁感应对废物进行非接触式加热的装置，如图 7-6 所示，其炉体外壁为水冷套管和感应圈，感应圈中通高频（10^5～10^6 Hz）电流，水冷套管中通过冷却水。由于壁面的冷却，熔融体在炉体内壁温度较低区域（＜200℃）形成一层凝固壳层（陈明周等，2012）。

冷坩埚玻璃化技术起初用于高放射性废液的处理，法国原子能委员会（CEA）和俄罗斯的相关机构对此类装置做了较多研究。韩国电力研究院的 ParkJong-Kil 等依据装置的寿命、处理能力、对废物的适用性以及在役期间是否更换材料、Cs 的挥发夹带量和经济成本等因素，对冷坩埚感应熔炉、焦耳加热熔炉、量子催化萃取装置和等离子体炬熔炉 4 种技术进行了评价，结果表明用冷坩埚感应熔炉处理蒸发浓缩液、废树脂及固体可燃物，用等离子体炬熔炉处理不可燃废物效果较佳，但组合两种技术会增加整个处理工艺的复杂性。与 JHCM 技术相比，冷坩埚感应熔炉的主要优点有：a. 凝壳保护炉体免受熔融体的侵蚀，使熔炉寿命长；b. 工作温度高，炉温可高至 1 600℃；c. 适用性强，可处理多种废物；d. 退役废物量小。但是，冷坩埚感应熔炉也具有明显的缺点：a. 热效率低、能耗大，用于熔融废物的电能仅占总耗电能的 30%（线圈耗电 20%，冷坩埚热损失耗电 40%），比陶瓷熔炉多耗电 50%；b. 直接进料方式增加了颗粒物的夹带概率；c. 熔炉的处理量较小（25 kg/h），通常需要多台装置并联运行。

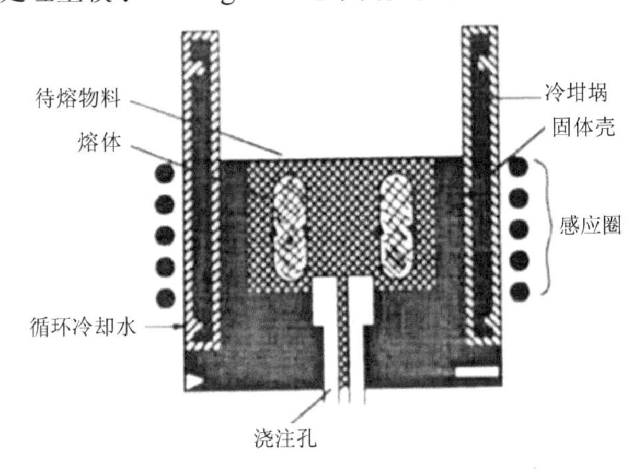

图 7-6　冷坩埚结构示意

冷坩埚感应熔炉的构造不含耐火材料，而是由水冷却通道构成的分段壁形成了熔化炉。冷壁导致 2～5 mm 的玻璃层冻结在壁上，这样可以保护容器壁免受玻璃腐蚀。但是，可能会产生大量的热损失，与绝热的熔化器相比，需要更高的能量输入。在熔线上方，金属暴露于腐蚀性废气中，这些废气会凝结在冷物体的表面上。因此，这些因素都应该在材料评估、选择和使用过程中加以考虑（William，1997）。

③等离子体炬熔炉

等离子体炬熔炉反应器是以等离子体炬产生的热等离子体为热源（陈明周等，2012）来实现玻璃化技术目标温度的。根据工作时熔炉炉膛是否转动，等离子体炬熔炉分为固定炉膛式和旋转炉膛式。等离子体气化熔炉（PGM）、等离子体炉膛炉（PHP）以及我国台湾核能研究所（INER）熔炉等均属于固定炉膛式等离子炬熔炉，其结构如图 7-7 所示。

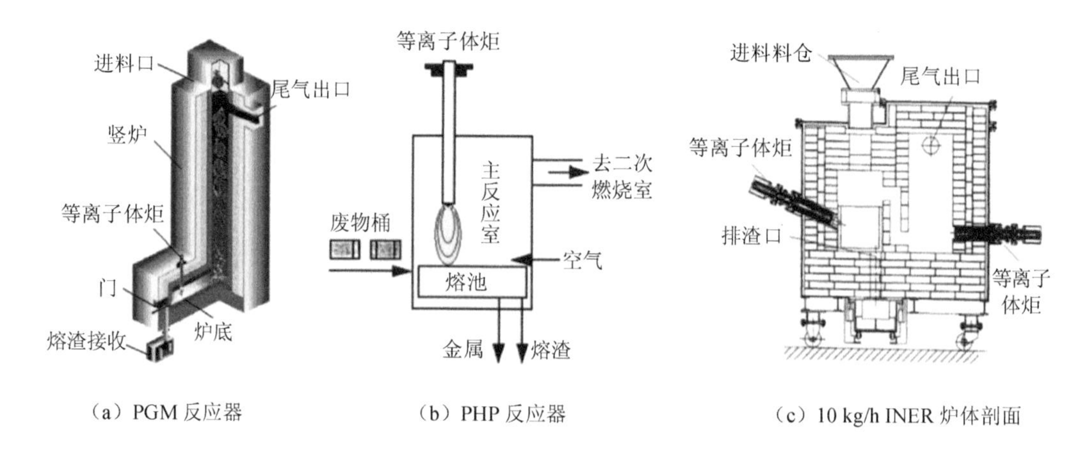

（a）PGM 反应器　（b）PHP 反应器　（c）10 kg/h INER 炉体剖面

图 7-7　固定炉膛式等离子体炬熔炉结构示意

旋转炉膛式熔炉是等离子体离心处理系统（PACT）的主处理室（图 7-8），其中有一转速为 15～40 r/min 的旋转离心反应器。等离子体炬在反应器内形成 1 200～1 600℃的高温，此高温下形成的熔融体，就作为处理废物的熔池。尾气与熔融体的排放出口设置在坩埚中央，通过控制转速排出熔融体。

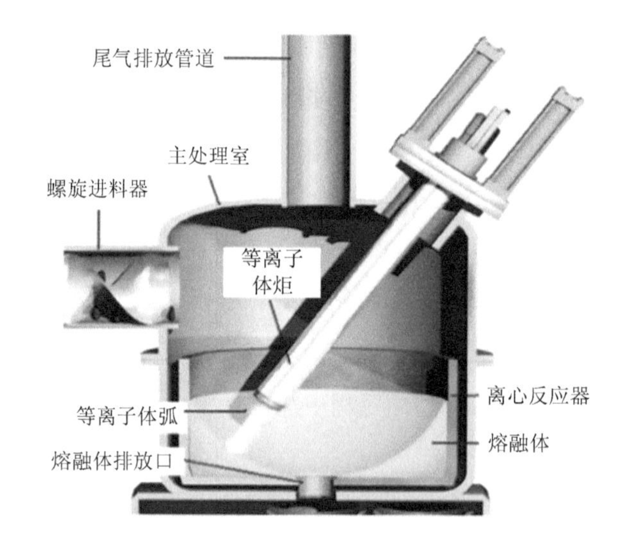

图 7-8　PACT 主处理室结构示意

由于采用热等离子体为热源，炉膛工作温度高（可达 1 600℃，甚至更高），因此处理效率高。PACT 的旋转炉膛使加热更均匀，与固定炉膛式熔炉相比，效率可提高 2 倍以上。此外，对土壤、废物的适用性强，能够处理包括高熔点废物和金属在内的混合废物或土壤，且产生尾气量低，PGM系统的尾气量仅为焚烧处理的1/2～2/3。除上述优势外，等离子体炬装置存在以下缺陷：a. 炉膛耐火材料的寿命较短：对于固定炉膛式装置，炉膛耐火材料直接受到废物熔融体的侵蚀，故其寿命较短；对于PACT系统，由于旋转坩埚内壁形成凝固层可保护炉膛，故其耐火材料寿命适当延长。b. 放射性核素的挥发：高温能促进放射性元素的挥发，尤其对于PACT的离心反应器，其动态处理模式会使情况加剧；PGM的竖炉设计使熔融区到尾气出口的温度梯度很大，废物沿竖直部分向下运动的同时对尾气降温，并吸附尾气中的放射性核素。c. 尾气NO_x产生量大：采用N_2作为工作气体的等离子体炬系统，尾气中NO_x产生量较焚烧处理高。

④电弧（等离子体弧）熔炉

与等离子体炬熔炉采用压缩电弧为热源不同，电弧（等离子体弧）熔炉的热源为自由电弧，根据电源的种类可分为交流及直流电弧熔炉（陈明周等，2012）。JHCM等离子体炬熔炉和电弧熔炉均能够处理分拣后的废物，其中等离子体炬熔炉和电弧熔炉更能处理组分不确定的废物（Donaldson et al.，1992）。美国矿务局（USBM）奥尔巴尼研究中心研发的交流电弧熔炉的结构如图7-9所示，该装置有3根石墨电极通三相交流电，利用交流电弧加热被处理物，连续进料和排渣。对该技术进行效果评估试验，处理的模拟废物的组成（以质量分数计）为38%以碳钢和不锈钢为主的金属废物、24%固体可燃物、23%有机废物、7.3%硝酸盐、7.7%氢氧化物，结果表明，模拟废物无须预处理可直接送入炉中。即使不严格控制进料的组成，产物的耐久性也能达到高放射性玻璃固化体的水平。

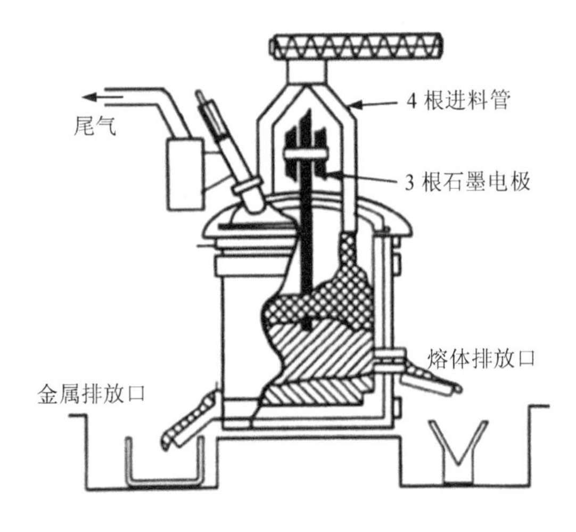

图7-9　USBM的交流电弧熔炉结构示意

在美国能源部（DOE）的支持下，美国太平洋西北国家实验室（PNNL）、麻省理工学院（MIT）和电热解公司（EPI）采用直流电弧熔炉进行了混合废物的处理试验，熔炉结构如图 7-10 所示。

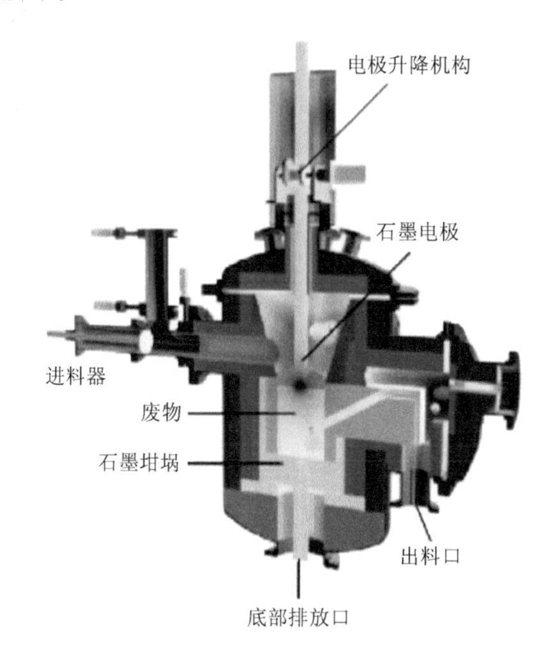

图 7-10　PNNL、MIT 和 EPI 试验用直流电弧熔炉结构示意

直流电弧熔炉利用单根石墨电极与炉底电极产生直流电弧，石墨电极可上下升降，进料口位于炉体侧面，排气口位于炉顶，金属和熔融体从不同出口排出。PNNL 等利用该装置处理了非放射性模拟废物、含放射性核素 Pu 的废物以及中子发生器，研究了冷物料的覆盖程度、电极位置、进料粒径大小等各种工况对重金属与放射性核素在处理系统中迁移的影响。与三相熔炉相比，单电极直流石墨电弧熔炉的优点有：a. 单电极操控简单，炉顶设计简单；b. 便于控制输入功率；c. 耐火材料消耗比交流系统更低；d. 能量传递效率比等离子体炬熔炉和感应熔炉高。

MIT 的 Surma J E 等（2002）研发了等离子体增强熔炉（PEM^{TM}），该熔炉融合了直流等离子体弧加热和玻璃工业的焦耳加热，其反应器结构如图 7-11 所示。3 根直径为 15.24 cm 的石墨电极接三相交流电源，3 根直径为 7.62 cm 的石墨电极接直流电源（1 根电极位于 1 种极性，另 2 根位于相反极性），等离子体电弧在熔融体和电极间产生。与单电极熔炉相比，PEM^{TM} 交流电的焦耳热使熔池能保持均匀的温度分布，并彻底处理残存在熔池中的物料，解决了装置的冷起动和电极消耗不均衡的问题。

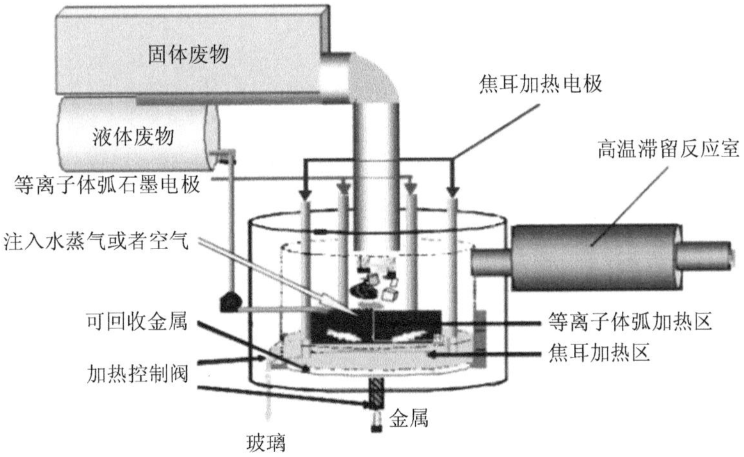

图 7-11 PEM™ 反应器构造示意图

⑤微波熔炉

在微波熔炉中，将装有废物的容器、集热器或炉子连接到微波发生器，微波沿着导向器传输并进入处理室。通过 3 个主要机制实现熔化过程（William，1997）：a. 由电磁场振荡引起的偶极分子的剧烈运动引起的摩擦热；b. 由磁场中磁性成分的振荡而引起的磁性材料的剧烈振动而产生的摩擦热；c. 由电场的电气组件产生的电流，导电材料产生的热量。

在美国市场销售的相关系统，多使用 915 MHz 或 2 450 MHz 的微波能量。微波的穿透或有效加热深度取决于所处理的土壤或废物，通常情况下，对于水含量高的材料微波能穿透 5～10 cm（1.97～3.94 in），而其他材料则可以穿透几十厘米。

（2）燃料式熔炉的设备与材料

燃料式熔炉以化石燃料的燃烧为热源对土壤或废物进行熔融玻璃化处理。西屋汉福特公司采用 Babcock & Wilcox 的旋风式熔炉处理模拟废物，其结构示意如图 7-12 所示，该旋风炉由燃烧器、炉体和尾气处理等系统构成，燃料为天然气。土壤或废物与玻璃形成剂混合后由进料口喷入旋风炉，熔融后流入淬冷箱（陈明周等，2012）。

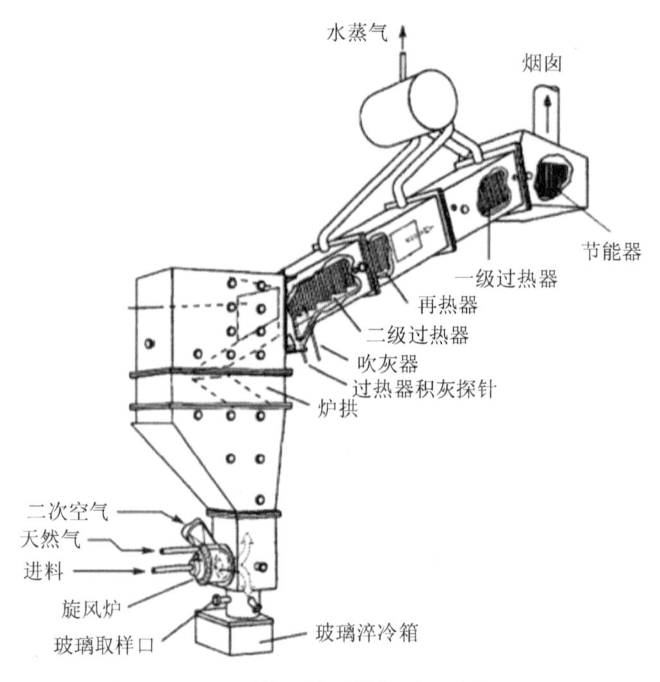

图 7-12　小型旋风熔炉模拟装置结构示意

燃烧熔炉运行灵活，可快速起动和停止。停炉后，燃烧器继续工作可以排空玻璃熔融体，但尾气量较大，放射性核素挥发率高；如果用氧气替代空气，尾气量可以减少至原来的 1/5（陈明周等，2012）。

燃烧熔炉中的耐火材料不仅必须承受玻璃的侵蚀，还必须承受高腐蚀性、高强度的热循环和气相酸蚀。耐火材料的选择取决于燃烧熔炉的类型，一些熔炉依靠耐火材料在燃烧区进行隔热，而其他熔炉则采用冷壁设计，并允许更多的能量损失。另外，还需考虑耐火材料成本和频繁停机的影响，以更换耐久性较差的耐火材料（William，1997）。

7.2.3　辅助设施

1. 原位玻璃化技术的辅助设施

ISV 系统的设计应该基于职业安全与健康等方面的安全标准，安装在废气罩外部的喷水系统，可确保在玻璃体过度起泡时废气罩不会过热。在处理高含量可燃材料时，会使发动机罩暴露于高辐射热或高气体温度下，因此需要安装栅栏和其他物理屏障以防人员进入，确保人员安全。所有组件都连接到公共的接地网，该接地网由长 6 ft 的铜棒组成，该铜棒被打入地面以下并与电气设备连接（William，1997）。

ISV 过程仪表和控制系统包括大约 50 个独立的仪表，用于跟踪温度、压力、电流、电压、流量、气体浓度以及其他工艺参数。系统自动记录所有工艺参数，并提供数据趋势的可视化显示。操作员根据许可和工作计划中确定的操作极限来评估趋势数据，作为 ISV 过程控制决策的主要依据。

ISV 系统由操作员手动控制，但两个控制阀除外，这两个控制阀是用来控制进入发动机罩的空气流量和废气系统，以保持尾气发动机罩内有足够的负压。自动系统用于控制某些重要功能，例如，在停电的情况下，系统会自动启动柴油发电机，该柴油发电机为备用尾气处理系统提供动力。

2. 异位玻璃化技术的辅助设施

异位玻璃化技术的仪表和控制系统由传感器、电子设备、仪表、计算机和可编程逻辑控制器（PLC）组成，用于实时控制过程，收集数据以分析系统和设备性能，并监测尾气排放过程（William，1997）。控制系统尽量应自动化，控制器应能手动操作，以便在系统故障时操作助燃风机和冷却水泵。该系统将能够在紧急情况下使用辅助电源装置维持工作状态。除了为工艺和设备评估收集数据外，该系统还包括一个尾气连续排放监测系统（Hant et al.，1996）。

7.2.4 处理成本估算

玻璃化技术运行的主要成本包括电力、人工和耗材 3 个方面。可以确定的是，玻璃化技术的运行成本可能会比其他常规污染土壤处理技术要高。但是，该技术的处理效果具有长期稳定性，并能大幅减少处理后土壤或废物的体积（与最常用的替代方法相比减少多达 97%），从而节省大量的存储或最终处置成本（https://www.geoengineer.org/education/web-class-projects/cee-549-geoenvironmental-engineering-winter-2013/assignments/vitrification#recommended-reading）。

1. 原位玻璃化技术处理费用估算

（1）总费用估算

原位玻璃化技术的处理费用主要受以下几个因素的影响：①所需的场地准备和分

阶段工作量；②待处理土壤或废物的特殊性质；③需要处理的土方量或废物量；④土壤处理深度；⑤土壤或废物含水量；⑥当地的电力成本；⑦季节和天气状况。土壤处理深度是一个重要的费用变量，直接关系到工作时间与停机时间之比。由于 ISV 过程是针对特定地点的，因此设备必须在不同处理现场之间移动。在较深的土壤深度进行玻璃化技术处理则更为经济，因此 ISV 技术适合处理较深的污染土壤。对于较浅的污染土壤（如几米深），通常更具成本效益的做法是将材料移走，并将其放置到较深的位置上再进行处理。含水量是影响玻璃化技术费用的另一个重要变量，在干燥土壤和完全饱和的土壤之间，玻璃化技术的修复费用为 50～75 美元/t。电力成本也是影响 ISV 总成本的主要变量。通常，如果能够以低于 0.07 美元/（kW·h）的价格获得公用电源，则使用该电源更为经济。超过此范围，应考虑使用本地柴油发电机。ISV 技术的实际现场修复费用通常为 250～350 美元/t（Byers et al.，1991）。

总之，原位玻璃化技术处理的总费用包含以上多种因素，受场地情况、人工、电费等影响。总体费用情况见表 7-4（https：//www.geoengineer.org/education/web-class-projects/ cee-549-geoenvironmental-engineering-winter-2013/assignments/vitrification#recommended-reading）。

表 7-4 原位玻璃化技术的处理费用估算

年份	1965	1966	1988	1989	1990	1991
成本范围（美元/t）	117～165	96～210	163～349	166～175	103～382	360～390

注：处理土壤密度为 1.2 t/yd^3，约为 1.57 t/m^3。

（2）费用类别

典型的 ISV 系统的运行费用为 360～500 美元/t。但是，ISV 修复实际土壤的总费用还受其他因素影响，如中试试验、场地准备、修复动员、场地恢复和长期监控等（USEPA，1997a）。在与超级基金场地类似的条件下，美国 EPA 对 ISV 技术进行了经济分析（USEPA，1995），认为 ISV 技术的修复费用为 430～470 美元/t。该费用数值可能会比典型的 ISV 修复场地所期望的要高，因为在典型的 ISV 修复场地中不需要将受污染的土壤暂存到单独的单元中。USEPA（1995）将修复费用分为 12 个类别，并分别给出了分项的修复费用（Oppelt，1995），见表 7-5。

表 7-5 原位玻璃化技术的处理费用类别及其估算

成本类别	各类成本比例/%
1. 场地和设施准备（Site and Facility Preparation）	2
2. 许可及监管要求（Permitting and Regulatory Requirements）	1
3. 设备（Equipment）	13
4. 启动和维修（Start-up and Fixed）	17
5. 劳工（Labor）	19
6. 耗材和处置（Consumables and Disposal）	8
7. 实用工具（Utilities）	22
8. 废水处理和处置（Effluent Treatment and Disposal）	0
9. 残留物和废物运输/处理（Residuals and Waste Shipping/Handling）	3
10. 分析服务（Analytical Services）	2
11. 设施改造及维修（Facility Modifications and Maintenance）	11
12. 场地清场（Site Demobilization）	2
13. 长期监控（Long-Term Monitoring）	NI

注：NI 表示没有包含在成本分析中。

2. 异位玻璃化技术处理成本估算

基于相关研究、USEPA 场地示范或供应商文献，一座处理规模为 180 t/d（设计规模为 200 t/d）的异位玻璃化熔炉，其电力供应、进料处理、废气处理设备和玻璃处理设备的投资合计为 550 万美元。建筑和设备的安装费用，大约是基本设备费用的两倍，即 1 100 万美元。在此应用案例中，电力单位费用为 6 美分/（kW·h），占预计总运营费用 6 000 万美元的 57%，人工费用仅占总费用的 7%（William，1997）。

据 Chapman（1991）估计，电加热熔炉处理城市垃圾焚化炉底灰，处理量为 50 t/d，处理费用大约为 80 美元/t 灰。但是，这些数字尚未得到实践验证。1996 年年初，GTS Duratek 公司完成了玻璃化技术设施的建设，以固定价格 1 340 万美元处理 2 540 m^3 混合放射性废物，其运行费用包括 9 个储罐的设计、建造、运行、放射性健康与安全评估等多个方面。玻璃化技术处理过程于 1996 年开始启动，以 300 kg/h（660 1b/hr）的速度处理废物，生产出了约 1.1 Mkg（2.4 Mlb）的玻璃体产品（William，1997）。

根据美国 EPA 对 Vortec 公司玻璃化技术处理场地示范工程的评估，燃烧熔炉的运行和维护费用为 35～40 美元/t 污染土壤。该公司在 1991 年采用处理规模为 25 t/d 的异位玻璃化技术装置，处理电弧炉和冶炼过程产生的有害废粉尘、粉煤灰和重金属污染土壤，其处理费用为 350 万～400 万美元。费用包括原料处理设备、废气处理、玻璃产品处理以及过程仪表和控制的费用等，每年的运营和维护费用估计为 375 000～500 000 美元（William，1997）。

7.3 玻璃化技术典型工程案例介绍

7.3.1 玻璃化技术国内外应用情况

1. 法国的玻璃化技术应用情况

20 世纪 50 年代，法国就开始了高放射性废物玻璃固化技术的应用基础研究；20 世纪 70 年代率先进入工程化应用。玻璃固化处理高放废液或中放废液的工程化应用已经有 50 多年的历史，是目前固化处理高放废液较为成熟的技术。法国开发研究了感应加热冷坩埚工艺技术，属于第四代玻璃固化技术，本质是利用高频感应线圈所产生的感应电流，通过感应涡流的焦耳热效应加热放射性废液和玻璃固料，使废液在冷坩埚内完成蒸发干燥和煅烧过程，并与玻璃熔融成为玻璃固化体的过程。法国在阿格（La Hague）玻璃化工厂热室中使用冷坩埚工艺技术，提高了现有玻璃化技术设施的处理能力（陈树明等，2011）

法国是世界上率先进入玻璃化技术工业化的国家，经过 20 年开发研究（1957—1978 年），世界上第 1 个玻璃化技术设备马库尔 AVM（回转煅炉+感应加热金属熔炉）投入运行，处理了 2 074.5 m^3 高放废液（16×10^6 TBq），1999 年进入退役阶段。在 AVM 运行基础上，法国在阿格后处理厂，先后建成 2 座更大规模玻璃化技术工厂 AVH-R7 和 T7（R7 为 UP2 后处理厂服务，T7 为 UP3 后处理厂服务）（罗上庚，2003）。

2. 美国的玻璃化技术应用情况

美国是世界上积存高放废液量最多的国家之一，在 3 个军工核基地积存约 38 万 m^3 高放废液。萨凡那河（Savannah River）玻璃化技术工厂（Defence Waste Processing Facility，DWPF）于 1996 年 3 月投入运行，到 1999 年年初已处理 2 200 m^3 浓缩物和泥浆。第 1 批放射性水平低的浓缩物已处理完，接着处理第 2 批放射性水平高（高 8 倍）的浓缩物，其中含有超标 8 倍的汞（罗上庚，2003）。

萨凡那河玻璃化厂是目前世界上最大的玻璃化技术运行设施，由美国西屋公司负责建造和运行，主要用来处理萨凡纳河基地军工核设施遗留的放射性废液。1993 年厂房安装熔炉及辅助系统并进行调试，1996 年 3 月开始热运行，其熔炉为直径 2.55 m、高 3.2 m 的圆形炉体，加上外部框架后重约 65 t，池表面积为 26 m^2，其结构示意如图 7-13 所示（陈树明等，2011）。

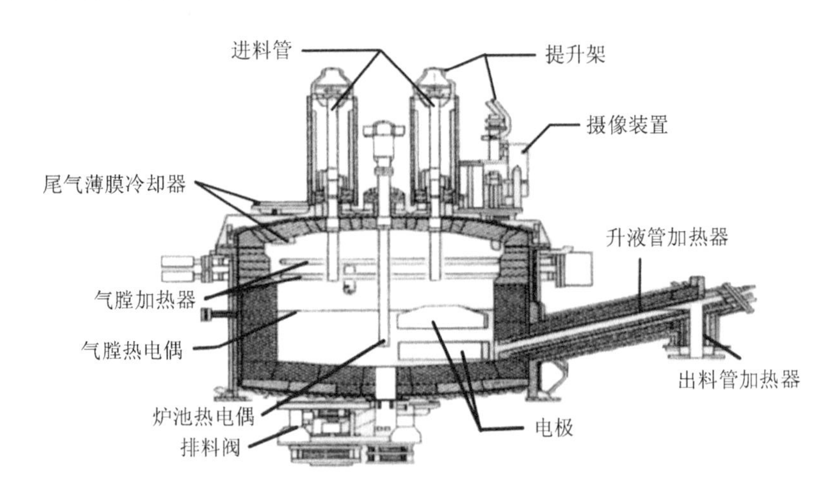

图 7-13 玻璃固化结构图示意

汉福特（Hanford）积存着美国最多的军工高放废液（24 万 m^3），计划先对高放废液做预处理，即用超滤去除固体物，用离子交换去除 Cs 和 Tc，用沉淀法去除 Sr 和超铀核素。2006 年完成了上述预处理过程，2007 年开始采用玻璃化技术处理高放废液和低放废液。爱达荷（Idaho）存有 11 000 m^3 高放废液，处理工艺方案有 3 个，其中包括玻璃化技术方案。美国第 4 个高放废液贮存地是前西谷（WestValey）后处理厂，此处在 1996 年建成了焦耳加热陶瓷熔炉玻璃化厂（West Valey Demonstration Project，WVDP）处理前西谷商业后处理厂（1966—1972 年运行）产生的 2 300 m^3 高放废液，现已完成处理任务（罗上庚，2003）。

3. 英国的玻璃化技术应用情况

英国是开发研究玻璃固化技术较早的国家之一，为了处置释热的高放废物，在塞拉菲尔德核后处理厂，建成一个耗资 2.5 万英镑的新工厂即温茨凯尔（Windscal）玻璃固化工厂（WVP 或称 AVW）。该工厂将把现在以液态形式保存的高放物质浇注成玻璃固化块，每个玻璃固化块的高度将达 4.5 ft，重量将近 500 kg。玻璃固化块的表面温度高达 600℃以上，它们是通过把放射性溶液和熔融的玻璃倒入单个的不锈钢容器制成的，随后，这些容器将在一个靠近固化工厂的空气冷却库以临时存放的方式保存起来。来自英国核工业的 95%以上的废物是在核燃料后处理过程中产生的，在过去 35 年中，全部来自第一代诺镁克核电站的核燃料后处理中的高放废物，都保存在塞拉菲尔德的双壁不锈钢罐中，放射性废物产生的速率将随着第一代诺镁克核电站的退役而增加（郭金周，1990）。

4. 比利时的玻璃化技术应用情况

为处理莫尔（Mol）前欧化公司（1966—1974 年运行）积存的高放废液，比利时在 1985 年委托西德建成了帕梅拉（PAMELA）焦耳加热陶瓷熔炉玻璃化技术装置。第 1 个炉子运行了 1 年多，处理了 47.2 m^3 低浓铀燃料高放废液。接着建造了第 2 个炉子，运行了 4 年多，处理了 860 m^3 高浓铀燃料高放废液。该设施完成玻璃化技术处理任务后，已于 1991 年关闭，进入退役阶段，用遥控技术拆卸了陶瓷熔炉（罗上庚，2003）。

5. 苏联的玻璃化技术应用情况

苏联从 20 世纪 50 年代中期就开发研究高放废液玻璃化技术，60 年代发展陶瓷熔炉技术。1987 年，苏联在马雅克（Mayak）建成了玻璃化技术设施 EP-500 焦耳加热陶瓷熔炉，并投入了运行。第 1 座熔炉只运行了 1 年，由于电极设计缺陷而不得已关闭。第 2 座熔炉从 1991 年开始运行，运行了 6 年。第 3 个熔炉在 2000 年开始运行，第 4 个熔炉计划在 2004 年投入运行。俄国在中西伯利亚的克拉斯诺亚尔斯克建造了另一座玻璃固化工厂。截至 1999 年年底，俄罗斯采用玻璃化技术已经处理了 12 500 m^3 高放废液（含放射性 1×10^{19} Bq）（罗上庚，2003）。

6. 日本的玻璃化技术应用情况

日本玻璃化技术主要由原动燃团（PNC，现改名为 JNC）研究开发。在东海村建立了一座中等规模的陶瓷熔炉玻璃化技术设施（TVF），处理东海村后处理厂产生的高放废液。每天生产 0.7 m^3 玻璃化体。1993 年开始，日本在北海道 6 个所村（Rokkasho Mura），建造了一座玻璃化技术工厂（JVF），共有两条生产线，每条生产线的处理能力为 701 HLW/h（罗上庚，2003）。

7. 德国的玻璃化技术应用情况

德国研究改进的第三代熔制工艺——焦耳加热陶瓷熔炉工艺技术，最早是由美国太平洋西北实验室（PNNL）所开发的，德国引进后进行了设备、仪控系统的研究改进，改进后提高了固化能力、设备的稳定性和安全性。德国首先研究设计完成了第一套高放废液玻璃化技术处理设施，并在比利时莫尔建成 PAM ELA 工业型熔炉，供比利时处理前欧化公司积存的高放废液。为处理卡尔斯鲁厄（Karlsruhe）WAK 后处理中试厂（1971—1990 年处理过 208 t 乏燃料，1990 年关闭）积存的 69 m^3 高放废液，德国建造了一座焦耳加热陶瓷熔炉（VEK）。我国和德国联合设计的焦耳加热陶瓷熔炉冷试装置（VPM），处理能力为 45 l/h（30 kg 玻璃/h），在 2000 年上半年进行了冷试车（罗上庚，2003）。

8. 印度的玻璃化技术应用情况

印度于 1966 年在巴巴原子能研究中心（BARC）开发研究玻璃化技术，塔拉普尔（Tarapur）玻璃化技术工厂（VWP）1987 年投入运行。特朗贝（Trombay）后处理厂的玻璃化技术工厂在 1996 年投入运行，处理能力 100 m^3 HLW/a。印度在卡尔帕卡姆（Kalpakkam）建造了另一座玻璃化技术工厂，处理能力 200 m^3 HLW/a。

综上，国外大型玻璃化技术设施的应用概况，包括场址、设计单位、处理能力、运行年份、熔炉类型、玻璃化体类型、建设投资等内容，详见表 7-6（罗上庚，2003）。

表 7-6 国外大型玻璃化技术设施的应用概况

国家	玻璃化设施		处理能力	运行年份	熔炉类型	玻璃化体类型	建设投资	备注
	场址	设计单位						
法国	马库尔	AVM	40 L/h	1978—1991 年	回转煅烧炉+感应金属熔炉	硼硅酸盐玻璃体	—	已处理 1 500 m^3 HLW，进入退役
	拉阿格	AVH-R7	100 L/h	1989—				—
	拉阿格	AVH-T7	100 L/h	1992 年				—

国家	玻璃化设施		处理能力	运行年份	熔炉类型	玻璃化体类型	建设投资	备注
	场址	设计单位						
英国	塞拉菲尔德	WVP（AVW）	3 罐玻璃/d	1991 年至今	回转煅烧炉+感应金属熔炉	硼硅酸盐玻璃体	—	—
比利时	莫尔	PAMELA	30 L/h	1985—1991 年	焦耳加热陶瓷熔炉	硼硅酸盐玻璃体	—	已处理 900 m^3 HLW（200 罐玻璃体），进入退役
美国	萨凡那河	DWPF	225 L/h	1996 年至今	焦耳加热陶瓷熔炉	硼硅酸盐玻璃体	20 亿美元	—
	西谷	WVDP	150 L/h	1996—1999 年			10 亿美元	已处理完 西谷后处理厂 2 300 m^3 HLW
俄罗斯	马雅克	EP-500	500 L/h	1986 年至今	焦耳加热陶瓷熔炉	硼硅酸盐玻璃体	—	1999 年年底 已固化 12 500 m^3 HLW
日本	东海村	TVF	40 L/h	1994 年至今	焦耳加热陶瓷熔炉	硼硅酸盐玻璃体	—	—
	北海道六所村	JVF	44 kg 玻璃/h×2					1993 年开始建设，尚未投入运行
印度	塔拉普尔	WIP	2 罐玻璃/周	1987 年至今	感应加热陶瓷熔炉	硼硅酸盐玻璃体		—
	特朗北卡	—	100 m^3/a	1996 年至今	感应加热罐式熔炉	—	—	尚在建设中
	尔帕卡姆	—	200 m^3/a	—	—	—		—

此外，美国、法国、英国、德国、日本、比利时等国外玻璃化技术项目的总体应用情况与关键技术参数，总结于表 7-7 中。美国拥有全球最多的核反应堆，但其乏燃料采用直接处置的方式，并未进行后处理以回收 U 和 Pu，现存的高放废液大多源于“二战”及冷战时期制造核武器的遗留废物（徐凯，2016）。大约 2/3 高放废液贮存于华盛顿州东南部汉福特基地（Hanford Site），其余大多存于南卡罗来纳州萨凡纳河基地（Savannah River Site）。美国是研究一步法（焦耳加热陶瓷熔炉，JHCM）玻璃化技术最早的国家，也是当前一步法技术最成熟的国家。但由于早期后处理技术处于摸索阶段，对核废液认识不够，经 50 多年的存放，各种化合物及元素发生一系列复杂的物理化学反应，因而美国军核时期遗留的放射性废液处理难度极大，世界罕见。法国是世

界上第一个进入玻璃化技术工业的国家，采用两步法（回转煅烧炉+感应金属炉，Rotarycalciner + Induction-heated metallic melter）处理核电站乏燃料后处理中产生的核废液。英国虽研发玻璃化技术较早，但引进的是法国的两步法玻璃化化技术；德国、日本、比利时在玻璃化技术方面也走在世界前列，采用与美国相似的一步法玻璃化技术（徐凯，2016）。

表7-7　国外核废料玻璃化技术项目的总体应用情况与关键技术参数

关键指标	美国	法国	英国	德国	日本	比利时
目前运行的反应器/个	104	58	16	9	50（2011年前）	7
高放废物玻璃现有量（2012年）/t	6 700	7 700	2 200	2 300	700	650
总活度限制/Bq	2.6×10^{18}	2.8×10^{20}	2.4×10^{19}	2.6×10^{18}	3.2×10^{19}	6.3×10^{18}
来源/%	国防（93%）核动力装置（7%）	核电厂废燃料，极少来自国防	核电厂废燃料，极少来自国防	核电厂废燃料	核电厂废燃料	核电厂废燃料
玻璃化设备	西谷示范项目（WVDP，1996—2002年）、国防废物处理设施（DWPF，1996年至今）、垃圾处理厂（WTP，2019年至今）	Marcoule玻璃化车间（1978—2012年）；R717（1989年至今）	Sellafield玻璃固化厂（1995年至今）	卡尔斯鲁厄玻璃固化设施（截至2010年）	Tokai玻璃固化设施（TVF，1995年）；KA玻璃固化设施（测试中）	欧洲化学公司（Eurochemic）
玻璃化技术	焦耳加热陶瓷熔炉	回转煅烧炉+感应金属炉，冷坩埚感应熔炉（2010年至今）	回转煅烧炉+感应金属炉	焦耳加热陶瓷熔炉	焦耳加热陶瓷熔炉	焦耳加热陶瓷熔炉
贮存场地	尤卡山（Yucca Mountain）	布尔（Bure）	无	无	米佐伊，霍罗诺比（Mizunami，Horonobe）	摩尔哈迪斯（HADES in Mol）
地质处置方式	无	玻璃，碳钢包覆	无	无	玻璃，金属包覆，缓冲材料	超级容器设计（混凝土缓冲器）

9. 中国的玻璃化技术应用情况

我国玻璃化技术已有40多年的发展历程。20世纪90年代，我国八二一厂引进了德国BVPM电熔炉、V-W1冷台架，冷台架装置的模拟料液处理能力为45 L/h，此台架在德国完成了两轮模拟料冷试验，于2000—2001年在八二一厂又进行了两轮模拟废液玻璃化冷台架工艺运行试验，验证了工艺流程和设备性能，为玻璃化技术处理设施工程评价提供了有用参数（张威，2019）。

我国已建成了近10套危险废物高温熔渣玻璃化技术处置设施。经检测，其危险废物浸出毒性测试结果远低于我国《危险废物鉴别标准　浸出毒性》（GB 5058.3—2007）限值。但是，由于玻璃化技术建设成本比普通危险废物回转窑焚烧炉高 10%～20%，且我国对于玻璃态残渣是否按照危险废物管理尚未定义，缺乏相关标准规范，该技术并未在我国广泛使用（孙绍锋等，2013）。

2009年八二一厂与德国联合体签署合作合同，建设中国玻璃化（Vitrification Plant China，VPC）技术设施，采用德国陶瓷电熔炉玻璃化技术来处理厂址现存的生产堆高放废液，工艺流程见图7-14，其主要设备陶瓷电熔炉的结构示意图见图7-15。VPC熔炉处理量为50 L/h高放废液，玻璃产率为33.7 kg/h。2014年完成施工图设计，同年开始土建施工。2018年完成建安施工，并开展了单体设备和单系统功能试验。2019年下半年进行了熔炉升温启动和联动试验（张威，2019）。

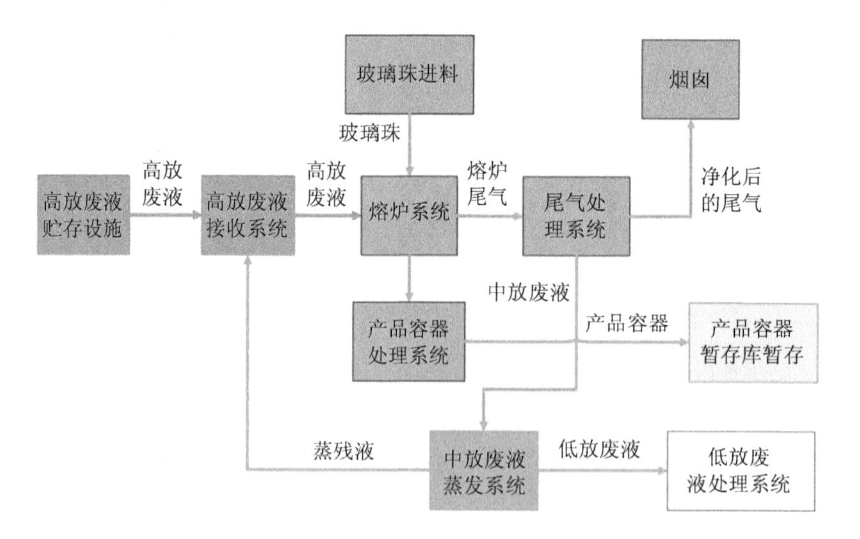

图7-14　我国陶瓷电熔炉玻璃化技术的流程示意

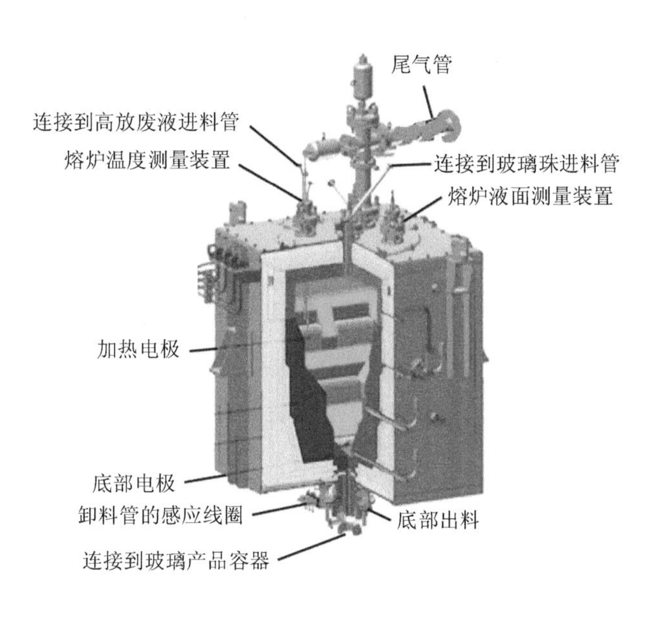

图 7-15　中国玻璃化技术设施熔炉示意

随着我国核电事业稳步发展以及核燃料循环体系的日益完善，核电厂产生的动力堆乏燃料逐步进行后处理，产生的高放废液或相关污染土壤将采用玻璃化技术处理，形成适合最终处置的玻璃化体。在这一背景下，开展陶瓷电熔炉玻璃化技术在动力堆高放废液玻璃化中的适用性分析研究是十分必要的（张威，2019）。

7.3.2　帕森斯厂农业化学品污染土壤原位玻璃化处理案例

1. 项目概况

帕森斯厂原位玻璃化技术处理项目位于密歇根州格兰奇，项目建设从 1993 年 5 月持续到 1994 年 5 月，是首个原位玻璃化处理技术在超级基金场地的规模化应用。由于该区域曾进行农业化学品的生产、制造和包装，现场的土壤和沉积物被杀虫剂污染，重金属、酞盐、多环芳烃和二噁英含量超标。该项目处理的范围是 3 000 平方英里（约 7 770 km^2）的污染土壤，同时处理过程中需要满足气体排放的限制标准（USEPA，1997b）。

2. 项目实施内容

由于污染的土壤较浅，本项目采用现场挖掘污染土壤并进行处置的异位处理方式。

在帕森斯使用的玻璃化处理系统，包括 9 个融化的土壤单元和空气排放控制系统，每个土壤单元是用混凝土、鹅卵石和粒子板建成的。在土壤单元底部，放置约 2 英尺的鹅卵石提供排水通道。在处理过程中，发现用于融化土壤的大量热量也在分解粒子板，从单元周围系统收集的水样分析发现了苯、酚醛树脂和环氧树脂等。原因是单元外的鹅卵石在处理区域附近形成了多孔路径，从而增加了蒸汽逃离至罩外区域的可能性，并导致熔融体形状不规则。为了控制熔融体的形状、限制泄漏水蒸气的排放及单元边界上的熔融能量，项目改进了设计，将绝缘的耐火陶瓷材料放置在混凝土单元壁的外部，有效地解决了上述问题。在处理系统中，电力是主要考虑因素之一，在稳定状态处理过程中，每个阶段的电压大约为 600 V，电流平均为 2.500 A。1993 年 6 月—1994 年 5 月，完成了 8 次融化。融化时长为 10～19.5 d，融化消耗 55.9 万～110 万 kW 电能（USEPA，1997b）。

项目实施过程中，采用毒性特性溶出程序（Toxicity Characteristic Leaching Procedure，TCLP）分析了玻璃化处理后土壤中杀虫剂和金属的溶出特性，也分析了烟囱气体的排放特性。通过对玻璃化土壤样品、有毒有害物质成分、排放尾气的分析，处理后的土壤样品和烟囱排放尾气符合该土壤的清理标准和 ARARs 的要求，将污染物毒性降低到接近于零的水平，并将有害物质进行固定（USEPA，1997b）。

3. 经验与教训

该地区的土壤为含水量较高的粉砂，考虑到现场地下水的流动，设计中采用鹅卵石分割土体单元，巧妙地形成了一条排水通道。但项目的最初设计存在一定的欠缺，一方面不能控制熔融体的形状，另一方面存在热量损失以及污染气体的溢出。实施过程中存在的另一个问题是处理成本较高。为了对处理后的土壤进行监管，在处理冷却后，仍需要对玻璃化土壤进行后续的监测取样分析（USEPA，1997b）。

7.3.3 美国农药及重金属污染土壤原位玻璃化处理案例

1. 项目概况

美国能源部采用原位玻璃化（ISV）技术，对 Hanford、Oak Ridge 等地区土壤污染进行了处理，主要处理的污染物包括农药（氯丹、狄氏剂、DDT）、重金属（砷、铅、银）、二噁英/呋喃、五氯苯酚等（USEPA，1997b）。

2. 项目实施内容

ISV 工艺的现场电力需求是 3 相 4 MW，电压为 12.7 kV 或 13.5 kV。根据熔融体尺寸和导电性的不同，可转换为 2 相和 400～4 000 V 的可变电压，输送到电极上的最大功率为 3.5 MW，这导致最大熔化速率约为 5 t/h，处理土壤的耗电量为 700～900 kW·h/t 土壤。

尾气处理系统的配置，包括淬火器、洗涤器、除雾器、再热器、高效过滤器、活性炭吸附和热氧化器等。洗涤系统的水需要在排放前进行处理，二次产物、受污染的设备和材料可以循环到随后的融化过程中，从而最大限度地减少二次污染物的排放（USEPA，1997b）。

经过 ISV 技术处理后，大多数污染物的浓度符合相关检测标准（ND），ISV 技术适用于土壤、污泥、沉积物、磨机尾矿和焚烧炉灰等土质材料，对岩屑具有较高的耐受力，需要多次融化才能处理大面积的土壤区域。当熔融体与先前的熔融体重叠时，熔融体熔合成一个大的玻璃化块。现场所呈现的挥发性污染物，对非气体处理系统存在一定影响（USEPA，1997b）。

3. 经验与教训

ISV 技术需要有合适的外加电源，且能够用传统手段运送到现场，要求设备方便运输。考虑到经济能耗指标，这项技术建议应用到污染集中的地区，因为土壤中的整体氧化物成分决定了熔融体和熔融体温度和黏度等特性。重要的是，必须有足够的单价“碱性氧化物”，以提供熔化所需的导电性。氧化物（如硅和氧化铝）是玻璃化产物物理、化学浸出和风化性能的主要决定因素。在极少数情况下，为了获得所需的导电性或玻璃化产品性能，可能需要添加添加剂。在熔化完成后，干净的回填土被放置在熔融体上方的沉降空间内。在不到 1 d 的时间内，熔融体表面冷却得足够快，便于重设备可以在其上面进行操作。充分冷却的单一熔融体，若使其进行特性改变，可能需要几个月的时间。虽然 ISV 技术有一定的局限性，限制了其进一步的发展，但是其在高浓度放射性污染土壤方面，具有其他技术没有的优势和潜力（USEPA，1997b）。

7.4 玻璃化技术的发展趋势

经过玻璃化技术处理后，土壤中放射性核素、重金属元素和其他毒物的浸出率很低，环保效果明显；同时，具有较好的减容效果。我国应充分借鉴国外已有研究成果和经验，同时基于我国国情，开发出更具创新性、实用性和低成本的新型玻璃化技术，进而推动玻璃化技术在我国的应用范围和推广。

一是开发新的、更难熔的玻璃或玻璃陶瓷材料。考虑到高含量的特定元素（Ce、Mo、Zr、锕系元素）基本上不能在标准硼硅酸盐玻璃中实现玻璃化，因此有必要开发新的、更难熔的玻璃或玻璃陶瓷材料以处理这些特殊元素。这些新玻璃系列（硅酸铝、硅酸钛、硼硅酸镧等）的生产温度为 1 200～1 300℃甚至更高（Aloy，2011）。

二是开发创新的熔炉系统。焦耳加热陶瓷熔炉技术的研发改进，可以从以下几个方面考虑：①通过机械搅拌或鼓泡进行强制对流（以提高熔融速度和产量）；②对电极进行快速冷却，使其工作温度达到 1 350℃，这将反过来允许获得更高的废物负荷，并提高对进料变化适应性和稳健性；③重新设计底部排水管和熔化器底部几何形状，以提高熔化器中晶体和贵金属的容限；④通过使用外壳冷却和应急排水装置，减少耐火材料的厚度，以降低失效熔化炉的处理成本；⑤开发可在浸没式熔池环境中运行的新型替代电极材料。冷坩埚感应熔炉技术的研发改进，可以从以下 3 个方面考虑：①强化两频集成感应加热熔池系统的数学建模，以优化漏料设计；②开发和测试带有感应加热底部漏料装置的熔融池，用于玻璃熔融体铸造；③通过压力控制设计，开发和测试创新的铸造工艺系统（Aloy，2011）。

三是开发新能源微波玻璃化新技术。微波技术通过耦合微波能量和材料的微观结构来加热材料。与传统的加热方法相比，微波技术的优势在于它改善了微观结构和宏观性能的均一性（Shu et al.，2020），并降低了运行成本（Brosnan et al.，2003）。微波技术由于具有升温迅速、节能、便于控制等优点，越来越多地应用于环境领域中。微波玻璃化技术是一种处理放射性污染土壤的潜在方法（Zhang et al.，2016；Zhang et al.，2017）。在发生特殊事故的情况下，微波玻璃化技术的快速加热特性，对于污染土壤的应急玻璃化处理来说，是特别突出的优点和特色。

四是开发自生玻璃化处理新技术。自生玻璃化技术（Self-sustaining Vitrification）

是利用在放热化学反应（类似于众所周知的热熔反应）中释放出来的能量，在废物和粉末金属燃料（PMF）混合物中形成熔融体，冷却下来产生玻璃体。干燥和压碎的废渣和 PMF 的混合物的组成，控制了自生玻璃化过程。它既不需要外部电源，也不需要大型昂贵的设备，具有较好的经济性，尤其适合小容量的污染土壤或危险废物处理场合。其中，PMF 是一种特殊设计的热生成组件，由可燃性粉末金属（如铝、镁）、含氧成分和一些添加剂（如稳定剂和表面活性物质）组成。一个合适的 PMF 组件，必须满足以下要求：①释放出足够的热量，在没有外部加热的情况下来维持土壤/废物的融化过程；②在其结构中产生一种玻璃状的终产物污染物；③将土壤中有毒化学物质、重金属、氧化物和放射性核素等污染物对环境的危害，降到最低、最小。研究表明，自生玻璃化技术是一种可行的玻璃化技术，可适用于放射性废物、污染土壤和灰烬等处理（Ojovan et al.，2003），值得进一步开发研究。

参考文献

陈明周，张瑞峰，吕永红，等，2012. 放射性固体废物玻璃固化技术综述[J]. 热力发电，41（3）：1-6.

陈树明，2011. 世界玻璃固化技术的发展与应用趋势[C]. 中国核学会核化工分会.中国核学会核化工分会放射性三废处理、处置专业委员会学术交流会论文集.中国核学会核化工分会：中国核学会：225-233.

杜玉吉，刘文杰，王海刚，等，2018. 污染土壤原位热修复应用进展及综合评价[J]. 环境保护与循环经济，38（12）：26-31.

冯凤玲，2005. 污染土壤物理修复方法的比较研究[J]. 山东省农业管理干部学院学报，（4）：135-136.

顾红，李建东，赵煊赫，2005. 土壤重金属污染防治技术研究进展[J]. 中国农学通报，（8）：397-399.

郭金周，1990. 英国建成玻璃固化工厂[J]. 国外核新闻，（1）：26-27.

刘丽君，张生栋，2015. 放射性废物冷坩埚玻璃固化技术发展分析[J]. 原子能科学技术，49（4）：589-596.

栾敬德，李爱民，崔晓波，等，2009. 碱度和热处理时间对页岩飞灰微晶玻璃结构的影响[J]. 硅酸盐学报，37（12）：1990-1994.

罗上庚，2003. 玻璃固化国际现状及发展前景[J]. 硅酸盐通报，（1）：42-48.

孙绍锋，郭瑞，刘艳尼，等，2013. 危险废物高温熔渣玻璃化技术在填埋减量中的应用[J]. 环境与可持续发展，38（5）：50-53.

王贝贝，朱湖地，陈静，2013. 重金属污染土壤微波玻璃化技术研究[J]. 环境工程，31（2）：96-98.

王贝贝，朱湖地，刘黄诚，等，2012. 镉污染土壤的微波玻璃化修复技术研究[C].//中科院地理所，中国环境科学研究院，中国生态修复网. 2012（中国·北京）重金属污染土壤治理与生态修复论坛论文集：77-79.

王志明，顾志杰，杨月娥，等，2006. 污染土壤及地下构筑物的原地玻璃固化技术[J]. 辐射防护通讯，（4）：8-13.

徐凯，2016. 核废料玻璃固化国际研究进展[J]. 中国材料进展，35（7）：481-488.

阳杨，令狐磊，毛小英，等，2018. 危险废物焚烧残渣玻璃化控制参数研究[J]. 资源节约与环保，（11）：65-66.

张金龙，李要建，王贵全，等.，2012 垃圾焚烧飞灰玻璃化的控制参数[J]. 燃烧科学与技术，18（2）：186-191.

张林，张寅璞，2010. 危险废物焚烧处置的理论和实践[J]. 中国环保产业，（11）：36-38.

张威，2007. 高放废液玻璃固化陶瓷电熔炉工艺系统的设计与研究[C].//中国核学会. 2007 年放射性废物处理处置学术交流会论文汇编：53-60.

张威，董海龙，阮莨秩，2019. 陶瓷电熔炉在动力堆高放废液玻璃固化中适用性分析[J]. 辐射防护，39（4）：322-330.

周启星，魏树和，张倩茹，等，2006. 生态修复[M]. 北京：中国环境科学出版社.

Aloy A S，2011. Calcination and vitrification processes for conditioning of radioactive wastes[M]//Handbook of Advanced Radioactive Waste Conditioning Technologies. Woodhead Publishing，136-158.

Bellandir R，1995. Innovative engineering technologies for hazardous waste remediation，O'Brien & Gere Engineers[J]. Inc.，Van Nostrand Reinhold，Nueva York.

Brosnan K H，Messing G L，Agrawal D K，2003. Microwave sintering of alumina at 2.45 GHz[J]. Journal of the American Ceramic Society，86（8）：1307-1312.

Buelt J L，Bonner W F，1989. In situ vitrification：test results for a contaminated soil melting process：PNL-SA-16584[R]. Pacific Northwest Lab.

Byers M G，Fitzpatrick V F，Holtz R D，1991. Site remediation by in situ vitrification[J]. Transportation Research Record，（1312）.

Chapman，C C，1991. Evaluation of vitrifying municipal incinerator ash：PNL-SA-18990；CONF-910430-20[R]. United States：N. P.

Dellisanti F，Rossi P L，Valdrè G，2009. In-field remediation of tons of heavy metal-rich waste by Joule heating vitrification[J]. International Journal of Mineral Processing，93（3-4）：239-245.

Dick W A，1995. Hazardous waste site soil remediation—theory and application of innovative technologies（environmental science and pollution control series 6）[J]. Journal of Environmental Quality，24（2）：384-384.

Donaldson A D，Carpenedo R J，Anderson G L，1992. Melter development needs assessment for RWMC buried wastes：EGG-WTD-9911[R]. EG and G Idaho，Inc.，Idaho Falls，ID（United States）.

Dutta S，1997. Best Management practices（BMPs）for soil treatment technologies[J]. Technology，334（2-3）：237-291.

Hamby D M，1996. Site remediation techniques supporting environmental restoration activities—a review[J]. Science of the Total Environment，191（3）：203-224.

Hnat J G，Patten J S，Jetta N W，1996. Innovative vitrification for soil remediation：DOE/MC--29120-97/C0785[R]. Vortec Corporation.

Iwaszko J，Zawada A，Przerada I，et al，2018. Structural and microstructural aspects of asbestos-cement waste vitrification[J]. Spectrochimica Acta Part A：Molecular and Biomolecular Spectroscopy，195：95-102.

Khan F I，Husain T，Hejazi R，2004. An overview and analysis of site remediation technologies[J]. Journal of Environmental Management，71（2）：95-122.

Li Z，Zhang T，2013. Vitrification[EB/OL].（2013-01-29） [2020-05-26]. https：//www.geoengineer.org/education/web-class-projects/cee-549-geoenvironmental-engineering-winter-2013/assignments/vitrification#recommended-reading.

Ojovan M I，Lee W E，2003. Self sustaining vitrification for immobilisation of radioactive and toxic waste[J]. Glass technology，44（6）：218-224.

Oppelt E T，1995. Geosafe corporation in situ vitrification innovation technology evaluation report[R]. Risk Reduction Engineering Laboratory office of Research and Development US Environmental Protection Agency Cincinnati，Ohio，45268：148.

Papamarkou S，Christopoulos D，Tsakiridis P E，et al，2018. Vitrified medical wastes bottom ash in cement clinkerization. Microstructural，hydration and leaching characteristics[J]. Science of The Total Environment，635：705-715.

Pegg I L，2015. Behavior of technetium in nuclear waste vitrification processes[J]. Journal of Radioanalytical and Nuclear Chemistry，305（1）：287-292.

Pelino M，Karamanov A，Pisciella P，et al，2002. Vitrification of electric arc furnace dusts[J]. Waste Management，22（8）：945-949.

Shu X，Li Y，Huang W，et al，2020. Rapid vitrification of uranium-contaminated soil：effect and mechanism[J]. Environmental Pollution：114539.

Stabilization/solidification—vitrification[EB/OL].（2017-08-27） [2020-05-26]. http：//www.cpeo.org/techtree/ttdescript/ssvit.htm.

United States Environmental Protection Agency，1992. Vitrification technologies for treatment of hazardous and radioactive waste：EPA/625/R-92/002[R]. Office of Research and Development，Cincinnati，OH.

United States Environmental Protection Agency，1994. Site technology capsule：geosafe corporation in situ vitrification technology：EPA 540/R-94/52Oa[R]. Office of Research and Development，Cincinnati，OH 45268.

United States Environmental Protection Agency，1997a. Vitrification of soils contaminated by hazardous and/or radioactive wastes：EPA/540/S-97/501[R]. Washington，DC，USEPA.

United States Environmental Protection Agency，1997b. Remediation case studies：bioremediation and vitrification：EPA/542/R-97/008 [R]. Member Agencies of the Federal Remediation Technologies Roundtable.

United States Environmental Protection Agency，2002. Office of solid waste，emergency response. Arsenic Treatment Technologies for Soil，Waste，and Water[M]. DIANE Publishing.

William C A，1997. Innovative site remediation technology. Vol. 4，Stabilization/Solidification：EPA 542-B-97-007[R]. Washington，DC，USEPA.

Zhang S，Ding Y，Lu X，et al，2016. Rapid and efficient disposal of radioactive contaminated soil using microwave sintering method[J]. Materials Letters：165-168.

Zhang S，Shu X，Chen S，et al，2017. Rapid immobilization of simulated radioactive soil waste by microwave sintering [J]. Journal of Hazardous Materials：20-26.

第8章　污染场地土壤新型热处理技术

污染土壤修复领域常用的热处理技术包括异位热脱附、原位热脱附、常温脱附、水泥窑共处置、玻璃化等技术，这些修复技术在实际应用过程中具有明显的优势，但也存在不足，如能源利用效率低、产生二次污染、破坏土壤结构等。随着技术的发展，新型热处理技术受到越来越多的关注，如阴燃、微波加热、等离子体、热解、射频加热、太阳能热脱附技术等。此外，考虑到热处理技术的显著特点，污染土壤的常规修复技术通过与热处理技术联合运用的方式，从而采用热处理来强化这些常规的土壤修复技术，也越来越受到重视。

8.1　阴燃技术

8.1.1　技术概述

1. 阴燃技术原理

阴燃技术（Self-sustaining Treatment for Active Remediation，STAR/Smoldering），也称焖烧技术（Smoldering），是一种以多孔介质为热基体，通过碳氢化合物的自持燃烧，高效治理石油类有机物污染土壤的新型热处理技术。其原理是将污染场地中热值较高的有机污染物作为引燃物，利用注入污染土壤中的空气，在低能状态下点燃污染物释放出热量，然后利用污染物自身的燃烧热能，引发周边污染物的自我维持继续燃烧，最终燃尽整个污染场地中的有机污染物。根据修复工程的实施方式不同，阴燃可分为原位阴燃和异位阴燃。与异位阴燃相比，原位阴燃更广泛地应用于实际工程中，被称为原位热处理技术中耗能最少的技术。

阴燃是一种无焰的缓慢燃烧过程（陈晓丽等，2019），不需要外来热量的持续输入。

但阴燃开始之前，需要输入能量启动该过程，即通过点火引燃有机物。阴燃技术的点火方法，可以通过嵌入多孔介质中的直接接触加热器进行传导热点火，也可以通过位于多孔介质上方的锥形加热器进行辐射热点火。阴燃的发生需要燃料、空气或氧气、引燃，其中燃料需要多孔燃料（如煤）或多孔介质，保证空气或氧气快速扩散到燃料表面。阴燃在多孔介质中的反应主要包括预热阶段、不稳定的阴燃阶段和自然的阴燃阶段三个阶段，其中，预热阶段和不稳定的阴燃阶段均由介质的外部热通量控制，而自燃的阴燃阶段由阴燃反应放热产生的能量控制。在阴燃燃烧过程中，氧气浓度是一个重要的影响参数，可以通过注入的空气量或空气流速控制其燃烧温度及燃烧程度。阴燃燃烧的峰值温度通常可达 1 500～1 800℃（Rein，2009）。

2. 阴燃技术特点

与其他热处理技术相比，阴燃技术具有高效、环保、处理成本低等优点，可彻底地进行源头修复。阴燃技术工艺流程简单，设备操作简便，处理效率可达 99.9%（贾甜丽等，2019）。

3. 阴燃技术适用性

阴燃技术适用于多种有机污染物，如石油烃、煤焦油、矿物油、杂酚油、燃料油和溶剂等。阴燃技术适用于可燃有机物污染的黏土、砂质黏土及砾石等。

8.1.2 技术发展

阴燃技术是一种新型的污染土壤修复技术，具有广阔的应用前景。科研人员针对阴燃技术开展了大量的研究，主要包括：①阴燃技术的影响因素；②实验室规模研究；③现场中试规模研究，这些研究为后续的技术应用奠定了基础。

1. 影响因素

阴燃技术修复污染土壤的效率受多种因素影响，如污染物浓度、空气流速、含水率、土壤粒径等。贾甜丽等（2019）利用阴燃技术修复高浓度煤焦油污染土壤时，实验结果表明：①当污染土壤中煤焦油浓度为 80 000～110 000 mg/kg 时，可维持阴燃，而当污染土壤中煤焦油浓度低于 80 000 mg/kg 时，不能维持阴燃；②随着煤焦油浓度的增加，阴燃达到峰值温度所需的时间越来越短，且平均峰值温度随着煤焦油浓度的增加而逐渐升高，但平均燃烧传播速度却随着煤焦油浓度的增加而逐渐降低；③煤焦油自燃的阴燃阶段几乎不受含水率的影响。阴燃技术在去除土壤中煤焦油时，空气流速需保持在0.5 cm/s 以上，其去除效率高达 99.9%，且不受土壤含水率的影响；当污染土壤粒度为 6～10 mm 时，阴燃技术可表现出较好的自我维持修复性能（Pironi et al.，2011）。综上所述，阴燃在最低要求的污染物浓度及充足燃料和空气（或氧气）的条件下，可以自我维持的方式进行。

2. 实验室规模研究

为了验证阴燃技术的可行性，2009 年，研究人员首次在实验室进行修复污染土壤的试验。试验发现阴燃技术在修复非水相液体（NAPLs）污染土壤时，自持阴燃需有两个条件：①最低污染物浓度；②充足的空气流量（Pironi et al.，2011）。在基本空气流量条件下，煤焦油和原油阴燃燃烧时，需要的污染物浓度范围分别为 28 400～142 000 mg/kg 和 31 200～104 000 mg/kg。阴燃技术的另一个重要影响因素是氧气浓度，没有空气喷射阴燃就会停止。如果空气流量较低，阴燃技术则不能进行有效维持；当空气流量充足时，有机污染物去除率可以达到 99%以上（Switzer et al.，2009；Pironi et al.，2011）。

此外，阴燃不仅可以燃烧煤焦油和原油，还可以在补充燃料（如植物油）时燃烧挥发性污染物，如三氯乙烯（Salman et al.，2015），这些工作为阴燃修复应用的中试现场试验提供了有价值的参考数据。

8.1.3 技术应用

1. 国外阴燃技术应用

研究人员研发了一种新型的阴燃点火方法——对流点火方法。原位阴燃对流点火方法的概念如图 8-1 所示（Scholes，2013）。通过向多孔介质中注入热空气，利用对流空气喷射点燃阴燃反应，热能通过热对流传递到多孔介质中。在现场应用时，这个方法通过可拆卸的井内加热器来实现，该加热器与井口的加压空气喷射相结合，利用安装在目标处理区域底部的井网将加热空气注入地下。该点火方法已通过一系列实验室柱试验和原位试验得到验证、研发和测试（Scholes，2013）。

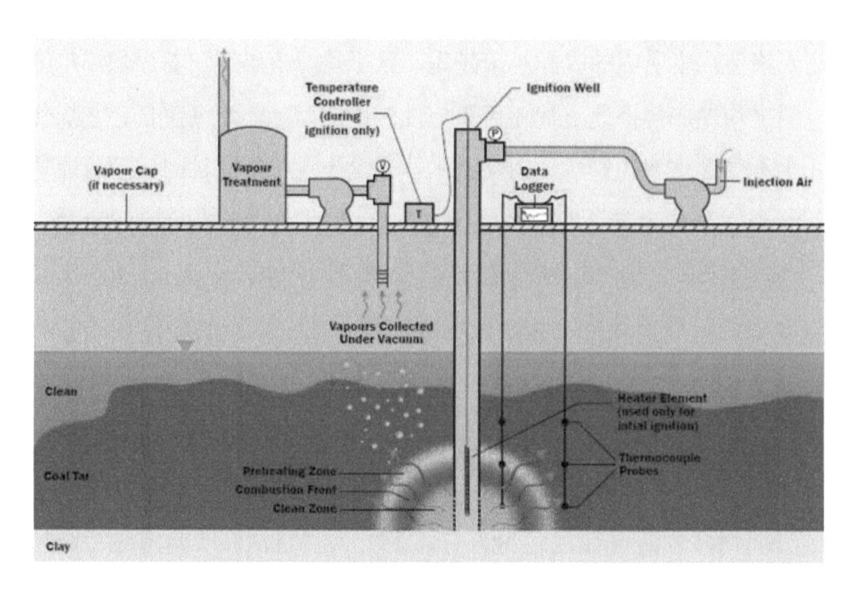

图 8-1　阴燃原位修复的对流点火方法概念图

2015 年，Scholes 等进行了第一个阴燃原位修复的中试规模试验，以评估阴燃修复煤焦油 NAPLs 的能力。该修复区域位于新泽西州纽瓦克市（Newark，New Jersey），是一个前工业设施的回填区域。原位阴燃中试规模的现场试验装置如图 8-2 所示。该阴燃试验分为浅层试验（在地面以下 3.0 m）和深层试验（在地面以下 7.9 m），上述阴燃试验的启动均在饱和土壤中（在地下水位以下）。浅层试验在 12 d 内共去除煤焦油 3 700 kg，其浓度降低了 99.3%；深层试验在 11 d 内共去除煤焦油 860 kg，其浓度降低了 97.3%，其中挥发量低于总质量的 2%。同时，也发现阴燃技术不仅能耗低，达到着火点所需能量仅为 1.1 kJ/kg，而且修复效率高，其去除效率高达 97%以上。研究表明，阴燃技术对煤焦油污染土壤的修复效果较好。

图 8-2　煤焦油 NAPLs 原位阴燃中试现场试验装置

2. 国内阴燃技术应用

由于阴燃技术起步晚，目前国内关于该技术的工程应用案例比较少，仍处于探索阶段。江苏大地益源环境修复有限公司利用引进的阴燃技术修复石油污染的土壤，选取某沿海城市的润滑油混合厂为对象，其中受石油烃污染的土方量约为 31 000 m^3（陈晓丽等，2019）。该项目阴燃技术中试装置的工艺流程如图 8-3 所示，由送风系统、阴燃系统、电气控制系统和尾气处理系统四大部分组成。送风系统在阴燃过程中一直处于送风状态。阴燃系统通过 A1、A2、A3、A4、A5 五处测温点的温度观测，来判断阴燃是否实现。加热区域的温度由电气控制，阴燃发生后关闭加热装置，则阴燃开始。阴燃过程中产生的尾气经尾气处理系统处理达标后排放。在修复后，土壤中总石油烃浓度从 20 000 mg/kg 降低至 100 mg/kg，甚至更低。这个阴燃试验表明，阴燃技术可以有效修复石油烃污染土壤。

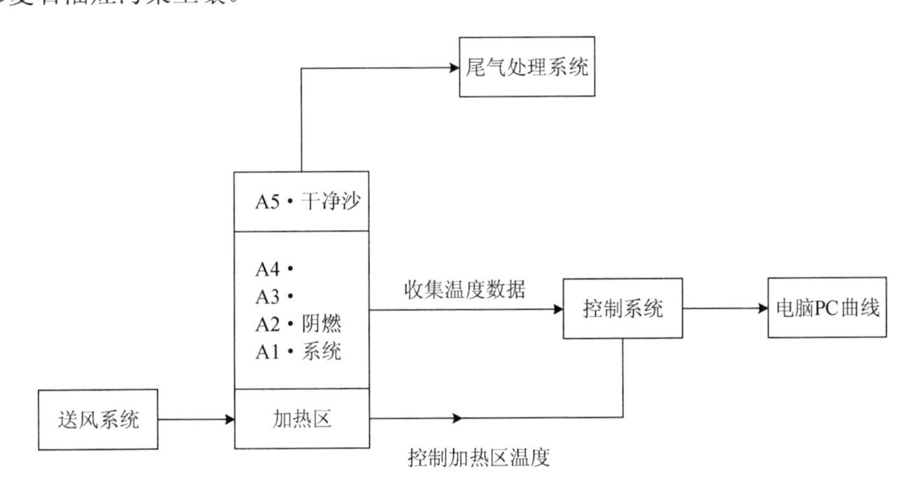

图 8-3 阴燃技术中试装置工艺流程

除此之外，江苏大地益源环境修复有限公司采用阴燃撬装化设备，分别对台湾高雄某润滑油厂石油烃污染的土壤和陕西长庆某处置厂的油泥进行了 17 批次的修复试验。结果表明，处理后土壤中的石油烃总量达到相关规定要求。

8.2 微波加热技术

8.2.1 技术概述

1. 微波加热技术原理

微波是指频率为 300 MHz～3 000 GHz 的电磁波，是无线电波中一个有限频带的简称，即波长为 1 mm～1 m 的电磁波，如图 8-4 所示（Falciglia et al.，2018）。

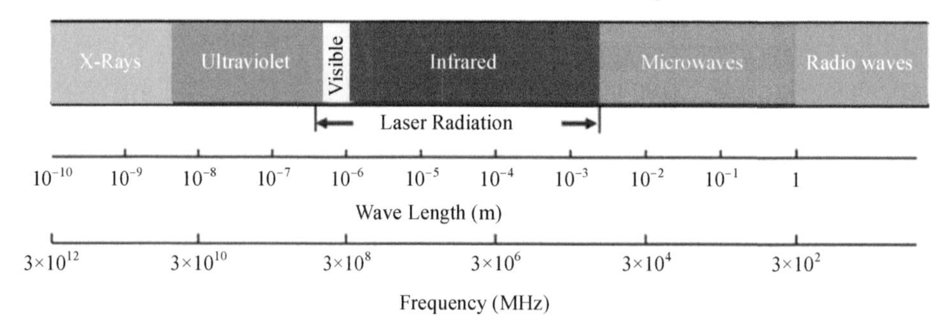

图 8-4 微波加热修复技术的电磁波谱

微波加热技术（Microwave heating，MWH）在修复污染土壤过程中，将土壤作为加热介质，在快速变化的高频电磁场（微波）作用下，土壤中极化分子的极性取向发生变化，进行自旋运动，将微波能转化为热能，进而加热土壤，使污染物受热后挥发脱附、分解转化或被固定，从而达到修复污染土壤的目的。

2. 微波加热方式

微波加热以电磁波的形式进行能量传递，具有选择性和穿透性。在高频电磁场变化过程中，微波加热方式包括偶极极化和界面极化（Robinson et al.，2012）。在偶极极化过程中，电磁能通过分子间摩擦散发热量。在界面极化过程中，带电粒子的自由电子不能耦合电场的变化，以热量的形式消散能量（Menéndez et al.，2009）。这两个过程产生的热量在污染土壤中传递，土壤温度由内而外逐渐升高，从而加热污染土壤。微波加热的温度分布和传热方向如图 8-5 所示（Falciglia et al.，2018），微波加热土壤是从内部向外部传递热量，由内而外地逐渐加热外层土壤。在土壤修复中，微波加热独特的逆加热过程可以提高能量传递效率、缩短加热时间，而且微波加热的速率不受表面温度、温度梯度和导热系数的限制（桑义敏等，2019）。

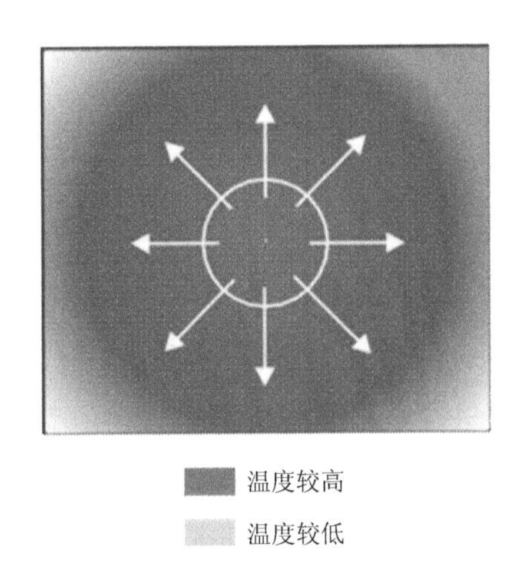

图 8-5 微波加热的温度分布和传热方向

3. 微波加热技术特点

与传统的加热技术（焚烧、常规热解、热脱附）相比，微波加热具有如下优点：①加热极快且热效率高；②节能省电；③可以选择性加热；④对环境影响小；⑤操作灵活，便于控制。

4. 微波加热技术适用性

微波是一种环境友好型的可持续技术，可广泛应用于多种介质，如废物、土壤、沉积物、水等。在土壤修复领域，微波加热技术主要进行原位或异位修复，适用于挥发性和半挥发性有机污染物，如卤代烃、多环芳烃、多氯联苯、多氯酚等。

8.2.2 技术发展

微波技术最初主要用于通信，但近几十年广泛应用于许多领域被，如矿物加工、冶金提取、干燥加工、水泥混凝土加工、食品工业、石油加工等。在化学和环境的应用中，为了避免干扰其他频率，通常采用 2.45 GHz 频率。20 世纪 90 年代，研究者提出微波加热技术可作为一种环境修复技术，并证实了其可行性和适用性。

微波加热技术具有巨大的应用前景，但目前技术还不成熟，未来要进行工业规模化应用，还有许多技术难题需要攻关。目前，微波加热技术修复污染土壤的应用还在研究探索阶段，本节主要介绍微波加热技术的影响因素及应用探索。

1. 影响因素

在污染土壤修复过程中，微波加热主要受微波吸收剂、污染物性质、土壤理化性质等因素的影响。其中，污染物性质包括物质极性、热稳定性、挥发性和饱和蒸汽压等几个方面。土壤理化性质，如土壤含水率、含盐量、有机质含量等因素会影响土壤的介电常数，而土壤孔隙、孔径、透气性等因素会影响污染物的扩散。

为了研究不同影响因素对污染物去除率的影响，研究人员进行了微波加热处理污染土壤的试验研究，主要结果见表 8-1（Falciglia et al.，2018）。试验表明，相比传统的加热技术，当土壤呈现天然或增强的高介电特性时，微波加热技术可作为首选。当土壤中水分含量较低（约 15%）或者含极性物质或增强剂时，整个系统的加热性能得到了极大提高。尤其当高极性污染物存在时，微波加热技术呈现最佳性能，可提高污染物的去除率（Falciglia et al.，2018）。综合分析相关试验研究结果，下面分别介绍微波吸收剂、土壤水分、微波频率等影响因素及其影响效果。

表 8-1 微波加热处理污染土壤的部分试验结果

土壤类型	污染物	处理（实验条件）	最大去除量	文献来源
模拟污染	三氯乙烯（TCE）（5 000～22 300 mg/kg）	600 W 微波功率，1 000 kg 土壤，40 L TCE，70℃ T_{max}	约 99%（75 h）	Kawala et al.，1998
模拟污染	多氯联苯（PCBs）（140～320 mg/kg）	750 W 微波功率，20 g 土壤样品，20%含水量，1 mL/min N_2 流量	约 95%（10 min，2 g 铁粉，2 g 次磷酸钠和 2 g 颗粒活性炭）	Liu et al.，2008
实际污染	原油（7.81 wt%）	800 W 微波功率，20 g 土壤样品，pH 6.5，700℃，0.08 mPa，150 mL/min N_2 流量	约 99%（4 min，0.1 wt% 活性炭纤维）	Li et al.，2009

土壤类型	污染物	处理（实验条件）	最大去除量	文献来源
实际污染	多环芳烃（PAHs）（124～3 079 mg/kg）	1 500 W 微波功率，25 g 土壤样品，8%～15.2%含水量，2 L/min N_2 流量	约 95%（40 s）	Robinson et al.，2009
实际污染	烃类（1.06%～2.08%w/w 有机质含量）	6 000 W 微波功率，1 000 g 土壤样品，14%～16.42%含水量，20 L/min N_2 流量	85%～95%（480 s）	Al-harahsheh et al.，2014
模拟污染	柴油（1 916 mg/kg）	1 000 W 微波功率，20 g 土壤样品，12%含水量，约 250℃ T_{max}	约 95%（60 min）	Falciglia et al.，2013
模拟污染	对硝基苯酚（PNP）（492 mg/kg）	750 W 微波功率，20 g 土壤样品，2 g $MgFe_2O_4$，6 mL 蒸馏水，20 mL/min 流量	约 55%（10 min，无水）；100%（10 min）	Zhou et al.，2016

（1）微波吸收剂

微波吸收剂（介电材料或吸波介质）是能吸收微波并将其转变为热能的材料。微波加热效果与材料的介电特性和材料形状等特性有关。材料的介电特性决定了其对微波的吸收能力。介电特性主要是指介电常数（ε'）和介电损耗系数（ε''），其中ε'表示材料可以吸收多少能量，ε''表示材料将电能消散为热量的能力（Menéndez et al.，2009）。材料的ε'和ε''决定了微波的穿透深度、吸收功率及温度升高速率（Acierno et al.，2004；Falciglia et al.，2015）。ε'和ε''之间的关系通过方程$\varepsilon'' = \varepsilon' \times \tan\delta$来描述，其中 $\tan\delta$ 是损耗角正切。理想的微波吸收剂材料应具有适当ε'值、较高ε''值及相应较高的 $\tan\delta$ 值。一般情况下，材料可分为高（$\tan\delta>0.5$）、中（0.1～0.5）或低微波吸收剂（<0.1）。碳材料是最常用的微波吸收剂，其 $\tan\delta$ 值高于蒸馏水（0.118）（Menéndez et al.，2009）。

由于土壤的介电损耗系数小，不易吸收微波，而且土壤中的许多非极性污染物，也不容易吸收微波，可以通过添加微波吸收剂和/或催化剂增强微波加热性能。所以，要提高土壤的微波加热能力，常常需要添加微波吸收剂，如水、炭颗粒、石墨、磁性纳米颗粒等。在微波加热修复原油方面，研究者通过对比不同微波吸收剂修复效果，发现碳纤维比活性炭粉末、颗粒状活性炭、MnO_2 和 Cu_2O 更有效（Li et al.，2009）。在修复石油烃污染土壤时，纳米碳用于提高微波加热效率比宏观碳（Macro Carbon）更有效（Apul et al.，2016）。

（2）土壤水分

土壤水分不仅能增大土壤介电常数，而且水分蒸馏作用加速了污染物的迁移（谌伟艳等，2006）。土壤中的水有利于其吸收微波，可以促进土壤传热，而且土壤中微波穿透性随着土壤湿度的降低反而增加。Chien 等（2012）利用微波加热技术原位修复石油烃污染土壤时发现，在微波加热修复污染土壤中，土壤水分起着重要作用。

（3）微波频率

为了实现快速有效的加热效果，微波加热技术需要选择合适的频率，应使用尽可能高的频率，但在过高的频率下，由于微波辐射范围随着频率的增加而减小，热辐射效应仅发生在距离发射点几厘米的范围。综合考虑，发现 2.45 GHz 频率是一个较合适的选择（Falciglia et al.，2018）。

2. 应用探索

1998 年，Kawala 和 Atamanczuk 报告了微波加热修复污染土壤的第一次原位中试研究，该试验利用 600 W 微波间歇处理三氯乙烯污染砂土，经 75 h 处理后，三氯乙烯浓度由 5 000～22 300 mg/kg 下降到 8～29 mg/kg。该中试研究表明，微波加热技术修复挥发性或半挥发性化合物污染沙质土壤是可行的。

由于缺乏系统的试验数据，微波加热技术至今仍然无法成功应用，其技术风险尚未得到充分评估和缓解。但研究人员仍在努力探索，以期微波加热技术可以大规模应用。Robinson 等开发了异位微波加热系统，包括搅拌/固定床系统（Robinson et al.，2012）和连续传送带过程（Robinson et al.，2009；Buttress et al.，2016）。Undri 等（2014）研究报道，原位微波加热系统主要包括微波产生系统、微波传输系统和尾气捕获处理系统三个子系统（图 8-6），具体组成包括：①电源；②微波发生器（磁控管）；③天线；④VOCs 提取井；⑤气水分离系统；⑥废水废气处理系统。

目前微波加热技术用于处理污染土壤仍处于实验室规模，将研究成果转化为实践应用仍面临许多挑战，如难以按比例放大。为了充分利用微波加热技术修复的潜力，仍需进一步优化微波工艺，同时需要跨学科合作研究。

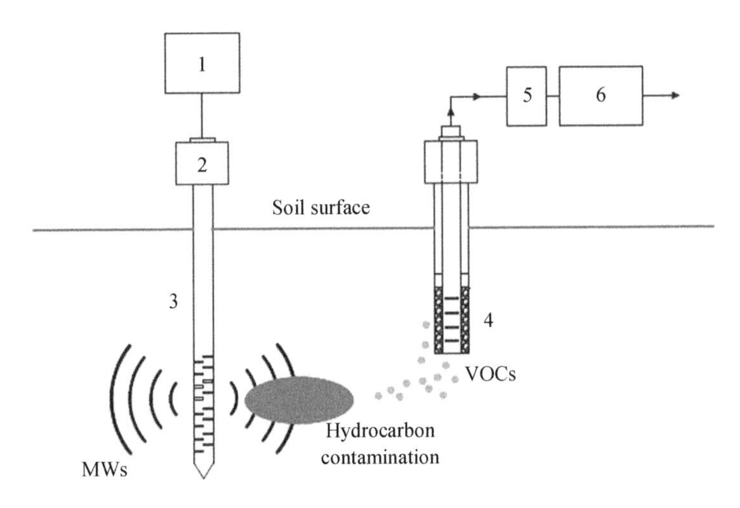

1—电源；2—微波发生器（磁控管）；3—天线；4—VOCs 提取井；5—气水分离系统；6—废水废气处理系统。

图 8-6 原位微波加热系统

8.3 等离子体技术

19 世纪初，物理学家开始探索研究除固、液、气三种物质状态外的物质——第四态。1835 年，法拉第通过低压放电管发现了低压气体的辉光放电现象，直到 1879 年，英国物理学家克鲁克斯（Crookes）在研究真空放电管中电离气体的性质时，才证实了物质第四态的存在。随后，1927 年，朗缪尔（Langmur）在研究汞蒸气离子化状态时，第一次采用等离子体（Plasma）来描述该物质状态。1928 年左右，等离子体的概念才逐渐被物理学界所认同，Plasma 成为描述气体放电管物质形态的术语（吴少帅，2014）。1983 年，金佑民和樊友三提出等离子体的广义定义：凡包含足够多的、电荷数目近似相等的正、负带电离子的物质聚集体，称为等离子体，如电介质溶液（食盐水）内部具有相同数目且运动的钠离子和氯离子，可以导电，这种溶液也属于等离子体范畴。1987 年，Clements 开创性地将高压脉冲放电等离子体技术直接用于处理污水。20 世纪 90 年代以后，人们重点关注如何提高污染物降解效率及等离子体反应器能量效率（刘涛涛，2014）。

8.3.1 技术概述

1. 等离子体定义

等离子体是由电子、离子、自由基和激发态的原子、分子等组成的呈电中性的导电性流体，整个等离子体系呈电中性，比较容易受到磁场或者电场的影响。等离子体是除固态、液态和气态外的第四种物质存在形态，在宇宙中广泛存在。等离子体是放电产生的热的电离气体，是物质的一种高能态。等离子体具有高能量，其特性是能导电（布鲁纳，2005）。

2. 等离子体分类

根据温度的不同，等离子体可分为高温等离子体和低温等离子体。高温等离子体宏观温度高于 10^6 K，为完全电离等离子体。低温等离子体宏观温度小于 10^5 K，能量只能使部分分子或原子电离，又称部分电离等离子体。根据热力学平衡分类，等离子体可分为完全热力学平衡等离子体、局部热力学平衡等离子体和非热力学平衡等离子体。其中，完全热力学平衡等离子体也称为高温等离子体，在高温等离子体中，电子温度（T_e）、离子温度（T_i）及气体温度（T_g）完全相等，常见于太阳内部和核聚变等。局部热力学平衡等离子体也称热等离子体，其中 $T_e \backsimeq T_i \backsimeq T_g = 3\times10^3 \sim 3\times10^4$ K，其特点是重粒子（原子、分子、离子等）的温度接近电子温度。非热力学平衡等离子体被称为低温等离子体，也称为冷等离子体，其宏观整体温度在 300～500 K，T_e 可达 10^4 K 以上，且 $T_e \gg T_i \backsimeq T_g$。一般气体放电产生的等离子体属于低温等离子体。

根据放电方式的不同，低温等离子体主要分为以下几类：电晕放电（PCD）、介质阻挡放电（DBD）、滑动弧放电（GAD）和辉光放电（GD）等。电晕放电根据电源类型可分为直流电晕和脉冲电晕，电晕放电是气体介质在不均匀电场中的局部放电。在很小的尖端（如针状电极或细线状电极，电极曲率半径很小），由于电场过强导致气体先在此处发生电离而非均匀放电，放电发生时可以看到亮光并伴随着响声，是一种相对稳定的放电形式。介质阻挡放电又称无声放电，放电形式为微放电，指的是将绝缘介质插入放电空间中，当放电电压升高时，气体被击穿而产生放电现象，并生成大量的活性物质。滑动弧放电是一种周期性振荡的低温等离子体放电方式。在一对电极间加上高压电，在电极最窄处击穿形成放电电弧，电弧在电极表面滑动，电弧长度随电极间距离的增大而增大，当电源提供能量不足以维持电弧自身消耗和热扩散的能量时，电弧熄灭，新的电弧在电极窄处生成，形成新的放电周期。辉光放电是在低气压下的放电现象。在电场的驱动下，电子向阳极移动，正离子向阴极运动，这些加速运动的粒子获得足够的动能而产生二次电子，且正离子空间电荷区的电荷密度比电子空间电荷区要大（李蕊，2017；王奕文，2017）。

3. 等离子体技术原理

等离子体技术修复污染土壤的原理：在外加电场的作用下，等离子体反应器在放电空间内产生大量的电子、离子、原子、自由基和激发态分子等高能粒子，与土壤、空气中的有机污染物相互作用，发生复杂的物理化学反应，转化为活性粒子和小分子，然后随载气进入土壤中，与污染物进一步反应，彻底将污染物氧化分解（周广顺，2017）。等离子体生成过程中产生的活性组分蕴含着很高的能量势，可以在极短的时间内将污染物分解；而且在反应过程中，各种高能粒子均处于活化状态，随时生成新的自由基和活性分子以补充消耗的活性物质。

等离子体技术利用放电将气体加热到非常高的温度，甚至超过 3 000℃，产生的超高热会破坏有机分子结构，生成简单的气体分子，主要是一氧化碳、氢气、二氧化碳和水蒸气。在应用时，等离子体气体与污染物接触发生作用，将其中的无机部分熔化（玻璃化），将有机物和碳氢化合物气化（布鲁纳，2005）。热等离子体放电产生的电弧具有极高的温度，而在低温等离子体中，气体以低温状态存在。下面以热等离子体、低温等离子体为例，具体介绍一下其污染物降解机制。

（1）热等离子体技术原理

热等离子体的电离程度主要由温度决定。热等离子体的产生主要通过气体的电击穿，形成电流通道（火花放电），持续供电以产生连续的电弧。在温度达到 2 000℃时，气体分子分解为原子态；当温度升高到 3 000℃时，气体分子失去电子而电离。在大气压下，这个状态的气体呈现出流体的黏度性质，而等离子体的自由电荷使其电导率提高到与金属电导率相同的数量级。热等离子体通过该过程输出的热量来加热和融化反应物质（李铭书，2018）。

（2）低温等离子体技术原理

低温等离子体常常处于常温常压环境下，含有大量高能电子、离子和活性自由基，具有很强的化学活性。低温等离子体处理有机污染物的原理主要是通过粒子非弹性碰撞和活性物质氧化。一方面，通过放电产生的大量高能电子或粒子发生非弹性碰撞，将电子能量转化为载气分子内能，活化污染物使其处于激发态，甚至使化学键断裂；另一方面，高能电子或粒子与载气产生活性·O 自由基、·OH 自由基、O_3 等氧化降解污染物。此外，放电还产生紫外辐射、高温热解、冲击波等效应，起促进污染物降解的辅助作用。总之，等离子体利用放电产生的物理化学作用，可在较短时间降解有机污染物（王铁成，2013；王奕文等，2017）。

4. 等离子体技术特点及适用性

相比物理、化学和生物修复技术，低温等离子体技术具有修复效果好、处理时间短、处理所需温度较低、无须添加化学试剂、适用土壤类型广泛等优点（李蕊，2017）。等离子体技术较适合处理难降解有机污染物及需特殊处理的污染物。

8.3.2 技术发展

20 世纪 80 年代，国内外开始利用热等离子体处理危险废物，如放射性废物、焚化炉灰渣、含重金属或有毒物质的污泥等。国外在用热等离子体处理危险废物方面已取得较大成果，正从研究阶段走向产业化阶段，部分已达到产业化水平。1986 年，美国已开始应用热等离子技术模拟处理放射性废弃物。日本为解决垃圾焚化灰渣的问题，也积极开发热等离子体熔融技术，且取得显著成果。除了美国和日本之外，法国、加拿大、澳大利亚、瑞典、英国等发达国家也开发热等离子体技术处理危险废物应用。我国在用热等离子体技术处理危险废物方面起步比较晚，尚属于研究阶段，主要用于处置工业高危废物、医疗垃圾、电子垃圾、生活垃圾等。等离子体技术逐渐发展起来，也应用到环境的各个方面，如废气处理、废水处理、土壤修复等。本节分别介绍等离子体技术处理污染土壤、热脱附尾气两个方面的研究。

1. 低温等离子体修复污染土壤

近年来，低温等离子体技术除了用于废气处理、废水处理外，也逐渐用于处理污染土壤，主要用于修复抗生素、多环芳烃、农药等有机物污染的土壤。

（1）抗生素污染土壤

在抗生素污染土壤方面，Lou 等（2012）采用介质阻挡放电等离子体技术处理氯霉素污染的土壤，探讨等离子体处理抗生素污染土壤的可行性。在不同条件下，研究了外加电压、氧气流量、土壤含水量和 Fe^0 用量对氯霉素降解的影响。结果发现：①提高外加电压有利于等离子体活性组分的产生，从而有利于氯霉素的降解。②不同自由基对氯霉素分解的贡献研究表明，O_3 在处理过程中起着更重要的作用。③提高氧流量和土壤含水量（最高可达 10%）可使等离子体反应器中的 O_3、·OH 等活性物种增多，有利于氯霉素的降解。④Fe^0 的加入为反应器提供了更多的放电通道，对氯霉素的氧化过程产生了积极影响。在添加 2%的 Fe^0 并处理 20 min 后，氯霉素去除率达到了 79%。该等离子体系统在初始氯霉素浓度为 200～1 000 mg/kg 时进行了高水平分解，经过对中间体的鉴定表明，氯霉素分子发生了 O—H 键、苯基—N 键断裂以及脱氯、氧化等反应。所以，介质阻挡放电等离子体技术可以有效降解污染土壤中的氯霉素，这为土壤中抗生素的去除提供了基础数据。

（2）多环芳烃污染土壤

在多环芳烃污染土壤方面，Ognier 等（2014）利用介质阻挡放电等离子体反应器探究其处理效果，结果表明：与臭氧处理效果相比，利用等离子体技术处理后，芘的去除效率更高，最佳去除率可达 95%。此外，王慧娟等（2015）利用脉冲放电等离子体系统（图 8-7），研究土壤参数对芘降解速率的影响，包括土壤粒径、土壤初始含水率等。试验发现，土壤中 1 mm 粒径的芘降解速率常数比 2 mm 粒径的高；土壤含水率的增加导致土壤孔隙减少，不利于传递活性物质，从而降低了其修复效果。

（3）农药污染土壤

在农药污染土壤方面，Wang 等（2010）采用脉冲电晕放电等离子体修复五氯酚污染的土壤，当脉冲电压为 14 kV、处理时间为 45 min 时，在氧气和空气的载气条件下，五氯酚的去除率可分别达到 92%和 77%。陈海红等（2013）利用介质阻挡放电低温等离子体修复重度滴滴涕（DDTs）污染的土壤，当实验条件优化为放电功率 1 kW、处理时间 20 min、气氛为空气、土壤粒径为 0～0.9 mm 及土壤含水量为 4.5%～10.5%时，滴滴涕的去除率高达 95.3%～99.9%。结果表明，介质阻挡放电低温等离子体能较好地去除土壤中的 DDTs，且其去除率随处理时间的增加而升高。

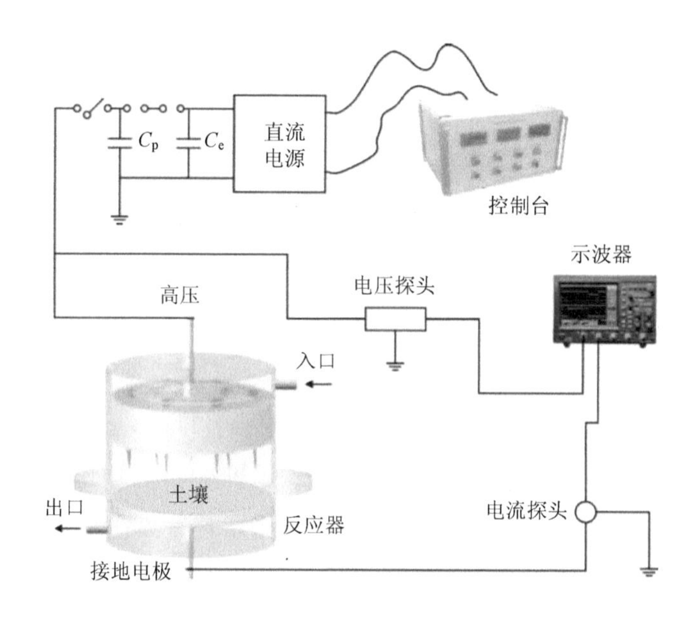

图 8-7 脉冲放电等离子体系统

2. 低温等离子体处理污染土壤热脱附尾气

王奕文等（2017）和朱伊娜等（2018）采用脉冲电晕放电等离子体处理含 DDTs 的热脱附尾气，主要研究等离子体技术处理 DDTs 的工艺参数，包括脉冲电压、脉冲频率、DDTs 浓度、停留时间、等离子体温度、载气湿度等。采用的低温等离子体降解 DDTs 试验装置如图 8-8 所示，利用高压脉冲电源产生低温等离子体。

王奕文等（2017）考察了工艺参数脉冲电压、脉冲频率、停留时间与 DDTs 浓度对 DDTs 处理效果的影响，并且分析了低温等离子体处理 DDTs 后的分解产物。通过试验发现：①随着脉冲电压的升高、脉冲频率的增加及停留时间的延长，DDTs 的去除率逐渐增大；②DDTs 的去除率随进气中 DDTs 浓度的升高而降低，但去除量反而增大。当脉冲电压为 30 kV、脉冲频率为 50 Hz、停留时间为 10 s、进气中的 DDTs 浓度为 30.0 mg/m^3 时，DDTs 的去除率为 82.5%。试验检测发现，处理后的 DDTs 降解产物主要为二苯甲烷、二苯甲酮、二苯甲醇、苯、甲酸、乙酸和氯离子等，结果表明，DDTs 中的氯原子能被有效去除，脱氯率达到 90%以上。研究表明，脉冲电晕放电等离子体能够有效去除 DDTs。

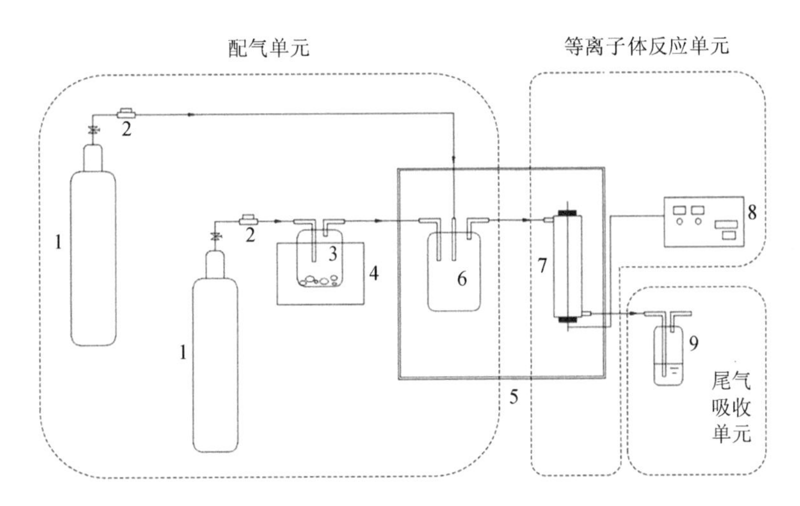

1—气体钢瓶；2—玻璃转子流量计；3—固体 DDTs 的吹脱瓶；4—恒温油浴锅；5—电热恒温鼓风干燥箱；

6—缓冲瓶；7—等离子体反应器；8—高压脉冲电源；9—吸收瓶。

图 8-8　低温等离子体降解 DDTs 试验装置

朱伊娜等（2018）考察了脉冲电压、等离子体温度和载气湿度对污染土壤热脱附尾气中 DDTs 去除效果的影响，同样也发现 DDTs 去除率随脉冲电压的升高而增大。同时，随着等离子体温度的升高、载气湿度的增大，等离子体反应器内臭氧浓度逐渐减小，DDTs 的去除率也逐渐降低。当脉冲电压为 24 kV、脉冲频率为 50 Hz、等离子体温度为 80℃、停留时间为 10 s 时，DDTs 去除率为 86.9%。研究表明，热脱附尾气中的 DDTs 可以被脉冲电晕放电等离子体快速、有效地去除。

8.4　热解技术

8.4.1　技术概述

1. 热解技术原理

热解又称热裂解，是在缺氧或无氧条件下加热固体有机物使其分解的过程。热解形成的产物，主要包括 3 部分：①气体产物，主要是 H_2、CO、CO_2、CH_4 及其他短链气体；②液态产物，主要包括液态的生物油及水分，如有机酸、芳香族化合物、脂肪族醇等；③固态产物，一般是含碳物质，以焦炭、炭黑为主的固体残渣。

热解是一个复杂的化学反应过程，主要包括脱水、热解、脱氢、热缩和加氢等反应。不同物质的热解过程虽然有差异，但都包括基本的脱水过程、热裂解过程和缩合炭化过程。在污染土壤热解过程中，污染物在高温加热条件下发生一系列的脱氢、断链等复杂的化学过程。这些过程主要分为两类：一是吸热的裂解反应过程，二是放热的缩合反应过程。烃类污染物热解的自由基反应分为链引发、链增长、链终止 3 个阶段。

2. 热解技术分类

不同物质的热解过程差异较大，主要表现在热解反应温度、热解升温速度、热解停留时间等。根据不同的热解温度，热解可以分为低温热解、中温热解、高温热解。一般情况下，低温热解温度低于 550℃，中温热解温度为 550～700℃，而高温热解温度在 1 000℃以上（刘璇，2015）。根据不同的升温速度，热解可以分为慢速热解、快速热解、闪速热解，三者升温速度范围分别为 0.1～1 K/s、10～200 K/s、＞1 000 K/s。

3. 热解技术特点

有研究者将热解与焚烧技术从反应温度和能源消耗方面进行了对比分析，在反应温度方面，热解在较低温度（500℃）和缺氧条件下，较大的有机分子分解为更容易去除的小分子。例如，在 350～500℃下热解将碳氢化合物转化为焦炭，但焚烧（600～1 200℃）却需要更高的温度，可能会增加能源成本。在能源消耗方面，在类似反应时间下，热解可以减少所需的热量输入，是焚烧的 40%～60%，可降低能源成本。所以，热解是一种相对高效的节能过程（Li et al.，2018）。

与其他常规处理技术相比，热解技术具有显著优势，主要表现在：①固碳效果好；②处理快速，占地面积小；③灭菌效果好，无二次污染；④热解产物具有经济价值，主要包括热解产生的热解气、生物油、含碳物质，可以资源再利用。

污染土壤热解技术能够快速、有效降低污染土壤中污染物，具有修复周期短、能量利用率高、适用范围广、二次污染小等特点，具有巨大的发展潜力。

8.4.2 技术发展

目前，热解技术在国内外已被广泛用于含油污泥的无害化处理。在环境领域，研究人员利用低温热解技术处理农林废弃物、污水处理厂污泥及城市餐厨垃圾等固体废物。在土壤修复方面，热解技术由于处理速度快、能耗低，且处理后土壤肥力好，是一种可持续的技术（Song et al.，2019）。因此，热解技术受到越来越多的关注。

热解技术在污染土壤修复领域的研究还处于初步发展阶段，不同的热解条件会影响热解反应过程，进而影响热解效率。热解反应过程受到多种因素影响，包括热解反应温度、热解停留时间、热解升温速率等。现阶段，主要探究热解技术修复污染土壤的影响因素，为以后热解技术的应用奠定基础。

1. 热解反应温度

普遍认为，热解反应温度是影响热解效率的最重要因素。研究人员利用快速热解方法处理石油污染的土壤，石油烃（TPH）初始污染浓度为 49.5 mg/g，经热解处理后，残留浓度 TPH＜0.4 mg/g，达到了较高的石油烃去除率。在相同的 30 min 热解停留时间下，当热解反应温度为 250℃时，TPH 去除率为 69.6%；而当热解反应温度高于 400℃时，TPH 去除率达到 99%以上。结果表明，快速热解是一种可行且经济的污染土壤修复方法，而且不同的热解反应温度对热解效率的影响差异较显著（Li et al.，2018）。也有研究者利用低温热解处理柴油污染土壤，在 100℃反应温度下，经 120 min 的热解处理，TPH 去除率仅为 28%；而在 250℃下，经相同处理时间后，TPH 去除率高达 99%（Ren et al.，2020）。综上所述，热解反应温度对热解技术处理污染土壤的效果有显著影响。

2. 热解停留时间

在采用热解技术修复原油污染土壤的研究过程中，通过间接加热回转窑反应器进行了第一个中试规模的试验（Song et al.，2019）。试验发现，在 370℃温度条件下，TPH 去除效果显著，热解停留时间为 15 min、30 min 和 60 min 时，TPH 去除率分别为 96.2%、92.1%和 99.8%。在 420℃条件下，只需 15 min 停留时间，石油烃去除率达到 99.9%，几乎是 100%，且土壤肥力可以恢复到洁净水平。即热解修复 21 d 后，种植在土壤中的莴苣生物量干重从污染前的 3.0 ± 0.3 mg 提高到修复后的 8.8 ± 1.1 mg，与未污染土壤的生物量 9.0 ± 0.7 mg 相当。利用同样的设施修复多环芳烃污染的土壤，在 420℃下，经 15 min 停留时间，其去除率达到 94.5%；当停留时间增加到 30 min 时，多环芳烃的去除率高达 98.6%以上。结果表明，随热解停留时间的增加，石油烃和多环芳烃的去除效率逐渐提高。与慢速热解相比，快速热解的一个主要优点是停留时间短。快速热解处理石油污染土壤，在 30 s 停留时间内，可去除 67.3%的 TPH；而在 5 min 停留时间内，约 100%的 TPH 可被去除（Li et al.，2018）。综上，热解停留时间对热解效率的影响较明显。

3. 热解升温速率

不同的升温速率对热解反应也有明显影响。提高升温速率，可以缩短热解反应温度升高所需的时间，有利于热解反应的进行，同时会影响热解内部反应。通过慢速热解法处理重烃污染土壤，试验结果表明，慢速热解可显著降低总石油烃的含量。当慢速热解采用相对较低的升温速率（3～20℃/min）时，有机物中的官能团逐渐分裂成低分子量气体（如 CO、CH_4、CO_2 等）。相比之下，快速热解的升温速率高达 200℃/s 以上，在此过程中，有机化合物中的化学键直接断裂，主要形成可回收的液体油（Li et al.，2018）。该结果表明，不同的升温速率显著影响热解过程产生的热解产物。

8.4.3 技术应用

目前，研究人员利用不同的热解技术探究修复污染土壤的可行性，主要是在实验室阶段。但热解技术用于修复污染土壤的应用仍比较有限，现以某试验研究为例介绍热解技术在土壤修复方面的应用。

王琦等（2018）选取某化工厂污染土壤为研究对象，探究热解反应温度、热解停留时间、烘干温度、烘干时间等热解关键参数对热解效率的影响。该试验区域的污染物主要是苯及苯环类等有机污染物。热解试验循环主要包括筛料、入料、烘干、热解、出料 5 个阶段。该试验热解设备系统平面布置如图 8-9 所示，试验研究确定了该热解工艺的最佳参数：烘干温度 110℃、烘干时间 20～30 min、热解温度 450℃、热解时间 30～40 min，在此条件下污染物的去除效率可以达到 92%以上。同时，试验研究还发现，热解各参数之间相互影响制约，而且热解关键参数的变化会显著影响热解处理系统。该试验探索为以后热解技术修复污染土壤的工程应用提供技术参考。

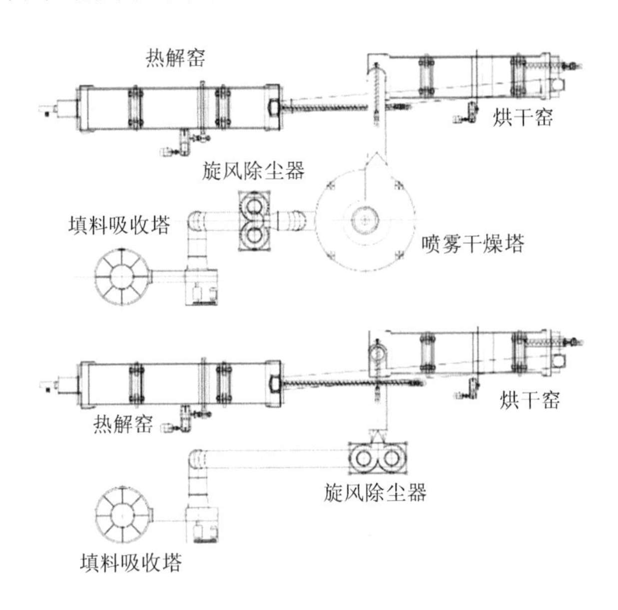

图 8-9 试验热解设备系统平面布置

8.5 射频加热技术

8.5.1 技术概述

1. 射频加热技术原理

射频加热技术（Radio Frequency Heating，RFH）利用频率范围在 3 kHz～300 MHz 的高频交流电磁波进行加热，射频适用频率通常为 2～45 MHz。射频加热技术也称为电波加热技术，通过高频电流产生的高频率、高强度的电场，使污染物中带电荷的分子或原子产生位移，进行剧烈的热运动产生热能，从而加热污染物；同时，这种电场也会产生高强度的交变磁场。在高强度的交变磁场下，污染物中水分子或极性粒子也会发生高频率的位移，粒子间大量摩擦产生热量，从而使介质温度升高。射频加热技术与常见的微波炉加热原理类似，但射频加热是介电加热，在利用射频加热污染物时，要求该污染物是电解质，且有较好的导电性能，这样才能使电场或磁场作用于污染物中的粒子。射频加热通过这样的介电加热使土壤升温，如图 8-10 所示（钟林，2019）。

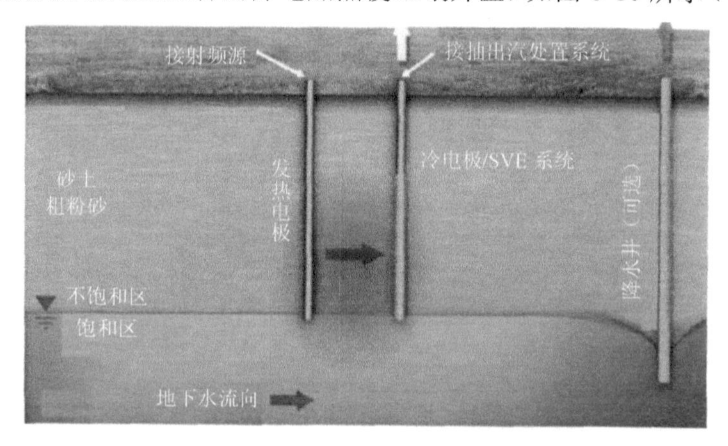

图 8-10　射频加热技术修复土壤示意

2. 射频加热技术影响因素

射频加热技术修复污染土壤的重要参数是土壤的电学性质、介电常数和电导率，其影响因素主要包括电场频率、土壤温度、土壤含水量、有机质含量、盐度等。在修复污染土壤时，射频加热技术需要结合土壤性质，选择合适的频率范围。如果选择的频率太高，能量会损失较多，限制能量渗透的深度，从而降低了其加热效率；如果选择的频率太低，则土壤介质不能有效地吸收能量，导致土壤基本不能被加热。因此，射频技术的操作频率需结合土壤特性，确定最佳的频率范围。

3. 射频加热技术特点

射频加热技术操作简单，加热温度高，一般能达到 250～400℃，最高温度可达 300～400℃，可以快速加热去除污染物。但射频加热技术也有不足：①加热效率低，土壤升温慢；②土壤受热不均匀；③加热效率随加热温度升高而逐渐下降，处理周期长（缪周伟等，2012）；④费用较高，安装及运行操作也相对复杂。

射频加热技术适用于处理挥发性有机污染物、半挥发性有机污染物、石油混合物及其他用常温真空抽提难以去除的有机化合物，尤其适用于包气带有机污染土壤。

8.5.2 技术发展

20 世纪 30 年代，射频加热技术开始出现。到 20 世纪 70 年代，射频加热用于提高油的采收率，同时也用于回收土壤中的碳氢化合物。20 世纪 90 年代，射频加热开始用于污染土壤修复领域（杨伟等，2015）。随着技术的发展，射频加热技术可作为独立的污染土壤修复技术，也可用于增强其他修复过程。

射频加热技术在医疗、食品等行业已经得到广泛应用。在污染土壤修复领域，射频加热技术是一种新兴的加热技术，国内外对该技术的研究相对较少。射频加热系统通常包括供电设备、射频源、高频加热系统、监测控制系统、金属防护罩及尾气处理系统等。

1. 国外技术研究

在国外，有人采用射频加热技术修复有机氯杀虫剂和有机磷化合物污染的地块（美国科罗拉多州），当土壤温度加热到 250℃后，污染物去除率达到 97%～99%（USEPA，1995）。也有研究人员采用该技术修复柴油污染的土壤，柴油去除率达到 99%。射频强化抽提技术不仅有利于石油烃类物质的回收，还可促进微生物降解污染物。与单独的气相抽提技术相比，射频加热强化技术可以将土壤修复时间缩短 80%以上，且不增加其能耗（钟林，2019）。

2. 国内技术研究

在国内，射频加热技术修复污染土壤的研究报道还比较少。杨伟等（2015）在天津某有机污染场地利用射频加热强化土壤气相抽提技术，研究了射频阳极电极连接方式对场地加热温度的影响，并探究其实际修复效果。研究者采用射频阳极并联方式进行试验。经过约 2 个月的修复，各污染物含量在修复前后的变化见表 8-2。中浅层土壤中污染物的总去除率约 90%，氯仿去除率达 95%；深层土壤中的污染物总去除率约 64%。试验结果表明，该地块的污染物明显被快速去除，说明这种射频加热方式对场地的加热效果较好。

表 8-2 射频加热技术修复前后不同土层深度的污染物含量

污染物/(mg/kg)	土层深度					
	0.8 m			1.8 m		
	修复前	修复后	去除率/%	修复前	修复后	去除率/%
苯	25.7	2.8	89.1	90.4	34.1	62.3
甲苯	864.4	78.1	91	1 437	532.4	62.9
乙苯	157	18.6	88.1	305.3	106.8	65
氯仿	86.6	4.33	95	92.6	29	68.6
1,2-二氯乙烷	46.8	5.6	88	38.6	14.8	61.7

8.6 太阳能加热技术

太阳蕴藏着巨大的能量，可作为处理污染土壤的热源，有利于节约不可再生资源。因此，有人提出利用太阳能加热污染土壤的设计理念，研究太阳能热脱附技术（Solar Thermal Desorption，STD）修复污染土壤的应用潜力，接着探究太阳能加热污染土壤的技术可行性以及应用效果。

8.6.1 设计理念

有人曾用抛物面太阳能收集器收集太阳能，然后再传导至空气和水中。有研究人员设想将抛物面太阳能收集器与光纤结合用于原位加热土壤，也有人利用日光辐射聚集通过镜子或反射装置接收能量，可使温度升高达 2 300℃，这样利用太阳能替代辅助燃烧设施，使其去除效率比传统技术高（薛南冬，2015）。

8.6.2 应用潜力

太阳能在污染土壤热修复方面具有巨大潜力，如利用太阳能作为加热空气的加热源，通过风机从太阳能板上收集热空气，然后将热空气注入土壤。太阳能加热虽然限制了空气的升温范围，但可促进微生物降解（Billings，1991）。太阳能在原位热增强技术中也有应用的潜力，如基于含水层热能储存（Aquifer Thermal Energy Storage，ATES）的热强化生物修复。钻孔热能存储（Borehole Thermal Energy Storage，BTES）也有望用于污染土壤修复的太阳能原位增强技术。例如，德雷克着陆太阳能社区是北美首个社区规模的 BTES 系统（Catolico et al.，2016），BTES 系统首先在夏季收集和存储地下太阳能，然后在冬季将其分配给每个家庭用户用于空间供热。在一个典型的夏季，太阳能集热器可收集 1 500 kW 的热能，在夏季结束时地下温度可达到 80℃，这些高能地下模块可作为热增强技术的理想选择（Ding et al.，2019）。

8.6.3 技术可行性

太阳能热脱附技术是一种新颖的技术，利用该技术增加污染物的挥发性，使这些污染物经气流系统从污染土壤中被去除。Navarro 等（2009）首次利用太阳能热浓缩设施修复汞污染土壤和矿山废弃物，用于探究太阳能热脱附技术的可行性。两种浓缩设备分别是低温太阳炉（LT-UPC）、中温太阳炉（MT-PSA），如图 8-11 所示。中温太阳炉中的流化床反应器是一种新型太阳能间接加热、开放式容积接收装置，由 CENIM 和 CIEMAT 公司开发，用于 PSA 太阳炉的安装。图 8-12 是模块化流化床的示意图（Cañadas et al.，2006；Navarro et al.，2009）。该研究不仅通过低温太阳炉评估太阳热脱附的有效性，还通过中温太阳炉来验证流化床反应器在热脱附中应用的可行性。

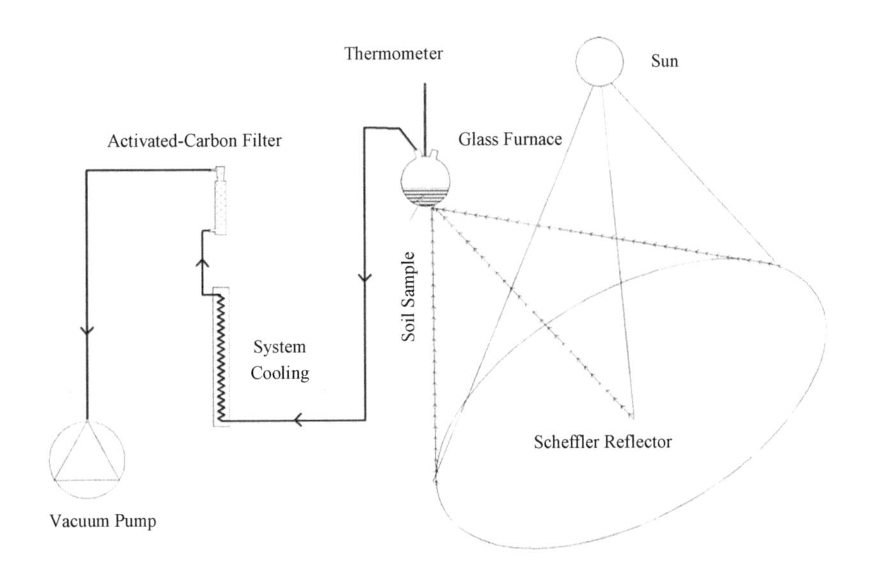

（a）低温太阳炉

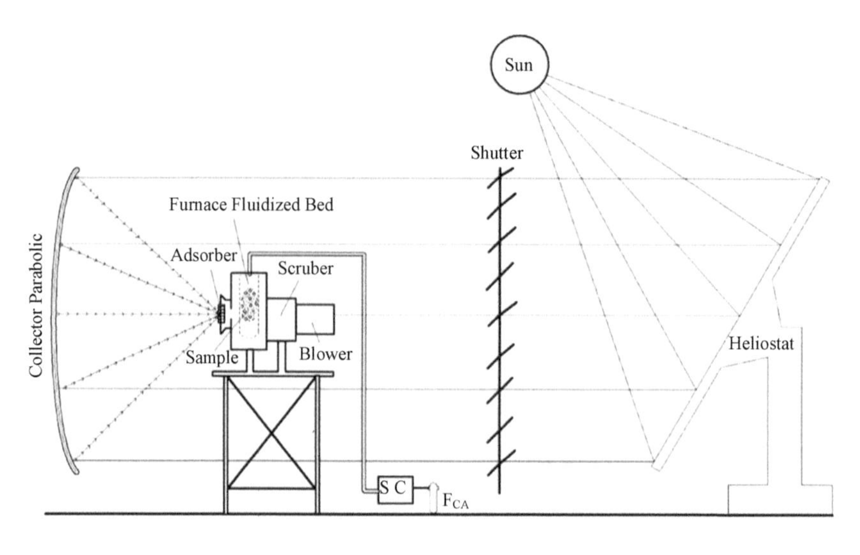

（b）中温太阳炉

图 8-11 低温太阳炉和中温太阳炉设备

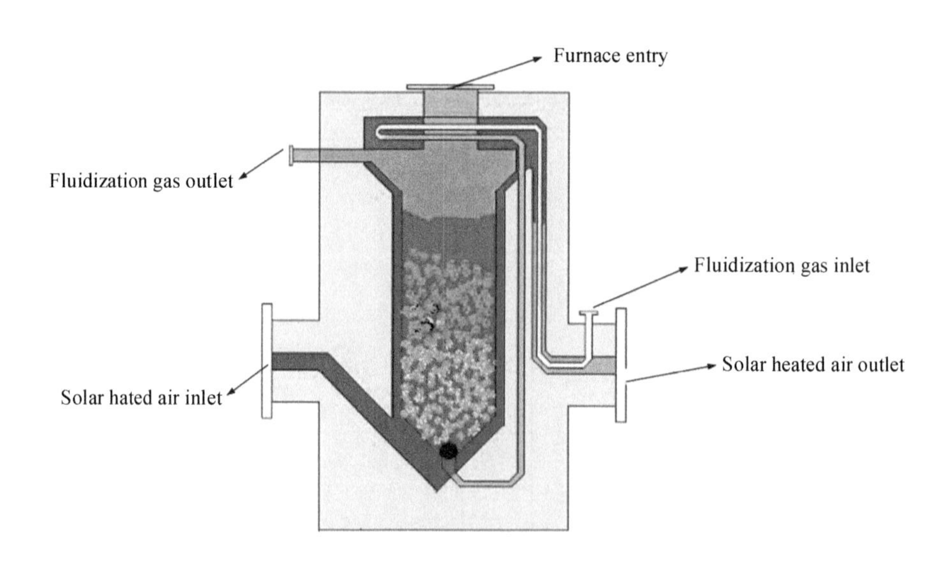

图 8-12 太阳能平台（MT-PSA）流化床示意

经研究发现：①在低温太阳炉试验中，只有当温度高于 130℃左右时，汞的挥发才显著，其去除率高达 76%，这个现象与污染物中的汞相脱附温度（表 8-3）一致；②在中温试验中，当样品被加热到 400～500℃时，汞去除率达到 41.3%～87%；当样品被加热到 320℃或低于 300℃时，其去除率很低，这可能与流化床中的流体动力学有关，也可能是与汞固相存在的矿物状态相关。结果表明，利用太阳能热脱附可以有效去除污染土壤中的汞。

表 8-3 太阳能热脱附技术中不同汞相的脱附温度

汞相	Hg_0	Hg_2Cl_2	$HgCl_2$	HgO	$HgSO_4$	HgS（朱砂）	Hg（黄铁矿）	Hg（闪锌矿）	Hg 基质结合
汞相脱附温度/℃	＜100	170	＜250，220	420～550	450～500	310～330	＞450	600	200～300

8.6.4 应用效果

2013 年，Navarro 等通过采用中温太阳炉研究危险矿山废物和尾矿的玻璃化应用，试验装置采用 PSA 太阳能浓缩器和加热炉。试验结果发现：在太阳炉中处理样品，当温度达到 1 050～1 350℃时，固溶体中存在一个主要的玻璃体相，包括金属（特别是锌、铜、镍）和气泡（气体逸出引起的）。热处理样品的金属浸出性表明，在最高温度 1 350℃下，铁、锰、镍、铜和锌被固定，而在较低温度 1 050℃下，锰、镍、铜和锌被活化。结果表明，样品经太阳能高温加热处理后，其金属迁移率较低。所以，太阳能热处理可以固定土壤中大部分金属。

Navarro 等（2014）进一步利用回转窑太阳能系统处理汞污染土壤和矿山废弃物。该系统包括连续的太阳跟踪平面定日镜、抛物面聚光镜（收集器）、衰减器和位于聚光器聚焦中心的实验窑，如图 8-13 所示。试验结果表明，当温度达到 400℃以上时，汞含量从 2 070 mk/kg 降到 116 mk/kg，去除率达到 99%以上，这主要是因为该温度高于朱砂的分解温度（310～330℃），使其容易被去除。当样品中含有大量的朱砂（当量直径大于 0.8 mm）时，汞的去除率达到 90%以上。综上所述，太阳能加热系统可以有效地从污染土壤中去除汞。

图 8-13 回转窑太阳能系统的设备

8.7 热强化其他修复技术

针对目前传统污染土壤修复技术在应用过程中存在的一些缺点，热处理技术可与传统污染土壤修复技术联合应用，有效弥补单一技术的不足，如热处理技术与化学修复技术和生物修复技术联合运用，从而增强化学修复技术和生物修复技术的修复效率和修复效果。

8.7.1 热强化化学修复技术

化学修复技术主要是在污染场地投加氧化剂、还原剂或其他化学试剂，与土壤或地下水中的污染物发生反应，主要是氧化还原反应，使有毒有机污染物降解或转化为低毒或无毒物质，使其达到修复标准。

热强化化学技术是将热处理技术用于化学修复技术中，通过热处理技术与化学技术的耦合实现有机污染物的高效去除，通过热处理促进作用和化学强化作用，主要作用机制包括：①热处理可以增强污染的迁移或脱附过程，活化氧化剂从而提升氧化能力，减少有毒副产物的产生等；②化学强化可以促进污染物的挥发、增强热脱附过程等。

1. 热处理促进作用

第一，在污染土壤修复过程中，热处理可以提高污染物降解效率，增强污染物的迁移或脱附，促进污染物转化等。有研究表明，在利用化学氧化技术处理多环芳烃污染土壤时，通过热处理会显著影响化学氧化技术对多环芳烃（PAHs）的降解效果。在未经预处理的污染土壤中，化学氧化方法几乎没有降解多环芳烃。两块不同 PAHs 分布的土壤分别经 60℃、100℃和 150℃热预处理后，在化学氧化中多环芳烃去除率分别可达到 19%、29%、43%和 31%、36%、47%。结果表明，经热处理后污染土壤中的多环芳烃明显被降解。热预处理对污染土壤中多环芳烃的有效性有显著影响。这些研究对老化污染土壤中有机污染物的去除具有重要意义（Usman et al.，2016）。

第二，热处理可以活化氧化剂、提高氧化剂的反应活性、促进氧化动力、提高反应速率等。当使用过硫酸盐作为氧化剂时，加热处理会热激活过硫酸盐（Ranc et al.，2017）。有研究人员在实验室证实了热激活过硫酸盐氧化全氟辛酸的有效性，可以同时去除含氯挥发性有机物、全氟/多氟类化合物（Park et al.，2016；Yin et al.，2016）。Waldemer 等（2007）利用原位热修复法结合原位化学氧化处理氯乙烯污染的地下水，通过测定热活化过硫酸盐氧化氯乙烯的产物，结果发现产生了氯化副产物，且大多数氯乙烯已完全脱氯。零价铁注射与热脱附的组合使用时，在较低温度（<50℃）下，电阻加热提高了零价铁反应率，同时，因为零价铁的注入而不需要相对较高的能源输入。研究表明，该组合技术的成本效益较高（Truex et al.，2011）。

第三，热处理可以降低或抑制有毒副产物的产生。在多氯联苯污染土壤的热脱附过程中，添加$(NH_4)_2SO_4$、$CO(NH_2)_2$或 CaO 等缓蚀剂后，PCDD/Fs（多氯二苯并对二噁英/二苯并呋喃）的总量和国际毒性当量均降低，结果表明缓蚀剂的添加可以抑制 PCDD/Fs 的形成（Zhao et al.，2016），热处理有利于减少有毒副产物的产生。

2. 热强化化学技术的修复效果

原位热处理与化学氧化结合技术的修复效果比较明显。有研究人员提出并证明了一种新方法，用于修复氯代溶剂（四氯乙烯 PCE）污染的低渗透性土壤。即利用电动（EK）辅助输送氧化剂过硫酸盐（PS），同时用低温电阻加热（ERH）激活 PS 用于修复低渗透污染土壤，该技术方法的概念示意如图 8-14 所示。在 EK 和 ERH 这种独特的组合中，两者使用相同的电极。首先，EK 在淤泥中释放未激活的 PS；然后，利用 ERH 产热并维持目标温度以激活 PS。试验结果表明，经几周时间的修复，PCE 浓度降低到检测极限以下。这可能是由于硫酸根自由基产生更慢时，可以与污染物反应更完全。结果表明，利用电动辅助输送 PS 结合低温 ERH 的新应用是低渗透性污染土壤修复的一种可行方案（Ahmed et al.，2017）。该研究为进一步推广这个新技术提供了参考依据。

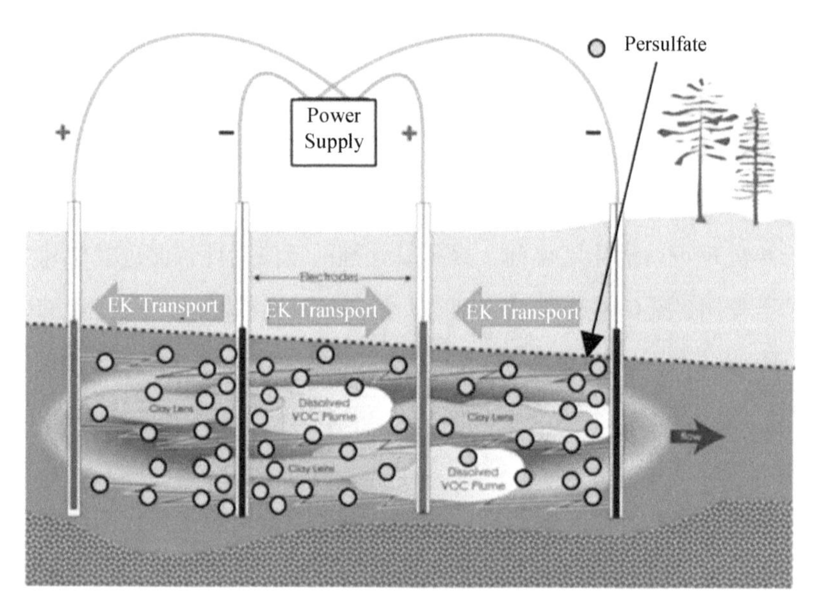

图 8-14　电动（EK）组合电加热（ERH）修复污染土壤概念

8.7.2　热强化生物修复技术

土壤生物修复技术，是指通过细菌、真菌等微生物的作用去除土壤中的污染物，或是使污染物无害化的过程。生物修复有效处理取决于有氧条件、土壤含水量、养分状况以及污染物类型和浓度等。对于生物修复技术，温度会直接影响微生物的代谢活动速率。

热强化生物修复（Thermally Enhanced Bioremediation，TEB）是通过热处理技术增强的生物修复技术。最简单的热强化生物修复方案是通过提高土壤温度和延长土壤未冻结的时间来提高微生物活性。通常结合通风促进污染物挥发，并向微生物细菌输送养分、氧气和水，以优化生物活性，防止污染物和富营养水的迁移。

目前，热强化生物技术的研究相对较少，下面分别从三方面进行介绍：①热处理耦合生物作用；②热处理强化生物还原脱氯作用；③热强化生物修复新思路——地下蓄能。

1. 热处理耦合生物作用

热处理可以增强土壤修复中的微生物作用。热强化生物技术中的一个重要影响参数——温度，温度对微生物的降解反应速率的影响很重要。有很多关于温度对热强化生物技术的影响报道，包括：①随着温度升高10℃，生物降解率可以提高1.5～2.5倍（van't Hoff，1884）；②加热会降低疏水性污染物的黏度，并增加其溶解性和扩散性（Perfumo et al.，2007），且释放出溶解性有机碳（Friis et al.，2006；Badin et al.，2016；Marcet et al.，2018），从而加强生物修复；③在高温下，轻质非水相液体的厌氧生物降解作用得到增强（Zeman et al.，2014）；④在25℃下，某垃圾处理场土壤及地下水样品中的三氯乙烯通过微生物作用42 d后完全转化为顺式-1,2-二氯乙烯，但在50℃或95℃下未观察到这种转化。结果表明：在温度低于50℃下，本土微生物有助于三氯乙烯脱氯（Costanza et al.，2009）。综上，温度显著影响了生物降解污染物的效果。土壤原位热处理可以提高有机污染物的可给性以及微生物的可降解性。

热强化能够显著提高微生物的总量、活性以及污染物的去除率。Tom等（2019）对原位电阻加热与微生物耦合作用的研究表明：与对照环境条件下的微生物降解效果相比，在热强化温度35℃下，微生物降解三氯乙烯等污染物的速率与效果明显增加；在30～70℃范围内，三氯乙烯的脱附和脱氯速率随温度的升高而提高；而在45～50℃时，其脱氯速率超过了脱附速率。经检测发现，随着温度的升高，污染物三氯乙烯的脱氯产物（氯乙烯和乙烯）的浓度均有所增大，同时土壤中脱氯菌的微生物数量显著增加。

2. 热处理强化生物还原脱氯作用

热处理与生物相结合，利用生物的还原脱氯作用，有望成为一种联合修复方法。研究者发现，在修复氯化溶剂污染场地时，热处理可以在原位区域为还原脱氯细菌提供可溶性有机化合物和氢气的来源，可刺激微生物还原脱氯作用。同时，热诱导释放的发酵前体（挥发性脂肪酸，VFAs），可被生物利用，有助于热处理和微生物修复耦合技术的实施（Marcet et al.，2018a）。此外，与传统的单独修复技术相比，热处理与微生物技术相结合，可能提高污染物降解率，降低修复成本（Marcet et al.，2018b）。

3. 热强化生物修复新思路——地下蓄能

地下蓄能为热强化生物修复提供了新的思路。最常用的蓄能方式包括含水层存储热能（ATES）和钻孔存储热能（BTES）（图 8-15）（Ding et al.，2019）。简单地说，ATES 将一口温暖的井和一口寒冷的井钻探到含水层的两个遥远的区域。在夏季，冷井中地下水被抽取出来，通过热交换器加热，注入暖井中；冬季流动方向相反，见图 8-15（a）。在没有合适含水层的情况下，可以利用钻孔存储热能。对于 BTES 系统，流体在封闭的环境中循环：在夏天，流体在地面上通过加热器加热，然后注入埋在地下的 U 形管中，随后被加热的流体通过传导传递到周围环境，则能量被储存在地下；在冬季，地下热量被转移到冷流体，然后进入建筑物进行空间加热，见图 8-15（b）。这一独特设计为热强化生物修复技术提供了新思路。

（a）含水层热能存储（ATES）运行（左：夏季冷却，右：冬季加热）

（b）钻孔热能存储（BTES）运行（左：夏季冷却，右：冬季加热）

图 8-15 含水层热能存储（ATES）和钻孔热能存储（BTES）的运行方式

实验室的研究表明：在 ATES 的暖井中，顺式-1,2-二氯乙烯的生物降解得到增强。即使在冷井中的生物降解停止了，但当残留污染物进入暖井后，生物降解又恢复了（Ni et al.，2015）。ATES 强化生物修复的工业应用应合理设计，有人进行了原位热增强生物修复的现场试验，与 ATES 类似。该系统从寒冷地带抽取地下水，通过太阳能吸收器和电加热器加热，然后将其与电子供体一起注入温暖地带。结果发现，单独加热但没有添加足够的电子给体不能加速生物修复（Jan et al.，2018）。总体而言，现有研究表明原位热处理有利于强化生物修复技术。

参考文献

布鲁纳 • C R，范爱勃 • T D，2005. 等离子体-电弧及其他热处理技术：应用于持久性有机污染物[M]. 余刚等，译. 北京：中国环境科学出版社.

陈海红，骆永明，滕应，等，2013. 重度滴滴涕污染土壤低温等离子体修复条件优化研究[J]. 环境科学，34（1）：302-307.

陈晓丽，李龙，雷大鹏，等，2019. 阴燃技术在土壤修复中应用的中试[J]. 化工设计通讯，45（10）：37-38.

韩伟，叶渊，焦文涛，等，2019. 污染地块修复中原位热脱附技术与其他相关技术耦合联用的意义、效果及展望[J]. 环境工程学报，13（10）：2302-2310.

胡焕旭，2020. 有机污染土热解处理施工工艺优化研究[J]. 交通节能与环保，16（2）：124-127.

贾甜丽，洪梅，贾艾媛，等，2019. 高浓度有机污染土壤自燃修复技术的影响因素[J]. 科学技术与工程，19（25）：379-385.

李铭书，2018. 污泥处理用热等离子体基本特性及污泥处理产物特性研究[D]. 武汉：华中科技大学.

李蕊，2017. 有机污染土壤的低温等离子体修复方法及机理研究[D]. 上海：东华大学.

刘涛涛，2014. 高压脉冲等离子技术处理污水及修复土壤的应用研究[D]. 保定：河北大学.

刘璇，2015. 热解技术用于人粪污泥资源化处理的研究[D]. 北京：北京科技大学.

缪周伟，吕树光，邱兆富，等，2012. 原位热处理技术修复重质非水相液体污染场地研究进展[J]. 环境污染与防治，34（8）：63-68.

桑义敏，艾贤军，马绍芳，等，2019. 基于超声波-微波耦合效应的石油烃类污染土壤的热脱附规律与参数优化[J]. 环境工程学报，13（10）：2311-2319.

谌伟艳，韩永忠，丁太文，等，2006. 微波热修复污染土壤技术研究进展[J]. 微波学报，（4）：66-70.

王慧娟，郭贺，赵文信，等，2015. 脉冲放电等离子体修复芘污染土壤的影响因素[J]. 高电压技术，41（10）：3512-3517.

王琦，王文江，随力豪，2018. 有机污染土热解技术研究及应用[J].交通节能与环保，14（1）：78-81.

王铁成，2013. 场地有机物污染土壤的脉冲放电等离子体修复方法和机理研究[D]. 大连：大连理工大学.

王奕文，张倩，伍斌，等，2017. 脉冲电晕放电等离子体去除污染土壤热脱附尾气中的 DDTs[J]. 环境科学研究，30（6）：974-980.

王奕文，2017. 低温等离子体降解污染土壤热脱附尾气中典型有机污染物的研究[D]. 北京：中国环境科学研究院.

吴少帅，2014. 低温等离子体降解水和土壤中几种典型有机污染物的研究[D]. 杭州：浙江大学.

薛南冬，李发生，2011. 持久性有机污染物（POPs）污染场地风险控制与环境修复[M]. 北京：科学出版社.

薛南冬，2015. 有机物污染地块修复过程风险控制[M]. 北京：化学工业出版社.

杨伟，宋震宇，李野，等，2015. 射频加热强化土壤气相抽提技术的应用[J]. 环境工程学报，9（3）：1483-1488.

钟林，2019. 应用于土壤修复的原位电辐射加热技术研究[D].大连：大连海事大学.

周广顺，2017. 脉冲放电等离子体去除土壤中对硝基酚的研究[D]. 镇江：江苏大学.

朱伊娜，徐东耀，伍斌，等，2018. 低温等离子体降解污染土壤热脱附尾 DDTs[J]. 环境科学研究，31（12）：160-165.

Ahmed I A，Chowdhury J I，Gerhard D R，et al，2017. Low permeability zone remediation via oxidant delivered by electrokinetics and activated by electrical resistance heating：proof of concept[J]. Environmental Science & Technology，13295-13303.

AL-Harahsheh M，Kingman S，AL-Makhadmah L，et al，2014. Microwave treatment of electric arc furnace dust with PVC：dielectric characterization and pyrolysisleaching[J]. Journal of Hazardous Materials，274：87-97.

Apul O G，Delgado A G，Kidd J，et al，2016. Carbonaceous nano-additives augment microwave-enabled thermal remediation of soils containing petroleum hydrocarbons[J]. Environment Science-Nano，3：997-1002.

Badin A，Broholm M M，Jacobsen C S，et al，2016. Identification of abiotic and biotic reductive dechlorination in a chlorinated ethene plume after thermal source remediation by means of isotopic and molecular biology tools[J]. Journal of Contaminant Hydrology，192：1-19.

Biache，Lorgeoux C，Andriatsihoarana S，et al，2015. Effect of pre-heating on the chemical oxidation efficiency：implications for the PAH availability measurement in contaminated soils[J]. Journal of Hazardous Materials，286：55-63.

Billings G K，1991. Personal Communication，G.K. Billings at Billings & Assoc.，Inc.

Brown，D M，Bonte M，Gill R，et al，2017. Heavy hydrocarbon fate and transport in the environment[J]. Quarterly Journal of Engineering Geology and Hydrogeology，50：333-346.

Buttress A J，Binner E，Yi C，et al，2016. Development and evaluation of a continuous microwave processing system for hydrocarbon removal from solids[J]. Chemical Engineering Journal，283：215-222.

Cañadas I，Tellez F，Rodrguez J，et al，2006."SOLARPRO"：a survey of feasible high temperature industrial applications of concentrated solar energy[M]// "SOLARPRO"：a survey of feasible high temperature industrial applications of concentrated solar energy.

Catolico N，Ge S，Mccartney J S，2016. Numerical modeling of a soil - borehole thermal energy storage system[J]. Vadose Zone Journal，15（1）.

Chen J，Pan H，Hou H，et al，2017. High efficient catalytic degradation of PNP over Cu-bearing catalysts with microwave irradiation[J]. Chemical Engineering Journal，323：444-454.

Chien Y C，2012. Field study of in situ remediation of petroleum hydrocarbon contaminated soil on site using microwave energy[J]. Journal of Hazardous Materials：199-200.

Cheung K Y，Lee K L，Lam K L，et al，2011. Operation strategy for multi-stage pyrolysis[J]. Journal of Analytical and Applied Pyrolysis，91（1）：165-182.

Comuzzi C，Lesa B，Aneggi E，et al，2011. Salt-assisted thermal desorption of mercury from contaminated dredging sludge[J]. Journal of Hazardous Materials，193：177-182.

Costanza J，Fletcher K E，Loeffler F E，et al，2009. Fate of TCE in heated fort lewis soil[J]. Environmental Science & Technology，43（3）：909-914.

Ding D，Song X，Wei C，et al，2019. A review on the sustainability of thermal treatment for contaminated soils[J]. Environmental Pollution（Barking，Essex：1987），253.

Falciglia P P，Urso G，Vagliasindi FGA，2013. Microwave heating remediation of soils contaminated with diesel fuel. Journal of Soils and Sediments，13：1396-407.

Falciglia P P，Roccaro P，Bonanno L，et al，2018. A review on the microwave heating as a sustainable technique for environmental remediation/detoxification applications[J]. Renewable & Sustainable Energy Reviews，95（11）：147-170.

Friis A K，Heron G，Albrechtsen H J，et al，2006. Anaerobic dechlorination and redox activities after full-scale electrical resistance heating（ERH）of a TCE-contaminated aquifer[J]. Journal of Contaminant Hydrology，88（3/4）：219-234.

Grant G P，Major D，Scholes G C，et al，2016. Smoldering combustion（STAR）for the treatment of contaminated soils：examining limitations and defining success[J]. Remediation Journal，26（3），27-51

Ha S，Choi K，2010. A study of a combined microwave and thermal desorption process for contaminated soil[J]. Environmental Engineering Research，15：225-230.

Jan N，Steinova J，Spanek R，et al，2018. Thermally enhanced in situ bioremediation of groundwater contaminated with chlorinated solvents—a field test[J]. The Science of the Total Environment，622：743-755.

Kawala Z，Atamańczuk T，1998. Microwave-enhanced thermal decontamination of soil[J]. Environmental Science & Technology，32（17）：2602-2607.

Kim Y，Oh J I，Lee S S，et al，2019. Decontamination of petroleum-contaminated soil via pyrolysis under carbon dioxide atmosphere[J]. Journal of Cleaner Production，236.

Kwon E E，Kim S，Lee J，2019. Pyrolysis of waste feedstocks in CO_2 for effective energy recovery and waste treatment[J]. Journal of CO_2 Utilization，31：173-180.

Li D，Zhang Y，Quan X，et al，2009. Microwave thermal remediation of crude oil contaminated soil enhanced by carbon fiber[J]. Journal of Environmental Sciences（China），21（9）：1290-1295.

Li J，Hashimoto Y，Riya S，et al，2019. Removal and immobilization of heavy metals in contaminated soils by chlorination and thermal treatment on an industrial-scale[J]. Chemical Engineering Journal，359：385-392.

Liu J，Chen T，Qi Z，et al，2014. Thermal desorption of PCBs from contaminated soil using nano zerovalent iron[J]. Environmental Science and Pollution Research International，21：12739-12746.

Liu J，Qi Z，Li X，et al，2015. Thermal desorption of PCBs from contaminated soil with copper dichloride[J]. Environmental Science and Pollution Research International，22：19093-19100.

Liu X，Zhang Q，Zhang G，et al，2008. Application of microwave irradiation in the removal of polychlorinated biphenyls from soil contaminated by capacitor oil. Chemosphere，72：1655-8.

Liu Y，Zhang Q，Wu B，et al，2020. Hematite-facilitated pyrolysis：an innovative method for remediating soils contaminated with heavy hydrocarbons[J]. Journal of Hazardous Materials，383.

Lou J，Lu N，Li J，et al，2012. Remediation of chloramphenicol-contaminated soil by atmospheric pressure dielectric barrier discharge[J]. Chemical Engineering Journal，180.

Ma F，Zhang Q，Xu D，et al，2014. Mercury removal from contaminated soil by thermal treatment with $FeCl_3$ at reduced temperature[J]. Chemosphere，117：388-393.

Ma F，Peng C，Hou D，et al，2015. Citric acid facilitated thermal treatment：an innovative method for the remediation of mercury contaminated soil[J]. Journal of Hazardous Materials，300：546-552.

Marcet T F，Cápiro N L，Morris L A. et al，2018a. Release of electron donors during thermal treatment of soils[J]. Environmental Science & Technology，52：3642-3651.

Marcet T F，Cάpiro N L，Yi Y，et al，2018b. Impacts of low-temperature thermal treatment on microbial detoxification of tetrachloroethene under continuous flow conditions[J]. Water Research，145（15）：21-29.

Menéndez J A，Arenillas A，Fidalgo B，et al，2009. Microwave heating processes involving carbon materials[J]. Fuel Processing Technology，91（1）：1-8.

Navarro A，Cañadas I，Martinez D，et al，2009. Application of solar thermal desorption to remediation of mercury-contaminated soils[J]. Solar Energy，83（8）：1405-1414.

Navarro A，Cardellach E，Cañadas I，et al，2013. Solar thermal vitrification of mining contaminated soils[J]. International Journal of Mineral Processing，119：65-74.

Navarro A，Cañadas I，Rodríguez J，2014. Thermal treatment of mercury mine wastes using a rotary solar kiln[J]. Minerals，119，51.

Ni Z，Van G P，Smit M，et al，2015. Biodegradation of cis-1,2-dichloroethene in simulated underground thermal energy storage systems[J]. Environmental Science & Technology，49：13519-13527.

Ognier S，Rojo J，Liu Y，et al，2014. Mechanisms of pyrene degradation during soil treatment in a dielectric barrier discharge reactor[J]. Plasma Processes and Polymers，11（8）.

Park S，Lee L S，Medina VF，et al，2016. Heat-activated persulfate oxidation of PFOA，6:2 fluorotelomer sulfonate，and PFOS under conditions suitable for in-situ groundwater remediation[J]. Chemosphere，145：376-383.

Perfumo A，Banat I M，Marchant R，et al，2007. Thermally enhanced approaches for bioremediation of hydrocarbon-contaminated soils[J]. Chemosphere，66：179-184.

Pham L T，Lee C，Doyle F M，et al，2009. A silica-supported iron oxide catalyst capable of activating hydrogen peroxide at neutral pH values[J]. Environmental Science & Technology，43（23）：8930-8935.

Pironi P，Switzer C，Rein G，et al，2008. Small-scale forward smoldering experiments for remediation of coal tar in inert media[J]. Proceedings of the Combustion Institute，32（2）.

Pironi P，Switzer C，Gerhard J I，et al，2011. Self-sustaining smoldering combustion for NAPL remediation：laboratory evaluation of process sensitivity to key parameters[J]. Environmental Science & Technology，45（7）.

Ranc B，Faure P，Croze V，et al，2017. Comparison of the effectiveness of soil heating prior or during in situ chemical oxidation（ISCO）of aged PAH-contaminated soils[J]. Environmental Science and Pollution Research International，24：11265-11278.

Rein G，2009. Smouldering combustion phenomena in science and technology[J]. International Review of Chemical Engineering，1：3-18.

Ren J，Song X，Ding D，et al，2020. Sustainable remediation of diesel-contaminated soil by low temperature thermal treatment：improved energy efficiency and soil reusability[J]. Chemosphere，241.

Robinson J P，Kingman S W，Snape C E，et al，2009. Remediation of oil-contaminated drill cuttings using continuous microwave heating[J]. Chemical Engineering Journal，152（2-3）：458-463.

Robinson J P，Kingman S W，Snape C E，et al，2009. Separation of polyaromatic hydrocarbons from contaminated soils using microwave heating. Separation & Purification Technology，69：249-54.

Robinson J P，Kingman S W，Lester E H，et al，2012. Microwave remediation of hydrocarbon-contaminated soils-scale-up using batch reactors[J]. Separation & Purification Technology，96：12-19.

Salman M，Gerhard J I，Major D W，et al，2015. Remediation of trichloroethylene-contaminated soils by star technology using vegetable oil smoldering[J]. Journal of Hazardous Materials，285.

Scholes G C，2013. Ignition method development and first field demonstration of in situ smouldering remediation[D].

Scholes G C，Gerhard J I，Grant G P，et al，2015. Smoldering remediation of coal-tar-contaminated soil：pilot field tests of star[J]. Environmental Science & Technology，49（24）：14334.

Song W，Vidonish J E，Kamath R，et al，2019. Pilot-scale pyrolytic remediation of crude-oil-contaminated soil in a continuously-fed reactor：treatment intensity trade-offs[J]. Environmental Science & Technology，53（4）.

Switzer C，Pironi P，Gerhard J I，et al，2009. Self-sustaining smoldering combustion：a novel remediation process for non-aqueous-phase liquids in porous media[J]. Environmental Science & Technology，43（15）.

Tom P，2019. Heat-enhanced bioremediation and destruction[R]. Washington.

Truex M，Powell T，Lynch K，2007. In situ dechlorination of TCE during aquifer heating[J]. Ground Water Monitoring & Remediation，27：96-105.

Truex M J，Macbeth T W，Vermeul V R，et al，2011. Demonstration of combined zero-valent iron and electrical resistance heating for in situ trichloroethene remediation[J]. Environmental Science & Technology，45：5346-5351.

Undri A，Rosi L，Frediani M，et al，2014. Efficient disposal of waste polyolefins through microwave assisted pyrolysis. Fuel，116：662-71.

Usepa，1995. In situ remediation technology status report：thermal enhancements：EPA/542-K-94-009 [R]. Washington. D.C.：USEPA Office of Solid Waste and Emergency Response，Technical Innovation Office.

Usman M，Chaudhary A，Biache C，et al，2016. Effect of thermal pre-treatment on the availability of PAHs for successive chemical oxidation in contaminated soils[J]. Environmental Science and Pollution Research International，23：1371-1380.

Van't Hoff M J H，1884. Etudes de dynamique chimique[J]. Recueil des Travaux Chimigque des Pays-Bas，3（10）：333-336.

Wang N，Wang P，2016. Study and application status of microwave in organic wastewater treatment-a review[J]. Chemical Engineering Journal，283：193-214.

Wang T C，Lu N，Li J，et al，2010. Evaluation of the potential of pentachlorophenol degradation in soil by pulsed corona discharge plasma from soil characteristics[J]. Environmental Science & Technology，44（8）：3105-3110.

Wang T C，Lu N，Li J，et al，2010. Degradation of pentachlorophenol in soil by pulsed corona discharge plasma [J]. Journal of Hazardous Materials，180：436-441.

Waldemer R H，Tratnyek P G，Johnson R L，et al，2007. Oxidation of chlorinated ethenes by heat-activated persulfate：kinetics and products[J]. Environmental Science & Technology，41（3）：1010-1015.

Yin K，Giannis A，Wong A S Y，et al，2014. EDTA-enhanced thermal Washing of contaminated dredged marine sediments for heavy metal removal[J]. Water，Air & Soil Pollution，22：1-11.

Yin P，Hu Z，Song X，et al，2016. Activated persulfate oxidation of perfluorooctanoic acid（PFOA）in groundwater under acidic conditions[J]. International Journal of Environmental Research & Public Health，13：602-616.

Zeman N R，Renno M I，Olson M R，et al，2014. Temperature impacts on anaerobic biotransformation of LNAPL and concurrent shifts in microbial community structure[J]. Biodegradation，25（4）：569-585.

Zhou H，Hu L，Wan J，et al，2016. Microwave-enhanced catalytic degradation of p-nitrophenol in soil using $MgFe_2O_4$. Chemical Engineering Journal，284：54-60.

Zhao Z，Ni M，Li X，et al，2016. Suppression of PCDD/Fs during thermal desorption of PCBs-contaminated soil[J]. Environmental Science and Pollution Research International，23：25335-25342.

第 9 章　污染场地土壤热处理尾气治理技术

9.1　热处理尾气治理技术概述

污染土壤的热处理修复技术主要包括热脱附、热解和水泥窑共处置（焚烧）等，但因为土壤中污染物的多样性和设备运行参数的合理波动性，上述热修复原理在实际工程运行中并不是唯一存在的，可能存在多个过程同步进行，如热脱附过程中包含热解过程，焚烧过程中包含脱附和热解过程。因此污染土壤热处理尾气中通常含有挥发性有机化合物及其热解产物或重金属，这些物质是具有毒性（急性或长期致癌性）或其他原因而有害的化学物质，有产生二次污染的风险，未经处理不能排放到大气中。总的来说，所有污染土壤的热修复技术都由两个环节组成，一个环节是热反应（热脱附、热解、焚烧），另一个环节是尾气处理。热处理尾气的净化处理非常重要，其成本有时甚至占污染土壤热修复费用的一半。尾气治理的目标就是将污染土壤热处理过程中产生的废气经处理达到国家或地方标准，实现污染土壤的真正热修复治理，而不是从固相（土壤）向气相的转移，使污染土壤对人体和生态环境的风险降到最低。

按照基本原理，目前用于污染土壤热处理尾气治理的技术主要有物理分离法、化学氧化法、生物法等。就环保和经济性而言，若有机废气的利用价值较高，而且可以回收，则应尽可能地将其回收再利用。因此，从这个意义上讲，有机尾气的净化方法也可分为：①回收法，如吸附分离法、冷凝法和膜分离法等；②转化法（也称破坏法），将有机废气转化为 CO_2 和 H_2O 等无害物质，如燃烧法等。

1．吸附技术

吸附技术是使废气中的污染物与多孔吸附剂接触并被吸附剂所捕集的技术。常见的吸附剂有活性炭、沸石和硅胶等。吸附技术通常和脱附技术联合使用，可实现废气中具有可利用价值物质的净化和回收。吸附技术适用于低浓度、高通量有机废气的治理，可实现有机废气中有机物的回收，且运行成本较低，应用范围较广，是目前较为成熟的污染土壤热处理尾气治理技术。

2. 吸收技术

吸收技术主要是利用废气中污染物与一些液体的相似相溶性原理来达到净化废气的目的，这一技术在工业上被称为“气体洗涤”。在一些特定情况下，废气中的污染物与吸收剂溶液的组分可发生化学反应（如酸性气体被碱性溶液吸收）。吸收技术主要应用于大流量、中等浓度的废气处理，但是其存在吸收液难以选择、吸收范围有限等缺点，因此，吸收技术只能吸收单一的有机污染废气。此外，为了防止二次污染，吸收之后的吸收液通常需要进一步处理，导致处理成本增加。

3. 冷凝技术

冷凝技术是将废气降温至其污染气体成分露点以下凝结为液态后加以回收的一种技术，其主要应用于处理高浓度、组分单一且有一定回收价值的 VOCs 废气。要获得高的回收率，冷凝技术往往需要较低的温度或较高的压力，同时单纯的冷凝难以彻底净化废气。

4. 膜分离技术

膜分离技术，也称渗透技术，在有机废气净化中，该技术是借载体空气和有机蒸汽不同的渗透能力，或膜对气体混合物中分子的不同选择性而将其分开的一种技术（刑巍巍，2010）。该技术通常用于高浓度有机废气的治理，具有高效节能、操作简单、回收效率高且不易产生二次污染的特点。但是该技术具有预处理费用高、使用时间短等缺点，进而导致膜处理工艺使用效率低。

5. 生物技术

生物技术是利用微生物的代谢作用，将废气中所含的污染物转化成低毒或无毒的物质的一种技术。生物技术特别适合处理气量大于 17 000 m^3/h、浓度低于 0.1%的气体，其特点在于操作条件易于满足（常温、常压即可），且操作简单、投资低、效率高，具有较强的抗冲击能力。在控制适当的负荷和气液接触条件下，该技术可以使废气净化率达到90%以上，尤其是在处理低浓度（几千 mg/m^3 以下）、生物降解特性好的气态污染物时，更能显现其经济性。此外，该技术在废气治理过程中不易产生二次污染，且可氧化分解含硫、氮的恶臭物和苯酚、氰等有害物质。但是生物技术也存在一些缺点：氧化速率低，生物过滤占用空间大，较难控制过滤的pH，对难以生物降解的恶臭气体净化效果不明显。因此，为了使得微生物能够发挥作用，并且具有足够的有机废气降解速度，必须满足如下条件（Groener et al.，1999；左立等，2002）：①有机物是可以降解的，且能溶解于水；②废气温度为5～60℃；③废气中不含强烈生物毒性物质。

6. 燃烧技术

燃烧技术是废气处理的一种常用技术，它是将挥发性有机物燃烧或氧化成 CO_2 和 H_2O 等无害物质的过程。具体应用包括直接燃烧法和催化燃烧法（佟玲，2016）。直接燃烧法是用燃油或燃气作为辅助燃料使有机废气在高温下直接分解为无害物质的过程，此方法投资小，适用于小风量及高浓度的废气，对安全技术和操作要求较高。催化燃烧法是指在燃烧设备中有机废气先被预热，然后通过催化床层的作用，在较低的温度下和较短的时间内完成废气向无害物质转化的化学反应过程。为了进一步提高热利用效率，降低设备的运行费用，近年来发展了蓄热式热力燃烧技术和蓄热式催化燃烧技术。这两项技术相较于传统的直接燃烧法和催化燃烧法，换热效率更高，且可以在VOCs较低浓度下使用，基于这样的优点，蓄热式技术将逐步替代传统的燃烧技术。

7. 新兴技术

近年来，等离子体降解、水泥窑协同处置、光（催化）氧化等尾气处理技术成为研究热点，这些技术分别利用紫外线/电能、高温氧化、紫外线来破坏污染物。这些新兴技术有的还处在实验室研究阶段，缺少处理污染土壤相关的工程实践，少量新兴技术已开展过中试试验。但是，这些新兴尾气处理技术对污染土壤热处理尾气治理具有不同的优势，是未来尾气治理技术可能的发展方向。

（1）低温等离子体技术

低温等离子体技术作为一种新型的尾气治理技术得到了越来越多的关注（王奕文，2017；佟玲，2016）。等离子体由电子、离子、自由基和中性粒子组成，在外加电场作用下，利用介质使大量电子激发出来并反复轰击尾气的气体分子，去激活、电离、裂解尾气中的各种成分，产生复杂的物理化学反应，使复杂大分子污染物转变为 H_2O、CO_2 等一些小分子安全物质，或使有毒有害物质转变为无害无毒或低毒低害物质，从而降解尾气中的污染物。

（2）水泥窑协同处置技术

水泥窑协同处置技术是一项潜力巨大的尾气处理技术。水泥窑内气相温度最高可达 1 800℃，在该温度下，即使最稳定的有机污染物也能被转化为无机化合物。此外，水泥窑中的强碱性环境有利于含氯有机物的降解，系统在全负压状态下运行可避免有毒有害气体的外溢（林芳芳，2015）。污染土壤热处理后的尾气可以通过带有风机的风管导入水泥窑三次风管、分解炉或篦冷机处焚烧净化。

（3）光解技术

光解技术分为紫外光解技术和光催化技术。紫外光解技术利用紫外线来电离含 VOCs 的尾气。紫外线提供能量，激发并打破挥发性有机化合物的分子键产生自由基。光催化技术与紫外光解技术相似，催化剂（通常为 TiO_2）在紫外光存在下反应产生羟基自由基，进而破坏 VOCs 分子，催化剂的使用可以使 VOCs 在室温或接近室温的情况下被破坏。

目前应用较为广泛的污染土壤热处理尾气治理技术有吸附技术、吸收技术和氧化燃烧技术，冷凝技术和除尘技术作为配套技术被同时采用，这是由于污染土壤热处理尾气成分复杂，且不同热处理技术产生的尾气理化性质不一样（如温度、含水率、颗粒物含量、污染物种类及含量等），利用单一治理技术处理在净化率、安全性及经济性等方面具有一定的局限性，难以达到预期治理效果。如异位直接热脱附技术产生的尾气温度和土壤颗粒物含量高，在进行尾气处理前通常需进行除尘、降温等预处理，以减少后续处理工艺负荷，而原位气相抽提技术产生的尾气通常含水率较高，在尾气净化处理前需进行气液分离操作。因此，多种技术组合应用可以充分发挥各种单一治理技术的优势，进行互补协同作用，突破单一技术局限性，在满足达标排放的同时，最大限度地降低成本。

9.2 除尘技术

除尘技术是将含尘烟气净化并对粉尘进行回收的过程。用于热处理尾气治理的除尘工艺主要有旋风除尘器和袋式除尘器：旋风除尘器通常用来处理高温尾气，一般作一级除尘设备；袋式除尘器主要用于处理低温尾气（小于300℃）。

9.2.1 旋风除尘

旋风除尘是利用旋转的含尘气流所产生的离心力，将颗粒污染物从气体中分离出来的过程。旋风除尘器用作一级除尘设备，其下方应配置粉尘收集设施，防止粉尘撒漏。旋风除尘器灰斗排放的粉尘收集后，应重新投入进料设备。该设备结构简单，占地面积小，投资少，操作维修方便，压力损失中等，动力消耗不大，可用各种材料制造，适用于高温、高压及有腐蚀性气体，并可直接回收干颗粒物。旋风除尘器一般用于捕集 5～15 μm 以上的颗粒物，除尘效率可达 80%。其主要缺点是对粒径小于 5 μm 的颗粒的捕集效率不高，一般做预除尘用。

1. 旋风除尘器的工作原理

普通旋风除尘器是由进气管、筒体、椎体及排气管等组成。当含尘气流由进气管进入旋风除尘器时，气流由直线运动变为圆周运动。旋转气流的绝大部分沿器壁和圆筒体呈螺旋形向下，朝椎体流动，通常称为外旋流。含尘气体在旋转过程中产生离心力，将密度大于气体的颗粒甩向器壁，颗粒一旦与器壁接触，便失去惯性力而靠入口速度的动量和向下的重力沿器壁下落，进入排灰管。旋转下降的外旋气流在到达椎体时，因圆锥体的收缩而向除尘器中心靠拢，其切向速度不断提高。当气流到达椎体下端某一位置时，便以同样的旋转方向在旋风除尘器中由下回转而上，继续做螺旋流动，最后，净化气体经排气管排出器外，通常称此为内旋流，一部分未被捕集的颗粒也随之带出。图 9-1 为旋风除尘器工作原理示意（罗琳等，2014）。

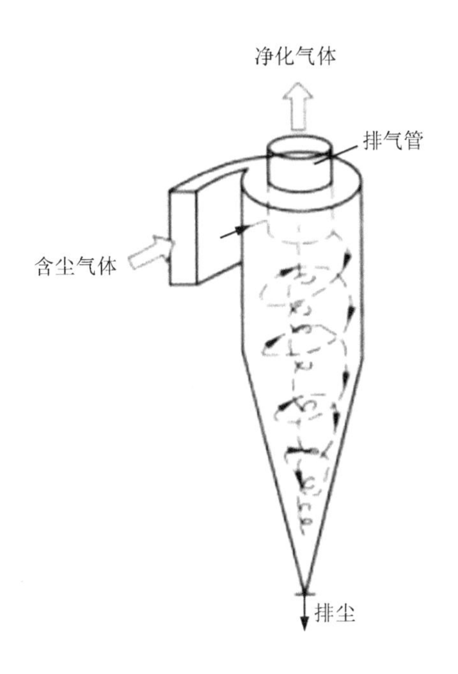

图 9-1　旋风除尘器工作原理示意

2. 旋风除尘器的影响因素

影响旋风除尘器捕集效率的因素有入口流量、除尘器的结构尺寸、粉尘粒径与密度、气体温度和灰斗的气密性。入口流量增大，捕集效率提高。但风速过大，粗颗粒将以较大的速度到达器壁而迅速被反弹回进行内旋流，然后被上升气流带出，影响除尘效率的提高。一般而言，入口风速为 12～20 m/s，不宜低于 10 m/s，以防入口管道积灰。筒体直径越小，尘粒所受的离心力越大，捕集效率越高。筒体高度变化对捕集效率影响不明显，但适当增加椎体长度和减小排气管直径，有利于提高捕集效率。当粉尘粒径大时，离心力较大，捕集效率高，密度小的粉尘与气体难以分离，影响捕集效率。当气体温度升高时，气体黏度将增大，捕集效率降低。即使除尘器在正压的条件下工作，椎体底部也可能处于负压状态。若除尘器底部密封不严而漏空气，会把已经落入灰斗的粉尘重新带走，使效率显著下降。当漏气量达除尘器处理气量的 15%时，捕集效率几乎降为零。

3. 旋风除尘器的分类及选型

（1）旋风除尘器的分类

旋风除尘器按气体流动状况可分为切流返转式和轴流式两种（罗琳等，2014），如图 9-2 所示。

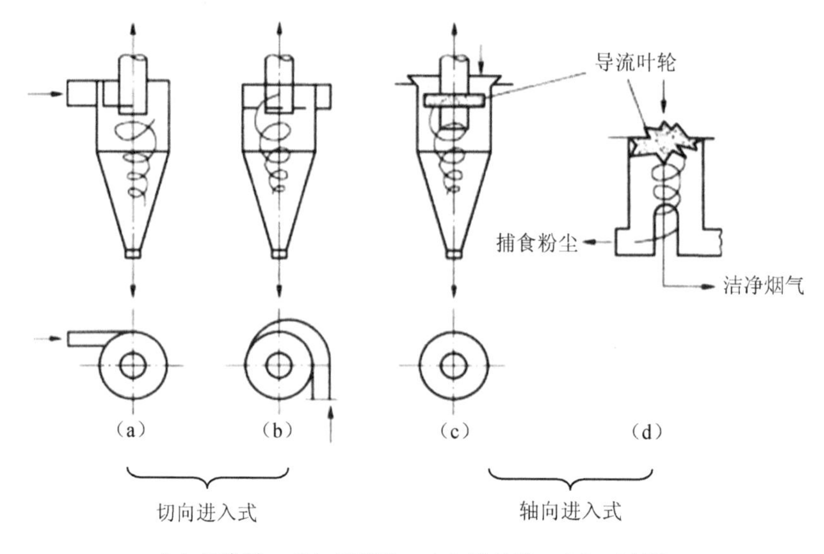

（a）切线型；（b）蜗壳型；（c）逆转型；（d）正交型

图 9-2　不同气体流动方式的旋风除尘器

切流返转式旋风除尘器是旋风除尘器中最常用的形式，其将含尘气体由筒体侧面沿切线方向导入，气流在圆筒部分旋转向下，进入锥体，到达锥体顶端遂返转向上，清洁气体经同一端的排气管引出。根据其不同进入形式又可分为直入式和蜗壳式。

轴流式旋风除尘器则是利用导流叶片使气流在除尘器内旋转，其除尘效率比切流返转式低，但处理量大。根据气体在器内的流动方式，轴流式旋风除尘器又可分为轴流直流式和轴流反旋式。其中轴流直流式旋风除尘器的清洁气体在含尘气体的另一端排出，而轴流反旋式旋风除尘器的清洁气体与清洁气体在同一端的排气筒排出。

旋风除尘器按结构形式分为圆筒体、长锥体、旁通式和扩散式（罗琳等，2014），如图 9-3 所示。

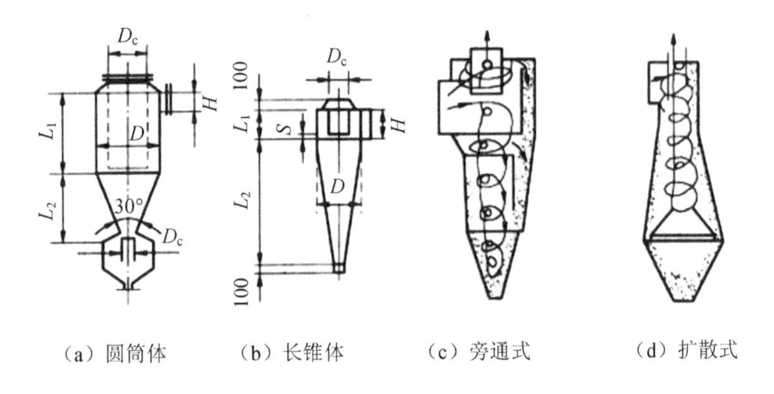

图 9-3　不同结构的旋风除尘器

圆筒体是用得最早的一种旋风除尘器，其圆筒高度大于圆锥高度，结构简单，压力损失小，处理气量大，适用于捕集密度和粒度大的颗粒物。

长锥体旋风除尘器的特点是圆筒较短，圆锥较长。试验表明：增加圆锥长度可以提高除尘效率，同时有利于已分离的颗粒沿锥壁落入灰斗，但压力损失有所增加。

旁通式旋风除尘器的特点是排气管插入深度较浅，在圆筒体中设有灰尘隔室（或称旁路分离室）并与锥体连通。由于它能捕集上涡流中的较细颗粒，从而提高了总捕集效率。但隔离室容易堵塞，因此要求被处理的颗粒物有较好的流动性。

扩散式旋风除尘器具有倒形锥体，锥底设有反射屏。倒锥体能减少含尘气体由锥体中心短路到排气管，反射屏能有效地防止上升内旋流把沉积的颗粒重新卷起带走，进而提高了除尘效率，同时具有结构简单、易加工、投资低及压损中等等优点，特别适用于捕集 5～10 μm 以下的颗粒。

（2）旋风除尘器的选型

旋风除尘器采用普通不锈钢制造，前后连接管路也采用不锈钢材质，底脚高度可按照需要确定，一般采用碳钢材料。在对旋风除尘器选型时，一般采用计算法或经验法。

计算法的大致步骤如下：①由入口含尘浓度和要求的出口浓度计算出要求达到的除尘效率；②选定旋风除尘器的结构形式；③根据所选除尘器的分级效率和净化粉尘的粒度频度分布，计算除尘器能达到的效率，若大于要求，说明设计满足要求，否则需要重新选择高性能的除尘器或改变运行参数；④确定除尘器的型号规格（除尘器尺寸），若选用的规格大于试验除尘器的型号规格，则需计算出相似放大的除尘效率，如仍能满足除尘效率的要求，表明确定的除尘器型号符合要求，否则须按步骤②、步骤③、步骤④重新进行计算；⑤计算运行条件下的压力损失。

经验法的选型步骤大致为：①计算所要求的除尘效率；②选定除尘器的结构形式；③根据所选除尘器的性能确定入口风速；④根据处理风量和入口风速计算出所需除尘器的进口面积；⑤由旋风除尘器的类型系数得出除尘器的筒体直径，然后便可从手册中查到所需除尘器的型号规格。

9.2.2 袋式除尘

袋式除尘是利用棉、毛或人造纤维等加工的滤布捕集尘粒的过程。袋式除尘器具有如下特点：①除尘效率高，特别是对细粉也有很高的捕集效率，一般可达99%以上。②适应性强，它能处理不同类型的颗粒污染物。根据处理气量可设计成小型袋滤器，也可设计成大型袋房。③操作弹性大，入口气体含尘浓度变化较大时，对除尘效率影响不大。此外除尘效率对气流速度的变化也具有一定稳定性。④结构简单，使用灵活，便于回收干料，不存在污泥处理。

袋式除尘器的应用主要受滤布的耐温、耐腐蚀等操作性能的限制，一般滤布的使用温度需小于300℃，且袋式除尘器不适于去除黏结性强和吸湿性强的尘粒，特别是烟气温度不能低于露点温度，否则会在滤布上结露，致使滤袋堵塞，破坏袋式除尘器的正常工作。

1. 袋式除尘的原理

（1）除尘过程

典型的袋式除尘器工作示意如图 9-4 所示，室内悬吊着许多滤袋，当含尘气流穿过滤袋时，粉尘便捕集在滤袋上，净化后的气体从出口排出。经过一段时间，开启空气反吹系统，袋内的粉尘被反吹气流吹入灰斗（罗琳等，2014）。

袋式除尘过程分为两个阶段。首先，含尘气体通过清洁滤布，这时起捕尘作用的主要是纤维，清洁滤布由于孔隙率很大，故除尘效率不高；其次，当捕集的粉尘量不断增加，一部分粉尘嵌入滤料内部，一部分覆盖在表面上形成一层粉尘层，如图 9-5 所示。在第二阶段中，含尘气体的过滤主要依靠粉尘层进行，这时粉尘层起着比滤布更为重要的作用，它使除尘效率大大提高，如图 9-6 所示（罗琳等，2014）。从这种意义上来说，袋式除尘器是以颗粒来除去颗粒。随着粉尘层的增厚，除尘效率不断提高，但气体的阻力损失也同时增加，因此粉尘层在积累到一定厚度后，需利用各种清灰方式将这些粉尘排出除尘器。

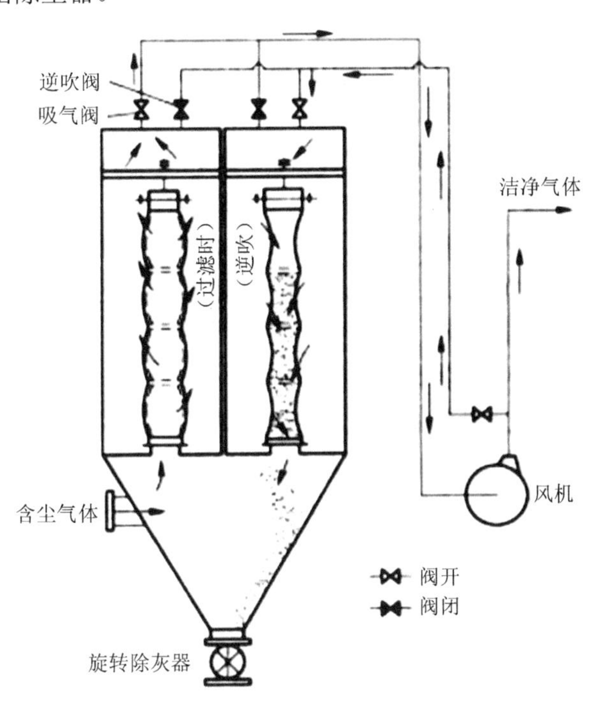

图9-4　典型的袋式除尘器工作示意

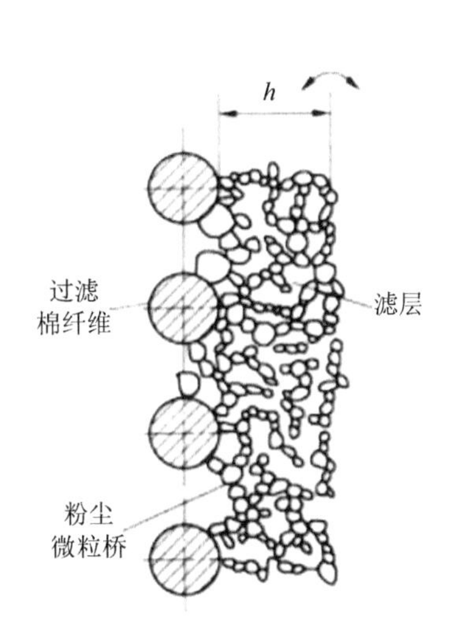

图9-5　过滤介质和粉尘层示意

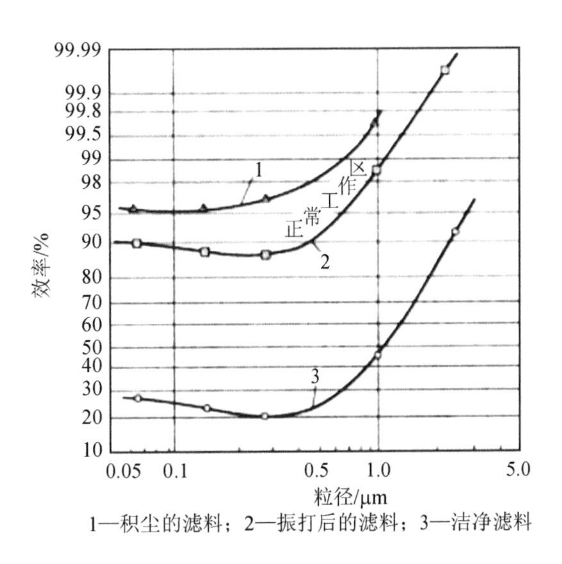

图9-6　不同状态下滤料的除尘效率示意

（2）除尘机制

用作捕集颗粒的滤布，其本身的网孔较大，一般为 20～50 μm；表面起绒的滤布为 5～10 μm，但却能除去粒径 1 μm 以下的颗粒。下面简单介绍其除尘机制。

①筛过作用

当粉尘粒径大于滤布孔隙或沉积在滤布上的尘粒间孔隙时，粉尘即被截留下来。由于新滤布孔隙远大于粉尘粒径，因此阻留作用很小。但当滤布表面沉积大量粉尘后，阻留作用就显著增大。

②惯性碰撞作用

当含尘气流接近滤布纤维时，气流将绕过纤维，而尘粒由于惯性作用继续直线前进，撞击到纤维上就会被捕集，所有处于粉尘轨迹临界线内的大尘粒均可到达纤维表面而被捕集。这种惯性碰撞作用随粉尘粒径及流速的增大而增强。

③扩散和静电作用

小于 1 μm 的尘粒，在气流速度很低时，其主要靠扩散和静电作用去除。小于 1 μm 的尘粒在气体分子的撞击下脱离流线，像气体分子一样做布朗运动，如果在运动过程中和纤维接触，即可从气流中分离出来，这种现象称为扩散作用。它随气流速度的降低、纤维和粉尘直径的减小而增强。

一般粉尘和滤布都可能带有电荷，当两者所带电荷相反时，粉尘易被吸附在滤布上。反之，若两者带有同性电荷，则粉尘将受到排斥。因此，如果有外加电场，则可强化静电效应，从而提高除尘效率。

④重力沉降作用

当缓慢运动的含尘气流进入除尘器后，粒径和密度大的尘粒可能因重力作用自然沉降下来。

上述四种捕集机制，通常并不是同时有效。根据粉尘性质、袋滤器结构特性及运动条件等实际情况的不同，各种机制发挥的作用也不相同。

2. 袋式除尘器的分类及选型

（1）袋式除尘器的分类

①按滤袋形状分类

按滤袋形状，除尘器的滤袋主要分为圆袋和扁袋两种。其中，圆袋除尘器结构简单，便于清灰，应用最广。而扁袋除尘器单位体积过滤面积大，占地面积小，但清灰、维修较困难，应用较少。

②按含尘气流进入滤袋的方向分类

按含尘气流进入滤袋的方向，袋式除尘器可分为内滤式和外滤式两种。内滤式含尘气体首先进入滤袋内部，故粉尘积于滤袋内部，以便从滤袋外侧检查和换袋。外滤式含尘气体由滤袋外部到滤袋内部，适合于用脉冲喷吹等方式清灰。

③按进气方式的不同分类

根据进气方式的不同，袋式除尘器可分为下进气和上进气两种方式（罗琳等，2014），如图 9-7 所示。下进气方式袋式除尘器是指含尘气流由除尘器下部进入除尘器内，除尘器结构较简单，但由于气流方向与粉尘下降的方向相反，清灰后会使细粉尘重新堆积在滤袋表面，使清灰效果受影响。上进气方式袋式除尘器是指含尘气流由除尘器上部进入除尘器内，粉尘沉降方向与气流方向一致，粉尘在袋内迁移距离较下进气远，能在滤袋上形成均匀的粉尘层，过滤性能比较好，但除尘器结构较复杂。

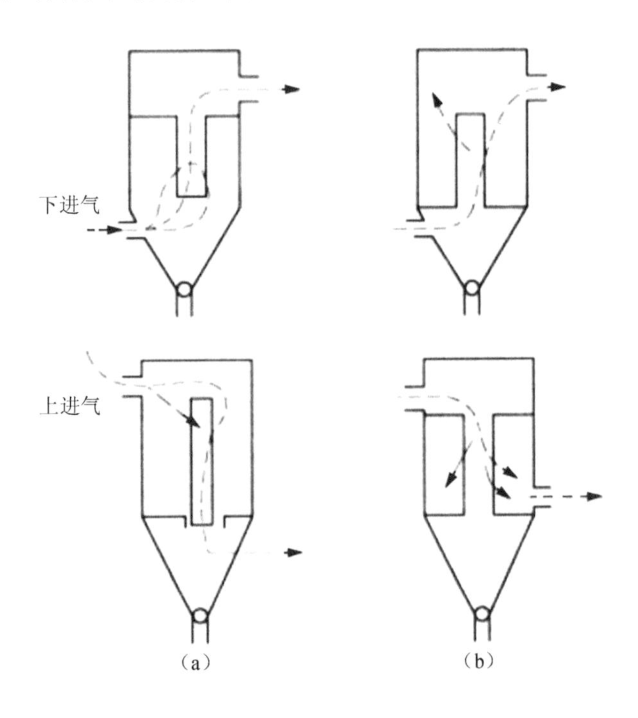

图 9-7　袋式除尘器进气方式

④按清灰方式分类

按照清灰方式，袋式除尘器分为机械振动清灰袋式除尘器和脉冲清灰袋式除尘器（罗琳等，2014）。图 9-8 为机械清灰袋式除尘器结构示意，它主要是利用马达带动振打机构产生垂直振动或水平振动进行清灰。图 9-9 是脉冲清灰袋式除尘器示意，清灰时，由滤袋的上部输入压缩空气，通过文氏喉管进入袋内。这股气流速度较快，清灰效果很好。目前，国内外袋式除尘器广泛采用脉冲清灰方式。

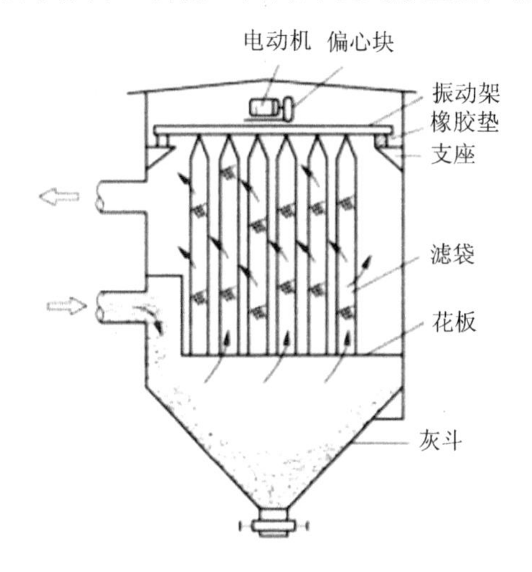

图 9-8　机械清灰袋式除尘器示意

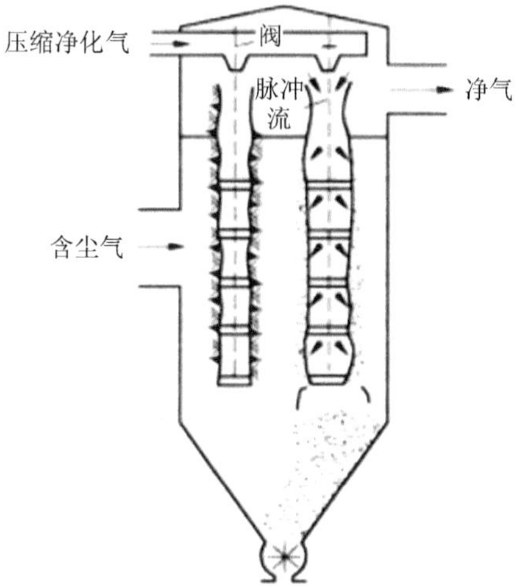

图 9-9　脉冲清灰袋式除尘器示意

（2）袋式除尘器的选择与设计

①滤布的选择

滤布是袋式除尘器的主要部件，其造价一般占设备投资的 10%～15%。滤布的好坏对袋式除尘器的除尘效率、压力损失、操作维修等影响很大。性能良好的滤料应具有以下特点：a. 容尘量大，清灰后能在滤料上保留一定的永久性灰尘；b. 透气性好，过滤阻力低；c. 抗皱折性、耐磨、耐温及耐腐蚀性能好，使用寿命长；d. 吸湿性好，容易清除黏附在上面的粉尘；e. 成本低，滤布的材料可采用天然滤料、合成纤维和无机纤维。滤布有不同的编织法，有平纹、斜纹、缎纹等，其中以斜纹滤布的净化效率和清灰效果较好，且滤布阻塞小、处理风量较高，故应用较普遍。

表 9-1 为一些常用滤料的特性（罗琳等，2014）。棉布是最便宜的织物，通常用于低温除尘器，较贵的纤维用于高温耐腐蚀的除尘器。选择滤料时应综合考虑气体和粉尘物性、操作条件及设备投资。

表9-1 用作袋式除尘器滤料的常用纤维织物特性

纤维	机械强度	最高使用温度/℃	耐腐性			特性
			酸	碱	有机溶剂	
棉织物	强	80	差	中	好	低费用
毛料	中	95	中	差	好	低费用
聚酰胺	强	100	中	好	好	易清灰
聚酯	强	135	好	中	好	易清灰
四氟乙烯	中	260	好	好	好	昂贵
玻璃纤维	强	280	中	中	好	耐磨性差
诺曼克斯尼龙	强	230	好	中	好	抗湿性差

②过滤速度的确定

袋式除尘器的过滤速度慢，压力损失小、除尘效率高，但处理相同气体量的过滤面积大，设备体积和耗钢材量大。速度过快，虽然过滤面积小、设备总投资少，但除尘器压力损失大、滤布损伤快、总的运转费用高，且速度过快会使除尘效率降低。故在选择过滤速度时，应根据物料特性及清灰方式进行综合考虑。表9-2为袋式除尘器推荐过滤速度（罗琳等，2014）。

表9-2 袋式除尘器的推荐过滤速度 单位：m/s

粉尘种类	清灰方式		
	振打与逆气流联合	脉冲喷吹	反吹风
炭黑、氧化硅、铅、锌的升华物以及其他在气体中由于冷凝和化学反应而形成的气溶胶，化妆粉，去污粉，奶粉，活性炭，由水泥窑排出的水泥等	0.45～0.5	0.8～2.0	0.33～0.45
铁及铁合金的升华物，锻造尘，氧化铝，由水泥窑排出的水泥，碳化炉升华物，石灰，刚玉，安福粉及其他肥料，塑料，淀粉	0.5～0.75	1.5～2.5	0.45～0.55
滑石粉，煤，喷砂清理尘，飞灰，陶瓷生产的粉尘，炭黑二次加工，颜料，高岭土，石灰石，矿尘，铝土矿，冷却器水泥，搪瓷	0.7～0.8	2.0～3.0	0.6～0.9
石棉，纤维尘，石膏，珠光石，橡胶生产中的粉尘，盐，面粉，研磨工艺中的粉尘	0.3～1.1	2.5～4.5	—
烟草，皮革粉，混合饲料，木材加工中的粉尘，粗植物纤维	0.9～2.0	2.5～6.6	—

9.3 冷凝技术

冷凝技术是利用物质在不同温度下具有不同饱和蒸气压这一性质，采用降温、加压的方法使得处于蒸气状态的气体冷凝，从而与废气分离，以达到去除净化或回收的目的（唐云雪，2005）。冷凝净化法对有害气体的净化程度，与冷凝温度和有害成分的饱和蒸气压有关，冷凝温度越低，有害成分越接近于饱和，其净化程度就越高。通过提高压力也可以明显改善冷凝效果。但是由于蒸气的饱和蒸气压仅与温度有关，当提高总压时不会改善冷凝效果。

废气通过冷凝之后可以被净化，但是室温下的冷却水对废气难以达到很高的净化要求，若想完全净化，需要进行降温、加压，但会导致处理难度增大、费用增加。因此，在工业上通常使用吸附、燃烧等手段与冷凝法联合使用，先进行高浓度有机气体的前期处理，以便达到并实现降低有机负荷、回收有价值产品的目的。另外，冷凝净化一般只适用于空气中的蒸气浓度较高的情况，进入冷凝装置的蒸气浓度可以在爆炸极限上限以上，而从冷凝装置出来的蒸气浓度在爆炸极限的下限之下。在冷凝器中，蒸气浓度却会处在爆炸上限和下限之间，其一旦与火源接触有发生爆炸的危险，因此这是不利于安全的一个缺点。

冷凝法有一次冷凝和多次冷凝法之分。一次冷凝法大多用于净化含有单一有害成分的废气，多次冷凝法可用于净化含有多种有害成分的废气或提高废气的净化效果。按照冷凝回收的冷却方法，冷凝法又可以分为直接法和间接法两种，直接冷凝法使用的是直接接触式冷凝器，图 9-10 所示为直接冷凝的工艺流程（元英进等，2017）。由于使用了直接混合式冷凝器，冷却介质与废气直接接触，冷却效率较高。但被冷凝组分不易回收，且排水一般需要进行无害化处理。气体吸收操作本身伴有冷凝过程，故几乎所有的吸收设备都能作为直接接触式冷凝器。常用的直接冷凝器有喷射器、喷淋塔、填料塔和筛板塔等。

间接冷凝法使用的则是表面式冷凝器，大多为间壁式换热器，图 9-11 所示为间接冷凝工艺流程（元英进等，2017）。由于使用了间壁式冷凝器，冷却介质和废气由间壁隔开，彼此互不接触，因此可方便地回收被冷凝组分，但冷却效率较差。各种形式的列管式换热器都是表面冷凝器的典型设备，其他还有喷洒式换热器、翅管空冷式换热器、螺旋板式换热器等。

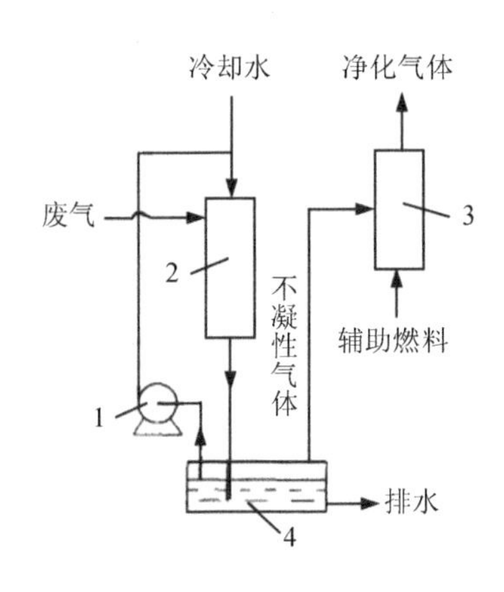

1—循环泵；2—混合冷凝器；

3—燃烧净化炉；4—水槽。

图9-10 直接冷凝工艺流程

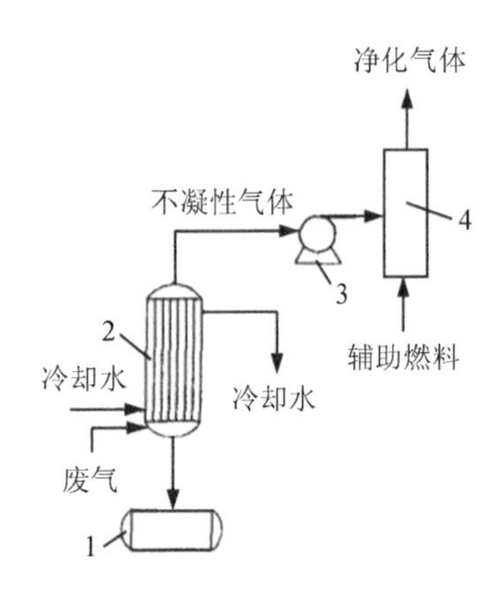

1—冷凝液储罐；2—间壁式冷凝器；

3—风机；4—燃烧净化炉。

图9-11 间接冷凝工艺流程

然而，当有机废气在低温下冷凝时，其中所含有的水分、CO_2和其他组分会冻结，从而导致装置的部分堵塞并且影响传质效果，因此冷凝器必须用加热的方法定期清除。此外，当使用冷凝法回收溶剂时，有机组分的浓度常处于爆炸浓度范围之内，因此对装置的安全等级要求极高。

原则上只有当废气的处理量较小而可凝物质的浓度相对较高时，才可以使用冷凝法。如果使用空气或者水作为冷却剂，一般情况下是无法达到排放标准的，因此需要增加净化装置。在处理量大且浓度低的有机废气净化情况下，通常冷凝法与其他方法（如吸附、燃烧法）联合使用，冷凝法仅作为净化过程前的预处理工序，用来降低后续气体净化装置的投资和操作费用。

9.4 燃烧技术

燃烧法是化工废气处理中最为常见的一种技术。燃烧法通常用于脱除有毒气体蒸气，使之变为无毒、无害的物质，因此又称燃烧净化法。燃烧净化法仅能消除可燃的或在高温下能够分解的有毒气体，其化学作用主要是燃烧氧化，在个别情况下可发生热分解。燃烧净化法被广泛应用于有机溶剂蒸气及碳氢化合物的净化处理中，在废气中含纯碳氢化合物的情况下，会在燃烧过程中被氧化成二氧化碳和水蒸气，燃烧净化法也可以用于消除烟和臭味。当然，由于有机废气中有害组分的不同（例如，可以是纯碳氢化合物，也可以是含氮、氯、氟等烃类物质的废气）、浓度不同（有机物浓度可以由每立方米几毫克到几百毫克甚至更多）、燃烧过程温度的控制因素不同，以及燃烧方式不同等，可能会存在多种氧化反应和热分解反应。此外，燃烧过程始终伴随着热量的产生，因此不同的热量回收和利用方法，也构成了不同类型的燃烧净化方法和燃烧净化装置。

燃烧法指具有可燃性挥发性有机物和一定氧化剂（或一定的辅助燃烧剂）在一定温度下发生燃烧反应，最终生成对环境无害的物质的过程。所有 VOCs 都可以用燃烧法处理，尤其是一些碳氢挥发性有机物，经燃烧法处理后最终变成 CO_2 和 H_2O。工业领域中常见燃烧法主要有三大类：直接燃烧法、催化燃烧法和蓄热式燃烧法。

1. 直接燃烧法

直接燃烧法又称直接火焰燃烧，它是把废气中可燃的有害组分当作燃料燃烧，因此这种方法只适用于净化高浓度的气体或者热值较高的气体。要想保持燃烧区的温度使燃烧持续进行，必须将散向环境中的热量用燃烧放热来补偿。若废气中的各种可燃气浓度值适宜则可以直接燃烧。如果可燃组分的浓度高于燃料上限，需混入空气后燃烧；如果可燃组分的浓度低于燃烧下限，则需通过加入一定量的辅助燃料来维持燃烧。直接燃烧的设备，可以使用一般的炉、窑，把可燃废气当燃料使用，也可以用燃烧器。敞开式特别是垂直位置的直接燃烧器称为“火炬”，火炬多用于含有很少灰分的废燃料气。目前，各石油炼油厂、化工厂都设法将火炬气用于生产，回收其热值或返回生产系统作原料。例如，将火炬气集中起来，输送到厂内各个燃烧炉或者动力设备，用作部分替代燃料，回收热值，或者将某些火炬气送入裂解炉，生产合成氨原料。当废气流量过大，影响生产平衡时，自动控制进入火炬烟囱燃烧后排空。

一般而言，直接燃烧法将含有有机溶剂的气体加热到 700～800℃，使其直接燃烧，进行氧化反应，分解为 CO_2 和 H_2O，废气和高温火焰的接触时间或废气在室内停留的时间一般为 0.5～1 s。直接燃烧法处理高浓度、小流量的有机废气，具有效率高、构造简单、设备费用低、余热可利用的优点。缺点是燃烧热值较高、未回收热能、需高价的热交换器（张润铎等，2016）。

直接燃烧系统由烧嘴、燃烧室和热交换器组成。该燃烧装置随废气中所含氧气不同而有差异。当废气中含有充足的氧气，能满足燃烧所需时，不需要补充氧气的装置，反之则需要增设空气补给装置。为使燃烧系统达到最好的效果，要求烧嘴能形成稳定完全燃烧的火焰，废气与火焰充分接触，其燃烧面积应大，燃料的调节范围应广。污染土壤热处理尾气往往是含有多种有机溶剂的混合气体，从安全上考虑，在废气浓度接近爆炸下限的高浓度场合，需要空气稀释到混合溶剂爆炸下限浓度的 1/5～1/4，才能进行燃烧。燃烧法处理含有可燃物的废气时，要注意保证安全。燃烧炉通常采用负压操作，将废气中可燃物的含量控制在爆炸下限的25%以下（直接燃烧法除外）。设置阻火器，以防回火，严格执行安全操作规程，配置监测报警系统。

碳氢化合物等废气在较高温度下才能完全燃烧，同时产生光化学烟雾物质 NO_x，而 NO_x 的产生与燃烧品种、燃烧温度、装置机构和燃烧时所需空气质量等有关，其中最重要的是燃烧温度。因此为避免产生 NO_x，直接燃烧中应控制温度在 800℃以下。

2. 催化燃烧法

催化燃烧法，也称触煤燃烧法或触煤氧化法，由于采用催化剂可以降低有机物氧化所需的活化能，并提高反应速率，从而可以在较低的温度下进行氧化燃烧，使有机物转化为无害物质。在催化燃烧时，通常使用铂、钯、铜、镍等作为催化剂，将含有有机物的废气加热到 200～300℃，通过催化剂层，在相对较低的温度下，达到完全燃烧（范恩荣，1997）。此法能显著地降低辅助燃料的费用，甚至完全不用辅助燃料，热能消耗少，是除去烃类化合物最有效的方法，适用于高浓度、小风量的废气净化。缺点是表面异物附着易使催化剂中毒失效，催化剂和设备价格较贵。

催化燃烧系统由催化元件、催化燃烧室、热交换器和安全控制装置等部分组成。其系统主要部件即催化元件，外面由不锈钢制成框架，里面填充表面负载有催化组分的载体。催化剂一般使用钯、铂等贵重金属。而载体具有各种形状，有网状、球状、柱体及蜂窝状等，载体材料为镍、铬等热合金及陶瓷等。催化剂载体一般具有机械强度高、气阻小、传热性能好等特点。

燃烧装置由管路将含有可燃物质的废气引入预热室，将废气预热至反应起始温度，经预热的有机废气通过催化剂层使之完全燃烧，氧化燃烧生成无害的热气体，可进入热交换器和烘干室等作为余热综合回收利用。

废气中有机溶剂含量增加 1 g/m^3 时，燃烧后温度将提高 20～30℃。废气浓度过低，燃烧效果较差。而浓度过高，燃烧热量大，温度高将导致催化剂烧结破坏，降低催化剂使用寿命。因此，废气中的有机物含量宜控制在 10～15 g/m^3。

在选择催化装置时，必须注意以下 3 个参数：①空速。即每小时、每立方米催化剂的废气处理量，这个数值决定了装置的尺寸，通常空速控制在 10 000～20 000 Nm^3/（m^3·h），对于难以分解的有机物，空速可以降低到 5 000 Nm^3/（m^3·h）。②温度。温度的高低主要取决于空速以及需要脱除的有机物的性质，应当确保有机物的完全氧化，一般将温度控制在 200～450℃范围内。③压降。气速的大小、催化剂的形状，以及结构和床层高度决定了压降的大小，对于颗粒状的催化剂，其压降一般在 10 kPa/m；而蜂窝状催化剂的压降大约为 1 kPa/m。为了保证通过催化剂床层时具有良好的气体分布，必须有一定的压降，但从节能要求来看，压降应尽可能低，过高的压降将对上游单元的生产造成影响。

废气的成分复杂，起始燃料温度随废气成分不同而有所差异。预热温度过低，不能进行催化燃烧，预热温度过高，浪费能源。因此，在设计和选用时应首先确定废气的成分。例如，二甲苯、甲苯类处理温度为 250～300℃，而乙酸乙酯、环己酮等有机溶剂预热温度为 400～500℃。催化燃烧法在处理废气的可燃性物质时，可在较低温度下实现燃烧是其优点，但是最大的缺点是催化剂容易中毒。在汞、铅、锡、锌等的金属蒸气和磷、磷化物、砷等存在时，催化剂活性暂时衰退，当这些物质不存在时，其活性在短期内即可恢复。尘埃、金属锈、煤灰、硅和有机金属化合物等覆盖在催化剂表面上，影响废气中的可燃物与催化剂表面接触，从而使其活性降低。可采用中性洗涤剂清洗或烧掉覆盖物，当用以上方法反复进行处理后，其活性还不能恢复时，该催化剂必须进行再生处理。当树脂状的有机物黏附在催化剂表面上而发生碳化，导致催化剂活性降低时，此时催化剂需进行热氧化处理，烧掉积碳使其再生。

3. 蓄热式燃烧法

为了降低燃烧成本，直接燃烧系统和催化燃烧系统通常被设计成对气体燃烧所产生的能量进行可回收的系统，称为蓄热式燃烧法。根据不同的系统改造，可分为蓄热式直接燃烧法（Regenerative Thermal Oxidizer，RTO）和蓄热式催化燃烧法（Regenerative Catalytic Oxidizer，RCO）。

（1）蓄热式直接燃烧法

蓄热燃烧法（RTO）是一种高效有机废气治理技术，其原理是将有机废气经预热室吸热升温后，进入燃烧室高温焚烧（升到800℃左右），热氧化产生的高温气体流经特制的陶瓷蓄热体，使陶瓷体升温而“蓄热”，此“蓄热”用于预热后续进入的有机废气，从而节省废气升温的燃料消耗。陶瓷蓄热室应分成两个（含两个）以上，每个蓄热室依次经历蓄热—放热—清扫等程序，周而复始，连续工作。蓄热室“放热”后应立即引入适量洁净空气对该蓄热室进行清扫（以保证VOCs去除率在98%以上），只有待清扫完成后才能进入“蓄热”程序。否则残留的VOCs随烟气排放到烟囱从而降低处理效率。图9-12为典型蓄热式燃烧工艺流程。

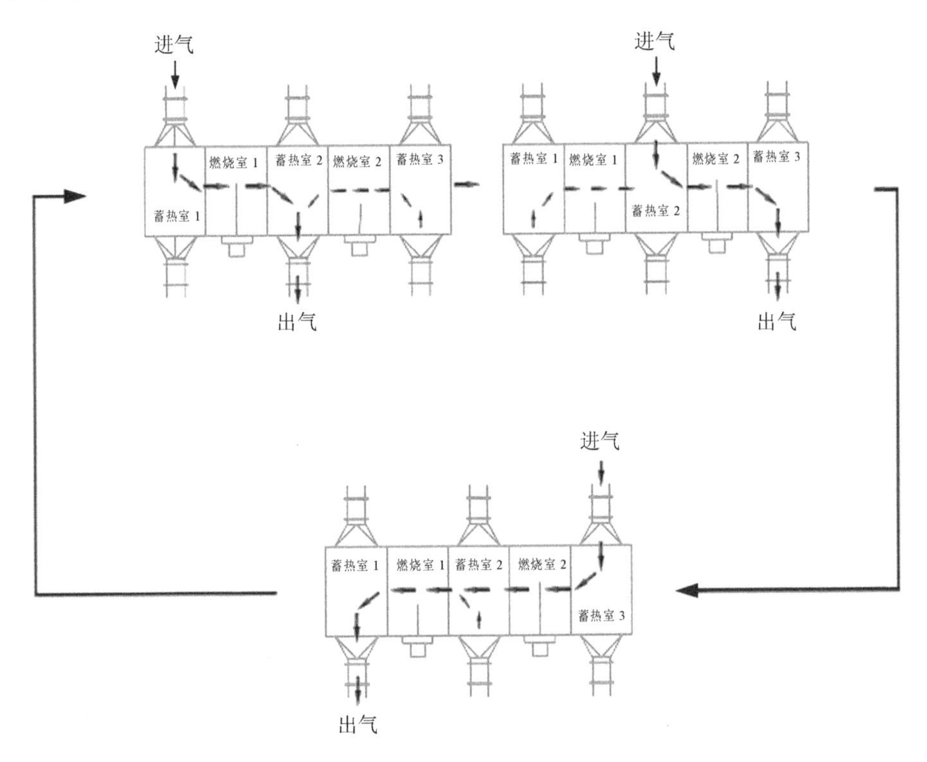

图9-12 典型蓄热式燃烧工艺流程

资料来源：https：//www.doc88.com/p-5778278777996.html。

RTO对工况要求低，处理有机废气范围广，废气中可同时含多种有机成分，处理风量范围大（1 000～300 000 Nm^3/h），净化效率高，两室RTO净化效率95%以上，三室RTO净化效率可达98%以上，运行费用低，当VOCs浓度达到400 ppm时，不需消耗额外燃料。但是其对于低浓度有机废气，为确保燃烧室有机废气温度达到 800℃，需要消耗额外的辅助燃料，且该技术不适合处理卤代烃类有机物。因为，在有卤素存在的情况下易生成二噁英类化合物，造成二次污染。

（2）蓄热式催化燃烧法

蓄热式催化燃烧法（RCO）是利用陶瓷材料的高热传导系数特性作为热交换介质，以得到较完整的热能传导率，将含有恶臭气体或 VOCs 的废气，在通过一个回收废热的陶瓷填充床预热后，其废气温度几乎达到催化室设定温度，并使污染物产生氧化作用，然后导入加热室升温，并维持在设定温度，以达到预定的去除效率，经催化处理后的废气导入其他的陶瓷填充床，回收热能后排到大气中，其排放温度仅略高于废气处理前的温度。所有的陶瓷填充床均做加热、催化净化、蓄热冷却的循环步骤。该技术是用多床可蓄热材质的催化室进行蓄热与催化氧化互相切换的方式进行，以大幅减少热量的损耗，去除效率可达 99%以上。图 9-13 为典型的蓄热式催化燃烧装置。

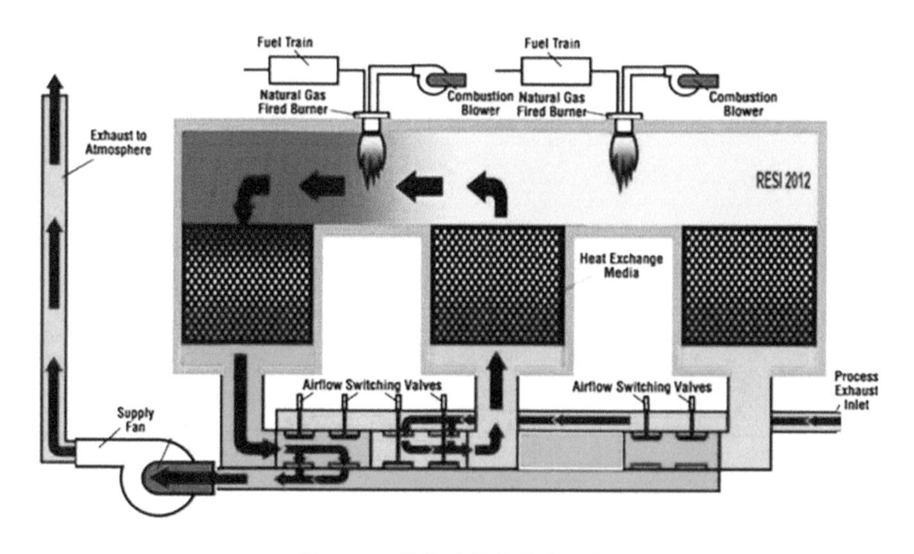

图 9-13 蓄热式催化燃烧工艺

资料来源：https：//baijiahao. baidu.com/s？id=1625222611228587074&wfr=spider&for=pc。

与 RTO 相比，RCO 具有起燃温度低、能耗小的特点，某些情况下达到起燃温度后无须外界供热，反应温度在 250～400℃。在废热回收效率上，RCO 可高达 90%以上。

RCO 工艺技术和 RTO 工艺技术是目前应用较为广泛、治理效果好、运行稳定、成本较低的成熟性技术。RTO 和 RCO 废气处理设备的主要区别为：

①RTO 不含催化剂，RCO 含有催化剂；

②RTO 的操作温度在 760℃以上，RCO 的操作温度在 250～400℃；

③RTO 可能会产生 NO_x 二次污染物，RCO 不会；

④RCO 的操作温度低，运行费用比 RTO 低。

废气燃烧工艺是一项成熟的技术，已广泛应用于污染土壤热脱附工程的尾气治理中。然而燃烧工艺在技术及后续处理上存在一些限制：①燃烧技术处理污染土壤尾气成本相对较高；②虽然燃烧技术能够处理几乎包含任何 VOCs 浓度的废气，但没有足够的氧气或三个“T”（温度、时间和湍流）将使污染物燃烧不充分；③经热氧化处理后的尾气，其中可能含有需进一步处置的副产物。

9.5 吸附技术

吸附技术是将废气与大表面多孔性固体物质（吸附剂）接触，使废气中的有害成分吸附到固体表面，从而达到净化气体的目的。吸附过程是一个可逆过程，当气相中某组分被吸附的同时，部分已被吸附的组分又可以脱离固体表面回到气相中，这种现象称为脱附。当吸附速率与脱附速率相等时，吸附过程达到动态平衡，此时的吸附剂已失去继续吸附的能力，因此，当吸附过程接近或达到吸附平衡时，应采用适当的方法将被吸附的组分从吸附剂中解脱下来，以恢复吸附剂的吸附能力，这一过程称为吸附剂的再生。吸附法处理含有机污染物的废气包括吸附和吸附剂再生的全部过程。

吸附技术的优点在于可以吸附浓度很低（甚至痕量）的组分，经过解吸之后的污染物浓度会大大增加，因此可以从废气中通过吸附除去溶剂蒸气来回收溶剂。除此之外，吸附法不需要水（进行的是固体吸附），因此不会产生废水，也不需要提供过多的能量，并且可以根据废气浓度的变化和卤代烃类所含无机物挥发组分的种类进行调整。

1. 吸附工艺类型

吸附法处理废气的工艺流程可分为间歇式、半连续式和连续式 3 种，其中以间歇式和半连续式较为常用（元英进等，2017）。图 9-14 所示为间歇式吸附工艺流程，该工艺适用于处理间歇排放，且排气量较小、排气浓度较低的废气。图 9-15 所示为有两台吸附器的半连续吸附工艺流程，运行时，一台吸附器进行吸附操作，另一台吸附器进行再生操作，其中再生操作的周期一般小于吸附操作的周期，否则需增加吸附器的台数。再生后的气体可通过冷凝等方法回收被吸附的组分。

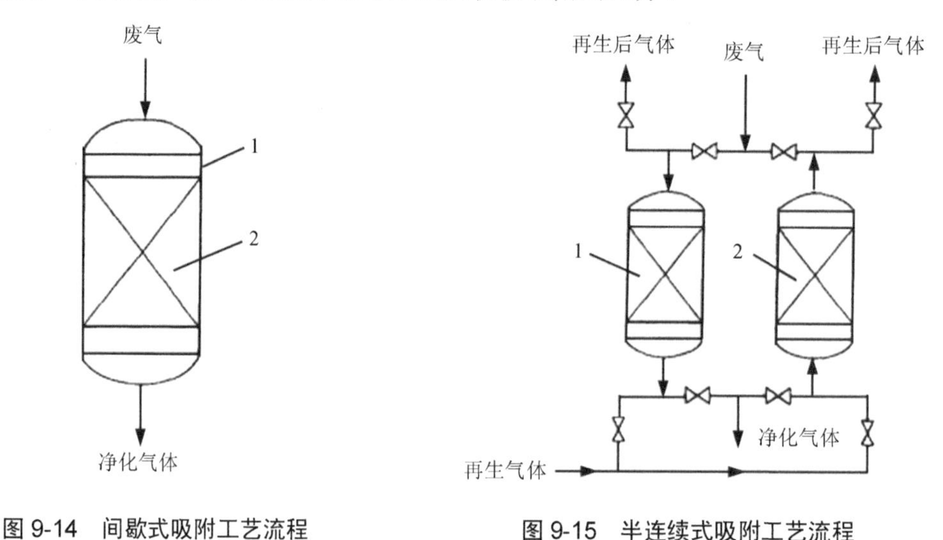

图 9-14　间歇式吸附工艺流程

图 9-15　半连续式吸附工艺流程

2. 吸附工艺的影响因素

吸附过程与很多因素有关，并且吸附剂/吸附质系统使得各个因素间的相互作用变化十分复杂，所以无法使用一条通用的吸附等温线方程式进行描述。影响吸附的因素主要有比表面积、颗粒大小及分布、孔径大小及分布、晶格及结构缺陷、润湿性、表面张力、气相中分子的相互作用和吸附层中分子的相互作用等。因此，吸附剂的选择非常重要，通常来说，吸附剂要实现使用价值需具备以下条件（吴永文，2003）：①吸附剂要有良好的化学稳定性、热稳定性和机械强度。②吸附剂的吸附容量要大。吸附剂的吸附容量越大，吸附剂使用量越少，吸附装置就越小，投资也会降低。③吸附剂应有良好的吸附动力学性质。吸附达到平衡越快，吸附区域越窄，所设计的吸附柱越小。同时，可允许的空塔速度越大，相应的气体流量越大。④吸附剂要具有良好的选择性，使吸附效果较为明显，可以使吸附回收得到的产品纯度也越高。⑤吸附剂要有很大的比表面积。⑥吸附剂要有良好的再生性能。在工业废气处理中，吸附剂的再生可以提高吸附法分离和净化气体的经济性和技术可行性，而且可以避免对废吸附剂的处理问题。⑦吸附剂应有较低的水蒸气吸附容量。原因在于脱附蒸汽必须采用干燥再生的方法，这是在有机废气处理与回收过程中不希望出现的情况。⑧较小的压力损失。

⑨受高沸点物质影响小。高沸点的物质在吸附后很难被去除，它们会集聚在吸附剂中，从而影响吸附剂对其他组分的吸附容量。⑩吸附剂应不与气相中组分发生化学反应而造成损耗。

3. 常用吸附剂

废气净化处理中常用的吸附剂主要是活性炭和活性焦炭，因其具有较大的比表面积，并且对非极性物质有着很好的吸附能力，能很好地吸附有机溶剂，但是其对极性物质（如水）吸附性则很差，故可以很好地使用水蒸气进行再生的处理。使用水蒸气进行再生后回收溶剂的方法主要有如下 3 种：①溶于水的溶剂，如丙酮、乙醇、四氢呋喃、二甲基甲酰胺等，可以使用蒸馏的方法进行回收；②部分溶于水的溶剂，如甲乙酮、丁酮、醋酸乙酯、乙醇/甲苯等，可以先增浓或冷凝，再用蒸馏的方法进行回收；③不溶于水的溶剂，如汽油、己烷、甲苯、二甲苯、氯代烃类等，可以使用相分离方法进行回收。常见的吸附剂特性见表 9-3（李海龙，2007）。

表 9-3　常见吸附剂的特性数据

吸附剂	比表面积/（m^2/g）	空隙体积/（cm^3/g）	堆积质量/（kg/m^3）
活性炭	1 000～1 500	0.5～0.8	300～400
活性焦炭	＞100	0.3～0.4	300～400
硅胶	600～800	0.3～0.45	700～800
分子筛	500～1 000	0.25～0.4	600～900

吸附技术通常用于净化气质量要求特别高的场合，但在气体的处理量很大的情况下，投资费和操作费会很高，但多出的费用可以通过回收有价值的溶剂进行补偿。一般而言，在工程上，当需要处理的废气流量特别大或浓度极低时，优先选择使用吸附法，吸附法的投资费和操作成本都很高，并且吸附剂使用一定时间后需要进行更换，因此，最好能对吸附的溶剂进行回收，降低其运行费用。

在有机废气的处理中，吸附技术常与其他尾气处理技术进行联合使用，特别是吸附后尾气仍未达到排放要求时，可先将有机废气浓缩，再通过燃烧氧化法进行最后净化。

9.6 吸收技术

吸收技术有物理和化学吸收两种途径。物理吸收技术是利用物理性质差异进行分离，根据相似相溶和溶解度原理，吸收剂一般选用与挥发性有机物性质相近的非极性或弱极性液体，沸点高、挥发性低且化学性质稳定，能够长期使用。常见吸收剂有以柴油和洗油为主的矿物油、水型复合溶剂（如水—洗油、水—表面活性剂—助剂）及高沸点有机溶剂。除易溶于水的有机挥发性气体以水或液相有机物为溶剂进行物理吸收外，其他情况以酸液、碱液为溶剂进行化学吸收。

1. 吸收装置类型

吸收技术的吸收过程一般需要在特定的吸收装置中进行。吸收装置的主要作用是使气液两相充分接触，实现气液两相间的传质。用于气体净化的吸收装置主要有填料塔、筛板塔和喷淋塔（元英进等，2007）。

填料塔的结构如图 9-16 所示。在塔内填装一定高度的填料（散堆火规整填料），以增加气液两相间的接触面积。用作吸收气体的液体分布器均匀分布于填料表面，并沿填料表面下降。需净化的气体由塔下部通过填料孔隙逆流而上，并与吸收液体充分接触，其中的污染物由气相进入液相中，从而达到净化气体的目的。板式塔的结构如图 9-17 所示。在塔内装有若干块水平塔板，塔板两侧分别设有降液管和溢流堰，塔板上可按一定的规律开设筛孔，即成为筛板塔。操作时，吸收液先进入最上层塔板，然后经各层塔板的溢流堰和降液管逐层下降，每块塔板上都积有一定厚度的液体层。需净化的气体由塔底进入，通过筛孔向上穿过塔板上的液体层，鼓泡而出。其中的污染物被板上的液体层所吸收，从而达到净化气体的目的。喷淋塔的结构如图 9-18 所示，其内既无填料也无塔板，是一个空心吸收塔。操作时，吸收液由塔顶进入，经喷淋器喷出后，形成雾状或雨状下落。需净化的气体由塔底进入，在上升过程中与雾状或雨状的吸收液充分接触，其中的污染物进入吸收液，从而使气体得到净化。

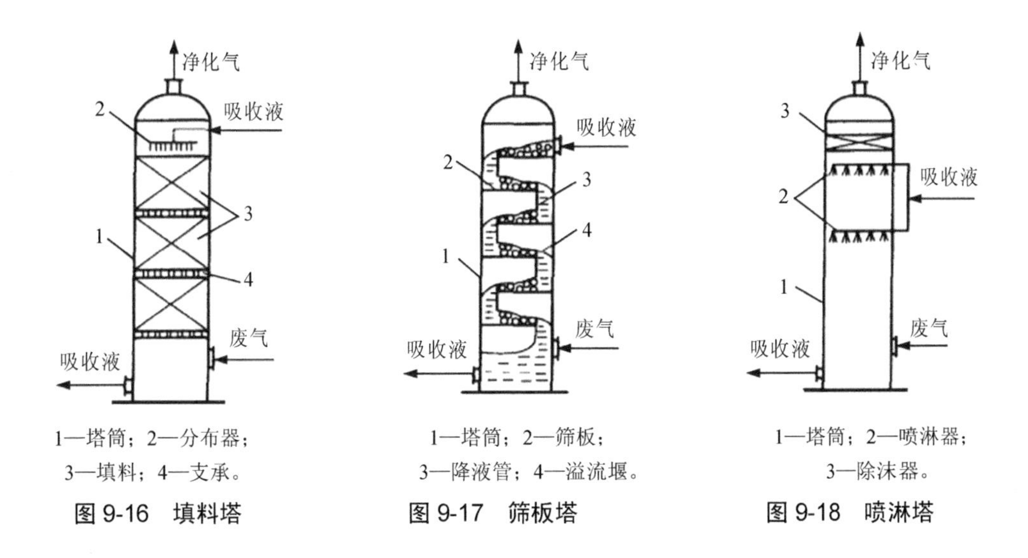

1—塔筒；2—分布器；3—填料；4—支承。

图 9-16 填料塔

1—塔筒；2—筛板；3—降液管；4—溢流堰。

图 9-17 筛板塔

1—塔筒；2—喷淋器；3—除沫器。

图 9-18 喷淋塔

2. 吸收剂的选择及常用类型

吸收法工艺成熟，操作简便，吸收效率高，能够处理绝大多数挥发性有机物，广泛应用于工业领域。除水溶性较好的有机物直接用水作溶剂吸收外，其他大部分吸收剂为具有一定毒性和污染性的有机溶剂，在吸收后续工艺可能会产生二次污染，因此选择合适吸收溶剂至关重要。吸收剂通常需满足如下要求（吴文峰，2010）：①具有较大的溶解度，并且对于吸收质有很高的选择性；②蒸汽压尽可能低，避免导致二次污染；③吸收剂要便于使用、再生；④具有良好的稳定性和热稳定性；⑤不易氧化，能耐水解；⑥着火温度尽可能高；⑦毒性低，不会腐蚀设备；⑧价格便宜。常用的吸收剂主要有如下几种。

（1）水

水是物理吸收中最常用的吸收剂。水蒸气是唯一允许以任意量进入大气的一种蒸汽。由于水分子的极性，并且有优良的双极特性，因此可以与所有极性溶质分子相结合，对诸如乙醇、丙酮等有着非常好的吸收性能，但是对于纯碳氢化合物或卤代烃都很难吸收。

（2）洗油

许多洗油都是非极性的，可溶解非极性蒸汽。例如，可以理想地吸收脂肪族碳氢化合物。但其缺点在于，尽管其蒸汽压在吸收过程中不会导致太多的损失，但是经常会因此导致排放气体中部分有害物质浓度超标。此外，洗油必须经过再生才能返回系统再次使用，导致成本增加。

（3）乙二醇醚

在有机废气处理中也会使用乙二醇醚类作为吸收剂，主要是聚乙二醇-二甲基醚（PEG-DME）。该吸收剂可以在 130℃下使用真空蒸馏进行分馏提纯回收，并且对极性和非极性物质都具有比较强的吸收能力。

除此之外，若有机废气中含有有机酸、酚、甲酚时，可以使用碱液作为吸收剂。若有机废气中含有胺，可使用酸类作为吸收剂。若有机废气中含有乙醛，可以使用氨水或亚硫酸盐溶液作为吸收剂。若有机废气中含有醇，可使用高锰酸钾溶液、过氧酸或次氯酸盐溶液作为吸收剂。但是，对于含氯代烃类的有机废气，不能使用甲醇、丙酮或水进行吸收，通常使用 N-甲基吡咯啉（NMP）、硅油、石蜡和高沸点酯类等作为吸收剂。

吸收法的优点主要有（吴文峰，2010）：①可应用于废气浓度高的场合（大于 50 g/m^3）；②吸收剂容易获得；③受废气流量、浓度的波动影响小；④能够吸收可聚合的有机化合物；⑤不易着火，不需要特殊的安全措施；⑥可以使用水作为吸收剂，节约成本。

与其优点相比，吸收法也有缺点：①投资费用一般比较大，吸收剂循环运转的操作费用也比较高；②如果废气中有机物并不是单一组分，需要添加很多的分离设备，并且难以再生利用；③如果采用水作为吸收法的吸收剂，会产生废水而造成二次污染。但是如果用吸收法来回收吸收剂，可以得到一些补偿，但也会增加回收装置的投资。

在工业上，吸收法大多应用于废气中无机污染物的净化，如 HCl、SO_2、NH_3 和 NO_x 等废气吸收净化，仅有少数有机废气使用吸收装置净化，如含有丙酮的废气以及三氯乙烯等有机废气的净化。原因是前者可溶于水并容易被生物降解，因此可以将吸收液直接排入废水处理装置进行净化，后者是疏水性，用聚乙二醇-二甲醚作为溶剂，吸收液必须通过真空蒸馏法进行回收。

9.7 新兴尾气治理技术

我国当前对污染土壤的热处理修复技术的研究尚处于起步阶段，国内的科研机构及修复企业在引进吸收国外成熟的热处理设备的同时，正积极研发符合我国资源配置和社会经济水平的热处理设备，污染土壤热处理尾气的新兴净化技术（如低温等离子体、水泥窑协同处置技术、光降解技术等）已呈现出一定的优势和应用前景。

9.7.1 低温等离子体技术

等离子体用于工业上生成臭氧已有超过 150 年的历史（Belaissaoui et al.，2016）。20 世纪 80 年代后，等离子体作为一项高级氧化技术，开始应用于处理废气、废水中的有机污染物（Malik et al.，2001；Hao et al.，2007）。低温等离子体可在常温常压下运行，具有去除效率高、能耗低、适用范围广且几乎不产生废水、废渣等优点，是目前气体污染控制技术中颇具竞争力的一个工艺（Hirota et al.，2004；Vandenbroucke et al.，2011）。

1．等离子体技术原理

等离子体是由自由电子、正离子、激发态的原子或分子、中性离子和自由基组成的电中性导电性流体，在宇宙中广泛存在，是除固态、液态和气态之外的第四种物质存在形态。根据电子和离子温度高低以及是否热平衡，等离子体可分为高温等离子体（thermal plasma）和低温等离子体（non-thermal plasma，NTP）。高温等离子体中，电子与离子的温度均较高且处于热平衡，约在 5 000 K 以上。在低温等离子体中，电子温度一般较高，而其他粒子温度均较低（仅为 300～500 K），系统整体温度不高。

低温等离子体能在常温常压下通过气体电离产生高能电子、自由基（如·OH、·O、·O_2 等）和活性分子（如 H_2O_2、O_3）。高能电子在电场中会发生弹性碰撞和非弹性碰撞，在弹性碰撞中，电子保留了大部分动能，自由电子在强电场作用下加速，当电子所含能量持续增加至足够高时，即能使电子发生非弹性碰撞。低温等离子体作用于污染物的机理主要分两种（图 9-19）：一方面，高能电子使反应器中的 O_2、N_2、H_2O 等载气分子电离，生成具有强氧化性的自由基和活性分子，使污染物氧化降解；另一方面，高能电子与污染物分子发生非弹性碰撞，电子将所有或部分动能转化为分子的内能，使基态污染物分子/原子发生激发、电离、离解，最终降解为CO_2、H_2O等无机小分子（Schiorlin et al.，2009）。此外，等离子体放电还伴随有强电场、紫外光、冲击波等作用于污染物（Wang et al.，2010）。以上化学和物理反应在等离子体反应器中同时发生，对有机物的降解起协同作用，使污染物得到快速有效的去除。

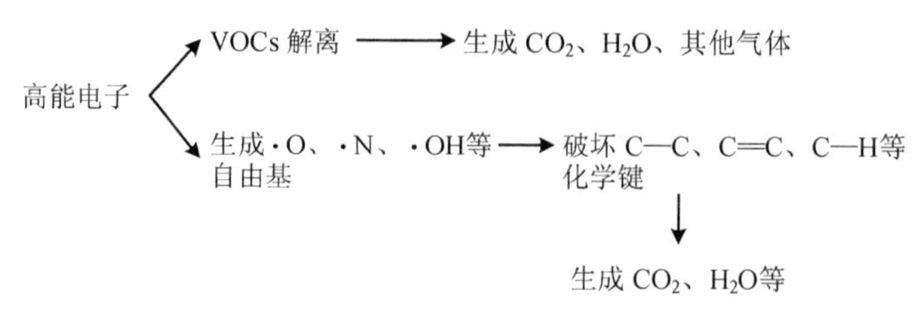

图 9-19 低温等离子体降解 VOCs 的机制

低温等离子体系统主要由反应器组成，处理不同污染物类型需使用不同的反应器，如处理氯化 VOCs 气体时使用酸性洗涤器。低温等离子体反应容器由玻璃或不锈钢制造，通常为圆柱形，按照废气处理流量来制造其大小。反应器单元连接到电晕产生的电源和控制系统，当污染物通过这个腔体时可以被转化为自由基，自由基在下游进一步重组，从反应器中直接释放到大气中（在无卤 VOCs 的情况下），或通过去除卤素酸的酸性洗涤器继续释放（在处理氯化 VOCs 时）。多个反应器单元可以串联或并联布置，以增加污染物的去除率，处理更大的气体体积。高压电源和必要的电气控制系统与反应器电池置于同一处，所有设备均可以安装在拖车上，方便其运输。进入反应器的污染气体通常经过过滤和除湿等预处理，过滤主要是防止反应器堵塞和电极被颗粒物黏附损坏，进而损坏气泵。除湿可以减少腐蚀，保护电场不被破坏。

2. 等离子体分类

按照放电方式的不同低温等离子技术可以分为介质阻挡放电（dielectric barrier discharge）、辉光放电（glow discharge）、滑动弧放电（Glide discharge）、电晕放电（corona discharge）、电子束法（electron beam）等离子体。每种等离子体均是使用一个电源来产生电场或能量束，通过一个反应器来处理有机废气，区别主要在于处理污染气体的温度和用于电离气体能量的类型和大小。

（1）介质阻挡放电等离子体

介质阻挡放电的产生条件是将陶瓷、玻璃等绝缘介质插入放电空间，调节气体压力、气体密度以及放电间隙的宽度改变电子的平均能量，实现等离子体反应状态（Harling et al.，2008）。沿面放电和填充床放电都属于介质阻挡放电等离子体。介质阻挡放电等离子体具有结构简单、起始电压低、放电稳定、产生的电场和气体分布均匀、能够防止在放电空间形成局部火花放电的优势（Vandenbroucke et al.，2011；Liang et al.，2009；鲁娜等，2012）。缺点主要是能量利用率不高，在放电过程中有20%左右的电能会转化为热能（Jiang et al.，2013）。

（2）辉光放电等离子体

辉光放电等离子体是在空腔内充有低压气体，在外电压作用下产生辉光放电所形成的等离子体。由于该技术的运行条件低于标准大气压，提高了工艺难度和运行成本，极大地限制了其广泛应用（Sharma et al.，2000）。

（3）滑动弧等离子体

滑动弧等离子体的特征是在至少两个电极间有周期性的电弧运动，电源在电极间提供足够高的电压使气体击穿，滑动弧等离子体在电极间最窄的间隙处形成。随后电弧被气流推送，沿着电极表面滑过直到猝灭。当放电衰减后，在最窄的间隙处又将形成新的击穿，循环往复（Yu et al.，2010；Fridman et al.，1999）。滑动弧等离子体能量输入较大，但电弧稳定性差，与气体的接触面积较小。

（4）电子束等离子体

在电子束等离子体技术中，电子是在真空管中产生的，电子束被用来轰击流经反应器内的污染气体，使之电离产生等离子体。当污染气体中含有水蒸气时可能会干扰其电离效果，但这些水蒸气有时候也会电离生成更多的羟基离子。由于电子束法中电子在高真空下的反应器内产生，其能量较高，但电子加速器造价昂贵，电子枪寿命短且要求有X射线屏蔽装置，成本过高，不易实现（Dhali et al.，1991；Urashima et al.，2000）。

（5）电晕放电等离子体

电晕放电是在曲率半径极小的电极上施加高压，利用高压源进行离子和电子放射，在常温常压下发生非均匀放电，包括直流电晕放电、交流电晕放电和脉冲电晕放电，电源的供能直接影响等离子体的产生形态。交流电晕放电由交流电压产生，结构简单，目前研究较少。直流电晕放电由直流电压产生，常用于静电除尘，然而电压过高时易被击穿形成火花放电，且直流电晕场会产生负离子流的横向运动，造成电晕能量的消耗。强氧化性物质如·OH、·O等，只能由具有足够能量的电子在极短的时间内产生，为了减少能量消耗，必须设法只加速电子而不加速离子，这可以通过在低气压条件下使用高频辉光放电实现。在常压下，即使处于低场强，离子温度升高也会产生火花和电弧。因此，必须在纳秒级的时间内采用前沿陡峭的窄脉冲高压，才能在常压下使电子加速而将离子的加速控制在尽可能小的范围内。常压下实现脉冲电晕放电等离子体的关键在于极高的火花电压发生在极窄的放电脉冲下（Masuda et al.，1990）。脉冲电晕放电通过脉冲电源产生脉冲场强从而使电子加速，获得能量，常用于烟道气的脱硫脱硝、VOCs 的去除。Schiorlin 等（2012）以 CF_2Br_2 和 CH_2Br_2 为目标物，研究两者分别在正直流、负直流和脉冲电晕放电下的降解机制，发现脉冲电晕放电下的能量效率高于直流电晕，正直流电晕的能量效率最低。

当前较为成熟、研究较多的等离子体反应器主要有介质阻挡放电反应器、脉冲电晕放电反应器和滑动弧放电。

3. 低温等离子体技术处理污染气体的应用现状

低温等离子体技术可以在不需要大量操作的情况下长时间运行，污染气体处理量大、处理效率高、系统结构简单且运行成本低，是替代传统尾气处理技术的一项极具潜力的技术。虽然该技术已经广泛应用于气体净化消毒（Liang et al.，2012）、除尘（Korell et al.，2009）、烟道气的脱硫脱硝（Obradović et al.，2011；张彦彬等，1997）、汽车尾气净化（Jolibois et al.，2012；Kang et al.，2013；Hoard et al.，1999；Wallington et al.，2003）、分解 VOCs（Fan et al.，2009；Schmid et al.，2010）等方面，但该技术在污染土壤热处理尾气应用方面还处在实验研究阶段，实现工程上的应用还需要进一步的研究和开发。目前，关于等离子体技术处理热处理尾气的研究主要有：王奕文等（2017）利用脉冲电晕放电等离子体去除热脱附尾气中的 DDTs，研究结果发现当进入等离子体的 DDTs 浓度为 30 mg/m^3、脉冲电压为 30 kV、脉冲频率为 50 Hz、污染物在反应器中的停留时间为 5 s 时，DDTs 去除率达到 82.5%，表明低温等离子体可以高效去除热脱附尾气中的 DDTs；朱伊娜等（2018）采用脉冲电晕放电等离子体处理分别含有 DDTs 和 HCHs 的热脱附尾气，发现当脉冲电压为 30 kV、脉冲频率为 50 Hz、等离子体温度为 80℃时，DDTs 的降解率可达 92.3%，HCHs 的降解率为 40.4%。此外，目前国内也有一些采用低温等离子体技术处理热脱附尾气的专利，这些专利研究进一步表明该技术具有处理效率高、成本低、不产生二次污染等优势（ZL201110409147；ZL20110152596）。

9.7.2 水泥窑协同处置技术

水泥窑协同处置技术是利用水泥回转窑内的高温、气体停留时间长、热容量大、热稳定性好、碱性环境、无废渣排放等特点，在生产水泥熟料的同时，实现对废气中污染物处置的过程。水泥窑内气相温度最高可达 1 800℃，在该温度下，即使最稳定的有机污染物也能转化为无机化合物。此外，水泥窑中的强碱性环境有利于含氯有机物的降解，且系统在全负压状态下运行可避免有毒有害气体的外溢（林芳芳，2015）。基于此，大量研究者开展了水泥窑协同处置热脱附尾气的研究。2015 年，马福俊等在国内首次采用模拟水泥窑处理热脱附尾气中的六氯苯，结果显示，随着处理温度的升高和停留时间的延长，六氯苯的去除率逐渐升高，当处理温度≥800℃、停留时间≥2 s 时，热脱附尾气中六氯苯的去除率高于 99.93%。热处理后六氯苯的脱氯降解产物中仅有五氯苯被检出，且五氯苯浓度的最大值仅为 1.20 $\mu g/m^3$，虽然处理过程中伴有少量的二噁英产生，但其含量满足《水泥窑协同处置固体废物污染控制标准》（GB 30485—2013）的排放要求。林芳芳（2015）模拟水泥窑分解炉的工艺运行参数，分别对热脱附尾气中的 HCB、DDTs 和 HCHs 进行热处理，发现当处理温度为 900℃、气体停留时间为 2 s、氧气氛含量为 2%～7.84%时，目标污染物的去除率均达 98%以上，尾气中二噁英含量满足《水泥窑协同处置固体废物污染控制标准》（GB 30485—2013）的排放要求。

目前，国内已经开发了基于水泥生产工艺的热脱附设备，并申请了相关专利（ZL20110393983.6）。通过在水泥窑系统外挂热脱附设备，将水泥窑热风引入热脱附设备中将污染土壤中的污染物脱附出来，脱附后尾气再次进入水泥窑高温处置（陈慧，2019）。该技术将水泥窑与热脱附工艺相结合，整合了两项技术优势，既能够为热脱附提供稳定、廉价的热源，低成本、高效率地处理热脱附尾气，又解决了水泥窑直接协同处置污染土壤时，投加量较小、影响处理能力的问题，并大幅减小对水泥工况的影响，更有利于水泥产品质量的稳定。研究表明，以 3 000 t/d 的水泥生产线为例，热脱附与水泥窑结合处置系统每小时可处理污染土 10～20 t。

根据产业信息网 2016 年发布的《2016—2022 年中国水泥行业市场运行态势分析及投资前景预测报告》，我国的水泥产量约占全世界总产量的 60%，水泥制造行业具有处置污染土壤能力的企业达 3 539 家，我国水泥窑资源配置充分的国情决定了水泥窑共处置技术处理热脱附尾气在我国具有较大的应用前景。在实际工程应用中，若污染场地周边有水泥厂运营，水泥窑经过适当改造，即可用于处理热脱附尾气。

9.7.3 光解技术

光解技术包括紫外光分解法和光催化氧化法，是借助紫外线或光催化剂来处理有机废气的一种技术。其中，紫外光解法通过高能紫外线所发射的光来降解废气，而光催化氧化法是在紫外光下借助光催化剂来氧化 VOCs，常见的光催化剂有 TiO_2、Fe_2O_3、ZnO 等。虽然光催化技术已成功应用于改善室内空气质量及减轻工业氮氧化物烟气方面，但是该技术还没有完全开发或广泛应用于污染土壤热处理尾气的治理。

1. 光解技术概述

光解技术是利用紫外线或近紫外光（波长为 150～350 nm 的光）的电离源来电离废气中的化合物（如氧和 VOCs），促进活性自由基的形成。虽然其他波长的光子可以提供更多的能量，但紫外光和近紫外光的波长范围已足够破坏 VOCs 和其他有机氯化合物。在光解系统中，自由基在石英构成的反应器中形成，这些高能自由基与有机废气中的化合物反应生成无害的产物，如 CO_2 和 H_2O。除了紫外线光源和石英反应器，光解系统有时还需要后续的处理系统来处理光解过程中形成的其他副产物，如氧自由基与空气中的氮结合形成的氮氧化物。

光催化技术是利用具有光催化活性的半导体催化剂与 VOCs 分子接触，在紫外光照射下光催化剂产生电子空穴对，这些电子空穴对具有很强的氧化性，能将其表面吸附的 OH^-和 H_2O 分子氧化成·OH，利用·OH 强氧化性将 VOCs 降解为 CO_2、H_2O 和无机小分子物（Mo et al.，2009）。光催化技术的核心是光催化剂。目前常用的光催化剂分为两类：一类是 TiO_2 基光催化剂，主要是指纯 TiO_2 和改性的 TiO_2（Nishikawa et al.，2005）；另一类是非 TiO_2 体系，如 ZnO、CdS 和 WO_3 等。其中 TiO_2 基光催化剂因其来源广、化学稳定强、催化活性高、没有毒性等优点而运用最为广泛。典型的光催化系统中，污染土壤热处理尾气将首先输送至反应室，尾气在反应室内与涂有 TiO_2 的玻璃纤维开孔网格接触，在紫外线照射下产生自由基，然后产生的自由基与尾气中的污染物进行氧化反应，生成无害的化合物。通常情况下，紫外线灯周围包裹着滤网，空气在紫外线灯和催化剂滤网之间流动。

2. 光解技术发展趋势

光解技术已发展到可用于工业废气处理的程度，然而目前还没有应用到污染土壤热处理尾气的治理。光催化技术的研究涉及光催化剂的制备、光催化作用机制研究、光催化技术的工程化、光催化技术的各种应用研究和产品开发等从基础到应用研究各方面。虽然光催化技术取得了大量的研究成果，但其仍存在许多需要解决的问题（罗家琪，2016）：①光催化分解过程机制不明确，通常会产生有害中间产物，降解不完全可能会形成二次污染问题；②VOCs 浓度较低时，光催化反应缓慢，效率降低。同时，催化剂本身存在量子效率低（不到 4%）、固定困难、催化剂不能均匀负载、催化剂失活等问题，不适用于处理量大、浓度高的工业废气。因此，目前光催化技术也是处于实验室研究阶段。

9.8 典型工程案例介绍

9.8.1 山西某热电厂污染场地异位热脱附尾气治理案例

1. 污染场地概况

山西某热电厂地块内的土壤受石油烃、多环芳烃等有机污染物污染，其中部分区域污染物浓度超过人体健康风险可接受水平，需要开展相应的修复工程，使其达到Ⅱ类居住用地水平。本项目中多环芳烃及多环芳烃和石油烃混合污染土壤使用异位热脱附技术进行修复。本地块共计修复多环芳烃及多环芳烃与石油烃复合污染土壤 7 544 m^3。土壤中污染物修复目标值见表 9-4。

表 9-4 山西某热电厂地块污染土壤中污染物修复目标值

污染物	苯并[*a*]蒽	苯并[*b*]荧蒽	茚并[1,2,3-*cd*]芘	二苯[*a*,*h*]蒽	苯并[*a*]芘	总石油烃>C16（脂肪族）
修复目标/（mg/kg）	0.634	0.636	0.636	0.063 6	0.2	10 000

2. 尾气处理技术方案与效果

山西某热电厂地块内的污染土壤采用间接加热热脱附技术进行修复，所使用的间接加热热脱附设备设计最大处理能力为 25 m^3/h，为使污染土壤得到充分加热，本次工程每小时处理 10 m^3 污染土壤，每天运行 16 h。污染土壤热脱附尾气处理单元由旋风除尘装置、尾气焚烧装置、喷淋降温装置、布袋除尘装置、淋洗脱酸装置和尾气排放装置组成，其工艺流程如图 9-20 所示。

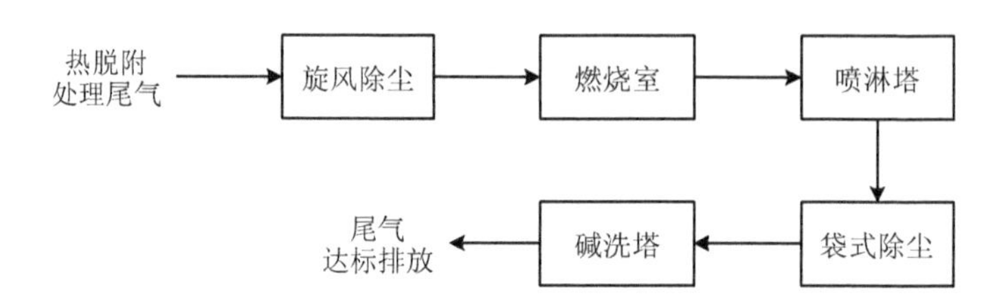

图 9-20　山西某热电厂地块污染土壤间接热脱附尾气处理工艺流程

首先，旋风除尘装置将随气流进入的土壤颗粒从尾气中分离出来，其中旋风除尘器高 8 m、直径 2 m，进气风速 15 m/s，压损 1 000 Pa。经旋风除尘装置分离出来的土壤颗粒直接混入经过热脱附处理的土壤进行检验及后续处理，而分离出来的气体进入燃烧室对尾气中的污染物质进行高温焚烧，焚烧温度为 1 100℃，尾气在该焚烧设备中的停留时间大于 2 s，以确保去除效率达到 99.99%。经燃烧室出来的高温尾气进入喷淋塔使其温度降至 200℃以下，防止尾气高温损坏后续袋式除尘器中的布袋并杜绝二噁英的产生。本项目中所用喷淋塔直径 2 m、高 8 m，压损 12 000 Pa。喷淋塔下部为进气缓冲室，中部填充填料，填料直径为 50 mm 鲍尔环，该鲍尔环可增大填料比表面积，使气液两相物料在填料表面充分接触，提高降温除尘的效率。每个喷淋塔外设置 1 个 60 m^3 的循环水池，喷淋量为 90 m^3/h，喷淋电机功率为 15 kW。经喷淋塔出来的尾气通入布袋除尘装置，将尾气中残余的尘埃从尾气中分离，其产生的落灰直接混入经过热脱附处理的土壤进行检验及后续处理。最后，经布袋除尘装置处理的尾气进入淋洗脱酸装置，去除其中可能存在的氯化氢、二氧化硫、二氧化氮、一氧化氮和氮氧化物等酸性气体，确保尾气达到《大气污染物综合排放标准》(GB 16297—1996) 排放标准。

9.8.2 河北某化肥厂污染场地原位常温脱附尾气治理案例

1. 污染场地概况

河北某化肥厂主营碳酸氢铵等氮肥，最初由当地的县政府投资建设，由于受化肥市场因素的影响，于 2002 年停产。征得政府同意，该地块将开发房地产。但该地块部分土壤受到污染，主要污染物为氨氮和游离氨，其中需要修复的含氨氮的污染土方量为 75 228.03 m^3，含游离氨的污染土方量为 75 034.62 m^3。该地块主要分为两个区域，即原生产区为主的 D 区域和 E 区域。采样点布置如图 9-21 所示，两次调查结果见表 9-5 和表 9-6。地块内的氨氮及游离氨有大量检出，生产区 D 区及 E 区均有高浓度氨氮检出，3～12 m 土层土壤受氨氮污染严重（有明显刺鼻氨味，在 E1-6.2 点位氨氮最高浓度达 13 800 mg/kg），超过了河北省筛选值 10 多倍，在 10 m 过后，随土壤埋深增加，氨氮浓度下降明显，在埋深 12 m 后，氨氮浓度降低至筛选值 260 mg/kg 以下，在埋深 21 m 后氨氮浓度降低至 10 mg/kg 以下。游离氨的超标情况同氨氮的超标点位具有统一性，浓度数值及衰减比例基本一致。

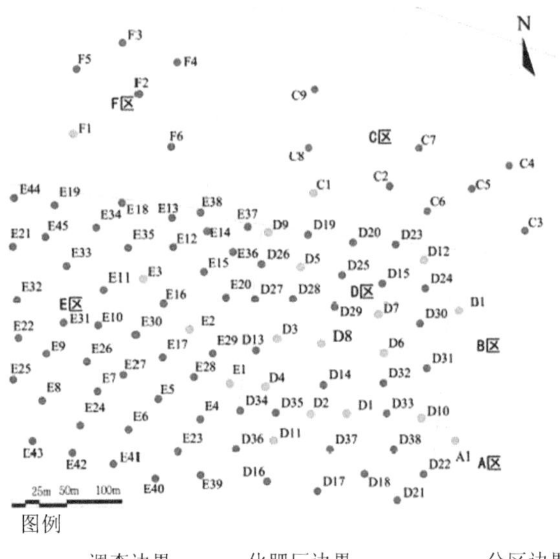

图 9-21　河北某化肥厂地块详细调查布点分布示意

表 9-5　河北某化肥厂地块初步调查氨氮及游离氨检出点位分布

区域	点位	样品编号	采样深度/m	土质	游离氨/（mg/kg）	氨氮/（mg/kg）
D 区	D3	D3-2.4	2.4	粉土	1 430	2 230
		D3-5.2	5.2	粉土	1 480	2 450
		D3-7.2	7.2	粉质黏土	5 980	8 480
		D3-11.3	11.3	粉土	2.7	4.97
	D4	D4-2.2	2.2	粉土	1 230	2 150
		D4-3.7	3.7	粉土	3 030	4 860
		D4-5.3	5.3	粉土	1 610	2 590
		D4-5.3-DUP	5.3	粉土	1 920	2 770
		D4-7.2	7.2	粉质黏土	6 160	10 100
		D4-9.3	9.3	粉质黏土	4 110	6 180
		D4-12.3	12.3	粉土	15	17.9
		D4-16.2	16.2	细砂	13.9	16.1
	D5	D5-1.2	1.2	粉土	1.51	1.94
		D5-4.0	4	粉土	60.1	63.9
		D5-4.0-DUP	4	粉土	56.9	66
		D5-7.2	7.2	粉土	672	1 270
	D6	D6-1.0	1	粉土	1 690	2 290
		D6-2.8	2.8	粉土	2 050	2 450
		D6-6.0	6	粉质黏土	4 650	6 710
		D6-13.0	13	粉土	＜0.10	3.1
	D7	D7-1.5	1.5	粉土	1 030	1 470
		D7-3.0	3	粉土	4 270	4 440
		D7-5.5	5.5	粉土	3 140	3 340
		D7-6.8	6.8	粉质黏土	3 810	5 160
		D7-9.0	9	粉质黏土	1 350	2 070
		D7-11.0	11	粉质黏土	2.39	3.61
	D8	D8-2.2	2.2	粉土	2 190	2 330
		D8-7.2	7.2	粉质黏土	4 510	12 100
		D8-10.2	10.2	粉质黏土	＜0.10	＜0.10
	D9	D9-1.6	1.6	粉土	＜0.10	1.63
		D9-4.0	4	粉土	651	814
		D9-8.0	8	粉质黏土	＜0.10	2 330

区域	点位	样品编号	采样深度/m	土质	游离氨/（mg/kg）	氨氮/（mg/kg）
F 区	F1	F1-1.0	1	粉土	429	455
		F1-5.5	5.5	粉土	978	1 620
		F1-5.5-DUP	5.5	粉质黏土	1 070	1 370
		F1-8.0	8	粉质黏土	19.3	60.2
E 区	E1	E1-3.2	3.2	粉土	1 490	1 690
		E1-6.2	6.2	粉质黏土	9 330	13 800
		E1-9.2	9.2	粉质黏土	7 000	10 000
		E1-12.3	12.3	粉土	5 460	7 860
		E1-12.3-DUP	12.3	粉土	5 720	7 590
		E1-16.0	16	细砂	483	675
		E1-21.5	21.5	粉质黏土	89.3	235
	E2	E2-3.8	3.8	粉土	305	289
		E2-6.2	6.2	粉质黏土	2 990	3 940
		E2-6.2-DUP	6.2	粉质黏土	3 280	4 100
		E2-9.2	9.2	粉质黏土	7 390	8 490
		E2-12.2	12.2	粉土	<0.10	4.88
		E2-14.0	14	细砂	<0.10	1.83

表 9-6　河北某化肥厂地块详细调查氨氮及游离氨超标点位及浓度分布

区域	点位	样品编号	采样深度/m	土质	游离氨/（mg/kg）	氨氮/（mg/kg）
D 区	D13	D13-1.3	1.3	粉土	1 350	1 970
		D13-4.3	4.3	粉土	638	796
		D13-6.3	6.3	粉质黏土	1 690	4 710
		D13-8.8	8.8	粉质黏土	328	364
		D13-8.8-DUP	8.8	粉质黏土	397	423
		D13-10.3	10.3	粉质黏土	198	246
		D13-12.3	12.3	粉土	4.92	14.7
		D13-22.0	22	粉质黏土	0.55	5.46
		D13-35.0	35	粉质黏土	0.45	1.78

区域	点位	样品编号	采样深度/m	土质	游离氨/（mg/kg）	氨氮/（mg/kg）
D区	D14	D14-2.3	2.3	粉土	428	501
		D14-3.5	3.5	粉土	1 220	3 770
		D14-5.4	5.4	粉土	512	539
		D14-7.4	7.4	粉质黏土	780	2 090
		D14-8.8	8.8	粉质黏土	10.9	20.7
		D14-8.8-DUP	8.8	粉质黏土	11.1	21.8
	D26	D26-0.5	0.5	杂填土	132.2	297.9
		D26-3.8	3.8	粉土	871.2	871.2
		D26-7.3	7.3	粉质黏土	5.5	5.5
	D27	D27-0.5	0.5	杂填土	89.1	441.9
		D27-5.2	5.2	粉土	432.9	2 120.3
		D27-8.4	8.4	粉质黏土	23.2	152.3
	D28	D28-0.5	0.5	杂填土	33	321.8
		D28-4.8	4.8	粉土	338	1 250.3
		D28-4.8-DUP	4.8	粉土	300.1	1 270.1
		D28-6.4	6.4	粉质黏土	12.1	88.1
	D29	D29-0.5	0.5	杂填土	35.3	179.1
		D29-0.5-DUP	0.5	杂填土	33.1	145.6
		D29-4.2	4.2	粉土	120.9	889.4
		D29-8.0	8	粉质黏土	3.2	15.2
		D29-10.3	10.3	粉质黏土	33.5	190.4
E区	E4	E4-3.0	3	粉土	0.34	0.6
		E4-4.5	4.5	粉土	1 960	2 750
		E4-7.3	7.3	粉质黏土	1 620	2 730
	E10	E10-3.0	3	粉土	1.2	1.51
		E10-6.0	6	粉质黏土	0.89	1.01
		E10-8.5	8.5	粉质黏土	695	740
	E11	E11-2.6	2.6	粉土	0.81	2.73
		E11-4.0	4	粉土	292	1 070
		E11-8.0	8	粉质黏土	10.9	15.2
	E14	E14-3.8	3.8	粉土	1.85	1.89

该污染场地未来规划作为居住用地，地块污染土壤中氨氮修复目标值为 2 280 mg/kg，游离氨修复目标值为 1 110 mg/kg。为了保质保量完成本工程的各项目标，河北某化肥厂地块污染土壤采用异位常温脱附和原位气相抽提组合修复技术方案，即 D 区地块使用异位常温脱附技术，E 区地块采用原位气相抽提技术处置氨氮和游离氨污染土壤，两区的修复总技术方案分别如图 9-22 和图 9-23 所示。

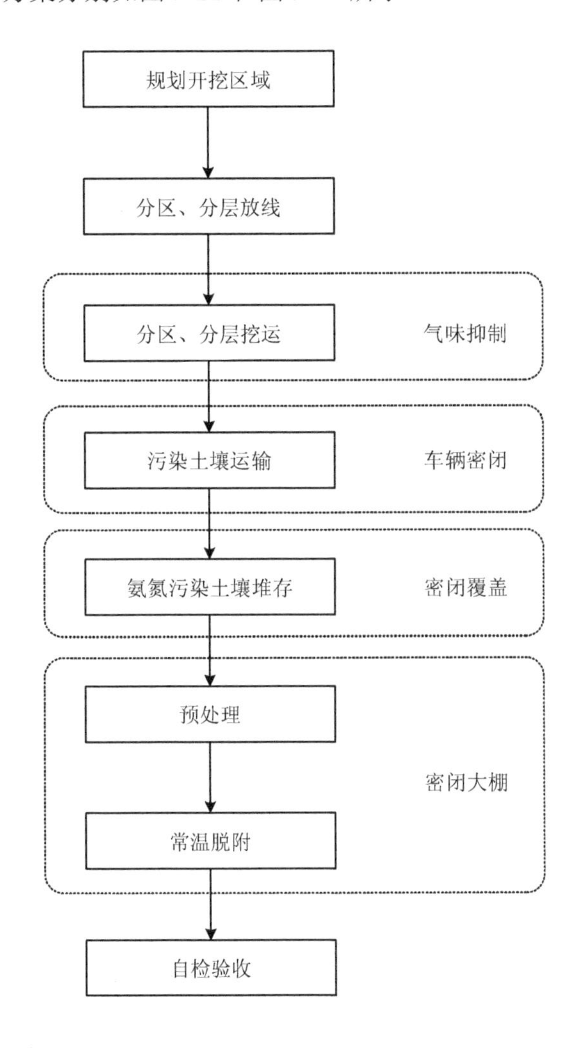

图 9-22　地块 D 区污染土壤常温脱附修复工程技术路线

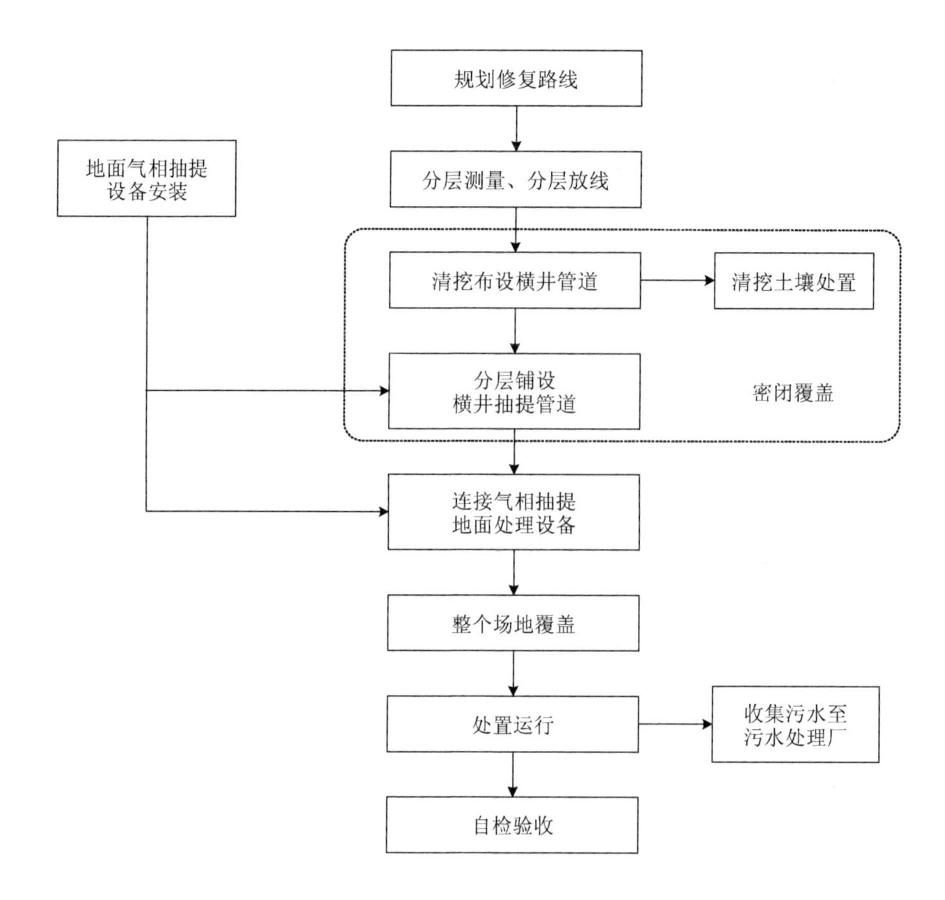

图 9-23 地块 E 区污染土壤气相抽提修复工程技术路线

2. 尾气处理技术方案

（1）污染土壤常温脱附尾气的处理

河北某化肥厂地块 D 区污染土壤常温脱附尾气采用液体吸收工艺进行处置，具体工艺流程如图 9-24 所示。

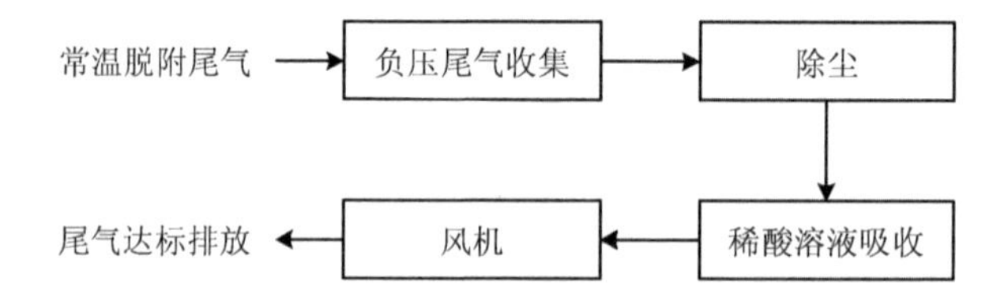

图 9-24 地块 D 区污染土壤常温脱附尾气处理工艺流程

①通风系统

修复工程设计的密闭大棚中均配备尾气处理系统，系统包括通风管路、除尘设备、液体吸收装置、引风机等。对车间内的空气进行置换通风，降低车间内空气中污染物的浓度，一方面促进土壤中污染物的挥发散发，另一方面保护车间内操作人员的安全。大棚通风方式如图 9-25 所示，由于本工程土壤中目标污染物的比重小于空气，因此采用“借力吸风”的方式进行通风，提高通风换气效率。具体做法是在车间的两个侧壁上部和车间中部隔断墙顶部设置吸风口，将尾气从车间顶部引出。

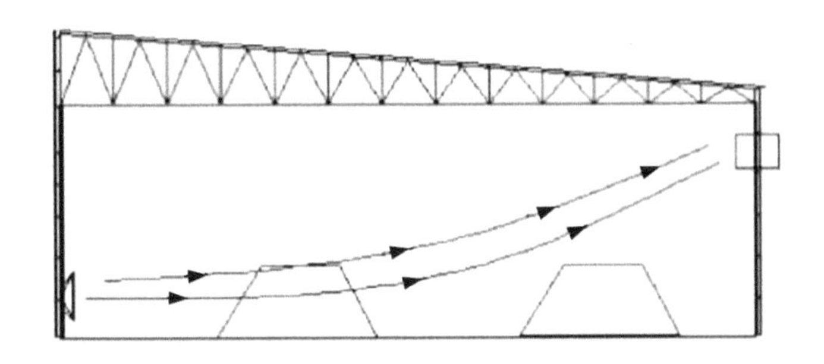

图 9-25 密闭大棚系统负压通风示意

②尾气除尘系统

从车间引出的尾气采用袋式除尘器去除粉尘，保护下一级液体吸收装置的正常工作。其中，经袋式除尘装置分离出来的土壤颗粒直接混入经常温脱附处理的土壤进行检验及后续处理，而分离出来的气体进入稀酸溶液吸收系统进行吸收处理。

③尾气液体吸收处理系统

经袋式除尘器处理后的尾气进入稀酸溶液吸收系统进行吸收。液体吸收工艺是利用 2%稀硫酸将氨气吸收，氨气与硫酸反应生成硫酸铵。尾气中氨气被溶液吸收系统吸收效果的影响因素主要有 3 个：a. 吸收时间：吸收液反复对气体吸收循环的时间；b. 吸收液温度：氨气在被水吸收的过程中会产生大量的热量，如果不加以冷却，气体本身的温度再加上吸收时产生的温度会导致塔内温度急剧上升，阻止氨气溶于水，使吸收液很快达到饱和，当把吸收液用冷却水降温后，吸收过程则又重新恢复，且（在 0℃以上）吸收液的温度越低吸收效果越好；c. 气体压力：气体压力越高，吸收的效果越好，可以缩短吸收时间，提高溶液吸收氨气浓度，从而降低设备的运行成本。本地块处理氨氮污染土壤 212 165 m^3，氨氮污染区域氨氮浓度平均值为 480 mg/kg，按照去除 70%游离氨基酸计算，共吸收处理氨气 70 kg。

（2）污染土壤原位气相抽提尾气的处理

根据现场调查的结果，河北某化肥厂地块 E 区污染土壤游离氨含量极高，最高浓度为 12 100 mg/kg，随着抽气时间的增长，气体浓度呈下降趋势，气体浓度不稳定。对于这类浓度范围跨度较大的气体，采用单一的废气处理装置很难满足要求。根据 SVE 技术抽出气体的特殊性及各种废气处理工艺的适用范围，本工程在活性炭吸附工艺前使用 2%稀硫酸酸性洗涤塔来处理抽提出的氨气。

气相抽提尾气处理系统主要由气液分离罐及废液处理系统、风机、喷淋塔及气体净化吸附罐组成，通过管线与 SVE 堆体抽提管路连接。管线上设置阀门和测量仪表（包括吸附罐取样阀、压力表和流量计等）以收集运行参数和控制系统运行。从堆体内部抽提分离的尾气可通过气体净化吸附罐净化后高空排放，在活性炭吸附单元前后设置采样点，监测尾气排放浓度。堆体底部产生的渗滤液和气液分离罐分离的废水可统一收集后处理。图 9-26 为该地块污染土壤气相抽提尾气处理工艺流程。

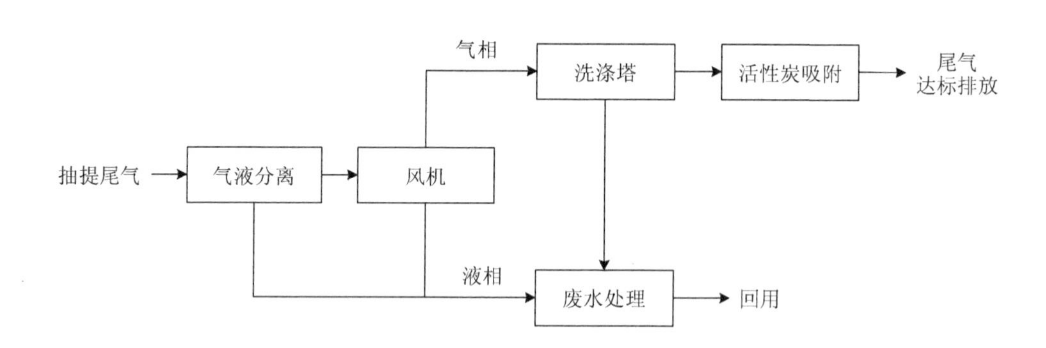

图 9-26　地块 E 区污染土壤气相抽提尾气处理工艺流程

经处理后，河北某化肥厂地块 E 区污染土壤气相抽提尾气中氨气浓度降低至排放标准值以下，达标排放。

9.9　污染土壤热处理尾气处理技术发展趋势

污染土壤热处理尾气的治理技术众多，不同治理技术各具特色，也各自存在局限。在实际污染土壤热处理修复工程中，不同热处理技术产生的尾气理化性质（如含尘量、湿度、温度、污染物浓度及种类等）存在显著差异，使用单一的治理技术往往难以达到国家和地方政府治理要求，需要根据各种热处理技术的特点，综合考虑尾气理化性质、排放污染物浓度、排放量以及治理效果等因素，通过不同单一技术的组合（如吸附浓缩-催化燃烧），发挥优势，规避劣势，有针对性地选择治理措施，提高尾气治理效率。随着时代的发展，单一的尾气处理技术在不断地创新并逐步向复合型工艺发展，各技术优势相互补充协调，可达到良好的治理效果。但联合技术存在一次性投资大、工艺流程复杂等问题。

综上分析，单一治理技术的创新及应用，可进一步降低热处理尾气治理的投资和运行成本、简化操作，寻求经济、高效和稳定的新兴尾气组合治理技术是未来污染土壤热处理尾气治理技术发展的方向。

参考文献

北京金隅红树林环保技术有限责任公司，2013. 一种基于水泥工艺的有机污染土壤热脱附方法和装置[P]. ZL201110393983.6.

陈慧，2019. 水泥窑协同处置污染土技术及应用探讨[J]. 水泥工程，（1）：40-41.

范恩荣，1997. 催化燃烧方法概论[J]. 煤气与热力，17（4）：32-35.

李海龙，2007. 吸附法净化有机废气模型与实验研究[D]. 长沙：湖南大学.

林芳芳，2015. POPs污染土壤热解吸及尾气处理技术研究[D]. 阜新：辽宁工程技术大学.

鲁娜，张雪，王铁成，等，2012. 针-板式介质阻挡放电降解土壤中对硝基苯酚研究[J]. 环境科学与技术，35（10）：50-52，57.

罗家琪，2016. 挥发性有机物新治理技术研究进展[J]. 资源与环境，21：181.

罗琳，颜智勇，戴春皓，等，2014. 环境工程学[M]. 北京：冶金工业出版社.

马福俊，丛鑫，张倩，等，2015. 模拟水泥窑工艺对污染土壤热脱附尾气中六氯苯的去除效果[J]. 环境科学研究，28（8）：1311-1316.

深圳市迈科瑞环境科技有限公司，2013. 含半挥发性有机污染物的固体废物的处理方法和设备[P]. ZL 201110152596.3.

唐云雪，2005. 有机废气处理技术及前景展望[J]. 湖南有色金属，17（13）：22-25.

佟玲，2016. VOCs治理技术概述及发展趋势[J]. 资源节约与环保，9：164.

王奕文，张倩，伍斌，等，2017. 脉冲电晕放电等离子体去除污染土壤热脱附尾气中的 DDTs[J]. 环境科学研究，30（6）：974-980.

吴文峰，2010. VOCs 处理技术研究与进展[J]. 城市建设与进展，36（22）：49-51.

吴永文，2003. VOCs 污染控制技术与吸附催化材料[J]. 离子吸附与交换，41：51-53.

邢巍巍，2010. 有机废气的净化处理技术[C]. 中国环境科学学会 2010 年学术年会，北京.

元英进，赵广荣，孙铁民，2007. 制药工艺学[M]. 北京：化学工业出版社.

张润铎，戴洪兴，刘志明，等，2016. 典型化工有机废气催化净化基础及应用[M]. 北京：科学出版社.

张彦彬，王宁会，吴彦，1997. 3000m^3/h 烟气脱硫试验系统的设计与运行[J]. 大连理工大学学报，37（5）：551-554.

浙江大学，2014. 净化处理含持久性有机污染物高温烟气的方法及装置[P]. ZL201110409147.2.

朱伊娜，徐东耀，伍斌，等，2018. 低温等离子体降解污染土壤热脱附尾气中 DDTs[J]. 环境科学研究，31（12）：2140-2145.

左立，刘均洪，吴汝林，2002. 生物降解有机卤化物[J]. 化工科技，10（6）：33-35.

2016 年中国水泥行业发展现状及市场发展形势预测[EB/OL]. [2016-04-20]. http：www. Chinaidr. Com news 2016-03 94031. html.

Belaissaoui B，Moullec Y L，Favre E，2016. Energy efficiency of a hybrid membrane/condensation process for VOC（Volatile Organic Compounds）recovery from air：A generic approach[J]. Energy，95：291-302.

Dhali S，Sardja I，1991. Dielectric-barrier discharge for processing of SO_2/NO_x[J]. Journal of Applied Physics，69（9）：6319-6324.

Fan X，Zhu T L，Wang M Y，et al，2009. Removal of low-concentration BTX in air using a combined plasma catalysis system[J]. Chemosphere，75（10）：1301-1306.

Fridman A，Nester S，Kennedy L A，et al，1999. Gliding arc gas discharge[J]. Progress in Energy and Combustion Science，25（2）：211-231.

Groener K，Ulrich M，1999. Huette Umweltshutztechnik[M]. Springer Verlag.

Hao X L，Zhou M H，Xin Q，et al，2007. Pulsed discharge plasma induced Fenton-like reactions for the enhancement of the degradation of 4-chlorophenol in water[J]. Chemosphere，66（11）：2185-2192.

Harling A M，Glover D J，Whitehead J C，et al，2008. Novel method for enhancing the destruction of environmental pollutants by the combination of multiple plasma discharges[J]. Environmental Science & Technology，42（12）：4546-4550.

Hirota K，Sakai H，Wasakazu W，et al，2004，Application of electron beams for the treatment of VOC streams[J]. Industrial & Engineering Chemistry Research，43（5）：1185-1191.

Hoard J W，Wallington T J，Ball J C，et al，1999. Role of methyl nitrate in plasma exhaust treatment[J]. Environmental Science & Technology，33（19）：3427-3431.

Jiang N，Lu N，Shang K F，et al，2013. Innovative approach for benzene degradation using hybrid surface/packed-bed discharge plasmas[J]. Environmental Science & Technology，47（17）：9898-9903.

Jolibois J，Takashima K，Mizuno A，2012. Application of a non-thermal surface plasma discharge in wet condition for gas exhaust treatment：NO_x removal[J]. Journal of Electrostatics，70（3）：300-308.

Kang W S，Lee D H，Lee J O，et al，2013. Combination of plasma with a honeycomb-structured catalyst for automobile exhaust treatment[J]. Environmental Science & Technology，47（19）：11358-11362.

Korell J，Paur H R，Seifert H，et al，2009. Simultaneous removal of mercury，PCDD/F，and fine particles from flue gas[J]. Environmental Science & Technology，43（21）：8308-8314.

Liang W J，Li J，Li J，et al，2009. Abatement of toluene from gas streams via ferro-electric packed bed dielectric barrier discharge plasma[J]. Journal of Hazardous Materials，170（2-3）：633-638.

Liang Y D，Wu Y，Sun K，et al，2012. Rapid inactivation of biological species in the air using atmospheric pressure nonthermal plasma[J]. Environmental Science & Technology，46（6）：3360-3368.

Malik M A，Ghaffar A，Malik S A，2001. Water purification by electrical discharges[J]. Plasma Sources Science and Technology，10（1）：82-91.

Masuda S，Nakao H，1990. Control of NO_x by positive and negative pulsed corona discharges[J]. IEEE Transactions on Industry Applications，26（2）：374-383.

Mo J，Zhang Y，Xu Q，et al，2009. Photocatalytic purification of volatile organic compounds in indoor air：a literature review[J]. Atmospheric Environment，43（14）：2229-2246.

Nishikawa H，Kato S，Ando T，2005. Rapid and complete oxidation of acetaldehyde on TiO_2 photocatalytic filter supported by photo-induced activated hydroxyapatite[J]. Journal oc Molecular Catalysis A：Chemical，13（6）：145-148.

Obradović B M，Sretenović G B，Kuraica M M，2011. A dual-use of DBD plasma for simultaneous NO_x and SO_2 removal from coal-combustion flue gas[J]. Journal of Hazardous Materials，185（2-3）：1280-1286.

Schiorlin M，Marotta E，Molin M D，et al，2012. Oxidation mechanisms of CF_2Br_2 and CH_2Br_2 induced by air nonthermal plasma[J]. Environmental Science & Technology，47（1）：542-548.

Schmid S，Jecklin M C，Zenobi R，2010. Degradation of volatile organic compounds in a non-thermal plasma air purifier[J]. Chemosphere，79（2）：124-130.

Sharma A K，Josephson G B，Camaioni D M，et al，2000. Destruction of pentachlorophenol using glow discharge plasma process[J]. Environmental Science & Technology，34（11）：2267-2272.

Urashima K，Chang J S，2000. Removal of volatile organic compounds from air streams and industrial flue gases by non-thermal plasma technology[J]. IEEE Transactions on Dielectrics and Electrical Insulation，7（5）：602-614.

Vandenbroucke A M，Morent R，De G N，et al，2011. Non-thermal plasmas for non-catalytic and catalytic VOC abatement[J]. Journal of Hazardous Materials，195：30-54.

Wallington T J，Hoard J W，Andersen M P S，et al，2003. Formation of methyl nitrite and methyl nitrate during plasma treatment of diesel exhaust[J]. Environmental Science & Technology，37（18）：4242-4245.

Wang T C，Lu N，Li J，et al，2010. Evaluation of the potential of pentachlorophenol degradation in soil by pulsed corona discharge plasma from soil characteristics[J]. Environmental Science & Technology，44（8）：3105-3110.

Yu L，Tu X，Li X D，et al，2010. Destruction of acenaphthene，fluorene，anthracene and pyrene by a dc gliding arc plasma reactor[J]. Journal of Hazardous Materials，180（1-3）：449-455.